ÉLÉMENTS DE
PHYSIQUE ET CHIMIE

à l'usage du Conducteur des Ponts et Chaussées
et des Candidats à cet emploi

PAR

J. MALETTE

CONDUCTEUR DES PONTS ET CHAUSSÉES
CHIMISTE A L'ÉCOLE NATIONALE DES PONTS ET CHAUSSÉES

Avec 231 figures dans le texte

PARIS
OCTAVE DOIN ET FILS, ÉDITEURS
8, PLACE DE L'ODÉON, 8

—

1909

ÉLÉMENTS DE
PHYSIQUE ET CHIMIE

ÉLÉMENTS DE

PHYSIQUE ET CHIMIE

à l'usage du Conducteur des Ponts et Chaussées
et des Candidats à cet emploi

PAR

J. MALETTE

CONDUCTEUR DES PONTS ET CHAUSSÉES
CHIMISTE A L'ÉCOLE NATIONALE DES PONTS ET CHAUSSÉES

Avec 231 figures dans le texte

PARIS

OCTAVE DOIN ET FILS, ÉDITEURS
8, PLACE DE L'ODÉON, 8

—

1909

AVERTISSEMENT

Les sous-ingénieurs et les conducteurs des ponts et chaussées sont fréquemment amenés, aussi bien dans les projets qu'ils conçoivent que dans les travaux dont ils assurent l'exécution, à se servir de formules et à imaginer des instruments ou des procédés reposant sur des phénomènes physiques ou chimiques.

La détermination de la densité des matériaux, le nivellement barométrique, la dilatation des pièces de ponts métalliques, etc., sont des applications de la physique. D'autre part, la qualité des eaux d'alimentation, la composition des métaux ferreux et des autres métaux usuels, l'emploi des explosifs réclament le concours de la chimie.

Aussi l'administration supérieure a-t-elle été bien inspirée en introduisant dans le dernier programme du concours de conducteur des ponts et chaussées la physique et la chimie qui jusqu'alors avaient été sinon laissées dans l'ombre, tout au moins négligées.

J. MALETTE. — Physique et Chimie.

Les épreuves d'admissibilité du concours de conducteur (arrêté ministériel du 18 juillet 1907) comprennent pour la physique et la chimie les matières suivantes :

PHYSIQUE

Pesanteur : Poids spécifique, pression atmosphérique, baromètres.

Pression des gaz : Manomètre, machine pneumatique, machine de compression, siphon, presse hydraulique.

Chaleur : Lois fondamentales, dilatation, thermomètres.

Optique : Réflexion, réfraction, propriétés des lentilles et des miroirs, loupe, microscope, lunettes.

CHIMIE

Métalloïdes : Oxygène, azote et composés oxygénés, air, hydrogène, eaux potables, analyse de l'eau, carbone, composés oxygénés et hydrogénés du carbone, combustion, soufre, phosphore, chlore, silicium.

Métaux et oxydes métalliques : Potassium, sodium, calcium, aluminium, fer, fonte et acier, zinc, étain, plomb, cuivre, platine.

Procédés d'essai des charbons, argiles, poteries, verres. Explosifs.

Notions sur la métallurgie de la fonte, du fer et de l'acier.

Le présent ouvrage respecte cet ordre du programme (1), ce qui permet aux candidats au grade de conducteur de préparer facilement leur concours sans qu'ils aient le souci d'éliminer des traités similaires les questions qui ne leur sont pas demandées.

Ce livre est également utile aux candidats au concours de commis des ponts et chaussées puisque la partie du programme qui concerne la physique et chimie (arrêté du 1er av. 1904) offre une grande analogie avec celle du concours de conducteur.

(1) Il a semblé toutefois nécessaire de faire rentrer dans la physique, l'hydrostatique qui est demandée aux épreuves d'admission.

PHYSIQUE

PESANTEUR

Tous les corps sont pesants.

La cause des forces qui déterminent le mouvement des corps vers le centre de la terre se nomme pesanteur.

La verticale d'un lieu quelconque est connue par la direction que prend le fil à plomb. Des points voisins situés sur le globe ont leurs verticales sensiblement parallèles ; cela provient de ce que l'angle au centre (fig. 1) est très petit, étant donnée la longueur des rayons terrestres par rapport à la distance qui sépare ces points. Il n'en est pas de même de deux points qui forment avec le centre de la terre un angle appréciable.

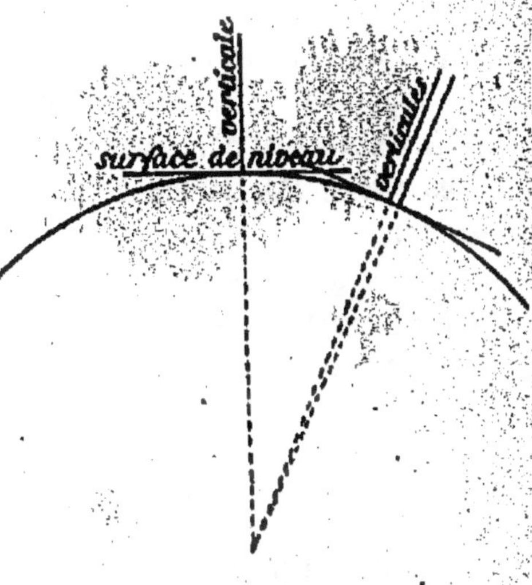

[Fig. 1. — Verticales. Surface de niveau.

Le plan horizontal ou *surface de niveau* est un plan

perpendiculaire à la verticale. La surface libre des liquides en repos est un plan horizontal. On trouve une application directe de cette définition dans les niveaux d'eau et dans les niveaux à bulle d'air.

La direction de la pesanteur est constante en un même point.

Poids. — Tous les points d'un corps sont sollicités par la pesanteur. Chaque particule de ce corps est donc soumise à une force verticale.

Le centre de gravité d'un corps est le point d'application de la résultante de toutes les actions de la pesanteur sur ce corps. Cette résultante est le poids du corps.

Le *poids absolu* d'un corps est la pression qu'il exerce sur l'obstacle qui l'empêche de tomber.

Le *poids relatif* d'un corps est le poids donné par la balance.

Le poids d'un corps est *proportionnel à sa masse.*

Le poids spécifique d'un corps est le rapport de son poids sous un certain volume à celui d'un égal volume d'eau distillée prise à 4 degrés centigrades au-dessus de zéro.

Les équations donnant la masse et le poids d'un corps par rapport à l'accélération de vitesse que la pesanteur imprime à ce corps sont les suivantes :

$$\frac{P}{g} = M \qquad P = Mg$$

A Paris : $g = 980,09$.
On a aussi les relations :

$$\frac{P}{P'} = \frac{V}{V'}$$

quand les densités sont les mêmes, c'est-à-dire qu'à

densité égale les poids sont proportionnels aux volumes et,

$$\frac{V}{V'} = \frac{D'}{D}$$

quand les poids sont égaux, autrement dit : *à poids égal les volumes sont en raison inverse des densités.*

Équilibre des corps pesants. — L'équilibre existe quand le centre de gravité du solide considéré est situé sur la verticale du point fixe. Il suffit donc, pour qu'il y ait équilibre, que la pesanteur, force verticale dirigée de haut en bas, soit détruite par la résistance d'un point fixe situé sur son parcours.

Deux cas sont à considérer :

Le corps est maintenu par un seul point d'appui. Alors, pour l'équilibre, le centre de gravité du solide devra coïncider avec lui ou se trouver sur la verticale du point d'appui.

Le corps a deux ou plusieurs points d'appui. Dans ce cas, la verticale passant par le centre de gravité devra couper l'intérieur de la ligne ou du polygone formé par les points d'appui.

Les tours de Pise et de Bologne, très inclinées sur leur base, ont néanmoins leur centre de gravité G situé sur la verticale passant par l'intérieur de la base (fig. 2).

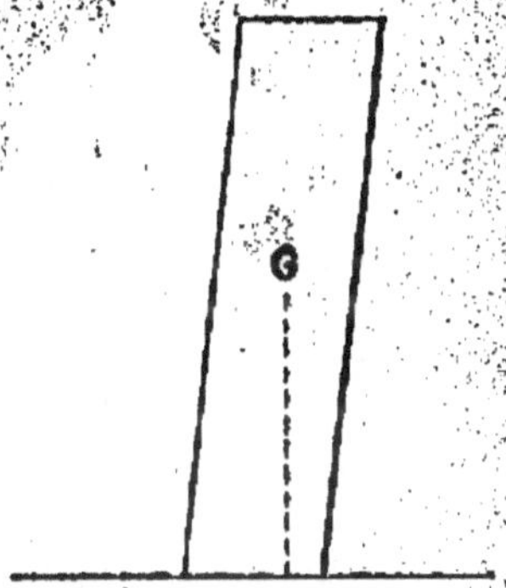

Lorsque la voûte d'un pont est en équilibre, l'ensemble des pressions partielles sur chaque joint donne une résultante unique appliquée en un point du joint. La réunion en une ligne continue de tous les points des joints par lesquels passent ces résultantes constitue la courbe

Fig. 2. — Équilibre de la tour penchée.

des pressions. Cette courbe doit être partout intérieure au profil de la voûte (fig. 3).

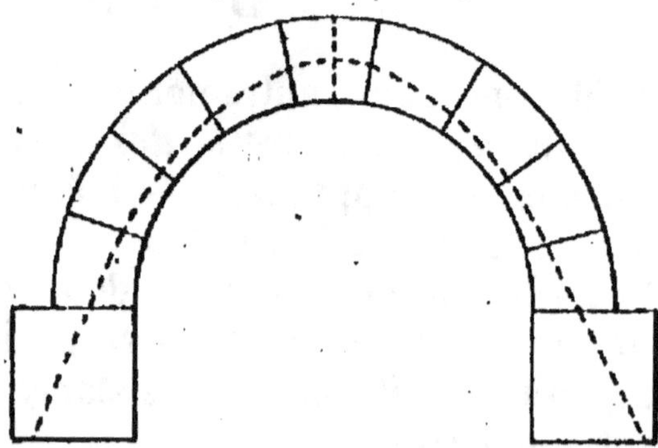

Fig. 3. — Courbe des pressions.

L'équilibre est *stable* quand le centre de gravité est au-dessous du point ou de l'axe de suspension. Devié de sa position d'équilibre, le corps y revient de lui-même après plusieurs oscillations. Ex. : le balancier de pendule (fig. 4).

L'équilibre est *instable* quand le centre de gravité est au-dessus du point ou de l'axe de suspension. Dévié de

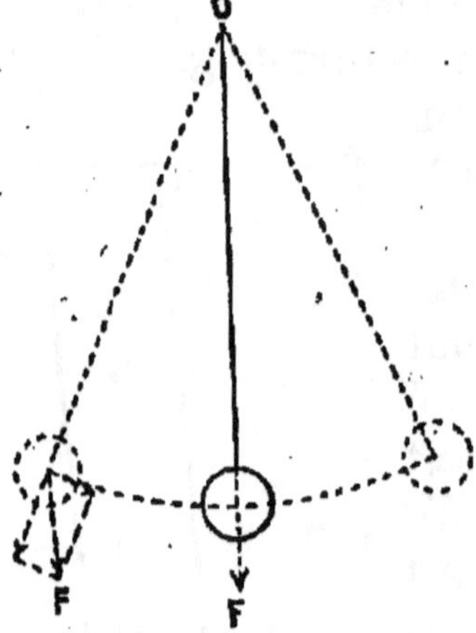

Fig. 4. — Equilibre stable.

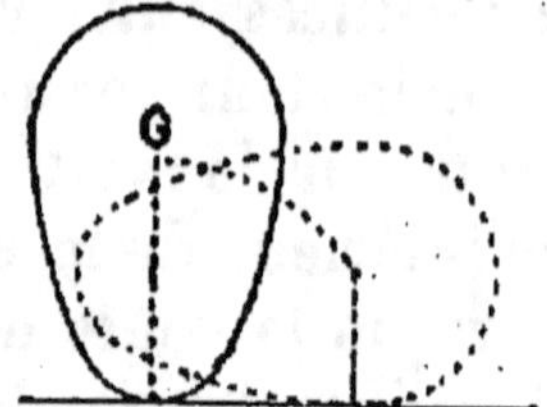

Fig. 5. — Equilibre instable.

cette position, le corps tend à s'en écarter de plus en plus. Ex. : une baguette tenue en équilibre sur l'extrémité du doigt, un œuf reposant sur un plan horizontal par une de ses extrémités (fig. 5).

L'équilibre est *indifférent* quand le centre de gravité ne change pas, quelle que soit la position du corps, c'est-à-dire quand ce centre coïncide avec le point ou l'axe de suspension. Ex. : une roue de voiture suspendue par son essieu, une sphère placée sur une table (fig. 6).

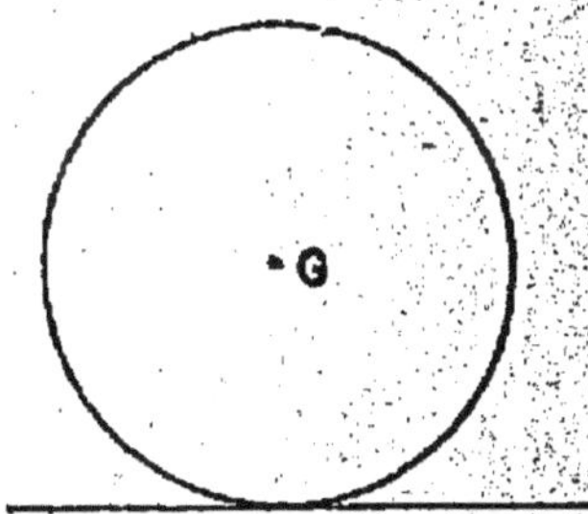

Fig. 6. — Équilibre indifférent.

Levier. — Le levier est une machine simple composée d'une barre rigide AB en bois ou en métal (fig. 7), mobile autour d'un point fixe ou point d'appui O, et que l'on peut soumettre à l'action de deux forces

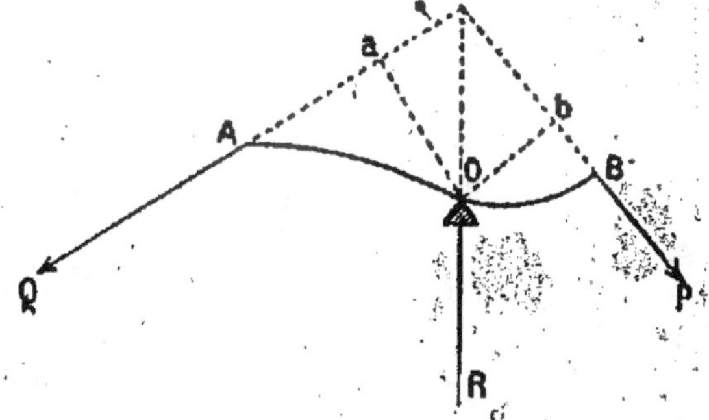

Fig. 7. — Levier.

tendant à le faire tourner en sens contraire ; ces deux forces sont la puissance P et la résistance Q. Les distances Oa et Ob normales aux directions des deux forces sont les *bras de levier*.

L'équation d'équilibre du levier est donnée par la formule :

$$\frac{P}{Q} = \frac{Oa}{Ob}$$

c'est-à-dire : *la puissance et la résistance sont en raison inverse de leurs bras de levier.*

J. MALETTE. — Physique et Chimie. 1.

Cette équation peut encore être mise sous la forme :

$$P \times Ob = Q \times Oa$$

ou : *le moment de la puissance est égal au moment de la résistance.*

Le levier est du *premier genre* quand le point d'appui est entre les points d'application de la puissance et de la résistance.

Il est du *deuxième* ou du *troisième genre* quand le point d'application de la résistance est entre celui de la puissance et le point d'appui ou entre celui de la résistance et le point d'appui.

Mesure des poids. — Le poids d'un corps s'obtient à l'aide d'un dynamomètre. Le dynamomètre le plus simple, le peson à ressort, consiste en un ressort d'acier dont l'une des extrémités porte un arc métallique divisé terminé à sa partie supérieure par un anneau (fig. 8). L'autre extrémité est fixée à un arc concentrique mobile terminé à sa partie inférieure par un crochet auquel on suspend le corps à peser. L'appareil est étalonné directement au moyen de poids marqués, de sorte qu'un corps suspendu au crochet déterminant une flexion du ressort, la division à laquelle s'arrête un index est précisément celle qui indique le poids du corps expérimenté.

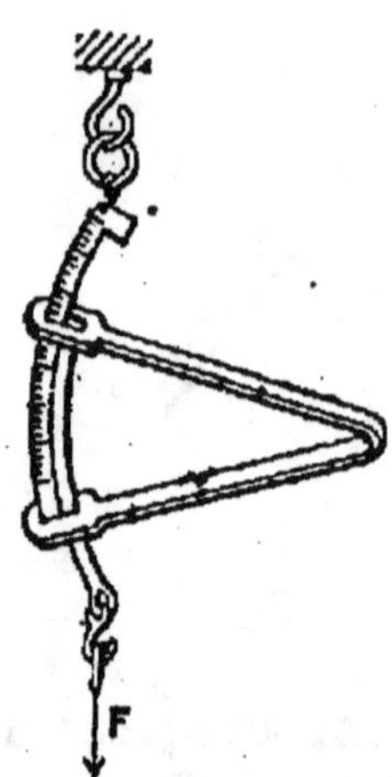

Fig. 8. — Peson à ressort.

Il convient de remarquer que le poids d'un corps varie avec la latitude et l'altitude du lieu.

Balance. — La balance est un instrument de précision qui sert à mesurer les masses et les poids relatifs. L'opération que l'on fait avec la balance se nomme pesée.

On détermine le poids d'un corps par rapport aux multiples ou aux sous-multiples de l'unité. La série de poids d'une balance de précision est composée de la façon suivante : 0 gr. 001 — 0 gr. 002 — 0 gr. 002 — 0 gr. 005 — 0 gr. 010 — 0 gr. 010 — 0 gr. 020 — 0 gr. 050 — 0 gr. 100 — 0 gr. 100 — 0 gr. 200 — 0 gr. 500 — 1 gr. — 2 gr. — 2 gr. — 5 gr. — 10 gr. — 10 gr. — 20 gr. — 50 gr. et ainsi de suite suivant la force de la balance.

La balance se compose d'un fléau reposant en son milieu par un couteau sur un plan d'agate ou d'acier poli. Aux extrémités du fléau sont suspendus au moyen de couteaux renversés des plateaux de même poids. A la partie supérieure du fléau et perpendiculairement à sa direction se trouve une aiguille de longueur variable dont l'extrémité se déplace sur un arc divisé fixe porté par une colonne en laiton. La balance est en équilibre lorsque l'aiguille s'arrête au zéro de l'arc gradué ou quand elle oscille entre deux traits équidistants du zéro. Cet arc peut être au-dessus ou au-dessous du fléau. Les trois couteaux sont généralement établis sur un même plan horizontal.

La colonne s'appuie sur une tablette que l'on rend horizontale au moyen d'un système de trois vis calantes.

Une balance ne peut donner de bons résultats que si elle est juste et sensible. Elle est *juste*, quand son fléau conserve la même position d'équilibre, les plateaux étant vides ou chargés de poids égaux. Elle est *sensible* quand le fléau accuse une légère inclinaison provoquée par l'addition d'un faible poids sur l'un des plateaux.

Conditions de justesse. — *I.* — *Lorsque le fléau est en équilibre, le centre de gravité de la partie mobile (fléau, plateaux et accessoires) doit être sur la verticale du point de suspension.*

II. — Les deux bras du fléau doivent être rigoureusement égaux.

Le centre de gravité de la partie mobile se trouve au-dessous de l'arête du couteau.

Conditions de sensibilité. — Une balance est d'autant plus sensible :

I. — Que les bras du fléau sont plus longs.

II. — Que le poids de la partie mobile est plus petit,

III. — Que le centre de gravité du fléau est plus rapproché de l'axe de suspension.

IV. — Les points de suspension des plateaux et du fléau doivent être en ligne droite.

Soient MN et M'N' deux positions successives du fléau

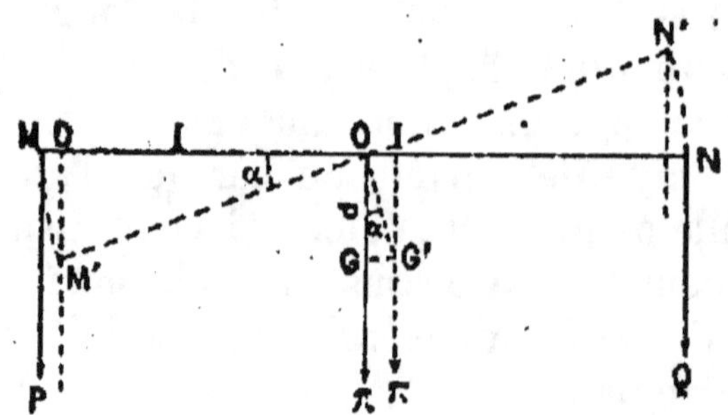

Fig. 9. — Conditions de sensibilité de la balance.

d'une balance, G et G' étant les positions correspondantes du centre de gravité (fig. 9).

Soient α l'angle d'inclinaison du fléau et $p = P - Q$ la différence des poids placés sur les plateaux. Pour l'équilibre, on a :

$$p \times OD = \pi \times OI$$

π étant le poids appliqué au bras de levier OI.

Or dans le triangle ODM', on a :

$$OD = OM' \cos \alpha$$

et dans le triangle G'IO :

$$OI = OG \sin \alpha$$

Donc $$p \times \mathrm{OM}' \cos \alpha = \pi\, d \sin \alpha$$

$$\text{d'où } \operatorname{tg} \alpha = \frac{pl}{\pi d}$$

en désignant OM' par l et OG par d.

Quand tg α a la valeur précédente la balance est en équilibre.

Il faut remarquer qu'indépendamment des conditions de justesse et de sensibilité énoncées ci-dessus, la balance doit être construite de telle façon que, dans la limite de charge le fléau demeure rigide, sans quoi, pour une flexion un peu importante, le centre de gravité s'abaisserait notablement. De plus, les frottements au point d'appui du couteau et aux points d'attache des plateaux doivent être réduits au minimum.

Diverses méthodes de pesée. — 1° *Simple pesée.* Dans l'un des plateaux, on met le corps à peser, dans l'autre, des poids marqués jusqu'à ce que l'équilibre soit obtenu.

Soit x le poids cherché, P la somme des poids marqués ; on a :

$$xl = \mathrm{P}l$$

quand les bras de levier sont rigoureusement égaux, d'où :

$$x = \mathrm{P}$$

2° *Double pesée.* — Cette méthode encore appelée *pesée de Borda* permet de peser avec une balance dont les conditions d'égalité de longueur et de poids des fléaux ne sont pas rigoureusement réalisées. On place le corps à peser dans l'un des plateaux, on établit l'équilibre à l'aide d'une *tare* formée de grenaille de plomb, sable, etc. On enlève ensuite le corps que l'on remplace par des poids marqués jusqu'à ce qu'on ait rétabli l'horizontalité du fléau. Cette valeur des poids marqués mesure le poids du corps. Cette méthode de la double pesée est la seule en usage dans les déterminations faites avec les balances de précision, même les mieux construites.

Par contre dans les déterminations ordinaires faites avec la balance de Roberval qui est la balance usuelle, on se contente de la simple pesée, beaucoup plus rapide, mais qui suffit dans la plupart des cas.

Pour des colis lourds et encombrants on se sert de bascules.

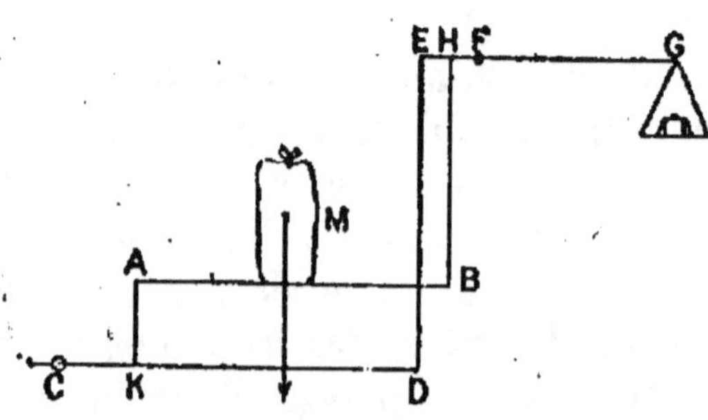

Fig. 10. — Bascule de Quintenz.

La *bascule de Quintenz* (fig. 10) comprend un tablier ou plate-forme AB reposant, par l'intermédiaire d'une partie rigide AK, sur une autre plate-forme parallèle CD mobile autour du point C. Un fléau EFG peut tourner autour du point fixe F et porte, suspendu en G, un plateau destiné à recevoir des poids marqués. Il est relié aux plates-formes par des parties rigides ED, HB. L'appareil est construit de telle façon que l'on a la relation

$$\frac{FE}{FH} = \frac{CD}{CK}$$

En pratique on réalise cette autre condition $\frac{FG}{FH} = 10$, ce qui fait qu'un poids placé en G fait équilibre à un poids décuple placé sur le tablier.

La *balance romaine* ou simplement *romaine* (fig. 11), couramment employée dans les mesures approchées, se compose d'un levier métallique ayant un point de suspension en S. L'extrémité de l'un des bras porte un plateau ou crochet devant recevoir le corps à peser. Sur

l'autre bras se trouve une graduation le long de laquelle
se déplace un anneau
A portant un poids
constant P. On arrête
le déplacement de cet
anneau lorsque le fléau
est horizontal. On lit la
division marquée et on
a de suite le poids du

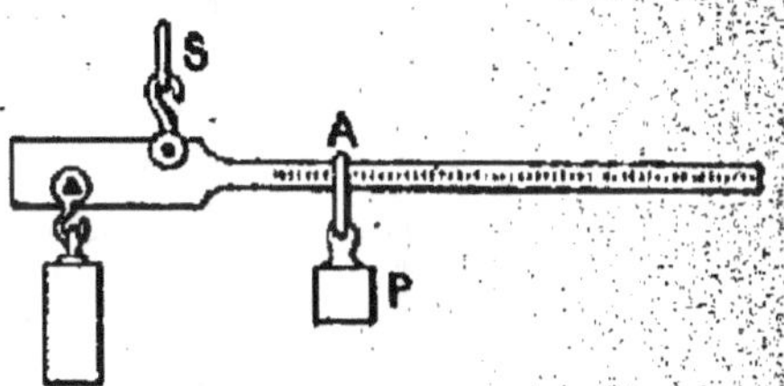

Fig. 11. — Romaine.

corps. L'appareil est étalonné avec des poids connus.

Lois de la chute des corps. — 1re LOI. — *Tous les
corps tombent dans le vide avec la même vitesse.*

Cette loi se vérifie expérimentalement au moyen du
tube de Newton dans lequel on a fait le vide après y avoir
introduit quelques corps de nature différente (papier,
plomb, etc.). En retournant le tube, on constate que les
corps arrivent en même temps au bas de l'appareil.

Une autre expérience vérifiant aussi cette loi est celle
du *marteau d'eau* qui consiste en un tube contenant de
l'eau dans lequel on a fait également le vide. Par retournement l'eau se précipite en une seule masse à la partie
inférieure.

2e LOI. — *Les espaces parcourus par un corps tombant librement dans le vide sont proportionnels aux
carrés des temps employés à les parcourir.*

L'équation représentant cette loi est la suivante :

$$e = \frac{g t^2}{2}$$

On verra ci-après la vérification expérimentale de
cette loi.

3e LOI. — *Les vitesses acquises par un corps tombant
librement dans le vide sont proportionnelles aux temps
écoulés depuis le commencement de la chute.*

Cette loi se traduit par la formule :

$$v = gt$$

Des deux relations précédentes, on en déduit :

$$v = \sqrt{2ge}$$

c'est-à-dire que la vitesse à un instant quelconque est proportionnelle à la racine carrée de l'espace parcouru à cet instant.

Pour vérifier les 2e et 3e lois de la chute des corps, il faut réduire la rapidité de chute d'un corps parce que la difficulté d'observation est trop grande. Cette difficulté est surmontée dans les trois appareils suivants : appareil de Morin, machine d'Atwood et plan incliné.

L'appareil Morin est enregistreur. Il se compose d'un

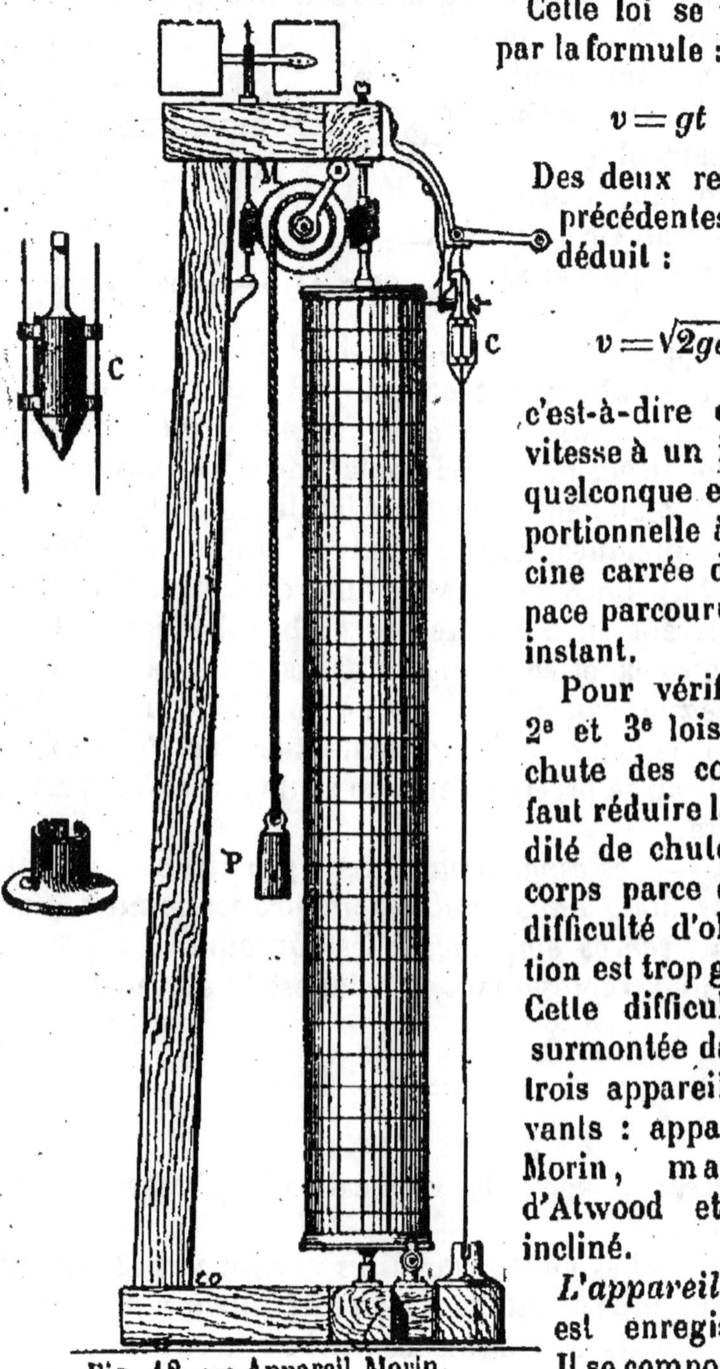

Fig. 12. — Appareil Morin.

cylindre vertical (fig. 12) entouré de papier blanc, animé d'un mouvement de rotation autour de son axe, mouvement communiqué par un poids moteur P, comme on le fait en horlogerie. Un régulateur à ailettes rend le mouvement uniforme. Un style traceur tombe librement le long d'une des génératrices du cylindre lorsque celui-ci est à l'état de repos. La forme et le poids du corps permettent de négliger la résistance de l'air. Quand l'appareil est mis en mouvement, on laisse tomber le poids muni du style traceur; on obtient une courbe

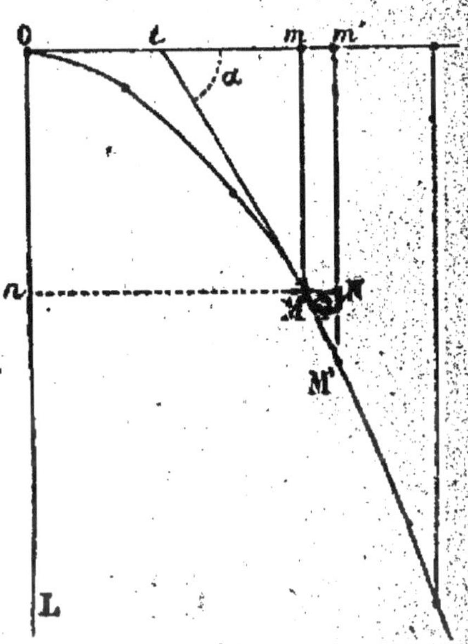

Fig. 13. — Courbe décrite par l'appareil Morin.

OMM′ (fig. 13) qui développée vérifie la loi de proportionnalité des carrés des temps par rapport aux espaces parcourus. Cette courbe est une parabole; elle répond à la loi analytique :

$$l = at^2.$$

Machine d'Atwood. — Cette machine permet d'atténuer la vitesse de chute des corps sans altérer la nature du mouvement. Elle est constituée par une poulie très mobile sur laquelle passe un fil assez fin aux extrémités duquel sont suspendus deux poids égaux (fig. 14). Le système est ainsi en équilibre. Si l'on ajoute à l'un de ces poids un poids supplémentaire l'équilibre est détruit. Une règle graduée verticale sert à faire les observations nécessaires. On vérifie ainsi que le mouvement est uniformément accéléré. Puis on recommence l'expérience en retenant dans le mouvement de descente le poids additionnel au moyen d'un anneau évidé laissant passer seulement le poids curseur. On constate qu'à partir de ce moment le mouvement devient uniforme.

Plan incliné. — Galilée est le premier qui ait résolu le problème du ralentissement du corps pour rendre le phénomène facile à vérifier. Il a démontré qu'un corps pesant descend suivant la verticale avec une vitesse plus grande que lorsqu'il s'abaisse suivant un plan incliné. Cette vitesse est fonction de l'angle formé par la ligne de plus grande pente avec l'horizontale.

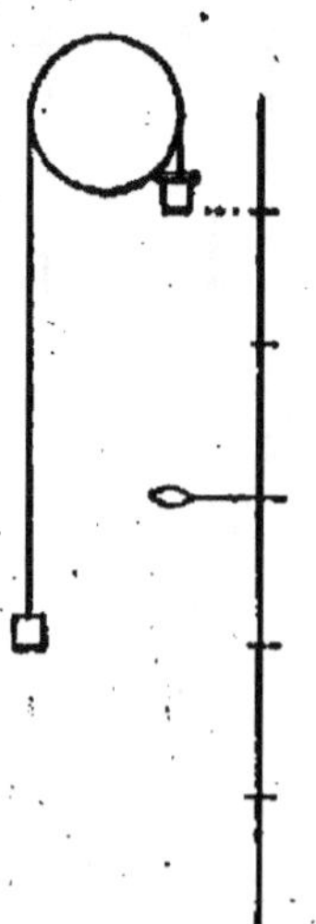

Fig. 14. — Machine d'Atwood.

Un corps M, placé sur un plan incliné (fig. 15) faisant un angle α avec l'horizon est sollicité par son poids MR, qui se décompose en deux forces, l'une Mf normale au plan, l'autre Mf' parallèle à ce plan ; cette dernière seule provoque la chute du corps. Galilée nota les temps et les espaces parcourus et trouva ainsi l'équation du mouvement uniformément varié :

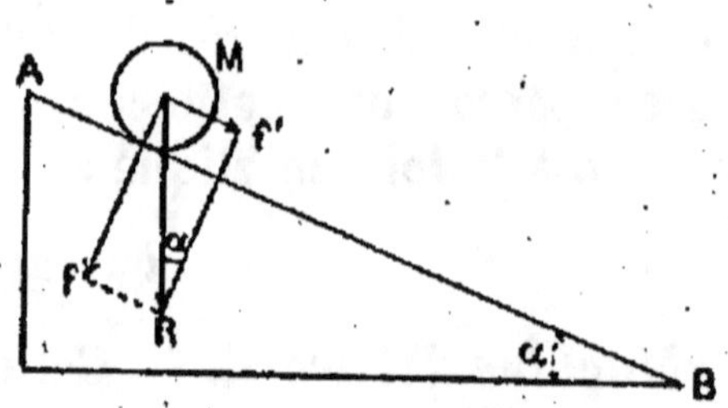

Fig. 15. — Plan incliné.

$$e = \frac{gt^2}{2}$$

Théorèmes des mouvements. — On démontre en mécanique que les relations qui unissent les mouvements aux forces obéissent aux deux théorèmes suivants :

THÉORÈME I. — *Une force constante en direction et en intensité agissant sur un point matériel à l'état de repos lui communique un mouvement rectiligne de même direction qu'elle et uniformément accéléré.*

La réciproque est vraie.

THÉORÈME II. — *Des forces constantes en direction et en intensité agissant successivement sur un même corps partant du repos, sont entre elles comme les accélérations des mouvements qu'elles produisent.*

Intensité de la pesanteur. — Les mesures expérimentales de Morin, d'Atwood et de Galilée sont entachées de légères erreurs dues au frottement des organes et à la résistance de l'air. Pour la détermination plus précise de l'accélération, on a maintenant recours au pendule.

Pendule. — Il ne s'agit ici que du pendule composé, c'est-à-dire d'un corps pesant mobile autour d'un point ou d'un axe horizontal de suspension. Le pendule simple est, en effet, purement théorique puisqu'il n'est autre qu'un point matériel pesant suspendu par un fil inextensible et sans poids à un point fixe autour duquel il peut librement osciller. Comme pratiquement on ne peut réaliser ces conditions, il n'y a pas lieu de songer à s'en servir au point de vue expérimental.

Soit donc Oa un pendule composé (fig. 16) à l'état de repos; le point a est situé sur la verticale passant par le point fixe O.

Si l'on écarte ce pendule et qu'on le tende suivant la direction OA, il sera soumis à l'action de la pesanteur représentée par la force verticale AP. Cette résultante peut, suivant le parallélogramme des forces, se décomposer en deux forces, l'une Ac qui aura pour effet de tendre le fil; l'autre Ab qui déterminera un mouvement circulaire dont l'amplitude dépendra de l'intensité. Un raisonnement analogue montrerait qu'arrivé au point A'' symétrique de A par rapport à O*a*, le pendule sollicité

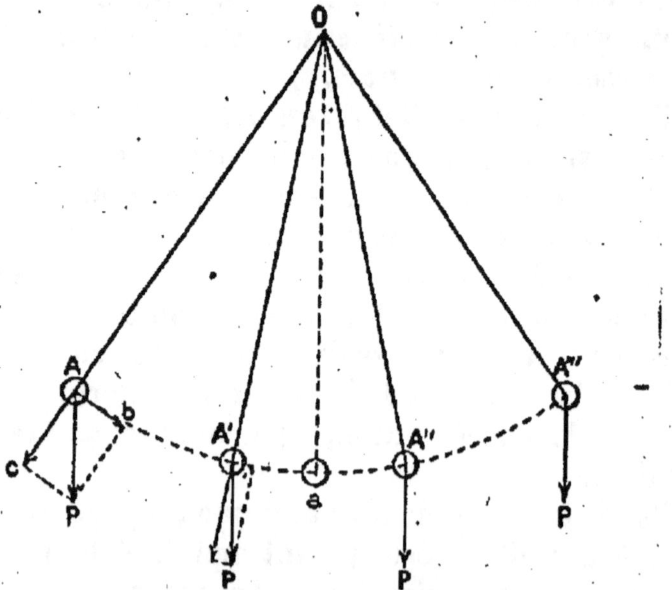

Fig. 16. — Pendule composé.

par une force égale parcourra la même distance en sens inverse et reviendra en A ; et ainsi de suite.

L'oscillation simple est le passage d'une position extrême OA à la position symétrique OA'''.

L'amplitude est l'angle formé par les positions extrêmes.

L'équation d'amplitude est donnée par la formule :

$$t = \pi \sqrt{\frac{l}{g}}$$

t représentant la durée exprimée en secondes de l'oscillation simple,

π le rapport 3,1416,

l la longueur O*a* du pendule,

g l'accélération due à la pesanteur au lieu considéré.

La longueur du pendule simple composé est celle du pendule simple synchrone.

Lois expérimentales du pendule. — 1re LOI. — LOI DE L'ISOMORPHISME DES PETITES OSCILLATIONS. — *La durée des oscillations d'un même pendule dans un même lieu est indépendante de l'amplitude, pourvu que celle-ci soit petite.*

Cette loi peut encore être exprimée de la façon suivante :

Les petites oscillations d'un pendule sont isochrones, quelle qu'en soit l'amplitude.

Pour vérifier cette loi, il suffit de compter le temps θ employé à parcourir N oscillations et le temps θ' correspondant au même nombre N d'oscillations d'amplitude différente. On constate l'égalité des temps :

$$\theta = \theta'$$

donc les oscillations sont isochrones.

2e LOI. — LOI DES SUBSTANCES. — *La durée d'oscillation de faible amplitude d'un pendule est indépendante de la substance dont il est fait.*

La vérification très simple de cette loi consiste à faire osciller des pendules de formes géométriques rigoureusement égales, mais dont les sphères ou parties extrêmes sont composées de substances très différentes. De petites oscillations imprimées à ces divers pendules ont lieu pendant le même temps.

3e LOI. — LOI DES LONGUEURS. — *La durée d'oscillation de faible amplitude d'un pendule en un même lieu est proportionnelle à la racine carrée de sa longueur.*

Un pendule de longueur 1 fait deux oscillations dans le même temps qu'un pendule de longueur 4 fait une oscillation. C'est la conséquence de la formule :

$$t = \pi \sqrt{\frac{l}{g}}$$

Ces trois premières lois ont été découvertes par Galiléo.

4° LOI. — LOI DU DÉCROISSEMENT DES AMPLITUDES. — *L'amplitude des oscillations décroît en progression géométrique lorsque leur nombre croît en progression arithmétique (Borda).*

5° LOI. — LOI DES INTENSITÉS. — *La durée des oscillations est inversement proportionnelle à la racine carrée de l'intensité de la pesanteur.*

Application des lois du pendule à la détermination de g. — De la relation déjà citée :

$$t = \pi \sqrt{\frac{l}{g}}$$

on tire :

$$g = \pi^2 \frac{l}{t^2}$$

Si l est mesuré en centimètres, t en secondes, g sera nécessairement en unités C.G.S. d'accélération (1).

Borda a appliqué ce principe en se servant d'une sphère de platine suspendue à un fil, en calculant la longueur l du pendule synchrone et en déterminant la durée t d'une oscillation.

Des expériences faites il résulte que la valeur de g à Paris est :

> 980,882 d'après Borda
> 980,9696 — Pierre
> 980,991 — le commandant Defforges.

On adopte généralement pour g en divers points du globe les nombres suivants :

(1) Le système C. G. S. est décrit plus loin (V. Mesure des grandeurs, p. 24).

Equateur	978,10
Latitude 45°.	980,61
Paris	980,99
Greenwich	981,17
Berlin	981,25
Edimbourg	981,54
Pôle	983,11

L'expérience démontre que g et, par suite, l sont fonctions des deux variables : l'altitude et la latitude.

Mesure du temps. — La formule,

$$t = \pi \sqrt{\frac{l}{g}}$$

permet de connaître la longueur du pendule battant la seconde.

En effet, en faisant $t = 1$, on a :

$$l_1 = \frac{g}{\pi^2}$$

On trouve pour la longueur du pendule à Paris :

$$l_1 = 99 \text{ cm.}, 392$$

c'est-à-dire près d'un mètre.

Le réglage du mouvement des horloges et des montres est dû à Huyghens ; ce physicien a déduit de la loi d'isochronisme des oscillations un moyen de réglage basé sur l'échappement à ancre relié pour les horloges à la roue d'échappement et pour les montres et les chronomètres au balancier à ressort spiral.

Mesure des grandeurs. — Mesurer une grandeur, c'est la comparer à une grandeur de même espèce appelée unité.

Le système métrique a été établi en France en 1795,

par la Convention nationale. On a adopté les *unités fon-damentales* desquelles se déduisent les *unités dérivées* au moyen de relations simples. Le système des unités C.G.S. (centimètre-gramme-seconde), en usage dans les sciences physiques, a été arrêté en 1881 par le Congrès international des électriciens.

Les trois unités fondamentales sont :

l'unité de longueur (le centimètre)
— masse (le gramme)
— temps (la seconde).

Le centimètre est la centième partie du mètre qui, lui-même, est la dix-millionième partie du quart du méridien terrestre.

Le gramme est la millième partie du kilogramme. C'est la masse d'un centimètre cube d'eau distillée à la température de 4 degrés centigrades.

La seconde est la $\dfrac{1}{86.400}$ partie du jour solaire moyen.

Les unités dérivées sont :

L'unité de vitesse : c'est la vitesse d'un mobile animé d'un mouvement rectiligne et uniforme parcourant 1 centimètre en 1 seconde.

L'unité d'accélération : c'est l'accélération d'un mobile dont la vitesse s'augmente de 1 unité de vitesse en 1 seconde.

L'unité de force (dyne) : c'est la force imprimant l'unité d'accélération à une masse de 1 gramme.

L'unité de travail, d'énergie et de force vive (erg) : c'est le travail de 1 dyne dont le point d'application se déplace de 1 centimètre dans sa direction.

Le kilogrammètre : c'est le travail résultant de la chute d'un kilogramme-poids tombant d'une hauteur d'un mètre.

Les multiples et sous-multiples de ces unités s'expriment par les préfixes suivants :

MULTIPLES :

méga ou még valant	1.000.000		unités
myria	—	10.000	—
kilo	—	1.000	—
hecto	—	100	—
déca	—	10	—

SOUS-MULTIPLES

déci	—	0,1	—
centi	—	0,01	—
milli	—	0,001	—
micro ou micr	—	0,000.001	—

Pour mesurer les unités fondamentales on se sert d'instruments de précision.

Mesure des longueurs. — Les longueurs ordinaires sont le plus souvent mesurées au moyen de règles plates divisées en millimètres. La distance entre les deux traits extrêmes est d'un mètre. On trace les divisions au moyen d'une machine à diviser. Un mètre étalon sert de type. On place la règle contre la longueur à mesurer ; on lit au millimètre près et on évalue le reste au jugé.

Le mètre international, construit par la commission internationale du mètre, est en platine iridié ; il présente quatre rainures. Deux traits gravés sur le plan placé au centre de gravité donnent la longueur exacte. Des copies de ce mètre servent d'étalons d'usage courant.

Vernier. — C'est une réglette graduée glissant le long d'une règle plus grande qui est aussi graduée (fig 17). Très souvent 9 divisions de la grande règle correspondent à 10 divisions de la réglette appelée *vernier*. Si les divisions sont des millimètres, chaque division du vernier est d'un dixième de millimètre inférieure à une division de la règle. Le vernier est dit alors au dixième. La me-

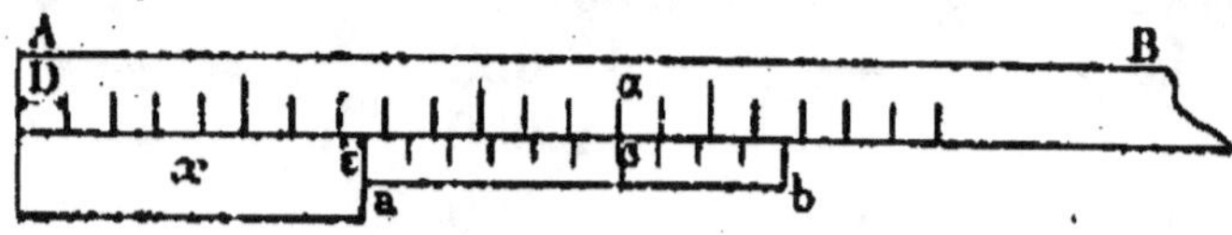

Fig. 17. — Vernier.

sure d'un objet se fait en le plaçant le long de la règle à partir du zéro. On lit, par exemple, 7 divisions plus une fraction. Si la division du vernier où s'observe la correspondance des traits est 6, la longueur est 7 mm. 6 avec le vernier au $\frac{1}{10}$. Le vernier peut aussi être au $\frac{1}{20}$, au $\frac{1}{50}$, etc. Il affecte une forme rectiligne ou circulaire. Il est très employé dans les instruments de physique et de géodésie.

Pied à coulisse. — Cet instrument est d'un fréquent

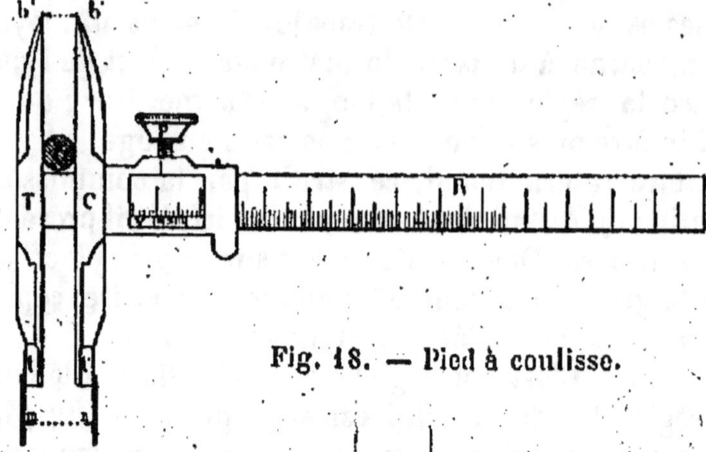

Fig. 18. — Pied à coulisse.

usage dans les ateliers. On place l'objet dont on veut

connaître la longueur entre deux butoirs dont l'un T est fixe, l'autre C mobile glissant le long d'une règle divisée (fig. 18). Un curseur est solidaire du butoir mobile. La lecture se fait sur la règle divisée; elle est d'autant plus précise que le curseur est muni d'un vernier. On arrive ainsi à estimer la longueur d'un objet à un dixième de millimètre.

La longueur des lignes sinueuses ou courbes s'apprécie quelquefois au moyen du curvimètre, instrument très connu des dessinateurs et des ingénieurs.

Vis micrométrique. — C'est une vis provoquant des déplacements très lents et très réguliers et dont le pas est de 1 ou de $\dfrac{1}{2}$ millimètre. Elle est construite sur le principe de l'hélice. Si on suppose un petit rectangle a se mouvant sur la surface d'un cylindre tout en ayant son plan constamment normal au cylindre, un des sommets intérieurs du rectangle décrit une hélice directrice (fig. 19). Les autres points du rectangle décrivent d'ailleurs eux aussi une hélice directrice. Le lieu de toutes ces hélices constitue le *filet*, la vis formant l'ensemble du cylindre et du filet. Le pas de la vis est la distance verticale ab de deux points semblables et voisins du filet générateur.

Le filet au lieu d'être rectangulaire, peut être triangulaire, comme cela a lieu dans les instruments de précision.

A chaque vis correspond un *écrou* qui est une pièce métallique présentant en creux le relief du filet.

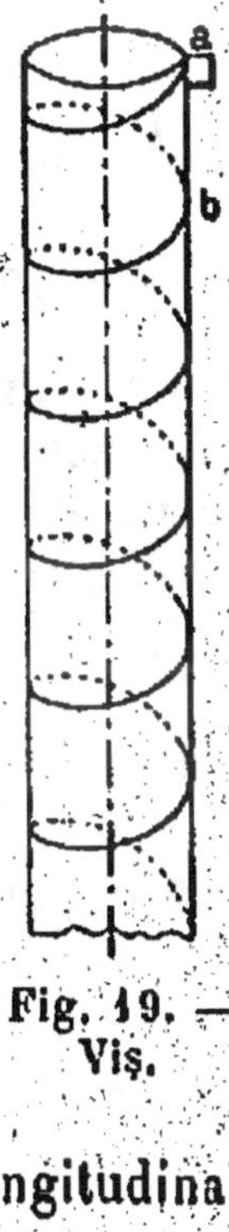

Si l'on suppose l'écrou mobile, l'un quelconque de ses points s'avance sur la vis en décrivant aussi une hélice. Le déplacement longitudinal

Fig. 19. — Vis.

de ce point et par suite celui de l'écrou tout entier est proportionnel à l'angle de rotation de cette vis. On taille cette
vis sur le pourtour d'un cylindre bien homogène en acier
fondu ou en bronze.

Le *sphéromètre* est un instrument de précision servant à la mesure de faibles épaisseurs, à la vérification
de la courbure des surfaces sphériques et à la mesure de
leur rayon. Une vis micrométrique (fig. 20), mobile dans
un écrou fixe E, placé au centre d'un trépied reposant

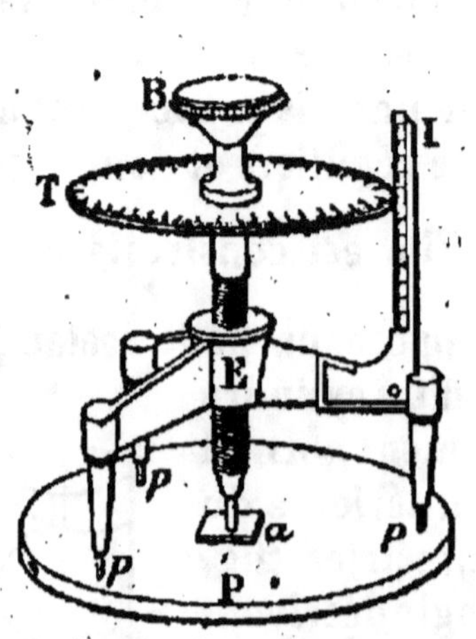

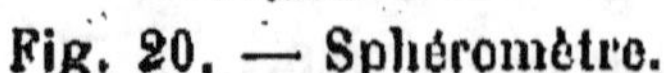

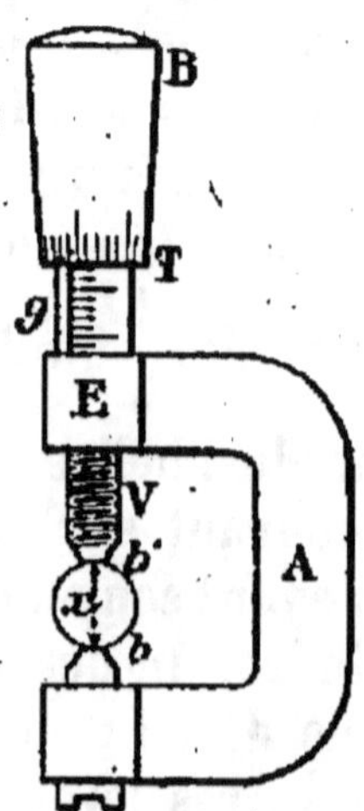

Fig. 20. — Sphéromètre.   Fig. 21. — Palmer.

sur un plan P par trois pointes fines *p* en acier trempé,
se déplace en entraînant avec elle un disque mince T,
portant un limbe gradué. La pointe mousse inférieure
de la vis est amenée contre l'objet à mesurer. Une règle
verticale graduée I, fait connaître le déplacement de la
vis.

Le *palmer* (fig. 21) consiste en une vis micrométrique V, avec écrou fixe E, dont le déplacement est indiqué
sur un manchon B, divisé sur son pourtour et glissant
sur un cylindre intérieur gradué sur l'une de ses génératrices. L'objet se place entre l'extrémité de la vis et le
butoir *b*.

Le *cathétomètre* sert à mesurer la différence de hauteur qui existe entre deux points. Il se compose d'une tige verticale graduée le long de laquelle glisse une lunette horizontale qui sert à viser successivement les deux points considérés. La différence entre les deux lectures de la règle donne la hauteur cherchée. Le réglage de l'appareil est assez délicat. Des pièces nombreuses permettent d'assurer l'horizontalité et la verticalité de certaines parties. L'adjonction d'une vis micrométrique offre une garantie de précision dans la lecture des divisions.

Avant de se servir de cet instrument il faut s'assurer que :

1° L'axe optique de la lunette est parallèle à la ligne des repères du niveau et perpendiculaire à l'axe de rotation;

2° L'axe de rotation est bien vertical.

La vis micrométrique est encore utilisée dans d'autres instruments : machine à diviser, microtome, etc.

Micromètre oculaire. — C'est un microscope muni d'un oculaire micrométrique qui sert à la détermination d'une petite longueur. Quand on veut connaître la distance qui sépare deux traits parallèles voisins, on met au-dessus et en face d'eux un microscope dans une position telle que les images se forment dans le plan du réticule. Un oculaire de Ramsden fait voir l'image d'une espèce de peigne (fig. 22) placé près du réticule ; ce réticule reçoit un déplacement de translation d'une vis micrométrique manœuvrée par un bouton. Un tambour divisé solidaire du bouton donne les fractions de tour de la vis. Un tour de vis déplace le réticule d'une longueur qui est celle de deux dents du peigne.

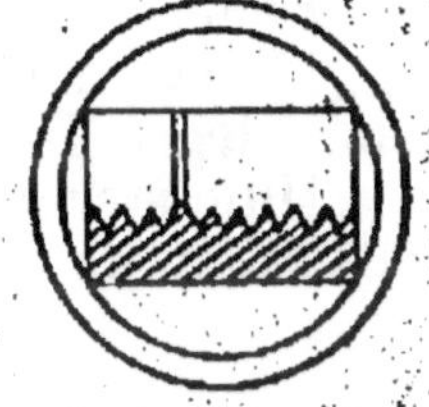

Fig. 22. — Peigne du micromètre oculaire.

Comparateur. — Cet instrument se compose de deux

microscopes analogues à celui qui vient d'être décrit, disposés de façon que leurs axes soient parallèles. Ces axes ont entre eux la longueur dont on veut évaluer les petites variations.

Un comparateur très précis est celui qu'emploie le bureau international des poids et mesures de Sèvres.

Mesures itinéraires. — Les mesures itinéraires, c'est-à-dire les mesures de longueur qui servent à évaluer les grandes distances sur les routes, les chemins de fer, les canaux, etc., se déterminent généralement au moyen de décamètres affectant la forme de chaînes d'arpenteur, de rubans d'acier (ruban décamétrique, double-décamètre).

Quelquefois on se sert d'appareils spéciaux (stadias, télémètres, etc.).

Les longueurs de moindre importance se mesurent à l'aide de doubles-mètres, mètres, doubles-décimètres, décimètres, etc.

Dans la marine principalement on rapporte les longueurs aux unités suivantes :

Mille géographique de 15 au degré de l'équateur . . . . 7.420 m.
Lieue de 18 au degré du méridien . . . . 6.173 —
Lieue de 25 au degré du méridien . . . 4.445 —
Lieue marine ou géographique de 25 au degré . . . . 5.556 —
Mille marin de 60 au degré ou arc de méridien d'une minute . . . . 1.852 —

Mesure des surfaces. — La détermination de la surface des corps solides relève de la géométrie. La mesure de certaines longueurs appropriées à la forme des figures permet, par leur combinaison, de trouver la surface de ces figures.

En pratique, on mesure quelquefois une surface en

superposant un papier quadrillé transparent, divisé en carrés assez petits dont on compte le nombre ; on évalue au jugé les carrés incomplets. On peut aussi dessiner le contour extérieur sur un papier quadrillé.

D'autres fois, on découpe un carton sur lequel on a tracé le pourtour extérieur de la figure plane. On fait la même opération sur un carton identique pour l'unité de surface. On pèse ces cartons séparément. Connaissant les poids respectifs des deux morceaux de carton, il est facile d'en déduire la superficie cherchée.

Le planimètre est un appareil qui sert à mesurer une surface d'après son contour en conservant un point fixe.

Ces procédés pratiques ne donnent d'ailleurs qu'un résultat approximatif.

Mesure des forces. — Une force peut se mesurer directement à l'aide d'un dynamomètre, appareil basé sur l'élasticité d'un corps solide. Le dynamomètre le plus simple est le peson à ressort qui a été décrit à propos de la mesure des poids. Un dynamomètre d'un autre genre est celui de Poncelet constitué par deux ressorts d'acier dont les extrémités sont articulées à celles de deux lames courtes et rigides. A l'état de repos, les ressorts sont parallèles, mais, sous l'influence d'un effort, ils se courbent en s'écartant. Cet écartement produit la déviation d'une aiguille mobile sur un cadran divisé. Grâce à ce dispositif une simple lecture donne la mesure de la traction exercée.

Pour mesurer l'effort de torsion d'une tige métallique élastique, on fixe celle-ci par une de ses extrémités dans un étau et on serre l'autre extrémité dans une pince que l'on fait tourner devant une aiguille fixe servant de repère et placée devant un cadran divisé. On trouve que la rotation est fonction du moment de la force par rapport à l'axe.

POIDS SPÉCIFIQUE

Densité. — Masse spécifique. — Poids spécifique. —
La densité absolue ou masse spécifique d'une substance
est la masse du centimètre cube de cette substance. Le
poids spécifique absolu est le poids du centimètre cube
de cette substance.

On a vu plus haut que la formule générale donnant
le poids d'un corps par rapport à sa masse est la suivante :

$$P = Mg$$

Le poids spécifique absolu de l'eau pure à Paris, à la
température 0° centigrade, est :

$$\underset{\substack{\text{densité absolue} \\ \text{en gramme masse}}}{1,000013} \times 980,99 \ (1) = 981 \text{ dynes}$$

tandis que la densité absolue de l'eau est partout invariable et égale à 1,000013. Le poids spécifique varie, en
effet, suivant la latitude et l'altitude.

La *densité relative* est le rapport des masses de volumes
égaux d'un corps et d'une substance-type. Pour les
solides, on prend comme type l'eau à 4° centigrades ;
pour les liquides, on prend l'air à une pression de
760 millimètres de mercure.

La formule donnant la densité relative est donc :

$$D = \frac{m}{m'}$$

Or, la première loi de la chute des corps dont l'énoncé

(1) Si on prend $g = 980,96$, on trouve 980,97 dynes.

est : *tous les corps tombent dans le vide avec la même vitesse*, a pour corollaire : *le rapport des poids de deux corps est aussi celui de leurs masses.*

On peut donc poser :

$$\frac{m}{m'} = \frac{P}{P'}$$

d'où il résulte que :

$$D = \frac{m}{m'} = \frac{P}{P'}$$

Il existe aussi une relation entre le poids P d'un corps, son volume V, son poids spécifique a et la densité d. Cette relation est la formule générale suivante :

$$P = Vad$$

Si on exprime le volume en cm³, le poids en grammes-poids et la densité par rapport à l'eau, c'est-à-dire $a = 1$ (puisque 1 cm³ d'eau pesant 1 gr. a un poids spécifique égal à 1), la formule se simplifie et devient

$$P = Vd$$

Si on emploie le système CGS., on a : $a = 981$ dynes, à Paris, c'est-à-dire que :

$$P \text{ dynes} = (V^{cc} \times 981 \times d) \text{ dynes.}$$

Densité des solides. — Procédé du flacon. — Sur le plateau d'une balance, on met un flacon (fig. 23) à large goulot surmonté d'un tube étroit un peu évasé à la partie supérieure. Ce tube est rodé dans la partie qui entre dans le flacon. Il en est de même de la paroi intérieure du goulot, de sorte que l'on a une fermeture hermétique. Un repère tracé sur la partie étroite du tube donne le niveau supérieur que doit atteindre l'eau dans laquelle on plonge le flacon. A côté du flacon, sur le plateau de la balance, on place le corps dont on cherche le poids. On en fait la tare. On enlève ensuite le corps à peser qu'on remplace par des poids marqués, ce qui donne le poids du corps p dans l'air. On introduit ensuite ce corps dans le flacon, ce qui détermine l'expulsion d'une certaine quantité d'eau. On ramène le niveau de l'eau au repère. On rétablit ensuite l'équilibre en ajoutant quelques poids marqués.

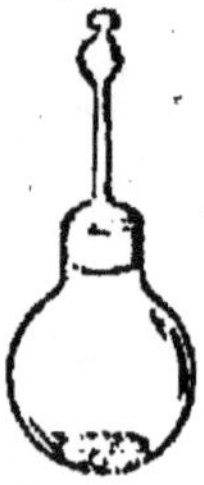

Fig. 23. — Flacon.

Le nouveau poids p' est donc celui d'un volume d'eau égal au volume du corps. La densité du corps est alors :

$$D = \frac{p}{p'}$$

et par conséquent facile à calculer.

Dans cette détermination, il faut avoir soin d'expulser les bulles d'air adhérentes aux parois du vase ou du corps. On se sert de préférence d'eau bouillie.

Si le corps est soluble dans l'eau, il faut d'abord en chercher la densité par rapport à un liquide dans lequel il est insoluble, puis chercher la densité de ce liquide par rapport à l'eau, comme il sera dit plus loin ; on multiplie entre eux les deux résultats trouvés.

Pour une détermination précise, on place le vase contenant le corps et l'eau sous la cloche d'une machine pneumatique, puis on fait le vide. De cette façon, les bulles d'air dont il est parlé plus haut sont expulsées.

Dans les services des ponts et chaussées, il est souvent utile de connaître le poids spécifique des chaux et des ciments. On se sert d'appareils analogues au flacon ci-dessus décrit, mais avec quelques modifications de détails. Parmi les appareils employés, les volumètres de

MM. Le Chatelier et Candlot, de M. Schumann sont les plus répandus à cause de leur simplicité et de leur facilité de maniement.

Le volumètre de MM. Le Chatelier et Candlot (fig. 24) se compose d'une fiole de 120 cc. de capacité surmontée d'un col étroit. Deux traits gradués au-dessus d'un renflement correspondant à un volume de 20 cc. portent entre eux une graduation en dixièmes de centimètre cube.

On remplit cet appareil avec de la benzine jusqu'au trait inférieur, Puis, se servant d'un entonnoir, on introduit de la poudre jusqu'à ce que le niveau de la benzine affleure exactement le trait supérieur. On a prélevé cette poudre d'un tas préablement pesé qui contenait 64 grammes. On pèse ce qui reste de poudre. On retranche ce poids de 64 grammes. La différence représente le poids de poudre contenue dans 20 centimètres cubes. En divisant ce poids par 20 on obtient le poids spécifique de la poudre employée, chaux ou ciment.

La *densité apparente* d'un corps est simplement le poids d'un litre de ce corps.

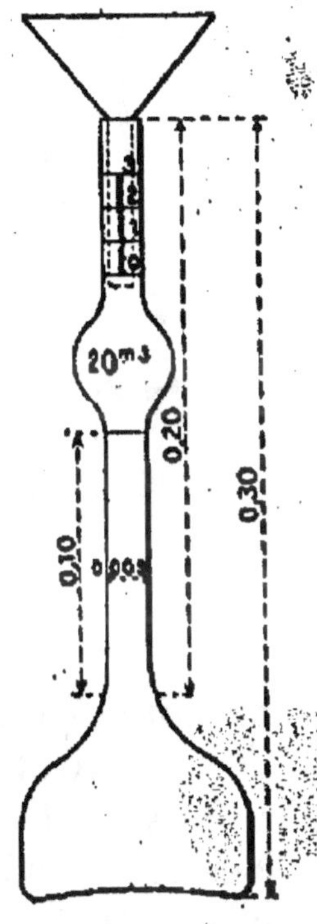

Fig. 24. — Volumètre Le Chatelier et Candlot.

Quand le corps est à l'état pulvérulent ou simplement divisé on verse le corps en s'entourant de certaines précautions. Pour éviter d'avoir des résultats divergents provenant du tassement irrégulier de la substance que l'on verse dans un récipient de la contenance du litre, on a été conduit à adopter des dispositifs spéciaux qui provoquent un écoulement régulier et un tassement uniforme. Pour les chaux et ciments en poudre, on emploie l'un des appareils suivants : tamis Viallet, plan incliné, entonnoir normal, appareil Tetmajer, entonnoir à tamis (fig. 25).

Quand une poudre est composée d'éléments de densités différentes et très voisines comme un mélange de ciment de laitier et de ciment portland, on se sert d'une liqueur de densité intermédiaire (2,93) obtenue par l'addition, en proportion convenable, de benzine à un liquide lourd comme l'iodure de méthylène. La densité maximum de la solution d'iodure de méthylène est de 3,34. D'autres produits remplissent le même office. Tels sont : le borotungstate de cadmium (liqueur de Klein, $d = 3,28$), l'iodure double de mercure et de potassium (liqueur de Thoulet).

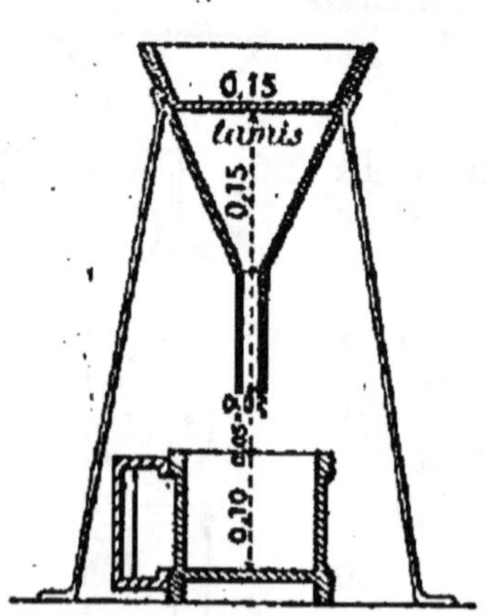

Fig. 25. — Entonnoir à tamis.

On verse l'une des liqueurs précédentes dans un tube à essai bouché à l'émeri, muni d'un robinet à sa partie inférieure. On laisse tomber une portion du corps solide. Les particules surnagent. On étend alors la liqueur avec un liquide approprié (benzine, alcool, éther, etc.). On agite; on verse à nouveau et on s'arrête quand, après agitation, les particules solides flottent au sein du liquide. On ouvre alors le robinet, on recueille une portion du liquide dont on détermine la densité au moyen de la méthode du flacon. Cette densité est précisément celle du corps solide essayé.

Enfin, dans quelques cas particuliers, des appareils spéciaux comme celui de M. Thoulet basé sur l'entraînement de corps finement divisés par la vitesse convenablement réglée d'un courant d'eau peuvent permettre une séparation des substances par ordre de densité.

Densité des liquides. — Pour cette détermination, on se sert d'un flacon de forme spéciale (fig. 26) se composant d'une partie cylindrique surmontée d'un tube capillaire élargi à sa partie supérieure et fermé au besoin par un bouchon en verre.

On prend successivement le poids du flacon vide, du flacon rempli de liquide, du flacon rempli d'eau. On fait le quotient des résultats trouvés pour les poids de liquide et d'eau et on a la densité du liquide par rapport à l'eau.

Balance hydrostatique. — 1° *Corps solide.* Ce procédé consiste à suspendre le corps à l'un des plateaux de la balance au moyen d'un fil fin. On équilibre le système avec une tare que l'on place sur l'autre plateau. On retire ensuite le corps que l'on remplace par des poids marqués ; soit P ce poids total.

Fig. 26. — Flacon de densité pour liquides.

On enlève les poids que l'on remplace à nouveau par le corps que l'on plonge, cette fois, dans un vase contenant de l'eau. On rétablit l'équilibre rompu en ajoutant un poids P'. Comme précédemment, le rapport $\dfrac{P}{P'}$ donne la densité absolue ou le poids spécifique.

La balance hydrostatique est surtout employée pour déterminer la densité des métaux. Cette mesure présente un grand intérêt, car elle peut faire connaître la pureté d'un métal, la présence ou l'absence de matières étrangères, de soufflures, etc.

2° *Corps liquide.* — S'il s'agit d'un liquide on plonge dans celui-ci une boule en verre (de poids connu), de façon qu'elle soit remplie. On suspend la boule au plateau de la balance ; on en prend le poids. On remplace ensuite dans la même boule le liquide par de l'eau pure. Connaissant le poids P du liquide et celui P' d'un égal volume d'eau, on en tire

$$D = \frac{P}{P'}$$

comme ci-dessus.

Aréomètres. — L'aréomètre Baumé est un flotteur composé d'une tige graduée en verre (fig. 27) terminée par une sphère ou un cylindre au-dessous duquel se trouve une petite boule remplie de mercure et qui maintient l'appareil vertical quand on le plonge dans un liquide.

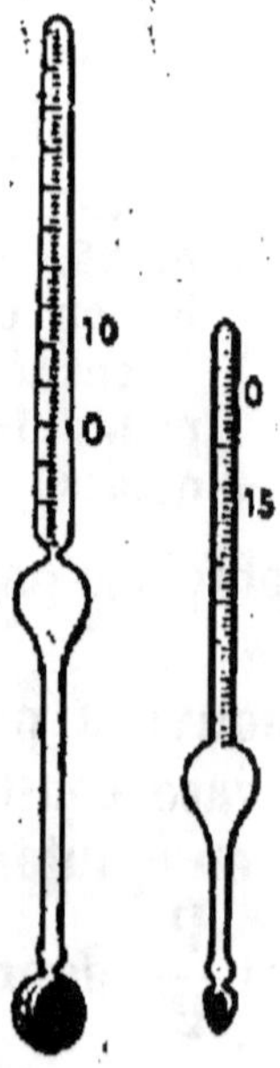

Le constructeur s'arrange de telle sorte que, plongé dans l'eau pure à la température de 12°,5 centigrades, l'aréomètre affleure près de l'extrémité de la tige. A cet endroit, il marque 0. Il plonge ensuite l'instrument dans une solution contenant, en poids, 85 parties d'eau et 15 parties de chlorure de sodium (la densité d'une telle solution est 1,116). Il marque 15 en ce point. Il partage en 15 parties égales la distance qui sépare 0 de 15. Il continue au delà de 15 la graduation commencée.

Cet instrument sert à déterminer les densités de divers liquides. On construit des aréomètres pour des usages spéciaux. Ces appareils ne portent alors que des divisions utiles, ce qui permet de leur donner une plus grande longueur et, de ce fait, une plus grande précision. Suivant leur destination ces aréomètres prennent les noms de pèse-acides, pèse-sels, pèse-sirops, pèse-esprits, pèse-liqueurs, etc.

Fig. 27. — Aréomètres.

L'alcoomètre centésimal de Gay-Lussac est un aréomètre spécial servant à mesurer le degré alcoolique d'un
spiritueux à la température de 15° centigrades, autrement
dit le nombre de centièmes d'alcool pur en volume que
contiennent ces liquides. Pour établir l'échelle de graduation, il faut préparer une série de mélanges d'alcool et
d'eau, car ces mélanges donnent lieu à une contraction
dont il faut tenir compte. On opère ainsi de 5 en 5 parties
pour finir par 5 parties d'alcool et 95 parties d'eau. On
marque chaque fois sur le tube l'endroit où correspond
le niveau du mélange. On a ainsi une graduation allant
de 0 à 100° divisée en 100 parties, chaque espace compris entre deux traits étant partagé en 5 parties égales. De
la sorte, en plongeant l'alcoomètre dans un liquide spiritueux on lit immédiatement, à l'affleurement, le degré
alcoolique.

On construit aussi des densimètres ou volumètres dont
la division 100 correspond à l'eau pure à 4° et qui donnent
immédiatement la densité des liquides ou leur volume
spécifique.

Autrefois, on se servait de l'aréomètre de Nicholson
pour déterminer la densité des solides et de celui de
Fahrenheit pour la densité des liquides. Ces appareils ne
permettant qu'une mesure assez grossière de la densité
des corps ne seront pas décrits.

PRESSION ATMOSPHÉRIQUE

Les propriétés qui distinguent les gaz des liquides
sont la compressibilité et l'expansibilité.

Galilée démontra que l'air était pesant en en comprimant une certaine quantité dans un ballon, ce qui déter-
minait une augmentation de poids.

Otto de Guéricke confirma le fait en pesant un ballon d'abord vide puis rempli d'air qu'on laisse pénétrer peu à peu. On peut faire la même expérience avec des gaz. Donc *les gaz sont pesants*.

On constate que les gaz sont *élastiques* et *compressibles* au moyen du briquet à air.

L'*expansibilité* des gaz s'observe en mettant sous une cloche où l'on raréfie l'air une vessie fermée contenant un peu de gaz. Cette vessie se gonfle au fur et à mesure de la raréfaction de l'air contenu dans la cloche. Cela provient de la force élastique du gaz.

Principe de Pascal. — C'est le principe de la transmission des pressions des liquides appliqué au gaz. Il s'énonce d'ailleurs de la même façon en substituant le mot gazeux au mot liquide.

Dans une masse gazeuse en équilibre, la pression par unité de surface est la même en tous les points.

La pression en des points de l'atmosphère placés sur le même plan horizontal est sensiblement constante. Elle varie en sens inverse de l'altitude ; on l'appelle *pression atmosphérique*.

L'existence de la pression atmosphérique se manifeste d'une façon frappante dans l'expérience bien connue du crève-vessie (membrane fermant la partie supérieure ouverte d'un vase dans lequel on fait le vide) et dans celle des hémisphères de Magdebourg (hémisphères qu'on ne peut séparer l'un de l'autre quand on a raréfié l'air qui y est contenu).

Expérience de Torricelli. — Elle consiste à prendre un tube de verre de 0 m. 80 de longueur ayant 6 millimètres de diamètre et fermé par un bout, puis à le remplir de mercure (fig. 28). On retourne ce tube sur une cuve à mercure en bouchant l'extrémité ouverte avec le doigt pendant le renversement. On constate que le niveau du mercure descend et s'arrête invariablement à

0 m.76 de la surface du mercure dans le vase, quelle que soit l'inclinaison du tube. Ceci est dû à la pression atmosphérique qui s'exerce sur la surface du mercure et qui maintient ce métal dans le vase.

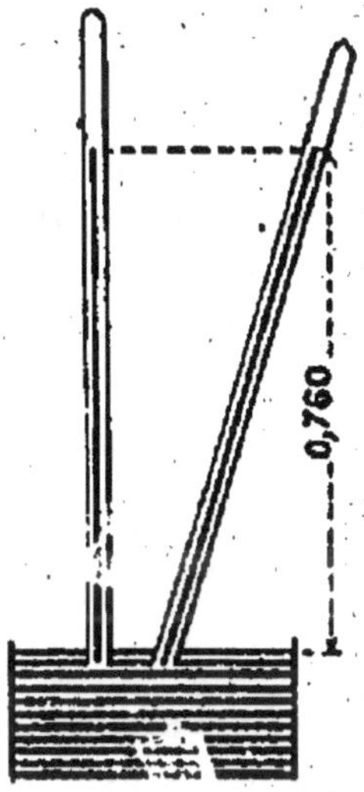

Pascal vérifia que la hauteur mercurielle variait avec l'altitude et diminuait avec la hauteur en raison de la moindre épaisseur de l'atmosphère. En opérant au bas et en haut du Puy-de-Dôme, Périer, sur la demande de Pascal, constata une dénivellation de 8 centimètres.

Si, dans le tube qui a servi précédemment, on remplace le mercure par un autre liquide, on a une hauteur différente donnée par la formule.

Fig. 28. — Tube de Torricelli.

$$hdg = h'd'g$$

d' et h' étant les masse spécifique et hauteur de ce liquide.

De la relation précédente, on tire :

$$\frac{h'}{h} = \frac{d}{d'}$$

c'est-à-dire que les hauteurs soulevées sont inversement proportionnelles aux densités des liquides.

Pour l'eau, la hauteur est de 10 m. 33.

La pression exercée par l'atmosphère sur un centimètre carré est, d'après ce qui précède, égale à une colonne de mercure de 76 cm. et de 1 cm², c'est-à-dire 76 cm³ ou à un poids de

$$13,6 \times 76 = 1033 \text{ grammes}$$

ce qui fait en dynes,

$$1033 \times 981 = 1{,}0136 \times 10^6.$$

ou un peu plus d'une mégadyne.

L'*unité de pression atmosphérique* ou *atmosphère C.G.S.* est la pression qu'exerce une mégadyne par centimètre carré. A Paris, elle est égale à une hauteur barométrique de 74 cm. 978.

On dit le plus communément une pression de tant de centimètres de mercure, ce qui signifie une hauteur de mercure faisant équilibre à la pression considérée.

BAROMÈTRES

Le baromètre est un instrument qui sert à mesurer là pression atmosphérique en centimètres de mercure.

Le *baromètre à cuvette* se compose d'une cuvette contenant du mercure et d'un tube de Torricelli divisé que l'on maintient dans une position absolument verticale.

Le *baromètre de Fortin* (fig. 29) comprend aussi un tube de Torricelli plongeant dans une cuvette, mais celle-ci est à fond mobile. Une vis de rappel permet d'avoir un niveau constant. Le tout est renfermé dans une enveloppe métallique. Un vernier donne la lecture au $\frac{1}{10}$ ou au $\frac{1}{20}$ de millimètre près.

Le *baromètre à siphon* (fig. 30) affecte plusieurs formes. C'est un tube de verre recourbé en deux branches inégales, la plus petite étant ouverte et la plus grande fermée. La pression barométrique est évidemment égale à la différence des niveaux h dans les deux branches.

Le *baromètre de Gay-Lussac* (fig. 31 I) a ses deux branches réunies par un tube capillaire; un petit trou conique laisse pénétrer l'air dans la petite branche.

Le *baromètre de Bunten* (fig. 31 II) consiste en un tube capillaire terminé en pointe soudé à un tube plus large. On évite de cette façon l'introduction de bulles d'air dans la grande branche.

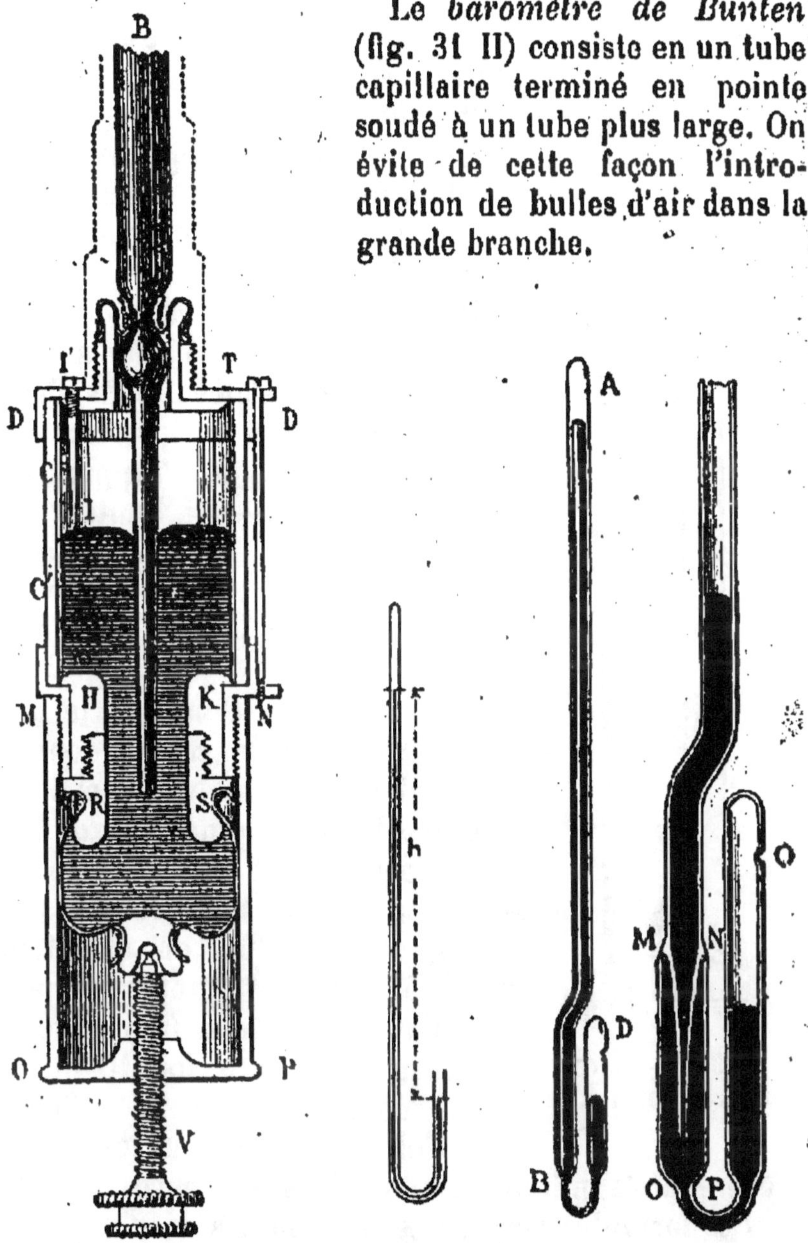

Fig. 29. — Baromètre de Fortin.

Fig. 30. — Baromètre à siphon.

Fig. 31. — Baromètre de Gay-Lussac et Bunten.

Le *baromètre normal* (fig. 32) (baromètre de Regnault) est un tube de verre assez large (de 2 à 3 centimètres de diamètre) ayant 1 mètre de hauteur et plongeant dans une cuvette à mercure munie d'une vis à 2 pointes. On lit la distance verticale au cathétomètre.

Mesure des hauteurs. — La pression atmosphérique diminue au fur et à mesure qu'on s'élève dans l'atmosphère. Comme il y a dépression barométrique, il existe un rapport entre l'altitude d'un lieu et la hauteur barométrique constatée. On voit que cette observation conduit à l'opération géodésique qu'on appelle *nivellement barométrique*.

Si la densité de l'air était la même partout, un simple calcul donnerait immédiatement la solution cherchée, car une colonne barométrique de 1 millimètre équilibrant une colonne d'air de section égale et 10.466 fois plus grande (10 m. 466), on aurait pour une différence de hauteur barométrique de n millimètres, une différence de niveau égale à n fois 10 m. 466. Mais la densité de l'air décroît lorsqu'on s'élève, de sorte que le calcul précédent ne s'applique qu'à de faibles différences d'altitude.

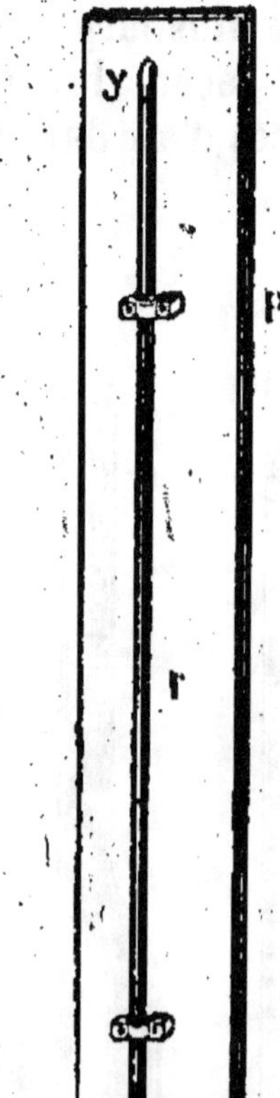

Fig. 32. — Baromètre normal.

Les formules employées dans le cas le plus général sont celles de Laplace et de Babinet.

Formule de Laplace :

$$z = 18.405^m \left(1 + 0,002852 \cos 2\lambda \left[1 + 2\frac{t+t'}{1000}\right] \log \frac{H}{H'}\right)$$

z étant la distance verticale en mètres séparant les 2 stations,

H et H', les hauteurs barométriques corrigées et réduites,

t et t', les températures aux 2 stations,

λ la latitude du lieu.

Pour $\lambda = 45°$, on a $\cos 2\lambda = 0$. La formule simplifiée devient alors :

$$z = 18.405^{\mathrm{m}} \left[1 + \frac{2\,(t + t')}{1000} \right] \log \frac{\mathrm{H}}{\mathrm{H}'}$$

Formule de Babinet :

Elle est applicable pour les hauteurs inférieures à 1000 m. et se présente sous cette forme :

$$z = 16.000^{\mathrm{m}} \left(\frac{\mathrm{H}' - \mathrm{H}}{\mathrm{H}' + \mathrm{H}} \right) \left[1 + \frac{2\,(t + t')}{1000} \right]$$

Pour le nivellement barométrique, on devrait employer le baromètre de Fortin ou de Gay-Lussac, mais souvent on sacrifie la précision à la commodité et on a recours à un baromètre métallique ou anéroïde.

Baromètres métalliques ou anéroïdes. — Ces baromètres sont basés sur la déformation que fait subir la pression atmosphérique à une boîte métallique à parois élastiques dans laquelle on a fait le vide. On gradue ces appareils par comparaison avec un baromètre à mercure.

Au bout d'un certain temps, une variation moléculaire dans le ressort amène une perturbation qui rend imprécis l'emploi de ces instruments pourtant si commodes. Les baromètres métalliques les plus connus sont les suivants :

Baromètre de Vidie. — C'est un tronc de cylindre métallique dont la partie inférieure est plane et la partie supérieure cannelée. La pression atmosphérique aplatit plus ou moins cette boîte et les variations sont accusées par une aiguille qui se déplace le long d'un cadran gradué.

Baromètre de Bourdon. — Réduit à sa plus simple expression, cet instrument se compose d'un tube métallique aplati de section allongée (fig. 33) et dont la longueur diminue quand la pression augmente. La variation de longueur se transmet par un système de leviers à une aiguille mobile sur un cadran divisé.

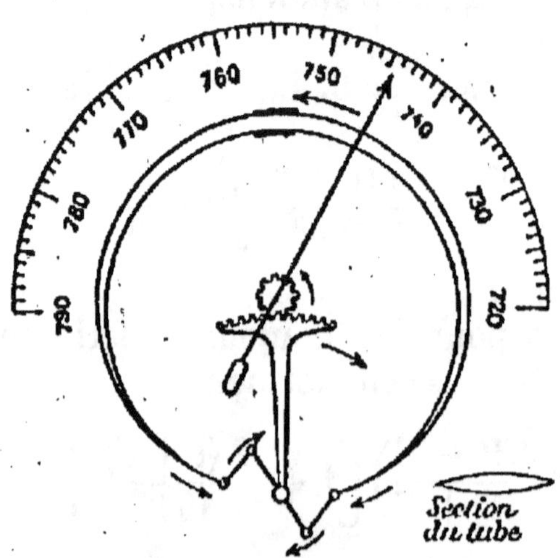

Fig. 33. — Baromètre de Bourdon.

Baromètre enregistreur de Richard. — Il consiste en une série de boîtes élastiques, dans le genre du baromètre Vidie, que la pression fait plus ou moins fléchir. Des leviers amplificateurs transmettent le mouvement à une plume garnie d'encre qui inscrit sur un cylindre tournant recouvert de papier quadrillé le diagramme des pressions successives. Cet appareil est surtout employé en météorologie.

Dans tous les instruments qui précèdent, la graduation est faite en millimètres, de sorte que l'observation se fait immédiatement et sans aucun calcul.

HYDROSTATIQUE

On désigne sous le nom d'*hydrostatique* la partie de la physique qui étudie les conditions d'équilibre des liquides, ainsi que les pressions qu'ils exercent en raison de leur poids dans l'intérieur de leur masse ou sur les parois des vases qui les renferment.

L'*hydrodynamique* est la science qui a pour objet le mouvement des liquides.

L'*hydraulique* est l'application de l'hydrodynamique à l'art de conduire et d'élever les eaux.

Anciennement, on considérait les liquides comme des corps incompressibles. On a reconnu depuis qu'il n'en était pas ainsi. Si forte que soit la compression à laquelle on soumet un liquide, on constate qu'il revient exactement à son volume initial quand la pression a cessé. Les liquides sont donc *élastiques*.

Transmission des pressions (principe de Pascal).

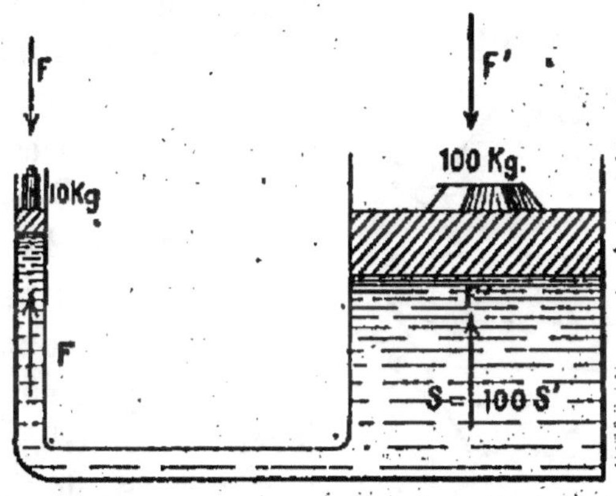

Fig. 34. — Transmission des pressions.

—*Dans une masse liquide en équilibre, la pression par unité de surface est la même en tous les points.*

Le corollaire de ce principe est le suivant : *Les pression sur deux surfaces planes sont proportionnelles aux surfaces pressées.*

Soit un vase (fig. 34) composé de deux corps de pompe de sections différentes reliés entre eux par un tube ; l'intérieur contient un liquide. Deux pistons s'appuient sur les surfaces liquides ; ils ont une section égale à la section du corps de pompe correspondant. L'expérience montre qu'en exerçant sur le petit piston un effort f, la force transmise à un piston de section décuple sera de 10 f. Si le grand piston a une section 100 fois plus grande la pression exercée sera 100 f et ainsi de suite. De sorte que si F et F' sont les forces correspondantes aux sections S et S', on établit la relation :

$$\frac{F}{S} = \frac{F'}{S'}$$

Il en résulte que, pour deux surfaces égales, la pression exercée est équivalente.

Du principe précédent, on en déduit que si, dans un vase clos (fig. 35), muni de plusieurs pistons de même section on exerce sur l'un de ceux-ci une force f égale par exemple à 10 kilog. chaque surface égale de la paroi sera pressée avec une force égale et par conséquent les pistons seront repoussés avec cette force de 10 kilog. Pour s'opposer à ce déplacement des pistons, il faudra donc exercer extérieurement sur chacun d'eux une force égale à 10 kil.

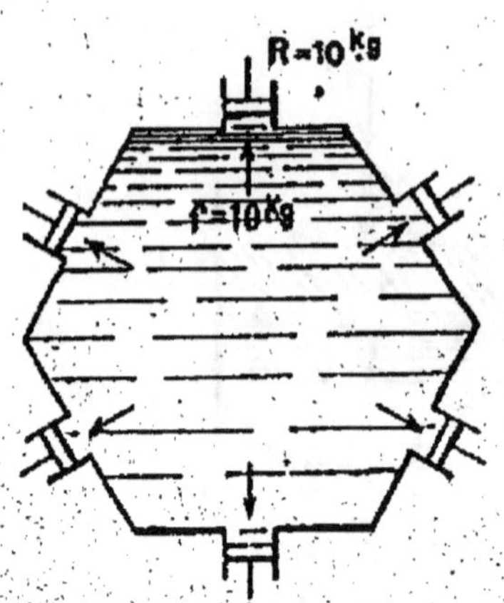

Fig. 35. — Pression sur les parois d'un vase.

Propositions fondamentales : — *La pression sur une*

surface est le rapport de la force que le liquide exerce sur elle à la grandeur de la surface, c'est-à-dire que :

$$p = \frac{F}{S}$$

La *pression en un point* est la pression sur l'unité de surface entourant ce point.

Si dans l'expression $p = \dfrac{F}{S}$, on fait $F = 1, S = 1$, on a :

$$p = 1$$

c'est-à-dire que *l'unité de pression* est la pression sur une surface soumise à l'unité de force par l'unité de surface. Avec le système C. G. S. c'est la pression de 1 dyne par centimètre carré. Industriellement, on dit que la pression est de tant de kilogrammes par centimètre carré, car l'unité de force employée est le kilogramme.

Liquides pesants. — Par le seul fait de la pesanteur des liquides, il faut admettre l'existence de pressions dans la masse et sur les parois du liquide. C'est ce que l'on démontre expérimentalement avec un tube de verre muni à sa partie inférieure d'un obturateur, que l'on plonge dans un vase rempli d'eau.

On constate aussi que la pression augmente avec la profondeur de la surface pressée.

Théorème fondamental d'hydrostatique. — *La différence des pressions, par unité de surface, entre deux points quelconques d'un liquide en équilibre, est égale au poids d'un cylindre droit de ce liquide ayant pour base 1 centimètre carré et pour hauteur la distance verticale entre ces deux points.*

$$P - P' = \pi h$$

π étant le poids de l'unité de volume du liquide.

CorollairEs. — I. *En un même point, deux éléments de même surface ω mais de forme et de direction différentes supportent la même pression.*

$$P\omega = P'\omega$$

II. *Deux éléments égaux supposés dans un plan horizontal d'une masse liquide en équilibre supportent la même pression.*

III. *La surface libre d'un liquide en équilibre est horizontale.*

IV. *Deux ou plusieurs liquides non miscibles et sans action chimique l'un sur l'autre versés dans un même vase se superposent par ordre de densité. Leurs surfaces de séparation sont planes et horizontales.*

On démontre ce dernier fait par l'expérience de la *fiole des quatre éléments* (mercure, eau saturée de carbonate de potassium, alcool coloré en rouge et huile (fig. 36).

Vases communicants. — 1º Cas d'un seul liquide. — *Lorsque plusieurs vases de forme quelconque et contenant le même liquide, communiquent entre eux, il*

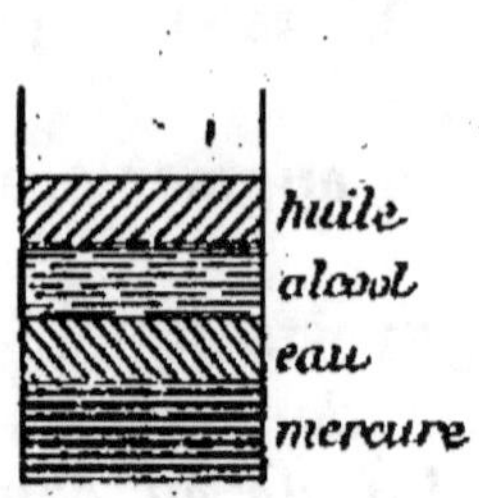
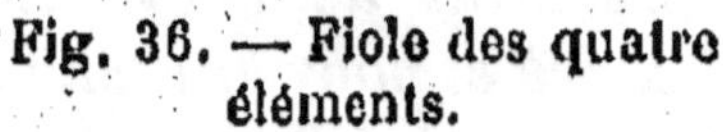

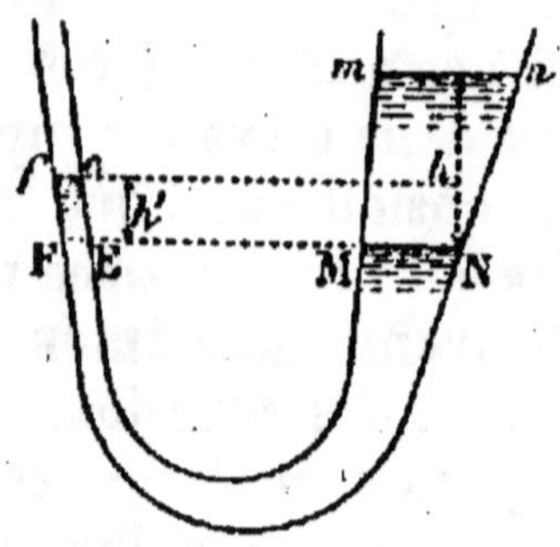

Fig. 36. — Fiole des quatre éléments.

Fig. 37. — Vases communicants.

n'y a équilibre que si les diverses surfaces libres des liquides dans tous les vases sont situées dans un même plan horizontal.

Cet énoncé se vérifie expérimentalement en prenant plusieurs tubes ou vases de formes diverses (fig. 37) réunis à leur partie inférieure et dans lesquels on verse de l'eau (plan FEMN).

2° CAS DE DEUX LIQUIDES HÉTÉROGÈNES. — *Lorsque deux liquides également denses et sans action chimique l'un sur l'autre sont contenus dans deux vases communicants, il faut, pour qu'ils soient en équilibre, qu'ils satisfassent aux conditions d'équilibre d'un seul liquide dans les vases communicants, à celles de deux liquides superposés dans un seul vase, et que les hauteurs des deux surfaces libres au-dessus de la surface commune de séparation soient en raison inverse des masses spécifiques des deux liquides.*

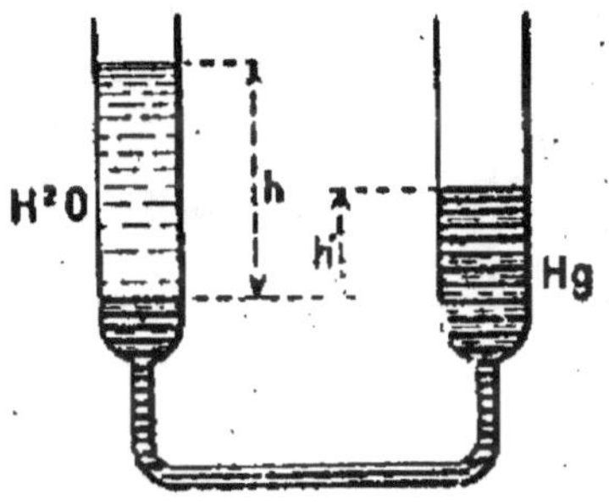

Fig. 38. — Equilibre de deux liquides hétérogènes.

On le démontre en versant dans un vase à double branche (fig. 38) du mercure puis de l'eau. La surface du mercure descend dans le tube où on a mis de l'eau. Lorsque l'équilibre est établi on constate au moyen de règles graduées que la hauteur h' est 13,6 fois plus petite que h. Or, 13,6 et 1 sont les poids spécifiques du mercure et de l'eau. On peut donc écrire ;

$$p = hdg = h'd'g$$

d'où
$$\frac{h}{h'} = \frac{d'}{d}$$

Comme applications du principe des vases communicants on citera : les niveaux d'eau, la distribution d'eau dans les conduites, les puits artésiens, etc.

Pression des fluides. — THÉORÈMES DES PRESSIONS EXERCÉES SUR LE FOND PLAN ET HORIZONTAL D'UN VASE. — *Dans un liquide pesant en équilibre, les pressions sur le fond plan et horizontal du vase ont une résultante unique verticale et dirigée de haut en bas, égale au poids d'un cylindre du liquide ayant pour base le fond et pour hauteur sa distance à la surface libre.*

Ce théorème n'est rigoureusement vrai que dans le vide. La vérification expérimentale se fait avec l'appareil Masson qui montre que la pression sur le fond du vase est indépendante de la quantité de liquide et de la forme du vase.

Un vase conique (fig. 39) fermé au bas par un obturateur que retient un fil fixé à l'extrémité du fléau d'une

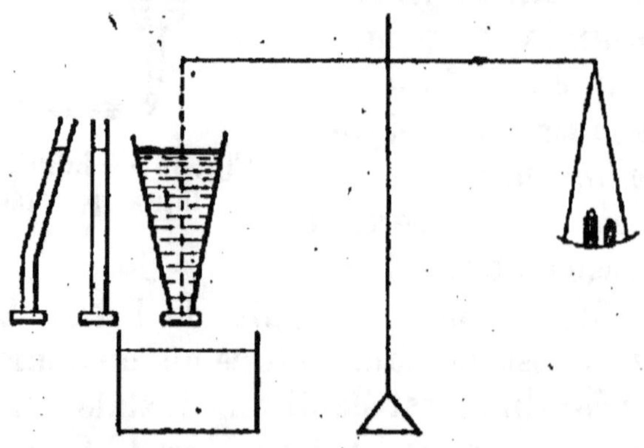

Fig. 39. — Appareil Masson.

balance reçoit une certaine quantité d'eau que l'on équilibre avec des poids marqués sur le plateau de la balance. On constate que si on remplace le vase conique par un vase droit ou coudé de même diamètre inférieur, on obtient l'équilibre quand le niveau du liquide affleure exactement le niveau qu'il atteignait dans le vase conique.

Il résulte de ce théorème que de petites quantités de

liquide peuvent produire des pressions considérables. C'est ce que montre l'expérience du crève-tonneau de Pascal. Un tonneau surmonté d'un tube long et mince ne tarde pas à éclater sous la pression quand l'eau versée dans le tube atteint une certaine hauteur, quoique l'eau du tube occupe un volume assez faible.

Pression sur une paroi plane. — TnÉORÈME. — *Dans un liquide pesant en équilibre, les pressions exercées sur une portion plane de paroi latérale ont une résultante qui est normale à la paroi et égale au poids d'un cylindre du liquide ayant pour base la paroi et pour hauteur la distance de son centre de gravité à la surface libre. Elle est appliquée en un point qui est appelé centre de pression.*

Comme application de ce théorème, on citera les murs de réservoirs. La pression par centimètre carré en un point P (fig. 40) de la surface verticale est égale au poids d'une colonne d'eau de 1 centimètre carré de section et de hauteur HP. Cette pression augmente au fur et à mesure que la hauteur verticale est plus grande ce qui oblige pour contre-balancer cette pous-

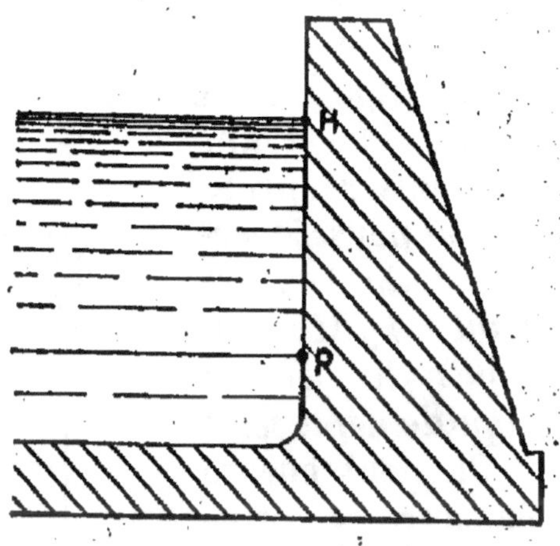

Fig. 40. — Mur de réservoir.

sée à donner au mur de soutènement une épaisseur de plus en plus forte en allant du sommet à la base.

Les batardeaux et les caissons que l'on immerge dans l'eau supportent une pression graduellement croissante vers leur base. Cette pression par centimètre carré augmente de 100 grammes par mètre de profondeur.

Théorème des pressions exercées sur l'ensemble des parois d'un vase. — *L'ensemble des pressions qu'un liquide en équilibre exerce sur tous les éléments de la paroi du récipient qui le contient admet une résultante dirigée de haut en bas égale au poids du liquide.*

Paradoxe hydrostatique. — Un vase de forme semblable à celui de la figure 41 reçoit sur le fond une pression supérieure au poids du liquide. Cette contradiction apparente appelée *paradoxe hydrostatique* provient de ce que la balance enregistre la pression du liquide sur la paroi totale.

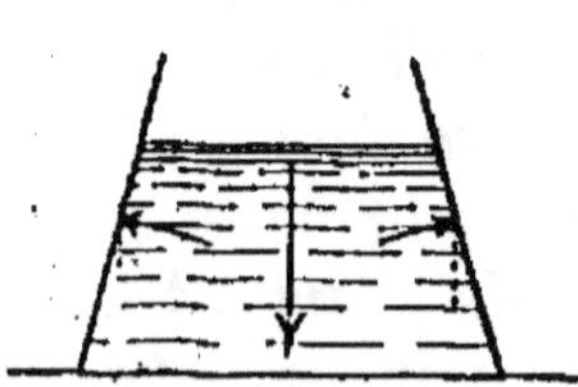

Fig. 41. — Paradoxe hydrostatique.

Le contraire se produirait si on avait affaire à un récipient évasé à partir du fond.

Principe d'Archimède. — *Tout corps plongé dans un liquide pesant en équilibre éprouve une poussée verticale de bas en haut égale au poids du volume liquide déplacé.*

On peut encore énoncer ce principe de la façon suivante :

Lorsqu'un solide est entièrement plongé dans un liquide pesant en équilibre, les pressions qui s'exercent à sa surface ont une résultante unique, égale et directement opposée au poids du volume liquide déplacé.

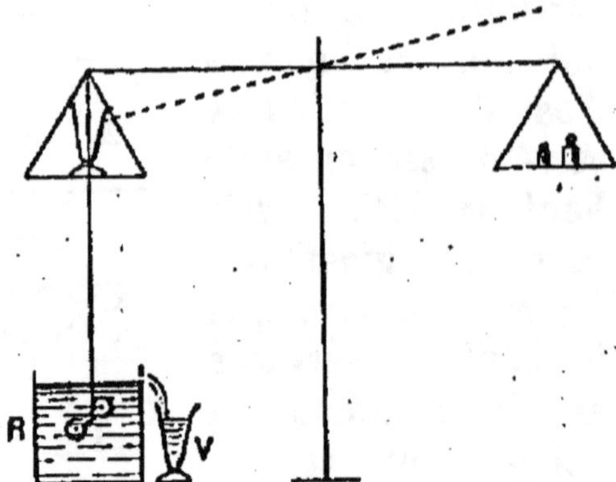

Fig. 42. — Vérification du principe d'Archimède.

VÉRIFICATION. — Un corps est suspendu à un des plateaux d'une balance (fig. 42). Ce plateau contient un vase. On fait équilibre avec une tare de l'autre côté de la balance. On s'arrange ensuite pour que ce corps plonge dans un récipient R plein d'eau. On constate que l'équilibre est rompu. Le liquide qui déborde du récipient est recueilli dans un vase V de même poids que le vase du plateau. Si on le substitue à ce dernier sur le plateau de la balance, on rétablit l'équilibre, ce qui vérifie le principe.

Réciproque du principe d'Archimède. — *Tout corps plongé dans un liquide pesant en équilibre exerce sur ce liquide une pression verticale de haut en bas égale au poids du volume liquide déplacé.*

Pour vérifier ce principe, on se sert du même appareil que celui qui vient d'être décrit. Seulement, c'est le vase du plateau qui est plein de liquide et avec lequel on fait équilibre. En plongeant le corps dans le récipient, il y a abaissement du plateau correspondant. Pour rétablir l'équilibre, il faut vider le contenu du vase ou mettre à sa place un vase vide équivalent.

Mesure du volume d'un corps. — Du principe d'Archimède, on déduit immédiatement un moyen de connaître le volume d'un corps de forme quelconque insoluble dans l'eau. Il suffit, en effet, de peser le corps dans l'air, puis dans l'eau. La différence de ces deux poids donne la masse du volume d'eau déplacé et par suite le volume du corps immergé. On ramène par le calcul le volume à la température de 4° C.

Corps flottants. — Un corps solide plongé dans un liquide est sollicité par deux forces verticales, l'une étant son propre poids appliqué au centre de gravité tend à le faire tomber au fond; l'autre étant la poussée appliquée au centre de poussée tend à le faire remonter à la surface.

Soit un corps plongé dans l'eau (fig. 43). Il est sollicité par les deux forces ci-dessus p et P qui sont parallèles entre elles. Il oscille d'abord autour de son centre de gravité et finit par occuper une position fixe. A ce moment la résultante des deux forces est dirigée verticalement.

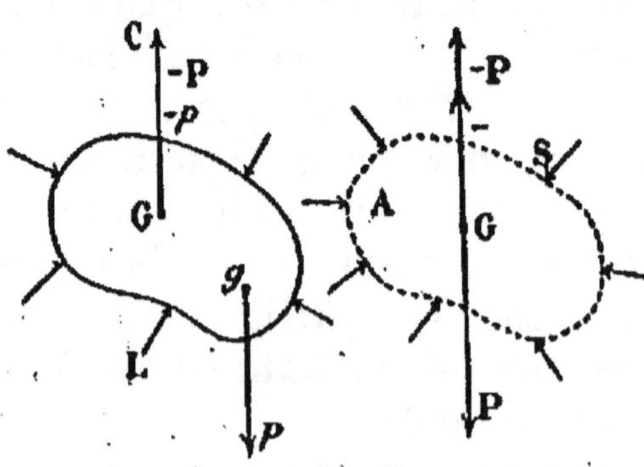

Fig. 43. — Corps flottants.

Trois cas sont à considérer :

$P < p$. Le corps tombera en prenant un mouvement uniformément accéléré. C'est l'exemple d'un œuf plongé dans l'eau pure.

$P > p$. Le corps sera soulevé ; il remontera à la surface. C'est le cas de l'œuf plongé dans une solution de sel marin. C'est le corps flottant.

$P = p$. Le corps restera en suspension dans le sein du liquide. On constate ce fait en plongeant un œuf dans une solution composée d'eau pure et d'eau salée mélangées en proportions convenables.

Pour qu'un corps flottant soit en équilibre, il faut que :

1° le poids total du corps soit égal au poids du liquide déplacé ;

2° le centre de gravité du corps et le centre de poussée soient sur la même verticale.

La première condition ci-dessus se vérifie avec le vase à trop-plein de M. Boudréaux. Un corps flottant plongé dans ce vase fait déplacer une quantité d'eau égale à son poids.

Les principes de l'équilibre des corps immergés trouvent leur application dans la construction des navires et des sous-marins.

HYDRAULIQUE

Principe de Torricelli. — Un liquide contenu dans un vase pesant cesse d'être en équilibre quand, à la partie inférieure du vase, on pratique une ouverture qui donne naissance à l'écoulement de ce liquide (fig. 44). La vitesse de chaque molécule liquide satisfait au principe suivant :

La vitesse d'un liquide qui s'échappe par un petit orifice percé en mince paroi est égale à celle qu'acquerrait un corps tombant dans le vide depuis la surface libre jusqu'au centre de l'orifice.

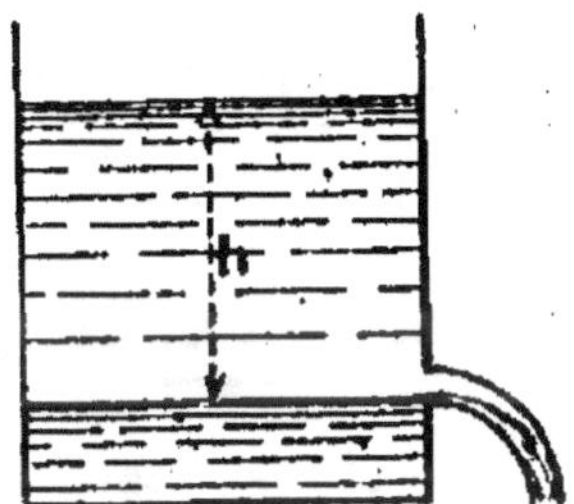

Fig. 44. — Écoulement d'un liquide par un orifice latéral.

V étant cette vitesse et h la hauteur comprise entre le centre de l'orifice et le niveau du liquide au moment de la détermination, on a :

$$V = \sqrt{2gh}$$

L'ensemble des paraboles que décrivent les molécules liquides s'échappant de l'orifice constitue la *veine liquide*.

Si V est la vitesse donnée par la formule précédente, s la section de l'orifice, θ l'intervalle de temps considéré, l'eau écoulée pendant ce temps θ forme un cylindre ayant pour base s et pour hauteur $V\theta$. On a pour la dépense :

$$D = SV\theta = S\theta\sqrt{2gh}$$

La veine liquide est conique à la sortie de l'orifice ;

elle ne devient cylindrique qu'à partir d'une certaine distance. Le coefficient de contraction pour des orifices circulaires d'un diamètre variant de 1,6 à 2 centimètres est pour une charge inférieure à 6 cm.,8 égal à 0,62.

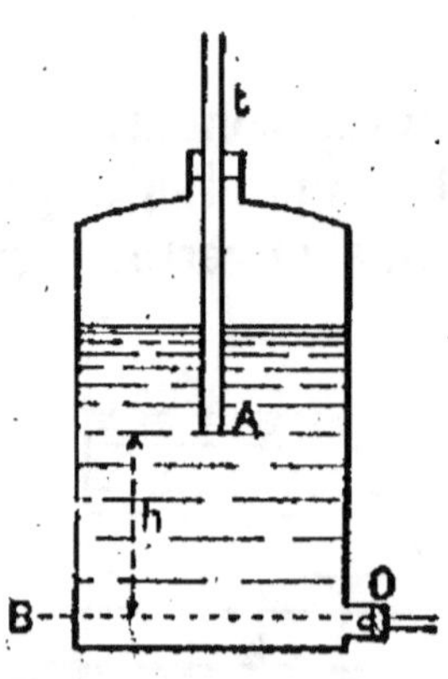

Fig 45. — Vase de Mariotte.

Vase de Mariotte. — C'est un appareil permettant d'obtenir un écoulement constant du liquide qui y est contenu. Il est formé par un flacon assez grand (fig. 45) dont le goulot est fermé par un bouchon traversé par un tube ayant son extrémité inférieure A au-dessus d'un orifice latéral O, lequel est aussi fermé par un bouchon laissant passage à un tube de verre. L'eau s'écoule par la tubulure latérale avec une vitesse constante égale à $\sqrt{2gh}$, h étant la distance verticale comprise entre l'extrémité inférieure du tube t et le centre de l'orifice O. On démontre par le calcul que la pression sur la tranche OB est égale à la pression atmosphérique exprimée en colonne du liquide augmentée de h quantité ci-dessus désignée.

Pompes. — Les pompes ne sont autre chose que des machines élevant l'eau par aspiration, par pression ou par la combinaison de ces deux effets. On distingue de ce fait les pompes aspirantes, les pompes foulantes et les pompes aspirantes et foulantes.

Dans toute pompe, on trouve un corps de pompe qui affecte une forme cylindrique évidée, une soupape et des tuyaux d'aspiration et d'ascension.

Dans le corps de pompe se déplace le piston cylindrique recouvert d'étoupe glissant à frottement doux sur la paroi intérieure du corps. Des soupapes en cuir ou en métal

ferment les orifices qui mettent en communication le
corps de pompe avec les tuyaux ; elles sont coniques ou
à clapet.

La *pompe aspirante* (fig. 46) est formée d'un corps
de pompe dont la partie
supérieure porte une tubulure latérale incurvée et
dont la partie inférieure se
prolonge par un tuyau
d'aspiration de plus faible
diamètre qui lui est fixé.
Un piston placé au bas
d'une tige verticale se manœuvre extérieurement
avec un balancier qui lui
donne un mouvement de
va-et-vient. Une ouverture
assez large est pratiquée
au centre du piston. Deux
soupapes s'ouvrant de bas
en haut ferment l'une S,
l'orifice qui fait communiquer le corps de pompe
avec le tuyau, l'autre I,
l'évidement du piston avec
la partie supérieure du
corps de pompe. Si l'on
considère le piston au bas
de sa course et que l'on
abaisse le balancier, le
piston se soulève, la soupape supérieure S restant
fermée tandis que la sou-
pape I se soulève laissant

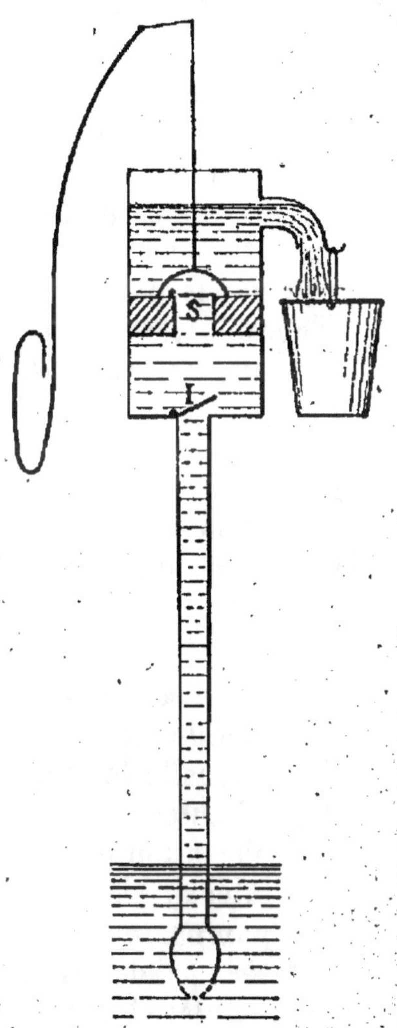

Fig. 46. — Pompe aspirante.

passer l'eau en partie dans le corps de pompe inférieur

en raison de l'aspiration que produit le vide. Une fois arrivé en haut du cylindre la manœuvre inverse du balancier fait descendre le piston. La soupape I se ferme par son propre poids et l'eau comprimée s'échappe, par la soupape S qu'elle soulève, dans la partie supérieure du corps de pompe pour être évacuée à l'extérieur. Il suffit de continuer la manœuvre du balancier pour assurer un écoulement d'eau intermittent.

Dès le début quelques coups de piston sont nécessaires avant l'écoulement parce qu'il faut expulser non seulement l'air du corps de pompe mais encore celui contenu dans le tuyau d'aspiration. Quand ce résultat est atteint on dit que la pompe est amorcée.

Théoriquement, la pression atmosphérique fait équilibre à une colonne d'eau de 10 m., 33. Pratiquement, on ne peut guère donner au tube d'aspiration plus de 8 mètres, à cause des rentrées d'air qu'il est impossible d'éviter.

Le travail dépensé pendant le mouvement d'ascension de la pompe aspirante est représenté par la formule :

$$T = SLDHg$$

S étant la section du piston,
L, la longueur de la course du piston,
D, la densité de l'eau (ou du liquide qui la remplace),
H, la hauteur de la colonne d'eau qui fait équilibre à la pression atmosphérique,
g, l'intensité de la pesanteur.

La pompe foulante (fig. 47) a un piston plein mais ne possède pas de tuyau d'aspiration. Le corps de pompe se trouve placé à même dans l'eau. Sur un des côtés et en bas est adapté un tuyau d'ascension t par lequel l'eau est refoulée. Deux soupapes S et R s'ouvrant de bas en haut sont placées, l'une à la partie inférieure du corps de pompe pour fermer l'orifice, l'autre à la base du tuyau d'ascension. Le piston, en remontant, fait ouvrir la soupape S ; l'eau pénètre dans la partie inférieure du corps, la soupape R étant fermée. Quand le piston redescend, l'eau comprimée ne pouvant sortir par la soupape S qui est retombée, repousse la soupape R, s'élève dans le tube t et sort, après quelques coups répétés, par l'orifice supérieur du tube.

L'effort à développer est donné par l'expression

$$SHDg$$

Le travail à dépenser est

$$SLDHg$$

les lettres ayant les mêmes si-

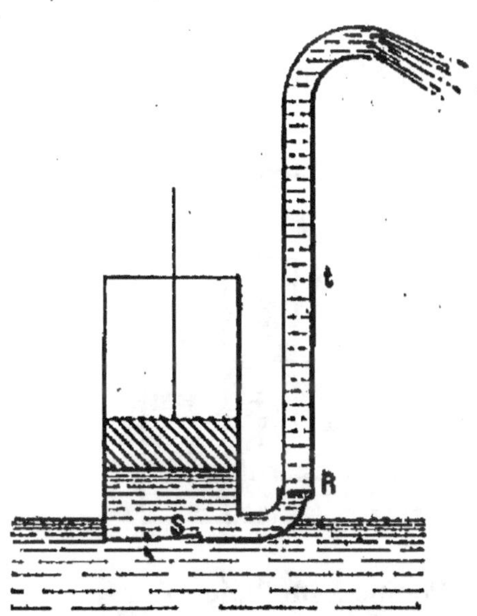
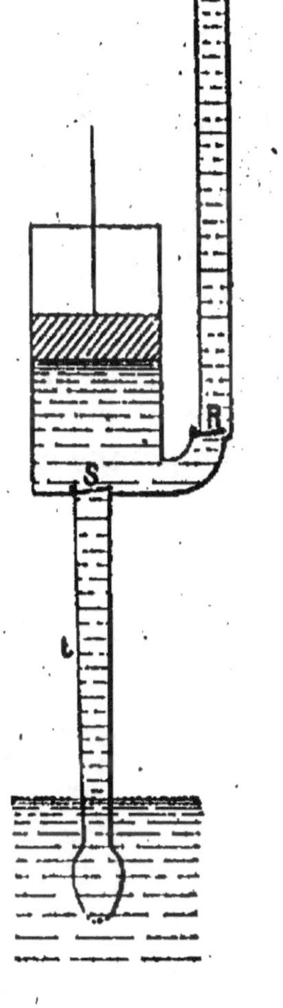

Fig. 47. — Pompe foulante.

Fig. 48. — Pompe aspirante et foulante.

gnifications que pour la pompe aspirante.

La *pompe aspirante et foulante* (fig. 48) agit en même temps par aspiration et par compression. Le piston est plein. Une soupape S ferme l'orifice du tuyau d'aspiration. Sur le côté et en bas du corps se branche un tuyau de refoulement qui comprend une soupape R s'ouvrant aussi de bas en haut. D'après ce qui a été dit pour les deux pompes précédentes, on comprend que l'eau d'abord aspirée par le tuyau *t* pendant l'ascension du piston s'emmagasine dans la partie inférieure du corps de pompe et pendant la descente du piston se trouve refoulée dans le tuyau supérieur où elle s'élève comme dans le cas précédent. D'ailleurs à proprement parler, cette pompe n'est autre qu'une pompe foulante munie d'un tuyau d'aspiration.

Dans toutes ces pompes, l'écoulement de l'eau est forcément intermittent. Dans la pompe à incendie, on a réussi à obtenir un écoulement continu.

La *pompe à incendie* (fig. 40) se compose essentielle-

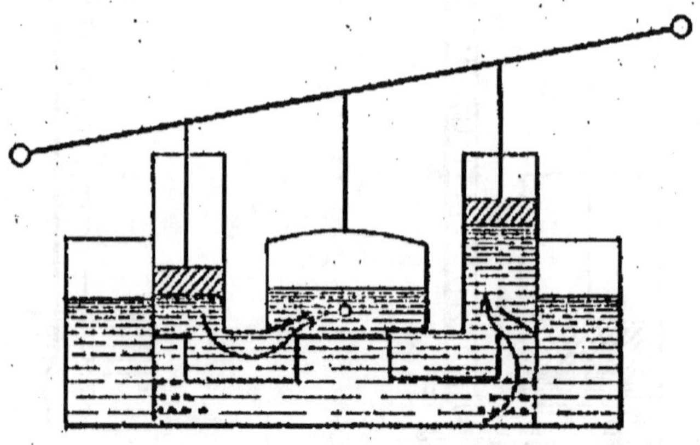

Fig. 40. — Pompe à incendie.

ment d'une bâche ou caisse que l'on maintient remplie d'eau pendant tout le temps du fonctionnement. L'eau est continuellement refoulée dans le réservoir d'air ; cet air emprisonné se comprime et refoule l'eau dans un tuyau en toile ou en cuir muni d'une lance que l'on dirige vers le foyer de l'incendie. Le jeu des soupapes représenté sur le schéma fait comprendre le fonctionnement de cet appareil qui se résume en une pompe foulante dont le niveau d'eau dans le réservoir est sensiblement constant. Dans les pompes à vapeur pour l'incendie, les pistons sont actionnés par un moteur à vapeur au lieu de l'être à bras d'homme.

Les *machines élévatoires* et les *machines d'épuisement* qui servent à l'élévation de grandes masses d'eau ou à l'épuisement de l'eau dans les chantiers ou dans les mines dérivent des pompes aspirantes ou foulantes. Elles sont mues par le vent, par l'eau, par la vapeur ou par l'électricité. Telles sont, par exemple, l'ancienne machine de Marly, la machine de Fontainebleau, les pompes Letestu, Girard, les pompes centrifuges, rotatives. A ce genre d'appareils se rattachent les béliers hydrauliques et les pulsomètres.

PRESSION DES GAZ

Principe d'Archimède. — *Lorsqu'un corps solide est entièrement plongé dans un fluide pesant en équilibre, les pressions qui s'exercent à sa surface ont une résultante unique, égale et directement opposée au poids du volume fluide déplacé et appliqué au centre de gravité de ce volume.*

Ce principe se vérifie au moyen du *baroscope* (fig. 50) qui se compose d'une balance dont une extrémité du fléau supporte une petite masse de plomb faisant équilibre à une sphère creuse de laiton, beaucoup plus volumineuse, attachée à l'autre extrémité du fléau. Si la balance, à l'état d'équilibre, est placée sur une cloche dans laquelle on fait le vide on constate que le côté de la sphère creuse s'incline, ce qui prouve qu'auparavant l'excès de son poids était compensé par l'excès de poussée qu'elle recevait de l'air ambiant.

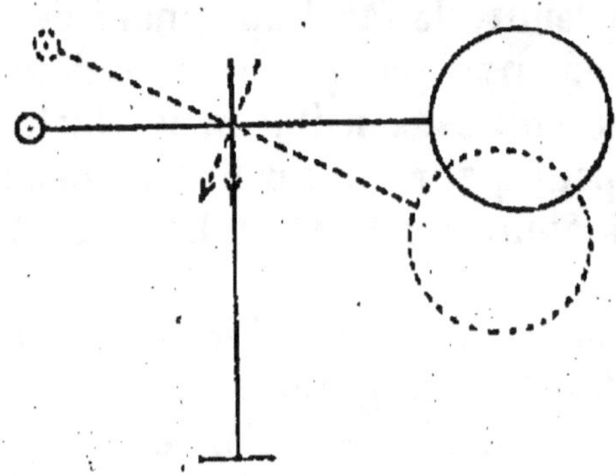

Fig. 50. — Baroscope.

Dans un corps, on doit donc distinguer le poids *réel*, c'est-à-dire le poids dans le vide, et le poids *apparent*, c'est-à-dire le poids dans l'air donné par la balance.

Le poids réel ou masse du corps exprimée en grammes est donné par la formule :

$$m = M \frac{1 - \dfrac{a}{d'}}{1 - \dfrac{a}{d}}$$

dans laquelle

M représente la masse des poids marqués,

a la masse du cm³ d'air dans les conditions de température et de pression où s'est faite la pesée,

d la densité du corps,

d' la densité des poids marqués.

Il faut ajouter que ces corrections n'ont d'utilité que dans les mesures de haute précision. La connaissance du poids apparent suffit dans la plupart des cas.

Le corollaire du principe d'Archimède appliqué aux gaz est analogue au corollaire du même principe d'hydrostatique.

Pour qu'un corps placé dans une enceinte gazeuse soit en équilibre il faut que :

1° *Le poids total du corps soit égal au poids du gaz déplacé ;*

2° *Le centre de gravité du corps et le centre de poussée soient sur la même verticale.*

Si l'on désigne par d la densité du corps à la température de l'atmosphère ambiante et d' la densité de l'air atmosphérique, on peut avoir 3 cas :

$d > d'$; le corps est plus lourd que l'air ; il tombe vers le sol.

$d = d'$; le corps flotte librement dans l'air.

$d < d'$; le corps est plus léger que l'air ; il s'élèverait avec un mouvement uniformément accéléré si rien ne venait contrarier ce mouvement et si la densité de l'air était la même aux diverses altitudes.

Ces deux derniers cas se présentent dans les ascensions de ballons.

Les aérostats sont des appareils confectionnés avec un tissu léger et imperméable. On les remplit d'air chaud (montgolfières) ou de gaz (hydrogène ou gaz d'éclairage). Lorsqu'ils sont gonflés, les aérostats sont soumis à l'action de deux forces, l'une p verticale dirigée de haut en bas, comprenant le poids total du gaz, de l'enveloppe, de la nacelle, des aéronautes, des instruments, du lest, des agrès, etc., l'autre p' également verticale dirigée de bas en haut, égale au poids du cube d'air déplacé par le ballon tout entier. L'ascension ne peut se faire que si p' est plus grand que p. La résultante $f = p' - p$ se nomme la *force ascensionnelle*. Elle doit être d'au moins 4 à 5 kgr. au départ.

La formule donnant la valeur de la force ascensionnelle f est la suivante :

$$f = v(a' - a) - \pi$$

v étant la capacité en mètres cubes du ballon gonflé,

a le poids du mètre cube de gaz à 0° et 760 mm.,

a' le poids du mètre cube d'air à 0° et 760 mm.,

π le poids total de l'ensemble des accessoires cités plus haut.

Lorsque, par un moyen quelconque, on peut imprimer à un ballon une direction autre que celle donnée naturellement par le vent, on a un *ballon dirigeable*. Celui-ci doit satisfaire aux conditions ci-après :

1° Un moteur léger et puissant doit pouvoir lui donner une vitesse assez grande pour vaincre la vitesse moyenne du vent ;

2° Il doit être pourvu d'une hélice et d'un gouvernail appropriés.

Des essais nombreux de dirigeabilité des ballons ont été tentés par des aéronautes parmi lesquels il faut citer Giffard (1852-1855), Dupuy-de-Lôme (1872), Renard et Krebs (1884), le comte Zeppelin, Santos-Dumont (1901), Lebaudy et Juliot (en ces dernières années).

Des essais basés sur un autre ordre d'idées ont été faits au moyen d'appareils aviateurs (machines volantes, aéroplanes), par Roze, Santos-Dumont, Blériot, Henry Farman, Delagrange, Wright, etc.

Toutes ces tentatives méritoires ont apporté une contribution sérieuse à l'étude de la direction des aérostats et des aéronefs.

Loi de Mariotte. — *Les volumes occupés par une masse donnée de gaz à température constante, sont inversement proportionnels aux pressions qu'elle supporte.*

Cette loi se vérifie par l'expérience suivante. Dans un tube recourbé à branches inégales (fig. 51) dont la petite branche est fermée, on verse du mercure jusqu'à l'affleurement des deux traits 0 marqués sur des règles graduées. Si l'on continue à verser du mercure dans la grande branche de manière à réduire de moitié le volume d'air dans la petite branche, on constate que la hauteur $h = AV$ du liquide versé est égale à la hauteur barométrique. Pour réduire au tiers le volume d'air de la petite branche, il faut une hauteur de mercure double de la pression barométrique et ainsi de suite.

Au lieu de vérifier la compression de l'air ou d'un gaz quelconque, on peut aussi vérifier la décompression. Pour cela, on plonge un tube droit gradué dans une cuvette profonde remplie de mercure (fig. 52). Le tube droit, fermé par un bout, contenant lui-même du mercure est plongé de telle façon que les deux surfaces de niveau du mercure soient au même affleurement dans le tube et dans la cuvette. En soulevant le tube pour avoir une hauteur d'air trois fois plus grande, on constate qu'on a les 2/3 de la hauteur barométrique. C'est ce qu'on exprime en écrivant :

$$P_0 V_0 = P_1 V_1 = P_2 V_2 = P_3 V_3 = \ldots \text{ constante}$$

$V_0 V_1 V_2 V_3 \ldots$ étant les volumes sous les pressions $P_0 P_1 P_2 P_3 \ldots$

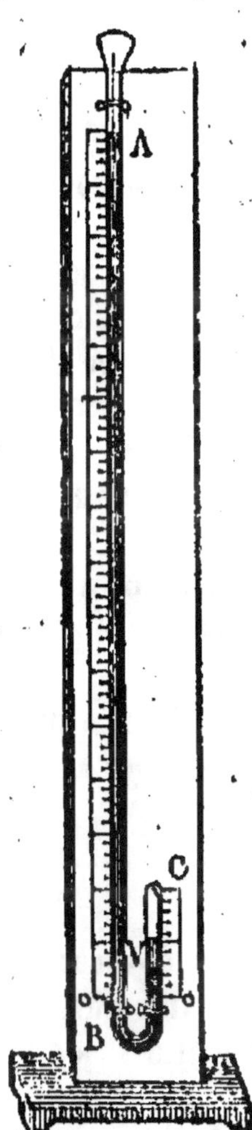

Fig. 51. — Loi de Mariotte (compression).

Fig. 52. — Loi de Mariotte (décompression).

On peut aussi poser :

$$\frac{D_1}{D_0} = \frac{P_1}{P_0}$$

$D_1 D_0$ étant les densités correspondantes des volumes ci-dessus :

D'où l'énoncé suivant de la loi de Mariotte :

Les densités d'une masse donnée de gaz sont, à température constante, proportionnelles aux pressions qu'elle supporte.

Grâce à la loi de Mariotte, on sait qu'une cloche à plongeur de 25 m³ sera remplie d'air à la pression de 3 atm. lorsqu'on y aura introduit $3 \times 25 = 75$ m³ d'air à la pression atmosphérique. Par elle, on comprend pourquoi un récipient à oxygène comprimé à n atmosphères (120 par exemple) occupera en se détendant un volume n fois plus grand.

Il faut toutefois remarquer que la loi de Mariotte n'est qu'approchée et qu'elle se trouve en défaut pour des pressions considérables.

M. Van des Waals a donné la formule suivante pour la compressibilité d'un gaz à température connue :

$$\left(p + \frac{b}{v^2}\right)\left(v - \alpha\right) = K.$$

b, α et K étant des coefficients déterminés d'après des recherches fondées sur la théorie cinétique des gaz.

Le volume tendant vers la limite α s'appelle le *covolume*.

D'ailleurs, tout en étant plus précise, cette formule n'est encore qu'approchée.

MANOMÈTRE

Le manomètre est un instrument qui sert à mesurer la pression des gaz. Il y a le manomètre à air libre, à air comprimé et le manomètre métallique.

Le *manomètre à air libre* comprend une cuvette fermée dans laquelle on a versé du mercure. Sur la paroi latérale de la cuvette, une ouverture est ménagée et laisse passage à un tube muni d'un robinet par lequel arrive le gaz sous pression. Ce gaz est contenu dans un récipient fermé quelconque. Un tube vertical ouvert plonge dans le mercure de la cuvette. Lorsque le robinet est ouvert, le mercure refoulé s'élève à une certaine hauteur à laquelle il faut naturellement ajouter la hauteur barométrique ordinaire (760 mm.) dont l'effet s'exerce en sens contraire sur le mercure. La somme de ces deux hauteurs donne la hauteur totale réelle. Le tube est gradué en *atmosphères* ou en *kilogrammes* par centimètre carré.

D'autres fois le manomètre à air libre est composé de 2 tubes verticaux communiquant entre eux par un robinet à 3 voies. Ces tubes sont remplis de mercure, ouverts à une de leurs extrémités. L'un d'eux communique avec un réservoir à gaz dont on veut connaître la pression.

D'autres types dérivent du même principe. Tels sont le manomètre barométrique ou différentiel de Regnault, le grand manomètre à air libre de la tour Eiffel, le manomètre à acide sulfurique, à eau, le manomètre de Desgoffes, d'Amagat, etc.

Le *manomètre à air comprimé* diffère du précédent en ce que le tube vertical est fermé à sa partie supérieure et recourbé à sa partie inférieure (fig. 53). Dans de telles conditions, le gaz sous pression refoule le mercure qui remonte dans le grand tube et comprime l'air qui s'y trouve enfermé ; le tube n'a pas besoin d'avoir une bien grande hauteur, ce qui est indispensable dans le cas du manomètre à air libre. Les divisions sont marquées comme précédemment par comparaison avec un manomètre à air libre. C'est un instrument fragile.

Le manomètre métallique de Bourdon (fig. 54) est basé sur la déformation d'un tube contourné soumis à

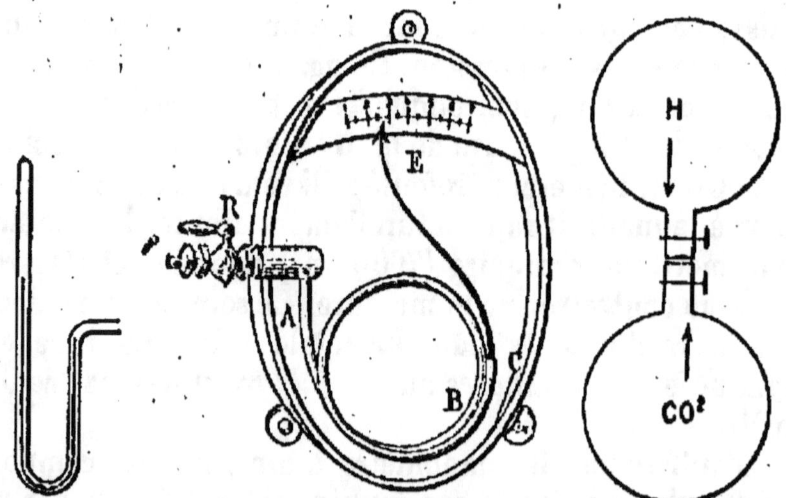

Fig. 53. — Manomètre à air comprimé. Fig. 54. — Manomètre métallique de Bourdon. Fig. 55. — Diffusion des gaz.

la pression d'un gaz. Le tube est fermé à une de ses extrémités laquelle est reliée à une aiguille qui peut se déplacer en regard d'un cadran gradué. L'autre extrémité du tube porte un robinet ; on la relie à un appareil quelconque (chaudière à vapeur, presse hydraulique, etc.) dont on veut mesurer la pression. Lorsqu'on ouvre le robinet, la section elliptique du tube se déforme sous l'effet de la pression, ce qui fait varier la courbure du tube. L'aiguille se meut sur le cadran et s'arrête en un point qui indique la pression qui existe dans le récipient. La graduation de cet instrument se fait par comparaison avec un manomètre à air libre.

Mélange des gaz. — Au lieu de se séparer par ordre de densité, les gaz se mélangent. Ce phénomène constitue la *diffusion des gaz*. Berthollet a mis ce phénomène en évidence en remplissant deux ballons de gaz différents (fig. 55). L'un de ces ballons contient un gaz léger (hydrogène), l'autre ballon placé au-dessous de lui et de manière que les cols correspondent contient un gaz lourd (gaz carbonique). En ouvrant les robinets qui ferment les cols des ballons le mélange des deux gaz ne tarde pas à s'effectuer. L'analyse, faite peu de temps après, montre que dans les deux ballons le mélange est absolument le même. De plus, la pression du mélange gazeux dans chaque récipient est égale à la pression initiale.

Lois des mélanges gazeux. — 1° *Les gaz, entre lesquels il ne se produit pas d'action chimique, se mélangent plus ou moins rapidement et d'une façon intime et permanente.*

2° *A température constante, la force élastique finale du mélange de plusieurs gaz est égale à la somme des forces élastiques qu'aurait chacun d'eux s'il occupait seul le volume total.*

Ces deux lois se vérifient expérimentalement avec le dispositif de Berthollet qui est ci-dessus décrit.

En désignant par v_1 v_2 v_3 les volumes des trois masses de gaz non sujettes à action chimique les unes sur les autres, par f_1 f_2 f_3 leurs tensions respectives, F la force élastique du mélange qui occupe un volume V, on a :

$$FV = f_1 v_1 + f_2 v_2 + f_3 v_3 = \Sigma (fv)$$

Diffusion des gaz à travers les parois poreuses. Loi de Graham. — *La vitesse de diffusion d'un gaz à tra-*

vers une paroi poreuse ou par un petit orifice est inversement proportionnelle à la racine carrée de la densité.

Dissolution ou absorption des gaz par les liquides. — On sait que les liquides ont la propriété d'absorber certains gaz qui s'y dissolvent.

Loi de Henry. — *A une température déterminée, il existe un rapport constant entre le volume du gaz dissous supposé mesuré à la pression finale et le volume du dissolvant.*

Ce volume constant est pour un même liquide ou gaz le *coefficient d'absorption* ou *de solubilité.*

Loi de Dalton. — *Lorsqu'un mélange de plusieurs gaz est en contact avec un dissolvant, chacun des gaz s'y dissout comme s'il était seul.*

MACHINE PNEUMATIQUE

La machine pneumatique est un appareil qui sert à faire le vide ou plus exactement à raréfier l'air ou le gaz contenu dans une enceinte fermée.

Les premières machines construites remontent à Otto de Guéricke (1650). Elles étaient à un ou à deux corps de pompe.

Théoriquement, la machine pneumatique comprend un cylindre (fig. 56) faisant mouvoir un piston en cuir gras qui se meut verticalement par l'intermédiaire d'une tige recevant son mouvement d'une manivelle à laquelle elle est reliée par une crémaillère. Deux soupapes t et V s'appliquent ou s'éloignent des deux ouvertures visibles sur la figure. La soupape V est quelquefois fixée à une tige qui glisse à frottement dur dans le piston et vient frapper la paroi supérieure du corps de pompe. Dans le modèle de la figure elle est simplement mobile autour d'une charnière. Un tuyau relie le cylindre au récipient (cloche) dans lequel on veut raréfier l'air. Un baromètre à siphon peut être branché sur ce tube. Le piston étant au bas de sa course, les deux soupapes sont fermées. Si on le fait monter, V s'ouvre, et la soupape correspondant à l'ouverture t retombe par son propre poids. L'air du tuyau et du récipient vient occuper la partie inférieure du corps de pompe. Arrivé en haut de sa course, le piston redescend, V se ferme, t s'ouvre par la force de compression de l'air emprisonné qui s'échappe par l'espace

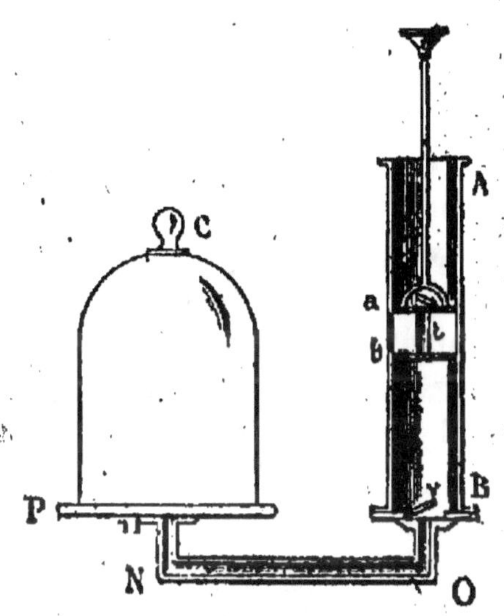

Fig. 56. — Machine pneumatique.

vide central pour être ensuite expulsé au dehors. En recommençant le mouvement d'ascension, le piston produit le même phénomène que ci-dessus et on expulse une nouvelle quantité d'air et ainsi de suite.

Or, quand le piston était primitivement en haut de sa course le volume d'air V du récipient était devenu $V + v$ à la pression h_1, v représentant le volume du corps de pompe diminué de ses accessoires intérieurs. En vertu de la loi de Mariotte, on a :

$$h_1 = \frac{V}{V + v} h_0$$

Au deuxième coup de piston la pression devient :

$$h_2 = \frac{V}{V + v} h_1 = \left(\frac{V}{V + v}\right)^2 h_0$$

Au n^o coup de piston, on a une pression :

$$h_n = \left(\frac{V}{V+v}\right) h_{n-1} = \left(\frac{V}{V+v}\right)^n h_0.$$

On voit donc que, théoriquement, la valeur de h_n peut être rendue aussi petite que l'on veut sans atteindre le vide parfait. D'ailleurs, pratiquement, il y a un espace nuisible compris entre la surface inférieure du piston et la paroi du cylindre, ce qui fait qu'ajouté aux rentrées d'air inévitables, on arrive à une limite de vide qu'on ne peut dépasser.

La machine anciennement la plus usitée comportait deux corps de pompe, ce qui abrégeait de beaucoup l'opération. La théorie est absolument la même. D'ailleurs ces systèmes sont peu employés de nos jours. On leur préfère la machine de Bianchi qui est bien plus commode.

Dans la machine de Bianchi, un cylindre en fonte oscille sur un axe horizontal fixé à sa base. Un volant fait manœuvrer un piston qui porte une soupape s'ouvrant de bas en haut. Dans le schéma représenté (fig. 57), on remarque que quand le piston descend la soupape inférieure S_3 se soulève et laisse échapper par un tube intérieur ménagé dans la tige du piston B l'air emprisonné dans la partie inférieure du corps de pompe.

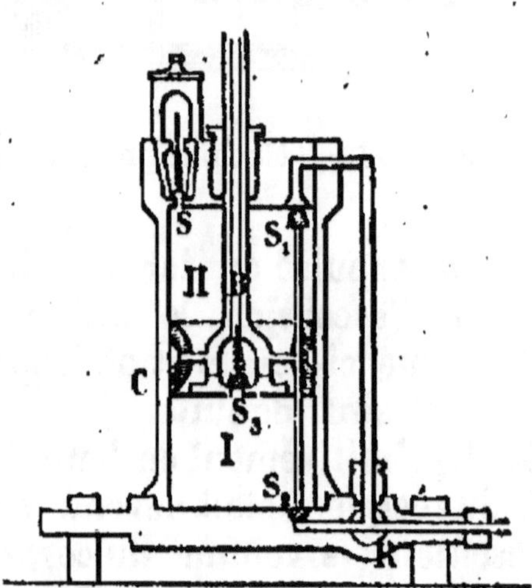

Fig. 57. — Machine de Bianchi.

Lorsque le piston se soulève, au contraire, les soupapes S_2 et S précédemment, fermées s'ouvrent à leur tour et laissent partir par l'ouverture S l'air emprisonné dans la partie haute du corps de pompe. De la sorte, l'air contenu dans un récipient mis en communication avec ce corps de pompe par le tube R vient à se raréfier de plus en plus. Comme on le voit, cet appareil est à double effet. Le vide produit est exprimé par le nombre de millimètres de mercure lu sur un manomètre établi sur le tube de communication.

Il existe d'autres modèles de machines pneumatiques comme celles de Deleuil, de E. Carré, d'Alvergniat, de Jamin, de Chabaud, etc.

MACHINE DE COMPRESSION

Pour comprimer l'air dans un récipient on fait usage d'un appareil spécial que l'on désigne sous le nom de *machine* ou de *pompe de compression*. Il existe plusieurs types de cette machine. Ils diffèrent suivant l'usage auquel on les destine (pompe à main, pompe Cailletet, machines soufflantes et aspirantes, etc.).

Pompe à main. — La machine de compression la plus simple est la pompe à main des bicyclistes.

Elle comprend un corps de pompe de faible diamètre dans lequel se meut un piston plein relié à une poignée par une tige métallique. A la partie inférieure du corps de pompe (fig. 58) est pratiquée une ouverture communiquant suivant les modèles avec une tubulure située soit dans le prolongement soit perpendiculairement à cette direction. La tubulure verticale refoule, par le jeu des soupapes, l'air ou le gaz directement dans le récipient où l'on fait la compression. La tubulure horizontale possède à chaque extrémité une soupape fonctionnant en sens inverse de l'autre, c'est-à-dire que l'une s'ouvre pour l'aspiration pendant la montée du piston tandis que l'autre soupape maintient fermée l'ouverture servant au passage de l'air comprimé. On conçoit que la manœuvre inverse a pour effet de fermer la soupape

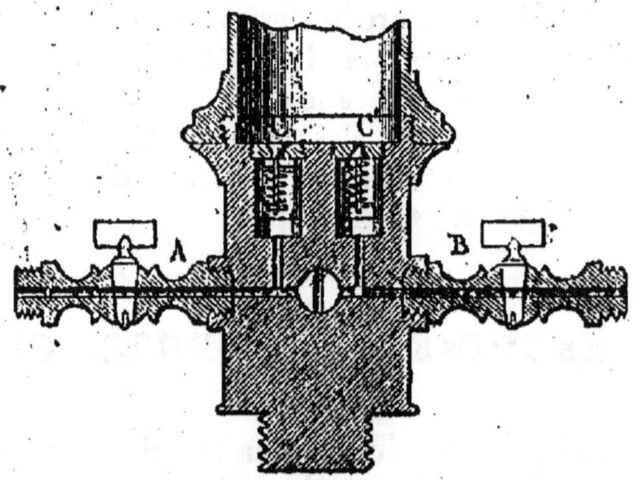

Fig. 58. — Machine de compression.

d'aspiration alors que l'air refoulé vers la soupape de compression l'ouvre pour le laisser passer dans le récipient faisant suite à la tubulure.

Certains modèles sont munis de robinets à trois voies placés sur les tubulures latérales, ce qui permet le rétablissement *ad libitum* de la pression atmosphérique soit dans la pompe seule, soit dans le récipient seul, soit dans ces deux endroits à la fois.

Cette pompe peut servir à faire le vide lorsqu'on renverse le rôle des soupapes, c'est-à-dire en faisant communiquer la tubulure d'aspiration avec un récipient.

Pompe Cailletet. — Dans la machine qu'il a construite pour la liquéfaction des gaz, M. Cailletet est parvenu à supprimer l'échauffement de l'espace nuisible. Un piston plein P (fig. 59) terminé en cône est surmonté d'une couche de mercure. On le met en mouvement mécaniquement. Il monte en haut du corps do pompe, refoule l'air puis le mercure dans un petit orifice terminé par une soupape en ébonite. Il redescend ensuite. L'air ou le gaz que l'on comprime est amené dans le corps de pompe par une tubulure latérale **T** dont la soupape est remplacée par un robinet **R** s'ouvrant ou se fermant au moment voulu par un système de cames.

Théorie de la machine de compression. — Si l'on désigne par e l'espace nuisible, R et H_0 le volume et la pression de la masse de gaz au commencement de l'expérience, par C et H le volume et la pression de l'autre côté du piston, on a, pour une position du piston au bas de sa course, un volume gazeux à l'intérieur représenté par R $+$ e à la pression H_1.

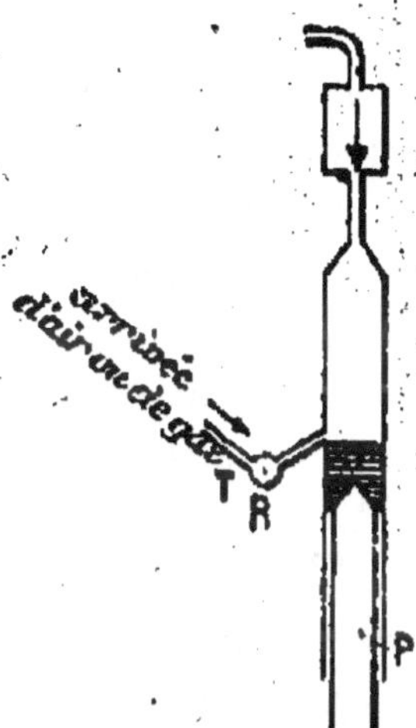

Fig. 59. — Pompe Caillletet.

D'après la loi du mélange des gaz, on a :

$$(R + e)\, H_1 = RH_0 + CH$$

d'où :

$$H_1 = H_0 \frac{R}{R + e} + H \frac{C}{R + e}$$

Des équations analogues donnent les pressions successives $H_1\ H_2 \ldots H_n$.

De l'ensemble de toutes ces équations on en tire :

$$H_n = H_0 \left(\frac{R}{R + e} \right)^n + H \frac{C}{e} \left[1 - \left(\frac{R}{R + e} \right)^n \right]$$

En faisant, dans cette formule, $n = \infty$, on a :

$$H_n = \frac{C}{e} \, H = \lambda.$$

ce qui montre que la pression n'augmente pas indéfiniment dans le récipient. La valeur limite de condensation λ n'est d'ailleurs jamais atteinte puisqu'il faudrait un nombre infini de coups de piston.

La machine cesse de fonctionner quand la pression dans le récipient est égale à celle du gaz dans l'espace nuisible.

En pratique, les machines étant imparfaites, il est inutile de pomper quand les introductions compensent les fuites.

Trompes aspirantes et soufflantes. — Ces appareils aspirent l'air d'un vase et le soufflent ou autrement dit le compriment dans un autre récipient. Le fonctionnement est produit automatiquement par un courant d'eau ou de liquide quelconque.

Soit un courant d'eau s'écoulant, comme l'indique la flèche (fig. 60), dans un canal rétréci sur une

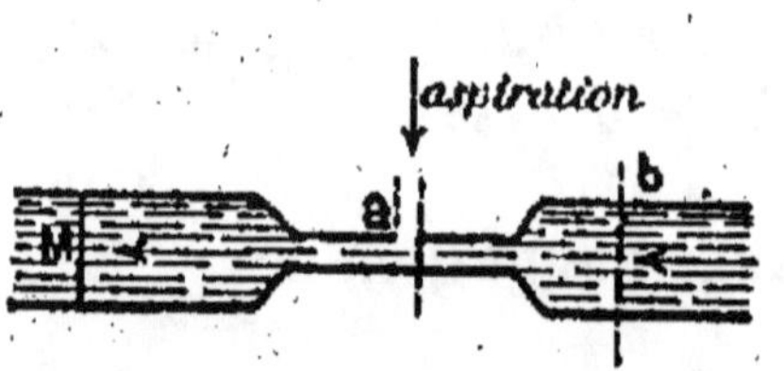

Fig. 60. — Ecoulement d'un liquide dans un tube rétréci.

faible longueur. Quand le régime est établi, la vitesse de l'eau dans la partie étroite est forcément plus grande que dans la partie large b. La pression en ce point est inférieure à celle du point b. Si — l'eau débouchant librement dans l'atmosphère — on pratique dans la partie étroite un orifice dans la paroi du canal, il y aura, en raison de la différence de pression, appel d'air ou aspiration ; cet air sera entraîné avec l'eau. Si, d'autre part, on met cet orifice en communication avec un vase fermé rempli de gaz ou d'air, le vide se produira dans ce vase tandis que le gaz ou l'air pourra se rendre avec l'eau dans un récipient où il occupera la partie supérieure. On comprend dès lors qu'en se servant d'un récipient clos, l'air s'y emmagasinera en se comprimant de plus en plus dans la partie supérieure ; l'appareil fonctionnera comme machine de compression.

Parmi les dispositifs imaginés d'après ce principe, on citera la petite trompe à eau d'Alvergniat, l'aspirateur à mercure de Sprengel, la pompe trompe à mercure, la machine soufflante ou trompe à eau (fig. 61).

Applications des gaz comprimés et raréfiés. — Les applications de l'air comprimé sont très nombreuses.

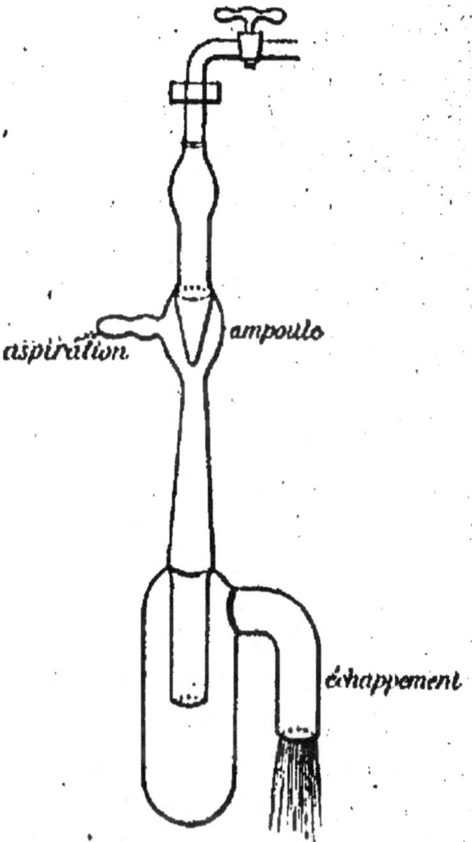

Fig. 61. — Trompe de laboratoire.

Des compresseurs refoulent les gaz sous pression dans des réservoirs résistants, ce qui permet leur transport et leur conservation pour un usage ultérieur.

L'air comprimé utilisé comme force motrice dans les tramways de la Compagnie générale des omnibus de Paris est refoulé d'abord dans des accumulateurs, puis de là, par des conduites souterraines, dans d'autres accumulateurs portés par les voitures.

Le service des Postes et Télégraphes a créé dans des centres importants des postes pneumatiques pour l'envoi des dépêches. Ces dépêches, au nombre de quarante environ, sont renfermées dans des boîtes en tôle recouvertes de cuir. Les boîtes circulent sous la pression de l'air à la façon d'un train, dans des tubes de 0 m., 065 de diamètre et de 1 à 2 kilomètres de longueur.

Des services municipaux dotent leurs villes d'horloges pneumatiques distribuant l'heure à tout un réseau.

Les freins Westinghouse en usage dans les trains de chemins de fer fonctionnent à l'air comprimé.

L'air comprimé actionne des moteurs soit directement, soit au moyen de compresseurs.

Le moteur Mékarski, employé pour la traction de certains tramways, emmagasine de l'air comprimé à 80 kgr. dans des réservoirs placés dans les véhicules mêmes. Cet air est ramené, suivant besoin, grâce à un régulateur, à une pression bien inférieure variant selon la force nécessaire au démarrage. L'air ainsi décomprimé pousse le piston d'un appareil semblable à celui d'une machine à vapeur, se détend, puis s'échappe au dehors. Toutefois, pour avoir un bon rendement, il est indispensable de compenser le refroidissement énorme résultant de la détente continue de l'air comprimé en forçant l'air sortant des accumulateurs à passer dans un cylindre d'eau chaude à la température de 130-160°. C'est alors que l'air réchauffé et saturé de vapeur d'eau passe dans le régulateur de pression où il est ramené au moteur à 15 atmosphères.

Les compresseurs industriels, qui servent au remplissage des tubes à gaz comprimé (oxygène, gaz carbonique, etc.), comprennent le plus souvent un jeu de deux compresseurs de volumes différents. Le grand compresseur prend le gaz à la pression atmosphérique et le comprime dans le petit dont le volume est $\frac{1}{12}$ du premier. Le gaz est refoulé ensuite par le petit compresseur dans le tube en fer forgé qui doit le recevoir. Si l'espace nuisible du petit compresseur est égal au $\frac{1}{12}$ de son volume v, la pression limite maximum que l'on pourra atteindre sera de $\dfrac{v \times 12}{\dfrac{v}{12}} = 144$ atmosphères. Les compresseurs marchent en sens inverse, c'est-à-dire que l'un se remplit pendant que l'autre refoule.

Le compresseur Dubois-François est un appareil principalement utilisé pour actionner les perforatrices des trous de mines. Il comprend un piston qui se meut dans un cylindre en fonte et qui porte le fleuret d'attaque de la roche. Il existe d'ailleurs bien d'autres modèles de compresseurs de mines. On choisit généralement pour les travaux souterrains des appareils horizontaux débitant le plus d'air possible à une pression maximum de 6 kilogrammes effectifs.

L'air comprimé trouve une application importante dans les travaux publics pour les fondations tubulaires. Les travaux qui doivent s'exécuter à une grande profondeur et sous l'eau se font à l'aide de caissons sans fond à la partie inférieure dont les parois latérales sont en tôle épaisse renforcée intérieurement par une armature. On charge la partie supérieure du caisson de lourds matériaux afin d'obtenir un enfoncement graduel. Cette partie supérieure est souvent horizontale et donne passage à des cheminées verticales terminées par un sas servant aux ouvriers à monter ou à descendre dans le caisson. C'est aussi par ces conduits verticaux que l'on descend les matériaux et que l'on remonte les déblais. Des pompes à air convenablement ménagées à l'extérieur refoulent constamment de l'air dans le caisson.

SIPHON

Le siphon est un instrument qui sert au transvasement des liquides. Il se compose (fig. 62) d'un tube recourbé à deux branches inégales. Un simple tuyau de caoutchouc dont l'une des extrémités est placée à un niveau inférieur par rapport à l'autre extrémité peut servir de siphon.

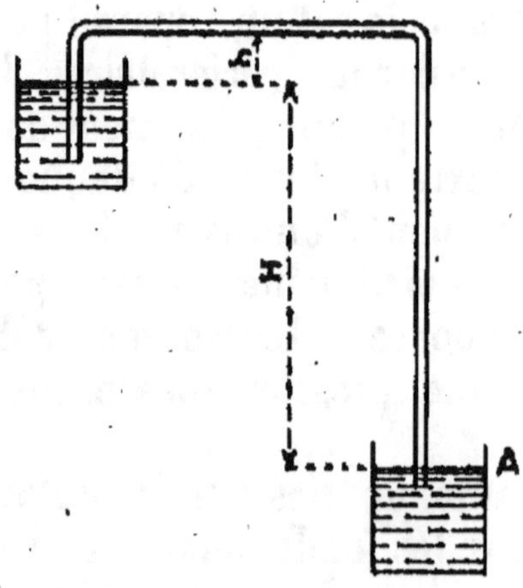

Fig. 62. — Siphon.

Pour se servir de cet instrument, on commence par l'amorcer, c'est-à-dire le remplir de liquide, puis on bouche un orifice avec le doigt par exemple et on le renverse de manière à faire plonger la petite branche dans le récipient qu'on veut vider. On peut aussi faire une aspiration à une extrémité, la petite branche plongeant dans le liquide. L'écoulement se fait aussitôt par la grande branche et ne s'arrête que quand l'orifice supérieur ne plonge plus dans le liquide.

On constate que, lorsque les deux branches sont égales, l'écoulement n'a pas lieu.

Siphon intermittent. — Le siphon intermittent ou vase de Tantale (fig. 63) consiste en un tube coudé dont la grande branche traverse le fond d'un vase. Quand le niveau de l'eau atteint la partie supérieure de la courbure, le siphon s'amorce ; l'eau comprise entre ce niveau et l'orifice supérieur de la petite branche s'écoule à l'extérieur, puis le siphon se désamorce.

L'eau continuant à tomber dans le vase, son niveau ne tarde pas à atteindre la partie supérieure de la courbure du tube déterminant un nouvel amorçage suivi d'un écoulement du liquide et ainsi de suite. Le fonctionnement de cet appareil a donc lieu par intermittence.

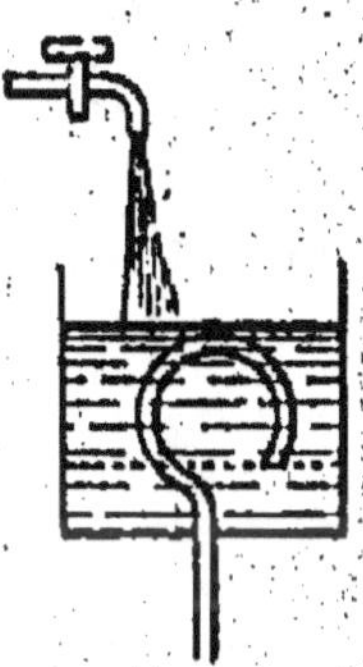

Fig. 63. — Vase de Tantale.

Certaines fontaines dites *intermittentes* ne donnent de l'eau qu'à des intervalles plus ou moins éloignés. Elles sont l'application directe du vase de Tantale. L'eau s'accumule dans une poche ou citerne et ne s'en échappe que lorsqu'elle s'élève dans le canal qui y fait suite à une hauteur suffisante pour provoquer l'amorçage de la poche ou de la citerne. Un nouvel apport d'eau provenant des sources voisines remplit la citerne, le niveau du liquide s'élève peu à peu dans le canal et le phénomène se reproduit à nouveau quand ce niveau atteint la partie supérieure.

PRESSE HYDRAULIQUE

La presse hydraulique produit des pressions considérables avec un faible effort exercé sur l'un de ses organes.

Imaginée par Pascal, elle ne fut rendue vraiment pratique que lorsque l'ingénieur Bramah l'eut perfectionnée dans ses détails. Elle est l'application directe du principe de la transmission des pressions.

L'appareil consiste en deux cylindres de différents diamètres communiquant entre eux par des tubes de faible
section (fig. 64). Une pompe à injection P refoule l'eau
dans le cylindre de grand diamètre C' lequel est muni
d'un piston P' d'égale section supportant un plateau M
à sa partie supérieure. Des soupapes empêchent le retour
de l'eau. Un *cuir embouti* AA' assure l'étanchéité des
parois du grand cylindre ou corps de pompe C'. Le ren-

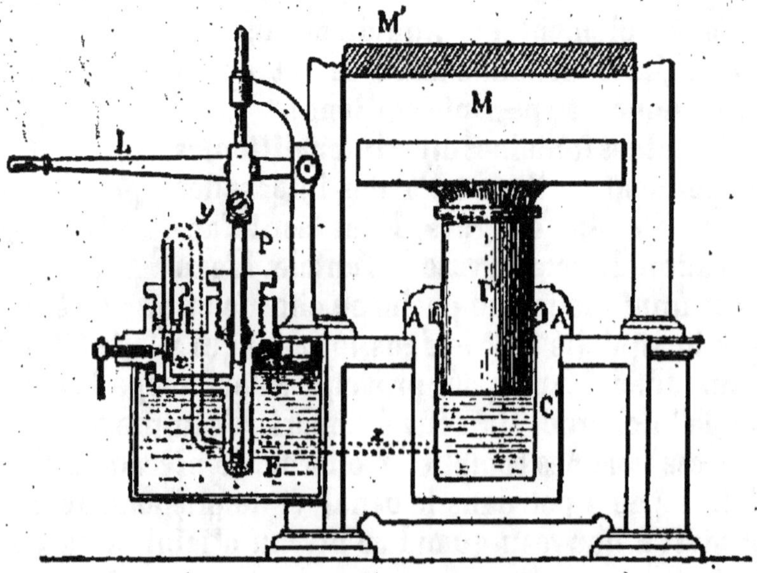

Fig. 64. — Presse hydraulique.

dement dépend du rapport existant entre les surfaces
des pistons. Ce rapport est encore multiplié par suite de
l'adjonction d'un bras de levier L actionnant la pompe
d'injection. Si, par exemple, le rapport des sections des

pistons est de $\dfrac{1}{100}$, le levier ayant une multiplication

de 10, l'effet transmis sera 1000 fois celui qui est exercé ;
autrement dit une force de 20 kgr. appliquée à l'extrémité
du bras de levier détermine une pression de $20 \times 10 \times$
$100 = 20.000$ kgr. ou 20 tonnes sur le plateau du grand

corps de pompe. Le laboratoire de l'Ecole des Ponts et Chaussées possède une presse hydraulique pouvant fournir une pression de 400 tonnes. Cette presse sert aux essais d'écrasement de pierres naturelles ou autres matériaux de construction, ainsi qu'à des essais nécessitant une très forte pression.

La presse hydraulique a des usages variés. On l'emploie sous forme de vérins à l'avancement de boucliers dans les travaux souterrains (percement de tunnels, du Métropolitain, etc.). On l'utilise aussi pour la compression de corps élastiques (balles de foin pressé, tourteaux, coton, etc.).

Conformément au principe de la conservation de l'énergie (1), ce que l'on gagne en pression se perdant en course du grand piston, la vitesse d'élévation du piston est d'autant plus lente par rapport à celle d'abaissement du petit piston que la multiplication est plus élevée.

La presse hydraulique trouve encore des applications pratiques dans les appareils suivants : presse à forger, ascenseur hydraulique, accumulateurs hydrauliques, appareils d'essai des chaînes et des chaudières de la marine.

CHALEUR

La chaleur ne nous est connue que par ses manifestations ; c'est elle qui produit la sensation de chaud ou de froid que nous éprouvons à tout instant.

Nos sens ne peuvent nous renseigner exactement sur

(1) Ce principe s'énonce ainsi : *Un système ne peut gagner ou perdre du travail sans se modifier.*

les variations de l'état calorifique. Si nous plongeons la main droite dans un vase d'eau froide et la gauche dans un vase d'eau chaude, puis qu'au bout de quelques instants nous les plongions toutes deux à la fois dans de l'eau tiède notre main droite nous fera éprouver une sensation de chaleur tandis que la gauche nous procurera la sensation du froid.

Deux surfaces, l'une en marbre, l'autre en bois, situées dans une enceinte sont à la même température et cependant, au toucher, la première paraît plus froide que la seconde.

L'hypothèse actuelle qui fournit l'explication de la transmission de la chaleur est la théorie des ondulations. On admet que les molécules d'un corps sont animées d'un mouvement vibratoire très rapide et de peu d'amplitude qui produit la chaleur. Ce mouvement se transmet à distance par l'*éther*, milieu très élastique.

LOIS FONDAMENTALES

La chaleur est soumise à un certain nombre de lois et principes qui sont énoncés ci-après :

Changements d'état des corps. — Lois de la fusion. — *1° Chaque substance solide fond, sous pression constante, à une température constante : c'est le point de fusion de la substance ;*

2° Si la pression ne varie pas, la température reste constante pendant toute la durée de la fusion ;

3° La fusion est accompagnée, en général, d'un accroissement de volume.

Lois de la solidification. — *1° La solidification d'un corps a lieu à une température fixe qui est aussi celle de la fusion.*

La température du mélange solide et liquide reste

invariable pendant toute la durée de la solidification.

Lois de l'ébullition. — 1° *Un liquide entre toujours en ébullition à la même température (point d'ébullition), la pression extérieure étant constante;*

2° *La température du liquide reste invariable pendant toute la durée de l'ébullition;*

3° *Un changement de volume très grand accompagne toujours ce changement d'état.*

Calorimétrie. — La calorie est la quantité de chaleur nécessaire pour élever de 0 à 1° la température de 1 kilogramme d'eau (grande calorie ou calorie-kilogramme-degré), ou de 1 gramme d'eau (petite calorie ou calorie-gramme-degré). Cette dernière quantité est celle qui correspond à l'unité de chaleur dans le système C. G. S. On la nomme aussi *milli-calorie* ou *therm.*

Loi de Dulong et Petit. — *Le produit de la chaleur spécifique d'un corps par son poids atomique est un nombre constant.*

Chaleur rayonnante. — Lorsqu'un rayon calorifique tombe sur une surface polie:

1° *Le rayon réfléchi reste dans le plan d'incidence;*

2° *L'angle de réflexion est égal à l'angle d'incidence.*

Loi. — *La quantité de chaleur rayonnée normalement sur une surface déterminée varie en raison inverse du carré de la distance de cette surface à la source.*

Dans le vide, un corps ne se refroidit que par rayonnement. Dans l'atmosphère, ce refroidissement s'accentue par suite de la déperdition due au contact de l'air. Newton a établi la loi de refroidissement des corps dans le vide:

Loi de Newton. — *La vitesse moyenne de refroidissement d'un corps est proportionnelle à l'excès moyen de sa température sur celle de l'enceinte.*

$$\frac{\theta - \theta'}{x} = m \left(\frac{\theta + \theta'}{2} \right)$$

θ étant l'excès initial, θ' l'excès final, x le temps écoulé, m la constante de refroidissement.

Réfraction. — 1° *Le rayon calorifique réfléclé reste dans le même plan d'incidence.*

2° *Le rapport du sinus de l'angle d'incidence au sinus de l'angle de réfraction est constant pour un même milieu.*

Equivalent mécanique de la chaleur. — Principe DE L'ÉQUIVALENCE. — *A un travail déterminé correspond toujours la même quantité de chaleur dégagée, quel que soit le procédé employé pour transformer le travail en chaleur.*

Il y a en effet un rapport constant entre le travail dépensé exprimé en kilogrammètres et la chaleur produite exprimée en calories ; ce rapport constant J est *l'équivalent mécanique de la chaleur.*

DILATATION

Tous les corps se dilatent plus ou moins sous l'action de la chaleur. Ceux qui se dilatent le plus sont les gaz. Viennent ensuite les liquides et les solides.

La dilatation des solides s'observe avec le *pyromètre à cadran* constitué par une tige métallique dont l'une des extrémités E est fixe et dont l'autre bute contre une aiguille mobile qui peut se déplacer sur un cadran gradué. Cette aiguille tourne autour du point fixe O (fig. 65). Sous l'influence de la chaleur la tige s'allonge de E vers F, pousse la partie OA de l'aiguille qui se déplace le long du cadran divisé et s'arrête à une division déterminée si la température devient constante. Par refroidissement la

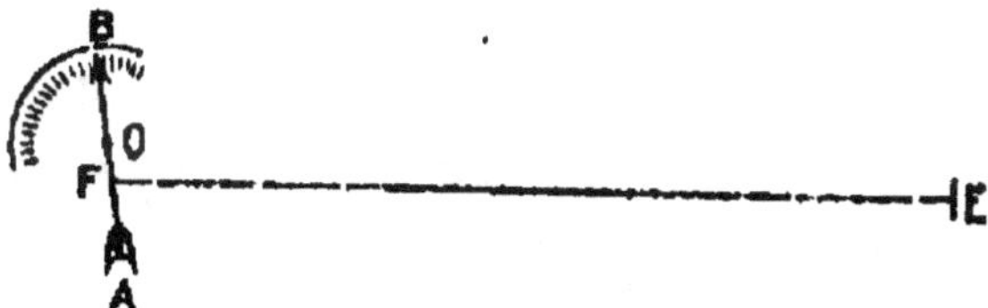

Fig. 65. — Pyromètre à cadran.

tige EF se contracte et l'aiguille AB revient à sa position primitive.

La dilatation se constate encore par l'expérience de l'anneau S'Gravesande (fig. 66). Dans un anneau métallique passe à la température ordinaire une petite sphère de cuivre. Si on chauffe cette sphère, elle ne peut plus passer dans l'anneau ; elle y passe à nouveau quand elle est revenue à la température ordinaire.

La dilatation des liquides s'observe quand on chauffe de l'eau ou du mercure dans un ballon surmonté d'un tube capillaire (fig. 67). Le niveau du liquide monte dans le tube au fur et à mesure que la température s'élève. C'est sur ce principe que repose le thermomètre.

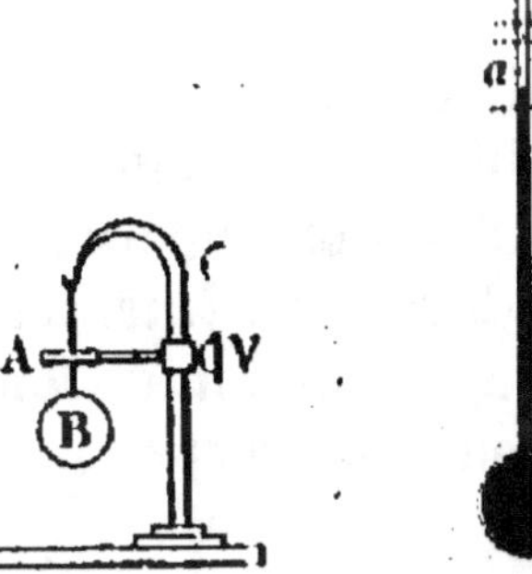

Fig. 66. — Anneau de S'Gravesande.

Fig. 67. — Dilatation des liquides.

La dilatation des gaz s'observe avec un appareil semblable au précédent mais dans lequel on remplace le liquide par un gaz. L'élévation de température du récipient fait monter un index placé dans la partie capillaire.

On dit de deux corps que l'on compare qu'ils ont la

même température ou une température différente suivant qu'ils nous semblent aussi froids ou chauds l'un que l'autre ou que l'un d'eux paraît plus chaud que l'autre. On ne peut pas mesurer la chaleur ; il n'y a pas de grandeur naturelle qui permette de le faire. Pour arriver à un terme de comparaison, il faut choisir par convention un corps thermométrique. Ce corps thermométrique change de volume suivant la température. Suivant que le volume occupé est plus ou moins grand, on dit que la température est plus ou moins élevée. L'ensemble des conventions admises constitue la partie de la physique connue sous le nom de *thermométrie*. On a adopté comme règle presque générale la dilatation apparente d'un liquide dans une enveloppe de verre.

Dilatation des corps solides. — Un corps solide éprouve trois sortes de dilatations :

la dilatation linéaire,

la dilatation cubique,

la dilatation superficielle.

La *dilatation linéaire* d'un corps solide entre 0 et t^o est l'augmentation de longueur λ_t que prend l'unité de longueur du corps quand sa température s'élève de 0 à t^o.

Il en résulte que si l'on prend une barre de fer dont la longueur à 0° est L_0, qu'on la chauffe à la température de t^o, sa longueur étant L, l'augmentation est $L - L_0$. Pour une longueur de barre égale à 1 centimètre, l'augmentation serait pour une élévation de température de 1 degré :

$$\frac{L - L_0}{L_0}$$

pour t_o on aura :

$$\frac{L - L_0}{L_0 t}$$

Or en faisant le quotient on constate qu'il est fonction de t, il augmente quand la température s'élève, mais l'augmentation est peu sensible et si on ne cherche pas une précision absolue et si la température n'est pas très élevée on peut considérer ce quotient comme une constante :

$$\frac{L - L_0}{L_0 t} = \lambda.$$

d'où $\qquad L = L_0 (1 + \lambda t)$

Si $\qquad L_0 = 1 \quad t = 1$

et l'on a $\qquad L = 1 + \lambda t$

$1 + \lambda t$ est dit le *binôme de dilatation linéaire*.

La *dilatation cubique* d'un corps solide entre 0 et t^o est l'augmentation de volume K_t que prend l'unité de volume du corps quand sa température s'élève de 0 à t^o.

On démontre que, très sensiblement, la dilatation cubique est triple de la dilatation linéaire :

Soit un cube dont l'arête à 0° est l_0 son volume à 0° est :

$$V_0 = l_0^3$$

Portons ce cube à t^o, l'arête prend une longueur :

$$l_t = l_0 (1 + \lambda t)$$

Le volume devient :

$$V_t = V_0 (1 + K t) = l_0^3 (1 + K t)$$

D'autre part :

$$V = l_t^3 = l_0^3 (1 + \lambda t)^3$$

Donc :

$$(1 + K t) = (1 + \lambda t)^3 = 1 + 3\lambda t + 3\lambda^2 t^2 + \lambda^3 t^3$$

Les 2 derniers termes ayant λ à la 2e et à la 3e puissance sont négligeables étant donné que λ est très petit par lui-même (pour le fer $\lambda = 0,000012$). On a donc sans erreur appréciable :

$$1 + Kt = 1 + 3\lambda t$$

c'est-à-dire :

$$K = 3\lambda$$

La *dilatation superficielle* d'un corps solide entre 0 et t^o est, par analogie, l'augmentation de surface que prend l'unité de surface du corps quand sa température s'élève de 0 à t^o.

Par expérience, on sait que la dilatation Λ_t est sensiblement proportionnelle à la température t :

$$\Lambda_t = \lambda t$$

λ représentant le coefficient de dilatation linéaire, c'est-à-dire l'augmentation éprouvée par l'unité de longueur du corps quand la température s'élève de 1°.

Des formules précédentes on déduit que :

$$K_t = 3\lambda t \text{ ou } Kt$$

en désignant par K le coefficient de dilatation cubique, c'est-à-dire l'augmentation qu'éprouve l'unité de volume à 0° quand la température s'élève de 1°.

On détermine les coefficients de dilatation linéaire des solides en mesurant la dilatation de barres au moyen du comparateur.

La dilatation du verre et des métaux est uniforme, autrement dit, elle varie proportionnellement à la température entre 0 et 100°. Au-dessus de 100°, le coefficient de dilatation augmente. Cependant, pour l'acier trempé, le coefficient de dilatation diminue à mesure que s'élève la température.

Une fois refroidis, la plupart des corps reprennent

leur volume primitif; il n'en est pas ainsi pourtant pour le zinc et le verre.

Les coefficients de dilatation linéaire moyens varient, pour une même substance, entre des limites assez étendues.

La variation de dilatation des métaux a été mise à profit dans la construction des pendules compensateurs.

Dilatation des corps liquides. — *La dilatation apparente* d'un liquide dont on élève la température est l'accroissement de volume que semble prendre le liquide lorsqu'il est renfermé dans une enveloppe moins dilatable que lui.

La dilatation *réelle ou absolue* est l'accroissement réel du volume que prend le liquide en tenant compte de l'augmentation propre de l'enveloppe.

On démontre que le *coefficient de dilatation absolue* Δ d'un liquide est égal à la somme du coefficient de dilatation apparente δ et du coefficient de dilatation K de l'enveloppe :

$$\Delta = \delta + K$$

Le coefficient de dilatation absolue du mercure a été déterminé d'une part par Dulong et Petit et d'autre part par Regnault. Il est de $\dfrac{1}{5.547}$ entre 0^c et 50°.

Dulong et Petit ont également déterminé le coefficient de dilatation apparente du mercure au moyen du thermomètre à poids. Ils l'ont trouvé égal à :

$$\delta = \frac{1}{6.480}$$

Le coefficient de dilatation du verre est

$$K = 0,00002585$$

Il faut dire que dans leurs calculs Dulong et Petit ont adopté $\dfrac{1}{5.550}$ comme étant le coefficient moyen de dilatation absolue du mercure, ce qui donne pour le verre :

$$K = \frac{1}{5.550} - \frac{1}{6.480} = \frac{1}{38.671}$$

M. Amagat a déterminé les coefficients de dilatation d'un certain nombre de liquides.

Maximum de densité. — Lorsqu'il y a abaissement de température, l'eau se contracte et, par suite, sa densité augmente. La densité maximum a lieu à 4° C. Ce fait se vérifie au moyen de l'appareil de Hope (fig. 68)

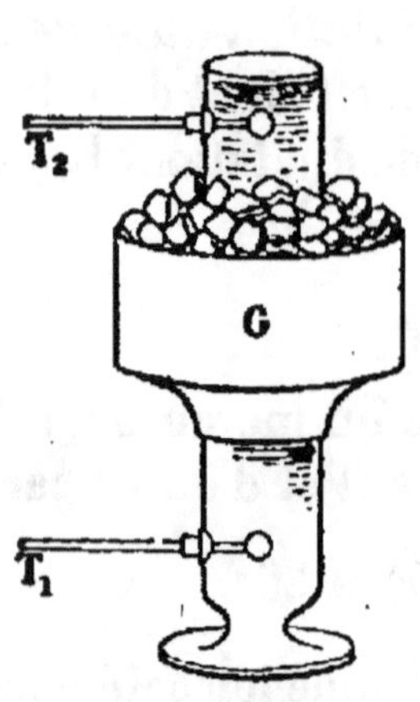

Fig. 68. — Appareil de Hope.

qui consiste en une éprouvette à pied munie en haut et en bas de thermomètres placés horizontalement. Un manchon G rempli de glace entoure la partie médiane de l'éprouvette. On remplit d'eau l'éprouvette. On constate que le thermomètre supérieur T_2 reste assez longtemps stationnaire, tandis que le thermomètre inférieur T_1 descend rapidement pour atteindre 4°. A cette température, il devient stationnaire. L'eau continue à se refroidir ; le thermomètre supérieur va alors en baissant, marque 4° puis descend encore et finalement s'arrête à 0°. Quant au thermomètre inférieur, il reste toujours à 4°. Ceci prouve donc bien que l'eau atteint un maximum de densité puisqu'en se refroidissant, elle se dilate et gagne la partie supérieure.

Dilatation des gaz. —*Le coefficient de dilatation*

d'un gaz est la quantité dont augmente l'unité de volume de ce gaz pris à 0° quand la température s'élève de 1°, la pression restant constante.

Pour l'étude de la dilatation gazeuse, Gay-Lussac s'est servi d'un réservoir en verre bien sec muni d'une grande tige graduée en volumes (fig. 69). Un index de mercure isolait le gaz de l'atmosphère et permettait la lecture. Cet appareil se plaçait horizontalement dans une caisse métallique con-

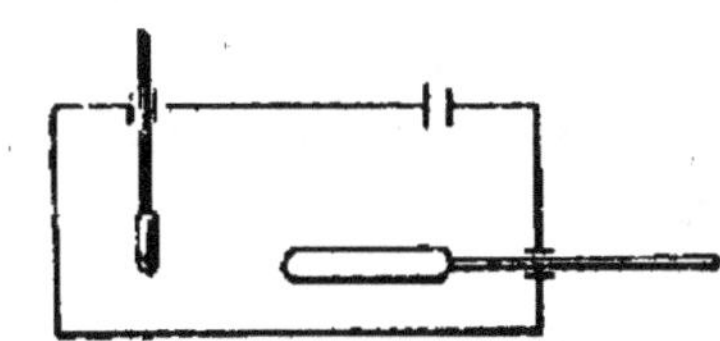

Fig. 69. — Appareil de Gay-Lussac pour la dilatation des gaz.

tenant de la glace fondante, la tige et l'index dépassant la paroi. Il lisait le volume V_0 du gaz à cette température. Il remplaçait ensuite la glace par l'eau bouillante et il lisait le nouveau volume V'.

Le volume réel était :

$$V = V' (1 + kt)$$

k étant le coefficient cubique de l'enveloppe.

Le coefficient α a été trouvé égal à

$$\alpha = \frac{V - V_0}{V_0 t} = \frac{V'(1 + kt) - V_0}{V_0 t}$$

Ce quotient est représenté par la fraction $\frac{1}{273}$.

Si la pression extérieure exercée sur le gaz était constante, mais non égale à la pression atmosphérique, α aurait encore la même valeur $\frac{1}{273}$, même pour un autre gaz.

De ses expériences, Gay-Lussac en a déduit la loi suivante :

Le coefficient α de dilatation est sensiblement le

même pour tous les gaz ; il est indépendant de la pression et égal à $\dfrac{1}{273}$ *(ou 0,00367).*

Toutefois pour l'anhydride sulfureux, le coefficient est un peu plus élevé (0,00393). Aussi ne doit-on considérer cette loi que comme étant approchée.

Les formules de dilatation d'un gaz à pression constante sont :

$$V = V_0(1 + \alpha t)$$
$$V' = V_0(1 + \alpha t')$$

d'où l'on tire :

$$\frac{V}{V'} = \frac{1 + \alpha t}{1 + \alpha t'}$$

Pour les gaz à pression et à volume variables, on considère un volume V d'une masse de gaz à t^o à la pression H, et son volume V' à t'^o et à la pression H'. On peut supposer que le gaz passe de la pression H à la pression H' sans changer de température, en occupant un volume intermédiaire V_1, ce qui donne d'après la loi de Mariotte :

$$VH = V_1 H' \qquad (I)$$

puis, que le gaz passe de la température t à la température t' en restant à la pression constante H', son volume devenant V', ce qui permet d'écrire :

$$\frac{V_1}{V'} = \frac{1 + \alpha t}{1 + \alpha t'}$$

ou $$\frac{V_1}{1 + \alpha t} = \frac{V'}{1 + \alpha t'} \qquad (II)$$

En multipliant l'une par l'autre les égalités (I) et (II) et en divisant par V_1 on trouve :

$$\frac{VH}{1 + \alpha t} = \frac{V'H'}{1 + \alpha t'}$$

Cette relation ayant lieu pour toutes valeurs correspondantes de V, H et t, on a donc :

$$\frac{VH}{1+\alpha t} = \text{constante}$$

c'est-à-dire que :

Le produit du volume d'une masse de gaz par sa pression, divisé par le binôme de Newton, est un nombre constant.

S'il s'agit d'un gaz à volume constant, le volume V_0 restant le même à 0° ou à toute autre température, à la condition que la température augmente, cette pression ou la hauteur du liquide qui la mesure passe de H_0 à H et l'on a :

$$V_0 H_0 = \frac{V_0 H}{1+\alpha t}$$
$$\text{d'où} \qquad H = H_0(1+\alpha t)$$

α étant le coefficient d'augmentation de pression.

Gaz parfaits. — *Un gaz parfait est celui qui aurait pour coefficient de dilatation constant* $\alpha = \dfrac{1}{273}$.

L'équation des gaz parfaits est la suivante :

$$\frac{pv}{1+\alpha t} = \text{constante.}$$

p étant la pression du gaz amenée à la température t et ayant le volume final v.

On met encore cette équation sous la forme suivante :

$$pv = RT.$$

T étant la température absolue du gaz, c'est-à-dire la température centigrade comptée à partir de —273° et en posant $R = p_0 v_0 \alpha$.

Equations caractéristiques des gaz.

1° Formule de Van der Waals :

$$\left(p + \frac{b}{v^2}\right)(v - \alpha) = K$$

ou
$$\left(p + \frac{b}{v^2}\right)(v - \alpha) = RT.$$

2° Formule de Claudius :

$$\left[p + \frac{f(T)}{(v + \beta)^2}\right](v - \alpha) = RT,$$

3° Formule de Sarrau :

$$\left[p + \frac{K_i - T}{(v + \beta)^2}\right](v - \alpha) = RT.$$

Densité des gaz. — La *densité d'un gaz* est le rapport du poids d'un volume de ce gaz au poids d'un égal volume d'air dans les mêmes conditions de température et de pression.

Le poids absolu d'un litre d'air sec à 0° et à 760 mm. a été, par Regnault, trouvé égal à 1 gr. 293187. Dans les calculs ordinaires, on prend 1 gr. 293.

Densité d'une vapeur. — La *densité d'une vapeur* est le rapport du poids d'un volume de cette vapeur au poids d'un égal volume d'air, ces volumes étant mesurés à la même température et à la même pression.

Elle est, par conséquent, donnée par la formule :

$$d = \frac{P}{V \times 1 \text{ gr. } 293 \times \dfrac{H}{760} \times \dfrac{1}{1 + \alpha t}}$$

Loi de Dalton. — *Dans un espace fermé contenant*

un gaz, la force élastique maximum de la vapeur émise par un liquide est la même que dans le vide à la même température.

Tension maximum de la vapeur d'eau. — La force élastique de la vapeur émise par un liquide en ébullition est égale à la pression qui s'exerce à sa surface.

Dans les calculs industriels, on emploie, pour déterminer la pression f par centimètre carré, exprimée en kilogrammes, la formule de Duperray, suffisamment approchée pour les besoins de la pratique, lorsqu'il s'agit de températures comprises entre 97 et 230°.

$$f = at^4$$

t étant la température en centaines de degrés.

Comme $a = 0,984$, on peut simplifier cette formule en supposant a égal à l'unité, de sorte que l'on a :

$$f = t^4$$

Propagation de la chaleur. — Le *pouvoir absorbant* d'un corps est le rapport entre la quantité de chaleur absorbée et la quantité de chaleur incidente.

Le *pouvoir émissif* d'un corps est le rapport de la quantité de chaleur qu'il émet à celle émise par une égale surface de noir de fumée.

Il y a égalité entre les pouvoirs émissif et absorbant d'un même corps.

THERMOMÈTRES

La thermométrie repose sur les conventions suivantes :

On choisit un phénomène variable avec la température dont la grandeur sert à mesurer celle-ci.

On emploie un corps thermométrique subissant le même phénomène dans les mêmes conditions.

On fait choix d'une relation arbitraire entre la température et la grandeur du phénomène.

Le mercure est le liquide le plus employé dans la fabrication des thermomètres. Il jouit de cet avantage qu'il ne bout qu'à une température élevée (350°) et qu'il ne se solidifie qu'à une assez basse température (— 39°,5); de plus, il se met très vite à la température du milieu ambiant. Pour les très basses températures, on se sert d'alcool ou de toluène.

Thermomètre à mercure. — C'est un tube capillaire (fig. 70) soudé à un réservoir affectant la forme d'un cylindre ou d'une sphère. On emploie, pour sa fabrication, un verre dur. On remplit de mercure le réservoir et une partie de la tige graduée. Quelquefois, la graduation est faite sur une planchette appliquée le long du tube.

Pour la construction du thermomètre, il faut se servir d'un tube bien calibré, ce que l'on reconnaît en faisant déplacer un index de mercure le long de la partie capillaire ; cet index doit toujours avoir la même longueur. On soude à cette tige un réservoir de capacité convenable, puis on le remplit en introduisant du mercure pur et sec en quantité un peu supérieure à celle qui est nécessaire. On incline ensuite légèrement le tube pendant qu'on place le réservoir au-dessus d'une lampe à alcool ou d'une grille à charbons incandescents. L'air s'échappe à la partie supérieure. En refroidissant, le mercure qui se trouve dans une ampoule formant la

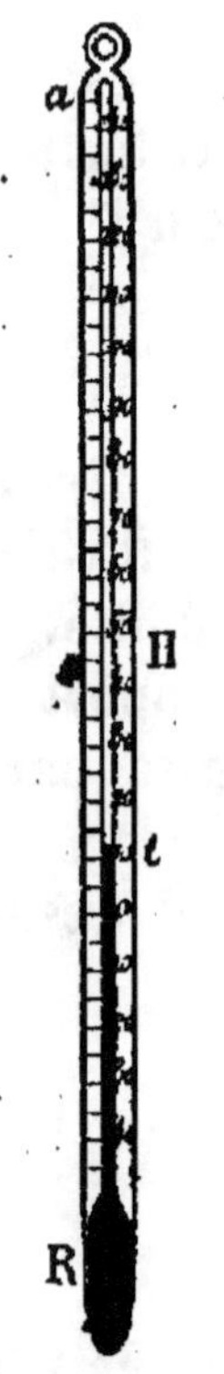

Fig. 70. —
Thermomètre.

partie supérieure de la tige passe, chassé par la pression atmosphérique, dans le tube, puis dans le réservoir inférieur. On recommence plusieurs fois l'opération, puis on porte le mercure à l'ébullition, ce qui expulse à la fois l'humidité, l'air et les vapeurs de mercure qui sont restées dans le tube. On détache l'ampoule supérieure, puis, chauffant le mercure jusqu'à ce que sa dilatation le fasse monter au sommet du tube, on effile celui-ci. Le thermomètre est construit.

Graduation. — Il faut ensuite graduer ce thermomètre. Pour cela, on choisit un premier point fixe qui est la température de la glace fondante. On plonge le thermomètre dans un vase rempli de glace (fig. 71). Le mercure s'arrête à un niveau où, par convention, on marque zéro. On plonge ensuite le thermomètre dans l'appareil

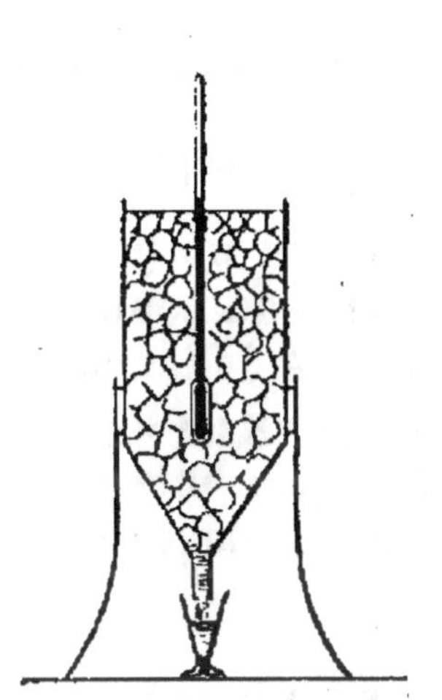

Fig. 71. — Détermination du zéro du thermomètre centigrade.

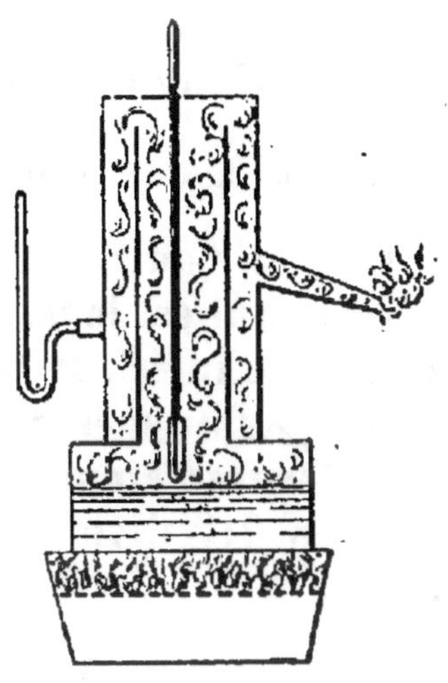

Fig. 72. — Détermination du point 100 du thermomètre centigrade (appareil Regnault).

de Regnault (fig. 72) où il se trouve être en contact avec la vapeur dégagée par l'eau bouillante. On marque 100 au niveau où s'arrête le mercure. Il ne reste plus qu'à diviser l'intervalle entre les traits 0 et 100 en 100 parties égales et d'inscrire les chiffres correspondants qu'on appelle *degrés*. On a ainsi établi l'échelle thermométrique. Les divisions sont d'ailleurs continuées au besoin de part et d'autre des deux points fixes. Les chiffres situés au-dessous de zéro sont précédés du signe — . La suite naturelle des nombres part du zéro.

Pour la thermométrie de précision, on s'entoure de garanties toutes spéciales pour obtenir les deux points fixes.

Echelles thermométriques. — Il y a trois sortes d'échelles thermométriques : l'échelle *centigrade*, l'échelle de *Réaumur* et l'échelle de *Fahrenheit*.

L'échelle centigrade, presque seule employée en France, est due à Celsius. L'intervalle entre les deux points fixes 0 et 100 est, comme on l'a vu, divisé en 100 parties égales. On a des degrés centigrades.

L'échelle de Réaumur a ses points fixes espacés de 80 divisions égales. Donc $1^\circ R = \dfrac{5}{4}$ du degré centigrade.

L'échelle de Fahrenheit comprend un point fixe supérieur qui est la température de l'eau bouillante et un point fixe inférieur correspondant à la température obtenue par un mélange à poids égaux de sel ammoniac, de chlorure d'ammonium et de neige. L'intervalle est partagé en 212 divisions. La glace fondante correspond à 32°.

$1^\circ C$ est égal à $\dfrac{9}{5}$ de degré Fahrenheit.

C, R et F étant les températures données pour un même milieu par les trois thermomètres dont ces lettres sont les initiales des trois échelles, on peut écrire :

$$\frac{C}{100} = \frac{R}{80} = \frac{F - 32}{180}$$

Thermomètres à alcool, à toluène. — Au lieu du thermomètre à mercure on se sert, pour les très basses températures, du thermomètre à alcool.

L'alcool, qui a son point d'ébullition à 79°, est coloré pour cet usage par l'orseille qui le rend rouge. Pour graduer cet instrument, on agit par comparaison avec un thermomètre à mercure en ayant, au préalable, marqué le point 0 au niveau constaté, lorsque l'instrument est dans la glace fondante.

A basse température, l'alcool devient cependant sirupeux. Pour éviter cet inconvénient, on a essayé de remplacer l'alcool par des liquides incongelables, tels que le chlorure d'éthyle, le sulfure de carbone, l'acide sulfurique, etc. Le liquide qui donne les meilleurs résultats est le toluène (1) dont le point d'ébullition se trouve au delà de 100°. La construction du thermomètre à toluène constitue toutefois une opération assez délicate.

Thermomètres a maxima, a minima. — Pour conserver la trace des températures maxima et minima d'une enceinte ou d'un lieu, on a été amené à imaginer des instruments spéciaux appelés *thermomètres a maxima* ou *a minima*.

Le thermomètre *a maxima* de Rutherford est un thermomètre ordinaire à tige recourbée horizontalement. Il est à mercure. Dans la tige circule un petit cylindre de fer servant d'index. Quand la température s'élève, le mercure se dilate ; il pousse l'index devant lui. Lorsque la température a atteint son maximum et qu'elle s'abaisse, le mercure se contracte et l'index reste en place parce que le fer n'adhère pas au mercure. Il suffit donc de lire la division correspondante pour avoir la température la plus élevée qui a été atteinte. Pour faire une

____

(1) Le toluène C^6H^5 (CH^3) est un des produits de la distillation des goudrons de houille.

nouvelle observation, il faut ramener l'index en contact avec le mercure ; on y parvient en donnant un petit coup sec sur l'appareil.

Le thermomètre *a minima* est à alcool. Un index en émail plonge dans le liquide. Si la température s'abaisse, l'index est entraîné par le liquide qui le mouille et après lequel l'émail adhère. Quand la température s'élève, l'alcool passe de chaque côté de l'index en le laissant en place. Comme avec l'appareil précédent, on fait une lecture directe en regard de l'index.

Il existe d'autres systèmes de thermomètres a maxima et a minima que ceux qui viennent d'être décrits.

Pyromètres. — Les instruments destinés à mesurer les hautes températures sont les *pyromètres*. Parmi eux, on citera les pyromètres à air et les pyromètres électriques qui sont des appareils de précision. Il en est encore d'autres comme le thermomètre normal d'hydrogène, ceux de Siemens, de M. H. Le Chatelier, etc.

Thermomètre à poids. — Le *thermomètre à poids* (fig. 73) est un instrument avec lequel on compare les poids de mercure au lieu de lire les dilatations observées sur la tige. Il se compose d'un tube terminé à sa partie supérieure par une tige deux fois recourbée à angle droit et dont l'extrémité effilée est placée au-dessus d'une petite capsule C. L'instrument entier est rempli de mercure jusqu'au bec effilé. On pèse le mercure qui remplit complètement l'appareil à 0°, puis le mercure qui sort entre 0 et 100° à la pression atmosphérique. Pour avoir la température d'une enceinte, on laisse le thermomètre quelque temps dans cette enceinte, la capsule au-dessous de la pointe et on pèse le

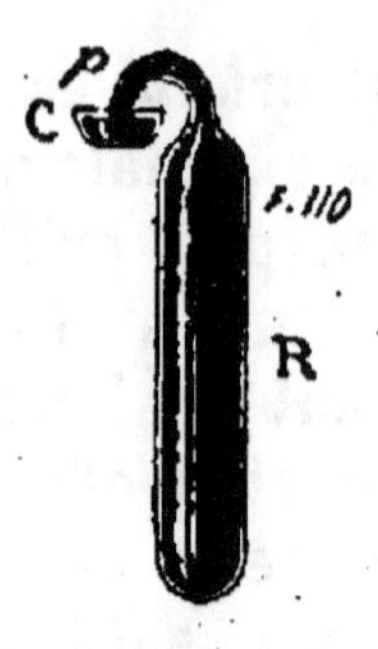

Fig. 73. — Thermomètre à poids.

poids du mercure sorti entre $0°$ et $x°$, x étant la température cherchée :

$$\frac{x}{100} = \frac{p\,(P-q)}{q\,(P-p)}$$

P, p et q étant les poids respectifs du mercure à $0°$, à $x°$, et à $100°$.

Les indications données par le thermomètre à poids sont plus précises que celles données par le thermomètre à tige, c'est-à-dire à volume.

Thermomètre à air. — L'appareil de Gay-Lussac (fig. 69), dont il a été question pour la dilatation des gaz, peut aussi servir de *thermomètre à air* en le plongeant dans la glace fondante puis dans l'eau bouillante.

On a alors pour la température d'une enceinte :

$$x = \frac{V - V_0}{V_0 \alpha}$$

V étant le volume du gaz dont on cherche la température, V_0 le volume à $0°$, α le rapport $\frac{V_{100} - V_0}{100\,V_0}$, le tout mesuré à la pression atmosphérique.

La pression atmosphérique n'étant pas toujours constante, on ne peut pas graduer la tige de cet instrument.

OPTIQUE

Un corps est *lumineux* par lui-même (soleil, étoile, corps en ignition), ou *éclairé* (lune, planète). Il est *transparent* ou *diaphane* s'il se laisse facilement traverser par la lumière (eau, gaz, verre poli) ; *translucide* s'il ne laisse passer qu'une partie de la lumière (verre dépoli, papier huilé) ; *opaque*, s'il ne laisse pas du tout passer la lumière.

Le milieu *homogène* est celui dont tous les points présentent même composition chimique et même densité.

L'étude des phénomènes lumineux considérée au point de vue des lois et des conséquences qui en découlent constitue l'*optique géométrique*.

Loi de la propagation rectiligne de la lumière. — *Dans tout milieu homogène, la lumière se propage en ligne droite.*

On vérifie expérimentalement cette loi en interposant entre un point lumineux et l'œil une série d'écrans percés de petits trous. L'œil ne perçoit la lumière que si tous ces trous sont en ligne droite. Dans une chambre noire percée d'un petit trou, on distingue nettement la trace rectiligne laissée par le rayon lumineux pénétrant par cette ouverture, car ce rayon éclaire les poussières en suspension dans l'air.

Un ensemble de rayons lumineux s'appelle *faisceau*. Un faisceau très délié est un *pinceau lumineux*.

Suivant que les rayons s'écartent ou se rapprochent d'un point ou lieu voisin, on dit que l'on a un faisceau ou un pinceau *divergent* ou *convergent*.

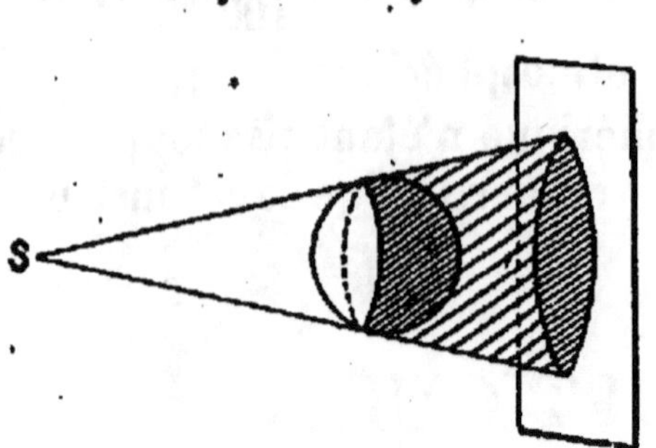

Fig. 74. — Ombre portée par une sphère éclairée par un point lumineux.

Théorie des ombres. — *Cas d'un point lumineux.* — Une droite indéfinie se déplaçant autour d'une sphère (fig. 74), tout en lui restant tangente et passant constamment par un même point, engendre une surface conique tangente au corps.

Cas d'une source lumineuse. — Une droite indéfinie OA (fig. 75) se déplaçant tangentiellement à deux sphères en coupant continuellement la ligne des centres en un point O, engendre une surface conique ayant ce point

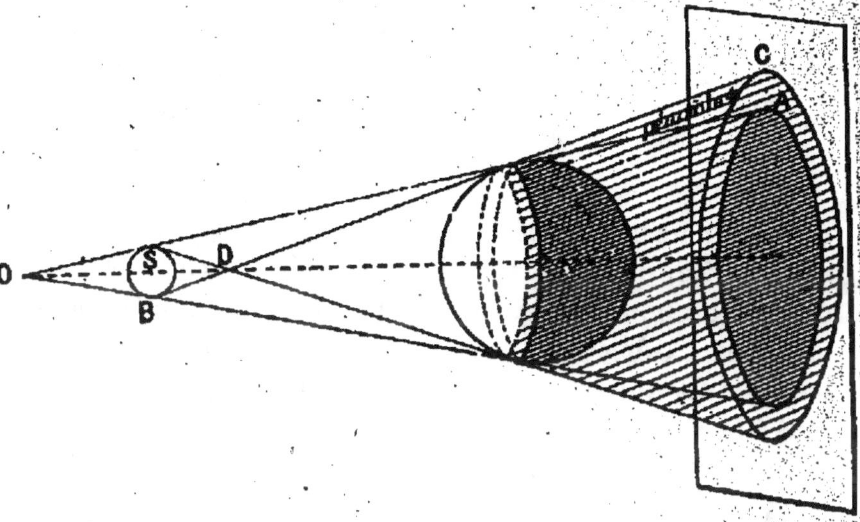

Fig. 75. — Ombre portée par une sphère éclairée par une source lumineuse.

pour sommet et, limitant, derrière la seconde sphère, un espace complètement privé de lumière.

Une seconde droite BC, coupant la ligne des centres en un point D et tournant tangentiellement aux deux sphères, de manière à engendrer une nouvelle surface conique ayant son sommet en D, détermine une limite séparative telle que toute la partie extérieure à cette surface se trouve entièrement dans la lumière.

On vérifie pratiquement ces faits en interposant dans ces expériences derrière les sphères et perpendiculairement à la ligne des centres un écran blanc. Dans le cas d'un point lumineux, on a un cercle entièrement noir. Dans le cas d'une source lumineuse, on remarque un cercle noir qui, à partir d'un certain moment, va en se dégradant. Cette partie intermédiaire qui n'est ni vivement éclairée, ni complètement dans l'ombre, se nomme *pénombre*.

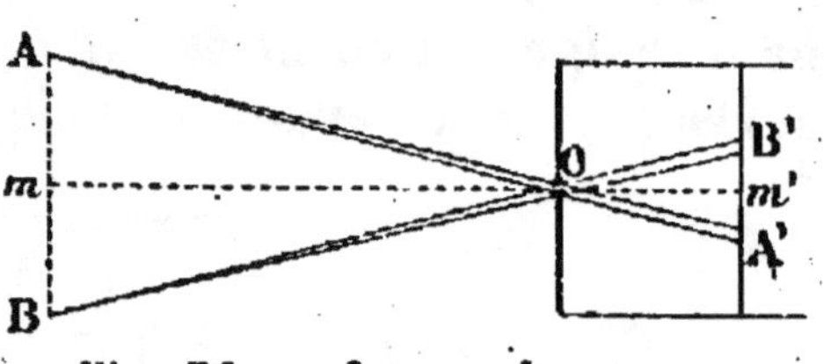

Fig. 76. — Image dans une chambre noire.

Un faisceau lumineux pénétrant dans une chambre noire (fig. 76) par une ouverture de forme quelconque mais petite (triangulaire, polygonale, etc.) donne, sur un écran, l'image de la source lumineuse et non, comme on pourrait le penser, une image éclairée ayant la forme extérieure de l'ouverture. C'est ainsi que le soleil produit une image de forme ronde, si l'écran est normal à la direction du rayon lumineux, et une image de forme elliptique, si cet écran est placé dans une position oblique.

RÉFLEXION

Un rayon lumineux, qui passe dans un milieu différent de celui dans lequel il se meut, subit un changement de direction. Si la lumière se propage en partie dans le même milieu et en partie dans le nouveau milieu, il y a *diffusion*. Si la surface du corps est polie, le rayon lumineux partant de la source frappe la surface et se propage dans une seule direction en formant un rayon appelé *réfléchi* ; le rayon primitif est le rayon *incident*.

Les lois de la réflexion de la lumière sont les suivantes :

1° *Le rayon incident, la normale au point d'incidence et le rayon réfléchi sont dans un même plan.*

2° *L'angle de réflexion est égal à l'angle d'incidence.*

La vérification expérimentale de ces lois se fait au moyen de l'appareil de Silbermann (fig. 77). Cet appareil comprend un cercle vertical gradué sur lequel se meuvent deux alidades mobiles autour du centre. L'une des alidades porte, en son extrémité A, un miroir recevant un rayon lumineux émanant du soleil, par exemple. Ce rayon est dirigé par l'ouverture d'un écran sur un miroir horizontal placé au centre du cercle. On manœuvre l'autre alidade percée d'une ouverture, jusqu'à ce que le rayon réfléchi

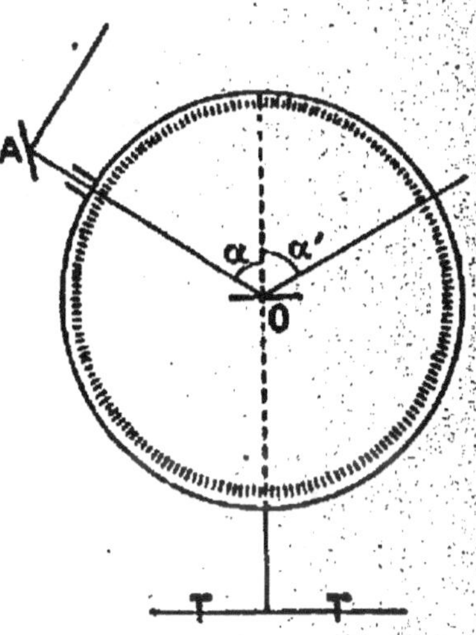

Fig. 77. — Appareil de Silbermann.

passe par cette ouverture. On lit alors sur le cercle les deux angles α et α' que l'on trouve égaux. La disposition même de l'appareil démontre d'autre part la vérité de la première loi.

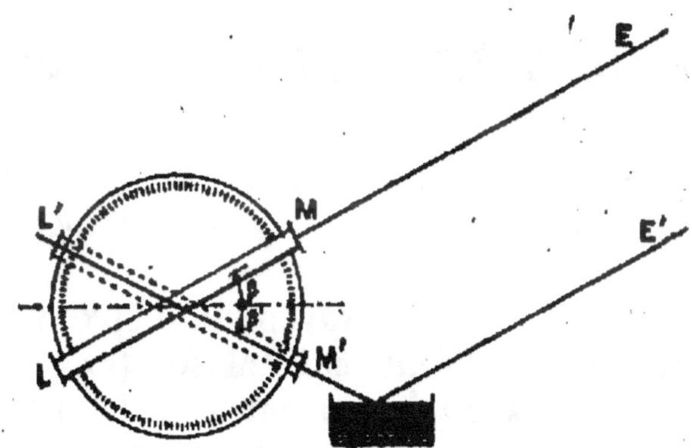

Fig. 78. — Vérification des lois de la réflexion.

On vérifie encore ces lois au moyen d'un cercle gradué

(fig. 78) portant une lunette mobile LM parallèle au limbe ; on dirige cette lunette vers une étoile E. On dispose un bain de mercure près du cercle dans le plan de celui-ci. L'étoile forme son image dans ce bain faisant l'office de miroir. On manœuvre la lunette de manière à voir l'image de l'étoile. On constate alors, d'après la graduation du cercle, que les angles β et β', formés par les deux positions de la lunette avec l'horizontale, sont égaux. Comme dans l'expérience précédente, la construction même de l'instrument vérifie aussi la première loi.

On donne le nom de *miroir* à une surface polie réfléchissant régulièrement la lumière. Suivant la forme qu'on lui donne, le miroir est plan, sphérique, parabolique, etc.

Le *pouvoir réflecteur* d'une surface est le rapport de l'intensité du faisceau réfléchi à celle du faisceau incident.

On appelle *image d'un point* lumineux le point par lequel vont passer après réflexion ou réfraction tous les rayons émis du point lumineux.

PROPRIÉTÉS DES MIROIRS

Miroirs plans. — *Dans un miroir plan, l'image d'un point est un point symétrique du premier par rapport au miroir.*

En effet, si l'on mène un rayon lumineux quelconque AR (fig. 79), il se réfléchit suivant RO ($i = r$). Or en prolongeant OR jusqu'à la rencontre de la perpendiculaire AA', on obtient deux triangles rectangles qui sont égaux comme ayant un côté commun et un angle aigu égal. Donc AB = A'B.

L'image formée A' est *virtuelle*, car l'interposition d'un écran en A' n'empêche pas l'œil de la distinguer.

Si le miroir a une longueur MN (fig. 80), la partie visible pour l'œil sera comprise entre les rayons réfléchis MM' et NN'. C'est cette portion du cône total A'M'N' qu'on nomme le *champ* du miroir par rapport au point A.

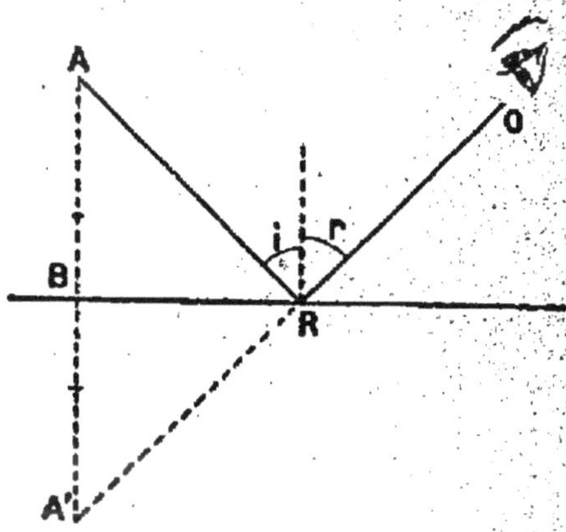

Fig. 79. — Image d'un point dans un miroir plan.

L'image d'un objet est l'ensemble des images de ses différents points. On voit que dans un miroir plan cette image est virtuelle et symétrique de l'objet par rapport au miroir.

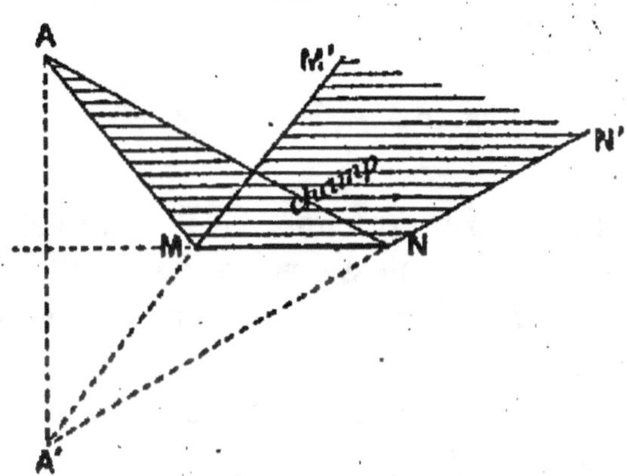

Fig. 80. — Champ d'un miroir plan.

Si un objet est placé entre deux miroirs parallèles un rayon lumineux se réfléchit indéfiniment (du moins théoriquement) en suivant la loi de symétrie précédemment énoncée (fig. 81).

Si les miroirs sont inclinés, il se forme des images multiples dont le nombre varie avec l'angle que les miroirs font entre eux. Ainsi deux miroirs formant un angle

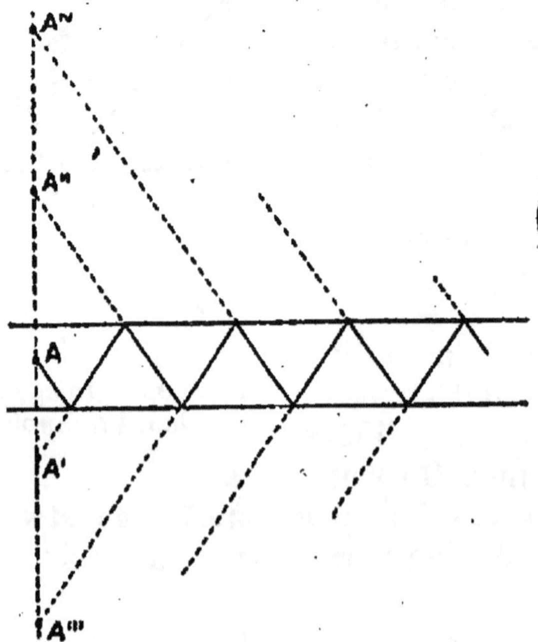

Fig. 81. — Miroirs parallèles.

de 60° donnent cinq images. Si l'angle est de 45° il y a sept images. Le nombre des images croît au fur et à mesure que l'angle devient plus petit. Une construction géométrique en rend parfaitement compte. Ce phénomène trouve son application dans la construction du *kaléidoscope* de Brewster.

Avec un miroir étamé, on a des images multiples, car, outre l'image que produit un point sur la face intérieure du verre, il y a une deuxième image formée par le tain recouvrant la face extérieure du même verre, la première étant beaucoup moins visible que la seconde.

Miroir tournant. — *Lorsqu'on fait tourner un mi-*

roir M (fig. 82) *d'un angle θ autour d'un axe O situé dans son plan, l'image d'un point lumineux S subit un déplacement angulaire double de celui du miroir et il en est de même d'un rayon réfléchi KL quelconque.*

Il est facile de démontrer, par la construction géométrique ci-contre, que $\Delta = 2\theta$.

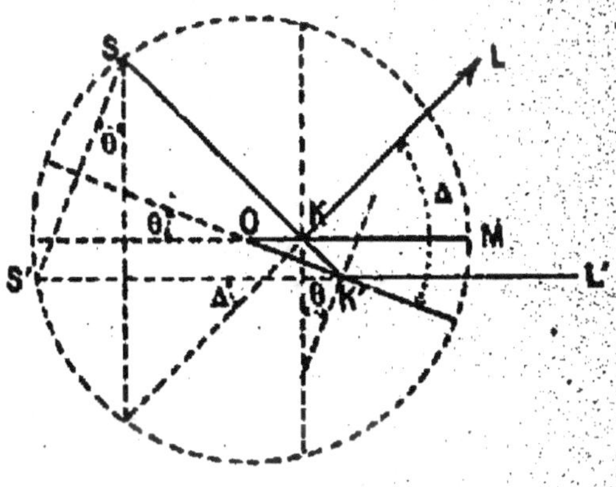

Fig. 82. — Miroir tournant.

Cette expérience constitue le principe de la méthode de Poggendorff et de lord Kelvin dans la mesure d'angles très petits. On trouve encore une application de ce fait dans le *sextant*, le cercle *répétiteur à réflexion* de Borda, et le *cœlostat* de Lippmann.

Miroirs sphériques. — Un *miroir sphérique* (fig. 83) est celui dont la surface est une calotte de sphère. Si c'est

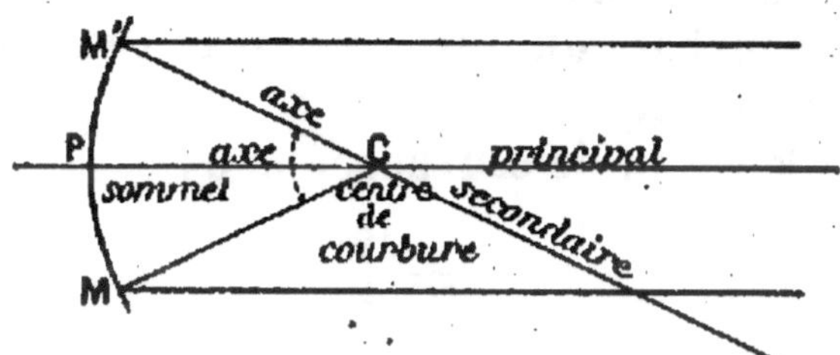

Fig. 83. — Miroir sphérique.

la surface interne qui est polie, on a un miroir *concave*. Si c'est la surface externe qui est polie, le miroir est *convexe*. Le pôle P de la calotte est le *sommet*. La droite PC prolongée se nomme *axe principal*. Toute autre droite ne passant pas par le sommet, mais passant par le centre, est un *axe secondaire*.

La *section principale* est toute section plane passant par l'axe principal. L'*ouverture* est l'angle au centre MCM'. Les miroirs que l'on considère sont de petite ouverture (8 à 9°).

L'expérience démontre que tous les rayons lumineux réfléchis provenant d'un objet viennent concourir en un même point qu'on appelle le *foyer*.

Les rayons lumineux parallèles à l'axe principal tombant sur un miroir sphérique concave se réfléchissent et vont concourir en un point F (fig. 84) appelé *foyer principal* situé à égale

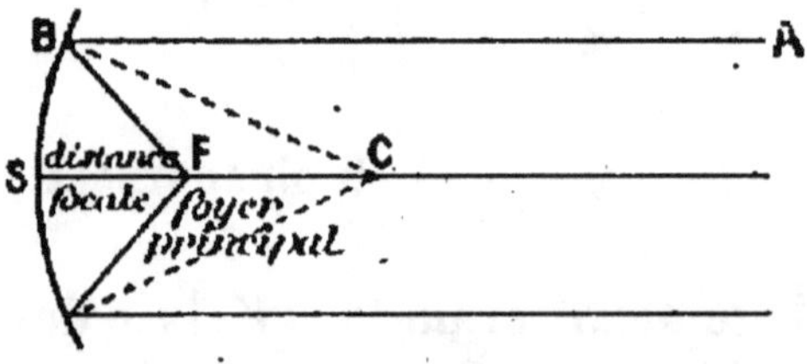

Fig. 84. — Miroir sphérique concave.

distance du centre de courbure et du miroir. Ce foyer est toujours réel.

La longueur comprise entre le sommet et le foyer est donc égale à la distance comprise entre le foyer et le centre de courbure du miroir; c'est la *distance focale*. On la désigne par *f*.

R étant le rayon de courbure, on a :

$$f = \frac{R}{2}.$$

Le raisonnement géométrique montre que le rayon réfléchi BF du rayon parallèle AB n'est pas rigoureusement égal à FS, mais la différence est d'autant plus petite qu'on opère sur un miroir de faible ouverture et on peut admettre qu'à la rigueur ces deux droites sont égales. Dans ce cas, on a un triangle isocèle puisque les angles sont égaux (angles d'incidence, de réflexion et alternes-internes). Par conséquent FC = BF = FS.

Réciproquement, une source lumineuse placée au foyer F donne des rayons qui se réfléchissent parallèlement à l'axe principal.

Foyers conjugués. — Le point lumineux et son image forment deux foyers conjugués.

Si un point lumineux est situé sur l'axe principal, il se réfléchit suivant ce même axe d'après les lois de la réflexion. D'autre part un rayon quelconque AB (fig. 85),

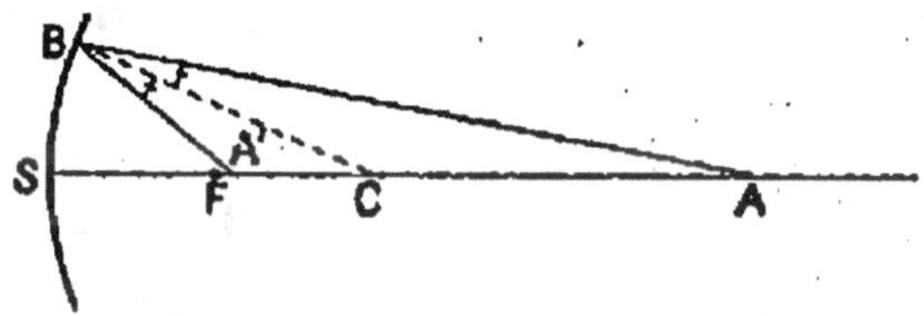

Fig. 85. — Foyers conjugués.

mené du point A, se réfléchit suivant la ligne BA' d'après les mêmes lois. L'intersection A' des deux rayons réfléchis détermine la position de l'image.

Les 2 points A et A' sont réciproques, c'est-à-dire que si A' est le point lumineux, A est son image.

On remarque que si A se rapproche du centre de courbure, A' s'en rapproche également. S'il s'en éloigne, A' s'en éloigne aussi. Si A coïncide avec C, son image se forme au même endroit ; il y a superposition. Si le point lumineux coïncide avec le foyer, les rayons, comme il a été dit, se réfléchissent parallèlement à l'axe principal et par suite ne se rencontrent pas. Il n'y a donc plus de foyer conjugué, ce qu'on exprime encore en disant que le foyer est à ∞ sur l'axe principal.

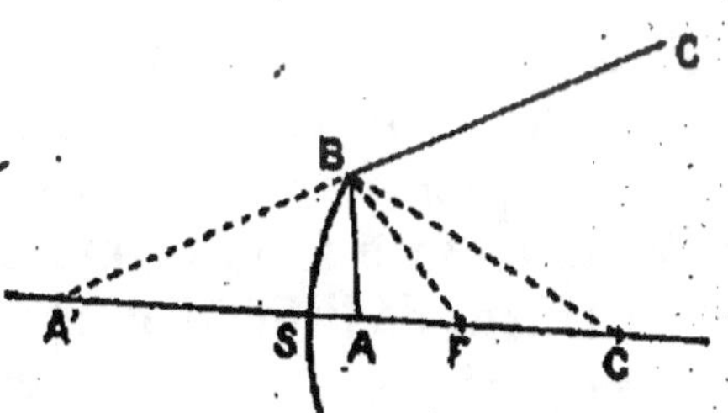

Fig. 86. — Foyers conjugués.

Si le point lumineux se trouve placé entre le foyer et le sommet du miroir (fig. 86) le rayon réfléchi est divergent suivant BC. Le foyer conjugué A' est à l'intersection de BC et de CS prolongé, ce foyer conjugué est *virtuel*.

Soit maintenant un point lumineux A placé hors de l'axe principal (fig. 87). Si l'on mène le rayon AC prolongé, C étant le centre de courbure le rayon réfléchi

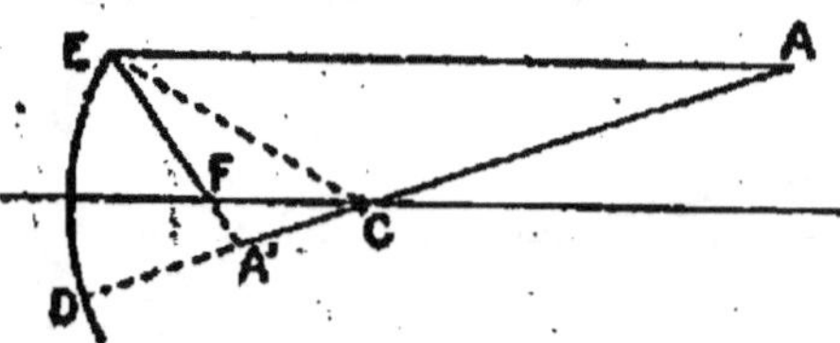

Fig. 87. — Foyers conjugués.

sera DA. Si d'autre part, on mène parallèlement à l'axe principal le rayon AE, le rayon réfléchi EF passera par le foyer. L'intersection A' des deux rayons réfléchis sera le foyer conjugué de A. Il peut être réel ou virtuel suivant la position du point lumineux. La droite AC est l'axe secondaire ainsi nommé parce qu'il joue un rôle analogue à l'axe principal.

Pour déterminer expérimentalement le foyer d'un miroir sphérique, on fait tomber sur ce miroir parallèlement à l'axe principal un faisceau solaire. On interpose sur cet axe un carton blanc ou un verre dépoli. L'endroit où l'éclat de la lumière réfléchie est maximum est le foyer principal. On opère de même pour avoir le foyer conjugué d'un point lumineux en mettant une bougie à la place de ce point.

Les règles ci-dessus permettent de construire l'image d'un objet quelconque, puisque celui-ci peut être considéré comme formé de points et qu'on sait déterminer l'emplacement de l'image d'un point.

Par la théorie, que l'expérience confirme, on sait qu'un objet situé dans un plan perpendiculaire à l'axe principal a son image placée dans un plan perpendiculaire au même axe. Ces deux plans sont donc conjugués. Réciproquement, les points situés dans le deuxième plan ont leur image située dans le premier plan.

En construisant par points l'image de AB, on trouve A'B' (fig. 88). L'image est réelle, renversée et placée entre le centre de courbure et le foyer principal pour un objet placé au delà du centre. La réciproque est vraie,

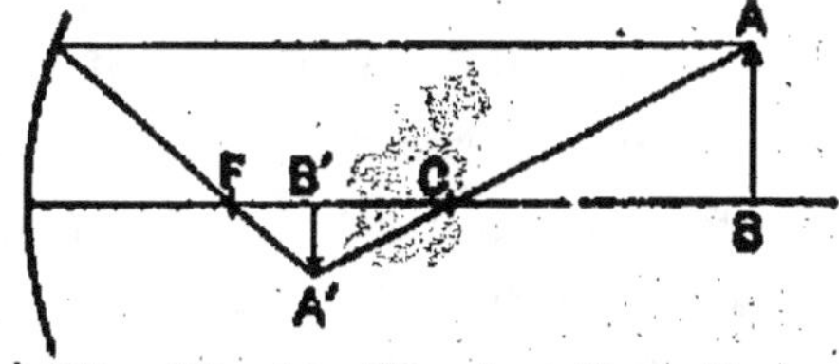

Fig. 88. — Construction d'une image.

mais alors l'image est réelle, renversée et plus grande que l'objet.

Si l'objet est placé dans le plan focal principal, il n'y a pas d'image car celle-ci est rejetée à l'infini.

Pour un objet AB situé en deçà du plan focal principal (fig. 89) l'image A'B' est *virtuelle, droite* et *plus grande* que l'objet.

Les images réelles sont visibles lorsqu'on interpose un

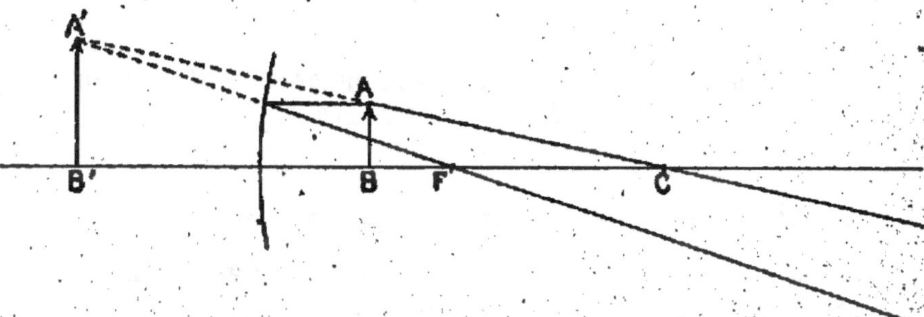

Fig. 89. — Formation d'une image virtuelle.

écran ou lorsque l'œil est placé au delà de l'endroit où se forme l'image. L'image dans ces cas est *aérienne*.

Les considérations qui précèdent concernent les miroirs sphériques concaves. En général, elles sont applicables aux miroirs sphériques convexes. Les constructions géométriques sont analogues, mais les foyers sont le plus souvent *virtuels* pour des points lumineux *réels*. Des faisceaux incidents convergeant vers des points lumineux virtuels donnent des images *réelles*.

Dans le cas de rayons parallèles à l'axe principal on a un foyer principal virtuel, placé à égale distance de la ligne joignant le sommet au centre de courbure.

Pour déterminer expérimentalement la distance focale principale d'un miroir sphérique convexe, on recouvre

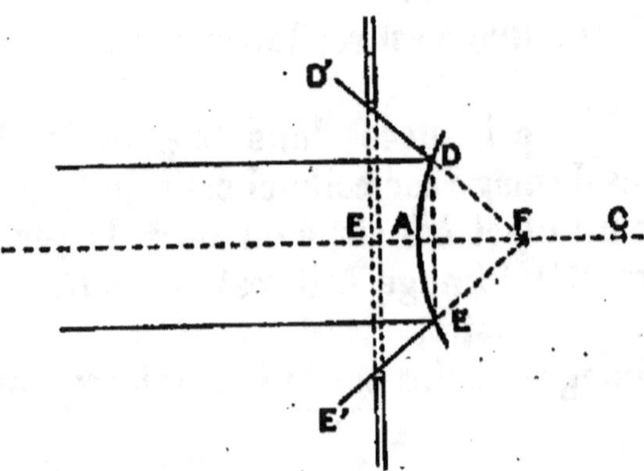

Fig. 90. — Détermination de la distance focale principale
d'un miroir convexe.

le miroir d'une feuille de papier (fig. 90) dans laquelle on a pratiqué deux trous en D et E à égale distance de A. Les rayons parallèles tombant en D et E sont réfléchis suivant DD' et EE'. En intercalant un écran blanc dans lequel est découpée une ouverture assez grande D'E' on a, pour une position déterminée, deux traces très brillantes D'E', telles que la distance D'E' = 2 DE. La distance AE = AF est la distance focale cherchée.

Formule des miroirs concaves (*équation aux foyers conjugués*). — Soit un miroir concave dont CM est le rayon R, LA la longueur p, Al la longueur p' (fig. 91).

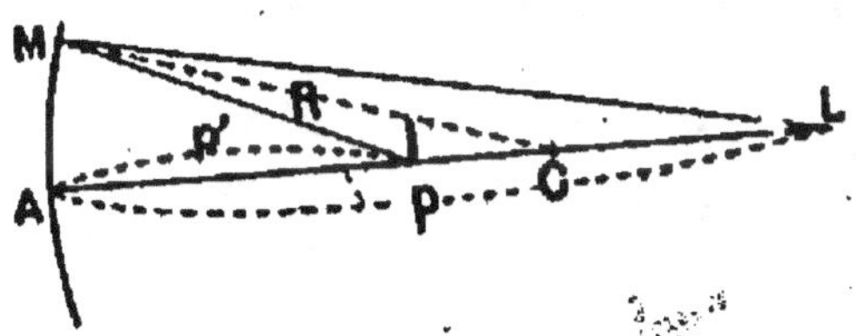

Fig. 91. — Image d'un point dans un miroir concave (formule).

Si l'on considère le triangle lML dont MC est la bissectrice, on a :

$$\frac{Cl}{CL} = \frac{lM}{LM} ,$$

d'où $\qquad Cl \times LM = CL \times lM.$ $\qquad\qquad$ (1)

Or, en raison de la faible ouverture du miroir, on peut considérer comme sensiblement égales les longueurs $lM = Al = p'$ et $LM = LA = p$.

D'autre part :

$$Cl = CA - Al = R - p'$$
$$CL = AL - CA = p - R$$

En remplaçant dans l'équation (1) les longueurs par leurs valeurs respectives, on a :

$$(R - p') p = (p - R) p'$$

d'où $\qquad Rp - pp' = pp' - Rp'$

De cette égalité (en divisant les deux termes par Rpp'), et en transposant on tire la formule suivante :

$$\frac{1}{p} + \frac{1}{p'} = \frac{2}{R} = \frac{1}{f} \quad (f \text{ étant la distance focale})$$

qui est l'*équation aux foyers conjugués ou formule des miroirs concaves.*

La discussion de cette équation montre qu'en donnant à f différentes valeurs, on a pour :

$$
\begin{aligned}
p &= \infty & p' &= f \\
p &= R = 2f & p' &= 2f \\
p &< 2f & p' &= {} > 2f \\
p &= f & p' &= \infty \\
p &< f & p' &= \frac{pf}{f - p} \\
p &= 0 & p' &= 0
\end{aligned}
$$

Formule des miroirs convexes (*Equation aux foyers conjugués*). — Par une construction et un raisonnement analogues, on trouverait pour l'équation aux foyers conjugués des miroirs convexes :

$$
\frac{1}{p'} - \frac{1}{p} = \frac{1}{f}
$$

On peut discuter cette formule comme celle des miroirs concaves et démontrer que l'image d'un point lumineux réel est toujours virtuelle dans un miroir concave.

Formules de Newton :

$$
\omega\,\omega' = f^2
$$

ω étant la longueur LF et ω' la longueur lF (fig. 85).

C'est l'équation aux foyers conjugués des miroirs soit concaves soit convexes.

Miroirs paraboliques. — Ces miroirs sont des miroirs concaves dont la surface est engendrée par la révolution d'un arc de parabole autour d'un axe.

Tout rayon parallèle à l'axe passe par le foyer géométrique du miroir, et inversement, toute source lumineuse placée au foyer émet des rayons réfléchis rigoureusement parallèles à l'axe. Ces miroirs aplanétiques offrent ce grand avantage que la lumière réfléchie conserve la même intensité à une grande distance de la source. Malheureusement, leur difficulté de construction en fait des instruments d'un prix élevé.

REFRACTION

La réfraction est une déviation éprouvée par des rayons lumineux passant d'un certain milieu dans un milieu différent. Si le rayon est normal à la surface de séparation des deux milieux, il ne subit aucune déviation ; il n'y a pas, par conséquent, réfraction et le rayon suit la même direction. Mais il n'en est pas de même si le rayon est oblique par rapport à la surface de séparation.

Lois de la réfraction. — 1° *Le rayon incident, le rayon réfracté et la normale à la surface de séparation des deux milieux sont dans un même plan.*

2° *Les sinus des angles d'incidence i (fig. 92) et de réfraction r sont dans un rapport constant qu'on appelle l'indice de réfraction (loi de Descartes) :*

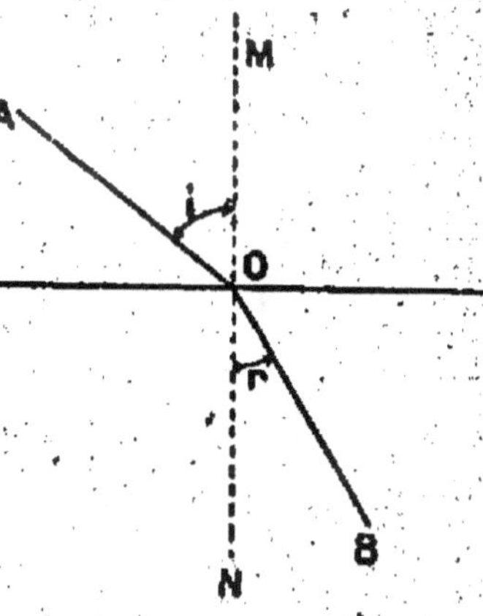

Fig. 92. — Lois de la réfraction.

$$n = \frac{\sin i}{\sin r}$$

Suivant que n est $>$ ou $<$ 1, on dit que le premier milieu est plus ou moins réfringent que le second.

On peut vérifier ces lois expérimentalement au moyen

de l'appareil de Silbermann que l'on a étudié à propos des lois de la réflexion. Seulement, dans cet appareil, on remplace le miroir central par une petite cuve à eau que l'on dispose de telle sorte que la surface du liquide affleure le centre du cercle. Cet appareil n'est plus guère utilisé aujourd'hui.

Des phénomènes naturels se comprennent par l'effet de la réfraction. Exemple : une tige droite plongée dans l'eau paraît brisée à la surface du liquide. Les astres, près de l'horizon, nous apparaissent dans une position inexacte, parce que les rayons lumineux pénètrent dans des couches d'air de plus en plus denses.

La lumière passe de l'air dans l'eau dans le rapport $\dfrac{4}{3}\left(\dfrac{\sin i}{\sin r}=\dfrac{4}{3}\right)$; elle passe de l'air dans le verre dans le rapport $\dfrac{3}{2}$.

Lame à faces parallèles. — Quand un rayon lumineux traverse une lame de verre à faces parallèles (fig. 93) il en sort suivant une parallèle à sa direction primitive. Il n'y a donc pas de déviation proprement dite. Le rayon AB est dévié suivant BC d'après la formule

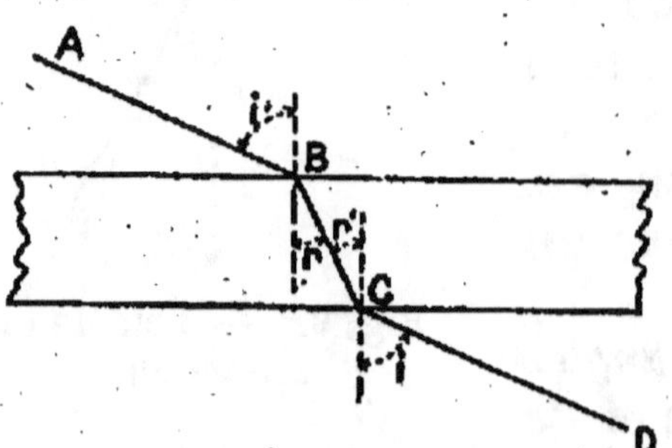

Fig. 93. — Déviation d'un rayon traversant une lame à faces parallèles.

$$\frac{\sin i}{\sin r} = n$$

n désignant l'indice du verre par rapport à l'air.

Ce rayon BC se réfracte à son tour en CD d'après la formule analogue :

$$\frac{\sin r'}{\sin i'} = x$$

x désignant l'indice de l'air par rapport au verre.

Or les angles r et r' sont égaux comme alternes-internes et, d'autre part les angles i et i' sont égaux par expérience. On a donc pour le second indice

$$\frac{\sin r'}{\sin i'} = \frac{\sin r}{\sin i} = \frac{1}{n}$$

Donc l'indice d'un milieu A par rapport à un milieu B est l'inverse de celui qui existe entre le milieu B et le milieu A.

Réflexion totale. — Tous les rayons qui sortent d'un milieu pour pénétrer dans un milieu plus réfringent y entrent toujours.

Quand n est > 1, l'angle d'incidence est plus grand que le rayon réfracté. Le deuxième milieu est *plus réfringent* que le premier. Si n est < 1, le rayon réfracté s'éloigne de la normale ; le deuxième milieu est *moins réfringent* que le premier.

La valeur de r est donnée par la formule :

$$\sin r = \frac{\sin i}{n}$$

La plus grande valeur λ est donnée par :

$$\sin \lambda = \frac{\sin 90°}{n} = \frac{1}{n}$$

puisque 1 est la valeur maximum du numérateur. L'angle λ se nomme *angle limite* (fig. 94). Il est de 42° environ pour le verre (lorsque le rayon passe du verre à l'air) et de 48° environ pour l'eau (lorsque le rayon passe de l'eau à l'air).

Le rayon incident OA doit être rasant (c'est-à-dire correspondre théoriquement à un angle de 90°) pour donner cet angle limite. Tous les rayons sont réfractés dans le cône d'angle λ.

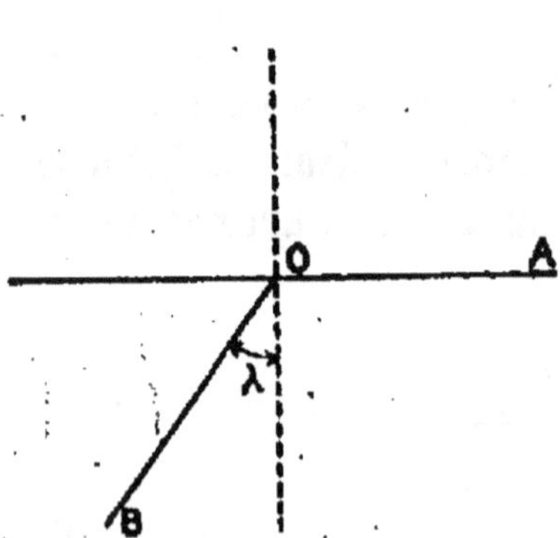

Fig. 94. — Angle limite.

Le mirage qui, à certains moments, fait voir les objets renversés dans les pays chauds est un effet de réflexion totale.

Prisme. — C'est un milieu transparent et réfringent compris entre deux faces planes présentant entre elles une inclinaison. L'intersection des deux faces est l'*arête* du prisme ; l'angle dièdre formé est son *angle réfringent* ; la section perpendiculaire à l'arête est la *section principale*. Comme en physique on n'emploie le plus souvent que des prismes triangulaires droits, la section principale est un triangle dont le sommet est dit *sommet du prisme*, le côté opposé étant la base et l'angle du sommet l'angle réfringent.

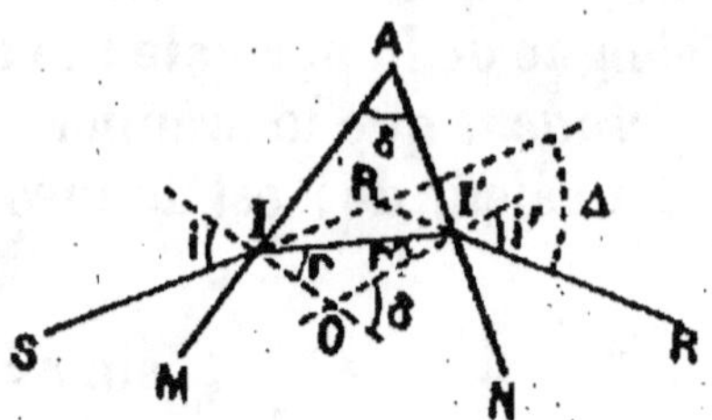

Fig. 95. — Marche d'un rayon traversant un prisme.

Quelle est la marche d'un rayon incident traversant un prisme ?

Soit SI le rayon incident (fig. 95) se réfractant suivant II'. Ce rayon sortira du prisme en suivant une certaine direction I'R, si r' est plus petit que l'angle limite λ. On a les relations suivantes :

$$\sin i = n \sin r \qquad (1)$$

$$\sin r' = \frac{1}{n} \sin i'$$

$$\sin i' = n \sin r' \qquad (2)$$

Dans le triangle IOI', on a :

$$r + r' = \delta \qquad (3)$$

δ étant d'ailleurs l'angle du prisme.

Mais Δ est l'angle formé par le rayon incident et le dernier rayon réfracté I'R, on remarque que dans le triangle IRI', on peut poser :

$$(i - r) + (i' - r') = \Delta$$

d'où
$$i + i' - (r + r') = \Delta$$

$$i + i' - \delta = \Delta \qquad (4)$$

Ces 4 équations (1), (2), (3) et (4) renferment 4 inconnues r, r', i', Δ. Elles peuvent donc se résoudre et il est facile de trouver la valeur de Δ.

La discussion de ces équations montre que le minimum de Δ correspond à

$$i = i' \quad \text{et} \quad r = r'.$$

Si ξ est la valeur de ce minimum, on trouve une simplification des équations précédentes qui prennent alors les formes suivantes :

$$2r = \delta \quad \text{ou} \quad r = \frac{\delta}{2} \qquad (III)$$

$$\xi = 2i - \delta \quad \text{ou} \quad i = \frac{\delta + \xi}{2} \qquad (IV)$$

$$\sin \frac{\delta + \xi}{2} = n \sin \frac{\delta}{2} \qquad (I, II)$$

L'angle incident restant toujours le même Δ croît avec δ (cas d'un prisme à angle variable) et avec n (poly-prisme, c'est-à-dire prisme formé de plusieurs prismes de même angle accolés par leurs sections principales et composés de substances inégalement réfringentes).

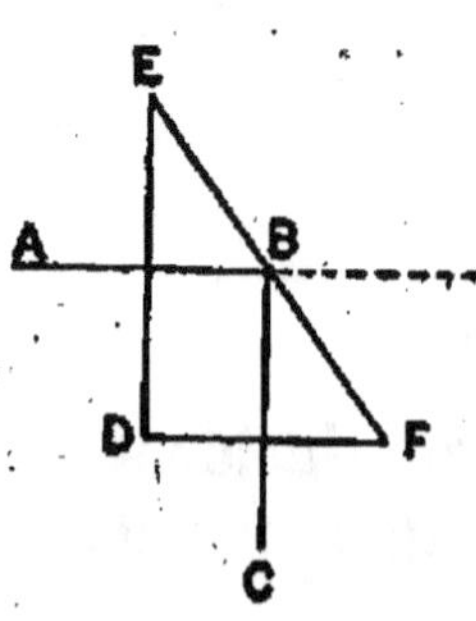

Fig. 96. — Prisme à réflexion totale.

Prisme à réflexion totale. — C'est un prisme en verre dont la section est un triangle rectangle isocèle (fig. 96). Un rayon AB, perpendiculaire au côté DE, entre dans le prisme sans subir de réfraction. Il rencontre la face EF sous un angle de 45° et il se réfléchit suivant la droite BC sans réfraction aucune, puisque, d'une part, l'angle formé sur la face EF est supérieur à l'angle limite qui est de 42° (exactement 41° 48′) et que, d'autre part, il est perpendiculaire à la face DF. L'effet produit par ce prisme est donc analogue à celui d'un miroir qui se trouverait placé en EF.

PROPRIÉTÉS DES LENTILLES [1]

Une *lentille* est un milieu transparent limité par une surface courbe de révolution. Si l'une des surfaces est plane, on a une lentille cylindrique; si les deux surfaces extérieures sont courbes, on a une lentille sphérique.

Les lentilles sont le plus souvent en *crown-glass* ou en *flint-glass*. Dans le premier cas, elles contiennent peu ou pas de plomb, dans le second cas, elles en contiennent une quantité notable. Le flint est beaucoup plus réfringent que le crown.

(1) Voir page 110 pour les propriétés des miroirs.

Par la combinaison des surfaces planes et sphériques
entre elles, on a six sortes de lentilles (fig. 97), qui sont :

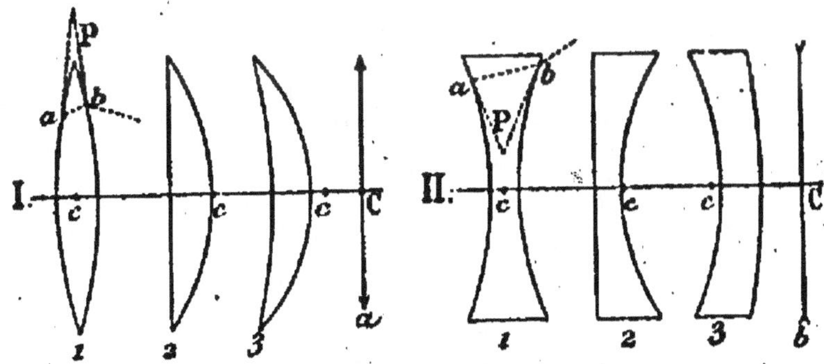

Fig. 97. — Lentilles.

les lentilles biconxexes (I — 1)
— plan-convexes (I — 2)
— concaves convexes (ménisque convergent) (I — 3)
— biconcaves (II — 1)
— plan-concave (II — 2)
— convexes-concaves (ménisque divergent
(II — 3).

Dans les constructions géométriques, on remplace la
forme des lentilles par de simples lignes droites terminées par des pointes de flèches.

Dans les lentilles, les centres des sphères sont les *centres de courbure* ; la droite joignant les deux centres
est l'*axe principal*. Les trois premières sortes de lentilles
sont convergentes ; elles ramènent en un même point
appelé *foyer principal réel* les rayons parallèles à l'axe
principal. Les trois dernières lentilles sont divergentes ;
les rayons parallèles à l'axe s'épanouissent et forment
en deçà de la lentille un *foyer virtuel*. Tandis que les
lentilles convergentes sont à bords minces, celles-ci sont
à bords épais et de faible ouverture.

Si, ayant déterminé dans une position quelconque le

foyer d'une lentille, on retourne celle-ci exactement sur elle-même, le foyer ne change pas, ce qui conduit à admettre l'existence d'un deuxième foyer symétrique par rapport au premier.

Réfraction à travers une surface sphérique convexe. — Soit une surface sphérique convexe ayant son centre de courbure en O ($BO = R$), (fig. 98). Le rayon incident AB se réfracte suivant BA' et forme un foyer

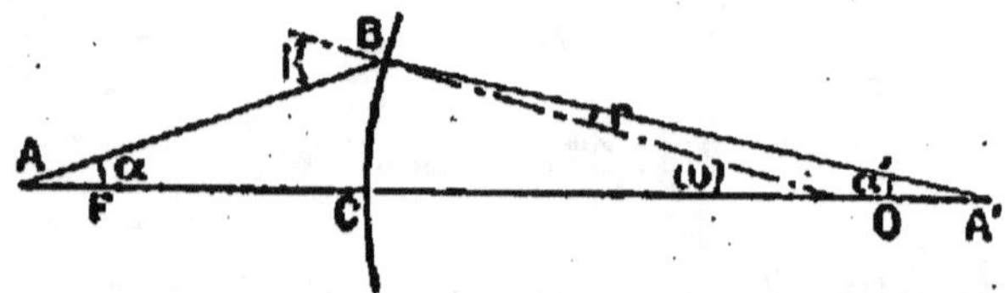

Fig. 98. — Réflexion à travers une surface sphérique convexe.

en A'. Si la droite AB est très voisine de AO, les angles i et r sont très petits, n étant l'indice de réfraction de l'air par rapport au verre, on a :

$$i = nr \qquad (1)$$

D'après les triangles ABO et OBA' on a :

$$r = \omega - \alpha'$$
$$i = \alpha + \omega$$

d'où en remplaçant r et i par leurs valeurs dans l'équation (1) :

$$\alpha + \omega = n(\omega - \alpha')$$
$$\text{ou } \alpha + n\alpha' = (n - 1)\omega$$

Si on fait $CA = p$ et $CA' = p'$, on a, en remplaçant les angles par leurs valeurs en fonction des distances :

$$\frac{1}{p} + \frac{n}{p'} = \frac{n - 1}{R}$$

p' est positif, s'il est compté en sens contraire de p (cas d'un foyer réel) ; p' est négatif, dans le cas d'un foyer virtuel.

Si la réfraction se faisait à travers une surface sphérique concave, on arriverait, par un raisonnement analogue, à la formule suivante :

$$\frac{1}{p} - \frac{n}{p'} = \frac{n-1}{R}$$

Points conjugués. — L'expérience prouve qu'un point lumineux P situé sur l'axe principal au delà du foyer vient concourir en un point P' qu'on appelle *foyer conjugué* de P. Inversement, le foyer conjugué de P' serait en P.

On démontre facilement, comme pour les miroirs, que l'équation aux foyers conjugués est donnée par la formule

$$\frac{1}{p} + \frac{1}{p'} = \frac{1}{f}$$

p étant la longueur OP, p' la longueur OP', f la distance focale.

Si P s'approche de la lentille, le foyer conjugué s'éloigne (fig. 99). Si P est au foyer principal, les rayons sortent parallèlement à l'axe et le foyer est rejeté à ∞.

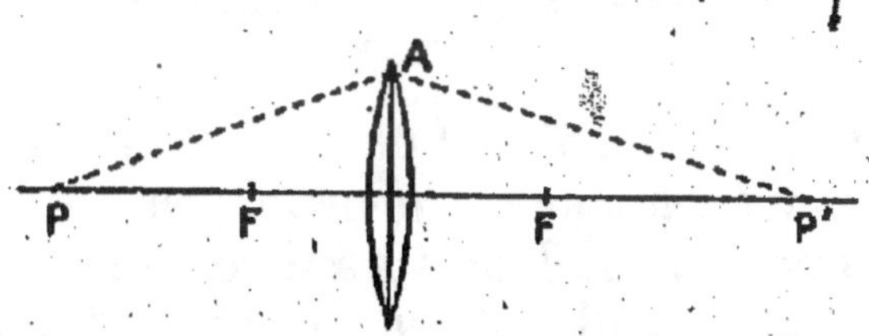

Fig. 99. — Foyer conjugué de P.

Si P est entre la lentille et le foyer principal, le foyer conjugué P' est virtuel.

Centre optique. — L'expérience montre aussi que, dans toute lentille, il se trouve un point situé sur l'axe principal, tel que les rayons passant par ce point sortent dans une direction parallèle à celle d'incidence et très rapprochée d'elle. Ce point se nomme le *centre optique*. Ainsi un rayon AB (fig. 100) réfracté suivant la droite BD passant par le point O, sort de la lentille avec une

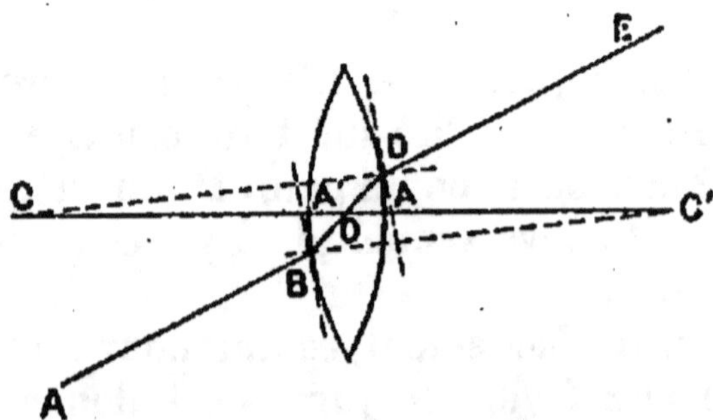

Fig. 100. — Centre optique.

direction DE parallèle à AB. En effet, si en B et en D, on mène deux plans tangents, ils sont parallèles entre eux et tout se passe comme si un rayon traversait une lame à faces parallèles. C et C' étant les centres de courbure on a :

$$\frac{R}{R'} = \frac{R - OC}{R' - OC'} = \frac{OA}{OA'}$$

c'est-à-dire que le point O partage l'épaisseur de la lentille en deux segments proportionnels aux rayons. Le centre optique n'est donc au milieu de la lentille que si $R = R'$. Si la lentille est plan convexe $R' = \infty$ et $AO = 0$, le centre optique est en A sur la surface courbe.

Pratiquement on suppose, pour la construction géométrique des images, que le rayon ne subit pas de déviation apparente dans la lentille et tout se passe, en cas de réfraction, comme si elle avait lieu sur l'axe même de cette lentille.

Un point lumineux a son foyer conjugué placé en point tel que la condition

$$\frac{1}{f} = \frac{1}{p} + \frac{1}{p'}$$

est satisfaite.

Détermination des foyers. — Soit un faisceau solaire parallèle à l'axe principal d'une lentille. On déplace, de l'autre côté de cette lentille, un écran blanc ou un verre dépoli jusqu'à ce qu'on trouve le point le plus net de la concentration des rayons ; c'est là le foyer principal. En retournant la lentille, on trouve l'autre foyer en opérant de la même façon.

Construction des images. — Dans une lentille convergente, il est facile de construire l'image d'un objet vertical AB (fig. 101). En effet, il suffit de connaître les images des deux points A et B et de les joindre par une ligne

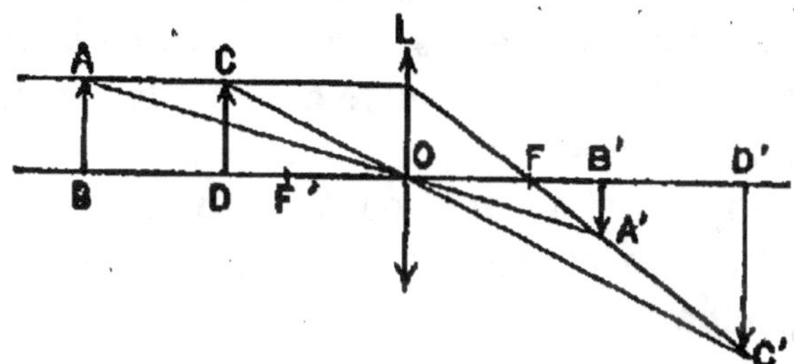
Fig. 101. — Construction des images.

droite. A forme son image d'une part sur l'axe secondaire AO prolongé, d'autre part sur le rayon LF réfracté (F étant le foyer principal) obtenu en traçant un rayon parallèle à l'axe principal.

L'intersection A' donne l'image du point A, B ayant son image sur l'axe principal, la position de l'image sera A'B', puisqu'elle ne peut être que verticale. De même

CD formera son image en C'D'. D'ailleurs les points BB' et DD' sont liés par la relation :

$$\frac{1}{p} + \frac{1}{p'} = \frac{1}{f}$$

(*f* distance focale principale).

Donc, dans le cas d'un objet lumineux placé à une distance plus grande que la distance focale principale, l'image est réelle et renversée.

La distance p' à laquelle se forme l'image est donnée par la formule suivante tirée de la similitude des triangles ABO et A'B'O :

$$p' = p\,\frac{f}{p - f}$$

La grandeur I de l'image est déterminée par la relation :

$$I = O\,\frac{p}{p'}$$

dans laquelle O est la grandeur de l'objet AB.

Si l'objet est à une distance $2f$, l'image se produit à la même distance de l'autre côté de la lentille ; elle est de même grandeur que l'objet.

Si l'objet est au delà de $2f$, l'image est plus petite que l'objet. Si celui-ci est en deçà de $2f$, l'image est plus grande.

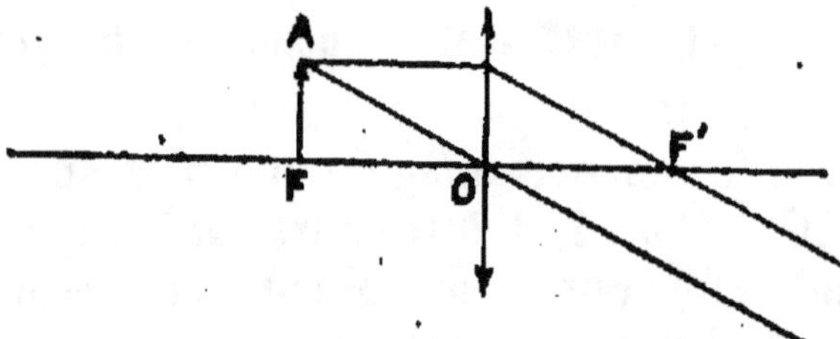

Fig. 102. — L'objet est au foyer principal.

L'objet étant placé au foyer principal, l'image se trouve à l'infini (fig. 102).

Quand l'objet est entre la lentille et son foyer princi-

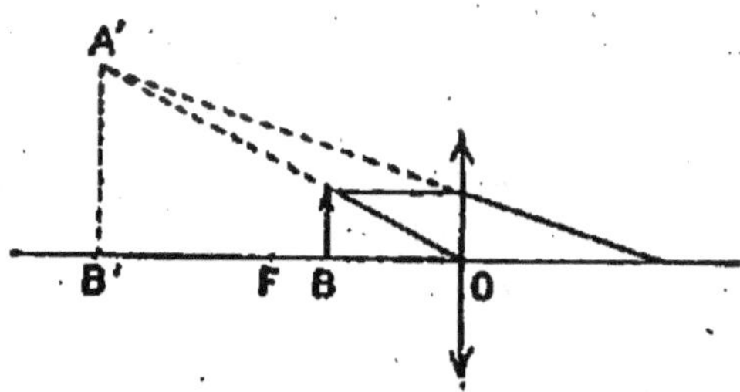

Fig. 103. — L'objet est entre la lentille et le foyer.

pal (fig. 103), l'image est virtuelle, droite et plus grande que l'objet.

Pour la discussion de l'équation aux foyers conjugués, dans le cas de lentilles convergentes, on part de la formule fondamentale que l'on met sous l'une des deux formes suivantes :

$$p' = p\,\frac{f}{p - f}$$

$$p' = \frac{f}{1 - \dfrac{f}{p}}$$

On trouve ainsi que pour :

$$
\begin{aligned}
p &= \infty &\text{on a}\quad p' &= f \\
p &> 2f &\text{—}\quad p' &< 2f \\
p &= 2f &\text{—}\quad p' &= 2f \\
p &> f &\text{—}\quad p' &> 0 \\
p &= f &\text{—}\quad p' &= \infty \\
p &< f &\text{—}\quad p' &< 0 \text{ (valeur négative}
\end{aligned}
$$

inadmissible).

Lentilles divergentes. — Dans le cas de lentilles divergentes, on suit un raisonnement analogue à ce qui a été dit à propos des lentilles divergentes ; la construction géométrique suit une même marche.

On trouve ainsi qu'un objet réel AB donne une image *virtuelle*, *droite*, *plus grande* que lui (fig. 104).

Si l'objet AB est virtuel et se trouve entre le foyer et la lentille, il forme une image *réelle* A' B' *droite et plus grande* que lui (fig. 105).

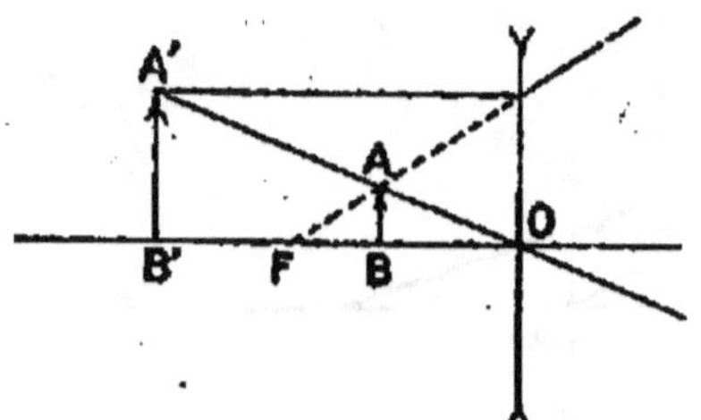

Fig. 104. — Image d'un objet dans une lentille divergente.

On verrait de même qu'un objet virtuel situé au delà du foyer donne une image *virtuelle* et *renversée* (lunette de Galilée).

La formule des distances aux foyers conjugués pour les lentilles divergentes est :

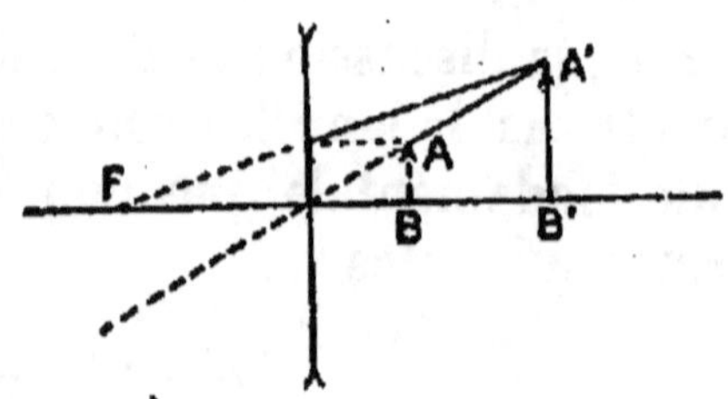

Fig. 105. — Image d'un objet dans une lentille divergente.

$$\frac{1}{p'} - \frac{1}{p} = \frac{1}{f}$$

Les lentilles concaves ne donnent, ainsi qu'on vient de le voir, que des images *virtuelles* pour un objet *réel*.

Tout ce qui précède, aussi bien pour les lentilles convexes que pour les lentilles concaves, ne s'applique qu'à de très minces lentilles, car pour les lentilles épaisses, il n'en est plus de même. En outre des deux foyers principaux et du centre optique, la lentille épaisse a deux points *nodaux* fixes, qui sont situés à la rencontre des rayons incident et réfracté avec l'axe principal de la lentille. C'est ce qu'on exprime en disant :

Si un rayon tombe sur la lentille en se dirigeant sur le premier point nodal n, la direction du rayon émergent passera par n′ et sera parallèle au rayon in-cident (fig. 106).

Un *système dioptrique centré* est constitué par une série de milieux trans-parents séparés par des surfaces sphériques qui ont leurs centres sur une même ligne droite qu'on nomme *axe du système.*

Un faisceau lumineux qui tombe sur une len-

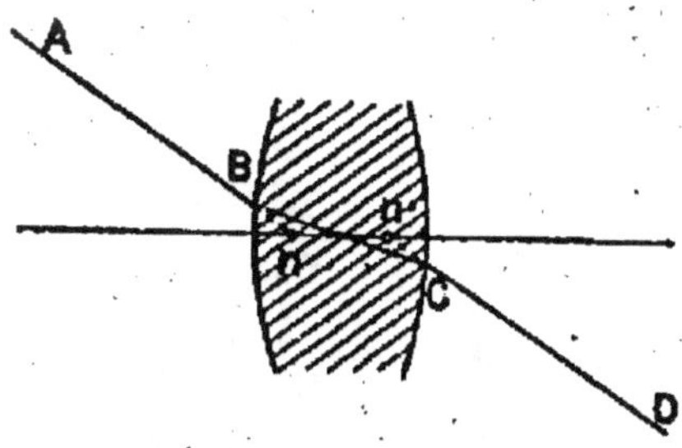

Fig. 106. — Points nodaux.

tille est réfracté à la façon d'un prisme dont la face serait un plan tangent au point considéré. Mais l'angle de ce prisme varie avec sa position par rapport à l'axe et cet angle sera d'autant plus grand qu'on se rapprochera des bords de la lentille. Il en résulte que les rayons ne vont pas tous se concentrer en un même foyer principal et le foyer des rayons parallèles à l'axe émis vers le bord de la lentille est plus rapproché de la lentille et hors de l'axe que les rayons parallèles émis plus près de l'axe. C'est ce phéno-mène que l'on désigne sous le nom d'*aberration de sphé-ricité*. Il se produit d'ailleurs, non seulement avec des rayons parallèles, mais aussi avec des rayons divergents. Les intersections successives des rayons réfractés déter-minent dans le plan axial une courbe lumineuse appelée *caustique par réfraction* et dans l'espace une surface qui est la *surface caustique*. On comprend, dès lors, pourquoi dans les instruments d'optique on se sert de dia-phragmes annulaires qui atténuent les effets fâcheux de l'aberration de sphéricité.

Par expérience, on sait qu'une seconde lentille accolée à la première rapproche les deux foyers extrêmes formés par l'aberration. Par le choix d'une deuxième lentille convenable, on arrive à détruire complètement cette aberration, en produisant ce qu'on appelle l'*aplanétisme* du système convergent.

Dans la pratique, l'emploi des *lentilles à échelons* de Fresnel (fig. 107) que Buffon a imaginées permet d'avoir un aplanétisme satisfaisant. Ce système est formé d'une série de lentilles plan-convexes en forme d'anneaux dont le centre est aussi une lentille plan-convexe. Il faut remarquer d'ailleurs que ce système n'est vraiment aplanétique que si les arcs générateurs des anneaux n'ont pas le même centre.

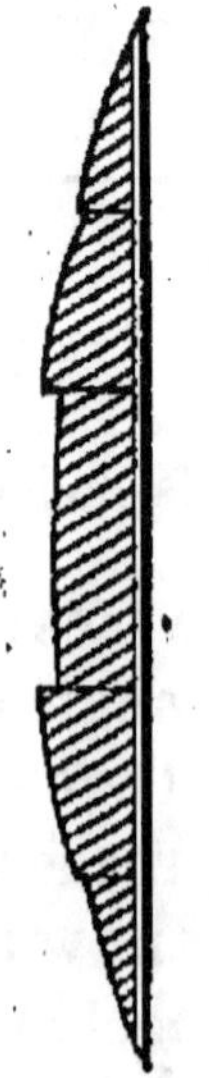

Fig. 107. — Lentille de Fresnel.

Ces lentilles de Fresnel constituent l'organe essentiel des phares. La source lumineuse qu'on désigne sous le nom de *feu de phare* est au foyer principal de la lentille. De cette façon, les rayons émergents sont parallèles et sont vus à une grande distance, car l'absorption atmosphérique seule en affaiblit l'éclat. Un tel feu ne pourrait cependant éclairer un grand champ. Aussi un système quelconque (mû par l'électricité ou par des poids comme en horlogerie) anime la lentille d'un mouvement tournant. Par cette révolution qui se fait en un temps variable d'un phare à un autre, on éclaire successivement tout l'horizon. On distingue ainsi les phares les uns des autres et on ne peut les confondre avec un feu accidentel. De semblables appareils portent le nom de *phares à éclipses;* ils rendent d'importants services à la navigation maritime.

Le phare *catadioptrique* est celui dont la réflexion et la réfraction sont utilisées en commun pour obtenir une plus grande puissance lumineuse. Dans ce système se trouve, à la suite de la lentille à échelons, un groupe de prismes à réflexion totale disposés en éventail et réfléchissant les rayons lumineux suivant des parallèles à l'axe optique de la lentille. Comme source lumineuse, on peut employer la lampe à huile à quatre ou cinq mèches annulaires, la lampe à pétrole, l'arc voltaïque, le gaz d'huile, l'acétylène, le manchon incandescent d'Auër au gaz d'huile ou à la vapeur de pétrole. Quand on se sert de pétrole, on adopte assez souvent le régulateur Fournier.

INSTRUMENTS : LOUPE, MICROSCOPE, LUNETTES

L'œil normal est un système optique des plus parfaits dont la lentille est le cristallin (fig. 108). Ce cristallin est, en effet, une lentille biconvexe. Il présente une surface plus bombée à la face antérieure qu'à la face postérieure.

La distance minimum de la vision distincte est, pour la vue normale, de quinze centimètres.

L'œil est *emmétrope*, quand le foyer principal se forme sur la rétine. Il est *brachymétrope* ou *myope*, quand ce foyer est en avant de la rétine. Il est *hypermétrope*, quand ce foyer est au delà de la rétine. Il est *presbyte* s'il ne s'accommode pas aux faibles distances.

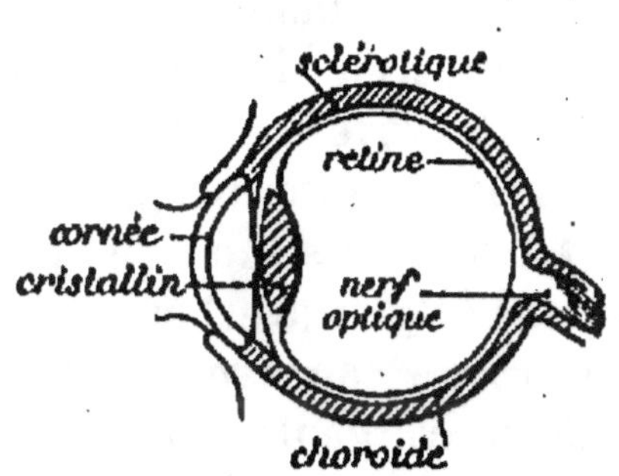

Fig. 108. — OEil humain.

Microscope solaire. — Dans cet appareil, les rayons solaires réfléchis par un miroir plan M (fig. 109) entrent par le volet d'une chambre noire et sont dirigés vers une lentille convergente L qui les concentre sur une lentille *focus* F. Le *condensateur de lumière*, c'est-à-dire l'ensemble de ce système de lentilles, a un foyer près duquel on dispose l'objet à agrandir ou à projeter. Un groupe de trois lentilles L', formant système convergent, donne

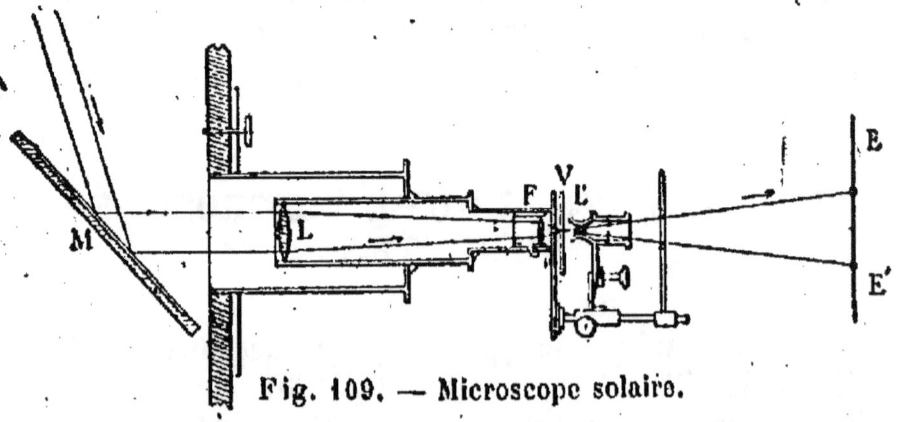

Fig. 109. — Microscope solaire.

en EE' une image renversée et amplifiée que l'on reçoit sur un écran blanc (mur, toile, etc.). Un héliostat permet d'envoyer les rayons solaires toujours dans l'axe du système microscopique L'.

La *lanterne magique* repose sur le même principe, mais l'éclairage est produit par une lampe placée devant un miroir concave qui réfléchit les rayons sur une lentille convergente. Une seconde lentille, placée en avant, redresse l'image formée par la première lentille.

Lanterne à projection. — Pour les projections, il n'est pas toujours possible de se servir du soleil comme source lumineuse. D'autre part, la lanterne magique possède une assez faible intensité. Aussi a-t-on cherché à utiliser la lumière Drummond (morceau de chaux porté à l'incandescence) et celle de l'arc électrique pour obtenir des projections visibles par un grand nombre de spectateurs. On est ainsi arrivé à imaginer la lanterne de projection dont l'appareil Molteni est un des plus

répandus. Dans cet appareil (fig. 110), un régulateur a
pour fonction de ramener à un même point la source
lumineuse qui éclaire
deux systèmes réfrin-
gents, dont l'un est le
condensateur de lumière
formé de trois lentilles
et l'autre, le cône de projection composé de deux
lentilles achromatiques.
Une crémaillère règle la
distance de l'objectif à

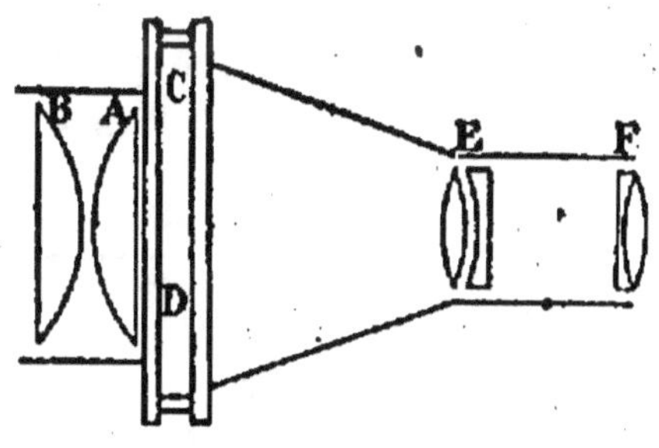

Fig. 110. — Appareil Molteni.

l'objet. Un support à réflexion totale peut être adjoint
à l'appareil pour projeter des objets qui ne peuvent
être disposés que dans la position horizontale.

Loupe. — La *loupe* ou *microscope simple* est une
lentille convergente donnant une image virtuelle agrandie d'un petit objet.

Un objet AB, placé entre la lentille et son foyer, forme
son image en A'B'. Comme on le voit sur la figure 111,
cette image est droite, virtuelle et agrandie. Si on suppose que le centre optique de l'œil coïncide avec le centre
optique de la len-
tille, le diamètre
apparent AOB est
le même pour l'ob-
jet et pour son
image. Sans la
loupe, l'objet AB
ne pourrait être
placé qu'en une po-
sition telle que sa
distance soit au

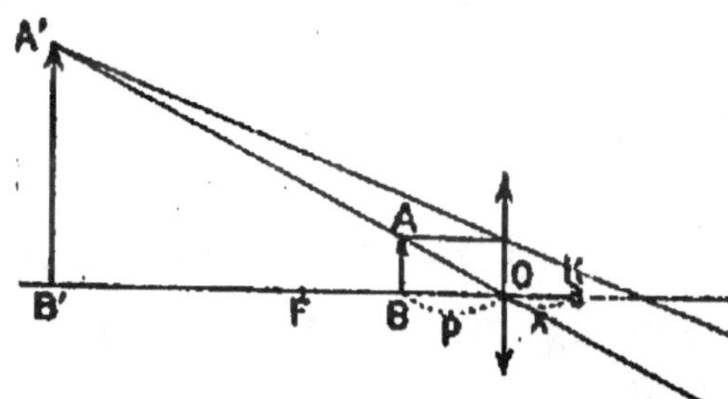

Fig. 111. — Agrandissement de l'image
au moyen de la loupe.

moins égale au minimum de la vision distincte; par
conséquent, il ne pourrait être vu avec le diamètre

apparent A'B'. Si l'œil est en K à une distance x de la lentille, la loupe est au point quand la distance KB' de l'image est égale à la distance minimum de la vision distincte δ. La distance $p = $ BO de l'objet à la loupe mise au point, est reliée aux autres valeurs par l'équation :

$$\frac{1}{p} - \frac{1}{\delta - x} = \frac{1}{f}$$

Grossissement. — Le *grossissement* G d'une loupe est le rapport des diamètres apparents β et α de l'image et de l'objet.

$$G = \frac{\beta}{\alpha}$$

Ces diamètres apparents étant toujours très petits peuvent être remplacés par leurs tangentes, ce qui donne la relation :

$$G = \frac{AB'}{AB} = \frac{h'}{h}$$

h et h' étant les grandeurs de l'image et de l'objet.

L'expression suivante donne encore le grossissement en fonction de δ et de f (δ distance minimum de la vision distincte)

$$G = 1 + \frac{\delta - x}{f}$$

Et si x est très petit, c'est-à-dire l'œil très rapproché de la lentille, on peut le négliger, ce qui donne pour le grossissement maximum :

$$G_m = 1 + \frac{\delta}{f}$$

Microscope composé. — Cet instrument se compose de deux verres convergents dont l'un à court foyer, l'*ob-*

jectif, est tourné vers l'objet et l'autre moins convergent, l'oculaire, est celui près duquel l'observateur place son œil. Ces deux lentilles occupent une position fixe et sont centrées dans un même tube, les axes de ces lentilles coïncidant. Le microscope composé donne une image nette, virtuelle, renversée et agrandie de très petits objets.

En considérant un objet AB (fig. 112) situé à faible distance et un peu après le foyer F' d'une lentille objectif L,

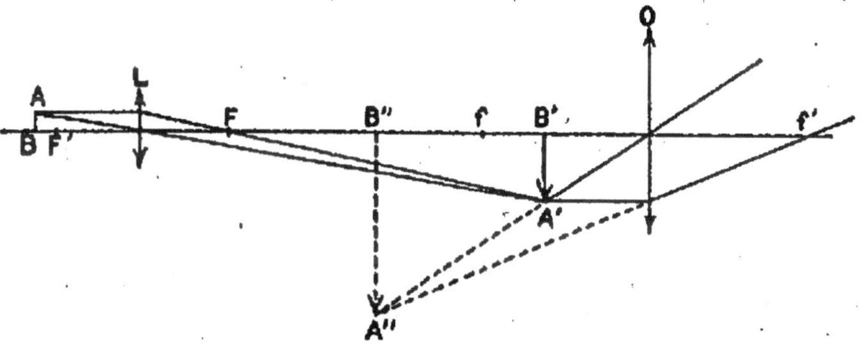

Fig. 112. — Microscope composé.

on trouve qu'il forme une image aérienne A'B' réelle, renversée et agrandie, à assez grande distance du deuxième foyer principal F. La distance est réglée de telle sorte que la lentille L, par rapport à l'objet, donne une image A'B' comprise entre l'oculaire O et le foyer f. Dans ces conditions l'oculaire produit par rapport à cette image A'B' le même effet qu'une loupe et donne une nouvelle image A'B', virtuelle, agrandie, droite par rapport à A'B', c'est-à-dire renversée par rapport à AB. La mise au point s'effectue en s'arrangeant pour que A'B' soit à une distance minimum de la vision distincte, c'est-à-dire en déplaçant l'oculaire à la manière d'une loupe.

Si l'on désigne par l la longueur AB de l'objet, et par α l'angle sous lequel cet objet est vu dans l'appareil, la puissance du microscope est donnée par la relation :

$$P = \frac{\alpha}{l}$$

Si γ représente le grossissement linéaire de l'objectif, la grandeur de l'image A'B' à travers l'oculaire est :

et sa puissance est $p = \dfrac{\alpha}{\gamma l}^{\gamma l}$

d'où $\qquad P = p\gamma$

La puissance du microscope est donc le produit de la puissance de son oculaire par le grossissement linéaire de son objectif.

Quant au grossissement, il est égal à la puissance P multipliée par la distance minimum de la vision distincte de l'opérateur :

$$G = P\delta$$
$$\text{d'où} \qquad P = \frac{G}{\delta}$$

La puissance est indépendante de la vue de l'observateur.

Le grossissement d'un microscope peut se mesurer expérimentalement au moyen de la chambre claire de Nachet et d'un micromètre.

En général, l'objectif d'un microscope est constitué par trois lentilles et l'oculaire par deux lentilles. On a, de cette façon, des images plus nettes et dont les bords ne sont pas colorés et on supprime aussi les aberrations.

Parmi les microscopes de précision, il faut citer ceux de la maison Nachet de Paris.

Les oculaires composés appartiennent au type Huyghens ou au type Ramsden. Dans l'oculaire d'Huyghens ou oculaire négatif les rayons qui émergent de l'objectif vont, avant de former leur image, tomber sur une quatrième lentille convergente qui les rend plus convergents. Ils donnent alors une image réelle et amplifiée de l'objet un peu au delà du foyer principal d'un cinquième verre convergent, lequel donne une autre image virtuelle encore amplifiée.

L'oculaire de Ramsden ou oculaire positif comprend également deux lentilles convergentes qui sont toutes deux situées au delà de l'image réelle donnée par l'objectif.

Lunette astronomique. — Cette lunette se compose d'un oculaire et d'un objectif. L'objet très éloigné forme une image réelle et renversée AB (fig. 113) coïncidant sensiblement avec le foyer principal de la lentille objec-

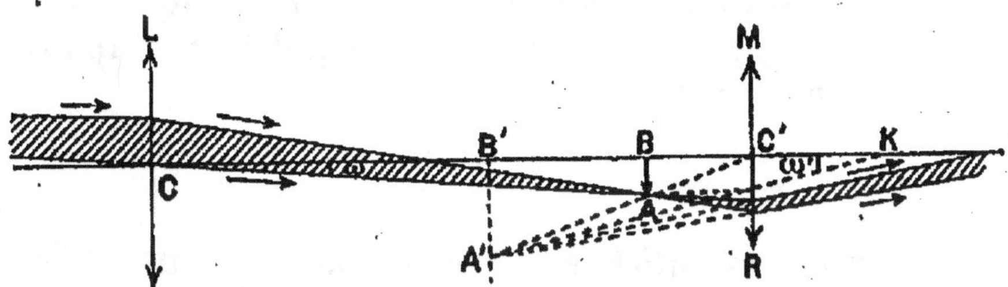

Fig. 113. — Formation de l'image dans la lunette astronomique.

tif L. En regardant cette image avec une lentille oculaire M faisant office de loupe, on voit une image virtuelle A'B' dont la distance à l'œil est égale à celle de la vision distincte et renversée par rapport à l'objet.

Le *grossissement* est le rapport de l'angle ω' sous lequel on aperçoit l'objet dans l'instrument à l'angle ω sous lequel on le voit naturellement (ω = angle BCA, ω' = angle B'KA'). Ces angles ω et ω' sont très petits.

On peut encore écrire :

$$\omega = \frac{C'R}{CC'}$$

$$\omega' = \frac{C'R}{C'K}$$

d'où
$$G = \frac{\omega'}{\omega} = \frac{CC'}{C'K}$$

Mais K est le foyer conjugué du centre optique C de l'objectif par rapport à l'oculaire. Donc f étant la distance focale principale de l'oculaire, on a :

$$\frac{1}{CC'} + \frac{1}{C'K} = \frac{1}{f}$$

d'où :
$$G = \frac{CC'}{f} - 1.$$

CC' étant à peu de chose près la somme des distances focales f' et f de l'oculaire et de l'objectif, on a approximativement :

$$G = \frac{f'}{f}.$$

L'usage essentiel de la lunette astronomique est l'examen des astres et la détermination de leur position dans l'espace. Pour se servir de cet instrument, comme moyen de repérage, on fixe dans la lunette un réticule à ouverture circulaire dans laquelle sont tendus deux fils fins posés à angle droit. L'oculaire peut subir un déplacement indépendant du réticule ; on le rentre ou on le tire jusqu'à ce qu'on distingue bien nettement le réticule qu'on amène ensuite dans le plan de l'image réelle donnée par l'objectif. La ligne joignant l'intersection des fils réticulaires au centre optique de l'objectif se nomme *centre optique de la lunette.*

Pour effectuer une observation, il faut, au préalable, faire coïncider l'axe optique avec l'axe géométrique de la lunette. De cette façon, l'axe géométrique de la lunette donne la direction de l'astre observé, Comme le champ dans lequel on se meut est assez petit, on dispose parallèlement à la lunette principale une autre lunette dite *chercheur*, à faible grossissement, qui permet de trouver plus rapidement l'astre cherché.

Lunette terrestre. — On a vu que dans la lunette astronomique les images sont renversées. Pour l'observation des objets terrestres, cela constitue dans bien des cas un inconvénient sérieux que l'on fait disparaître par l'adjonction à l'oculaire de lentilles qui redressent l'image.

Ainsi, un objectif forme, par exemple, une image réelle et renversée B'A' (fig. 114). Une lentille placée, par rapport à cette image, à une distance plus petite que

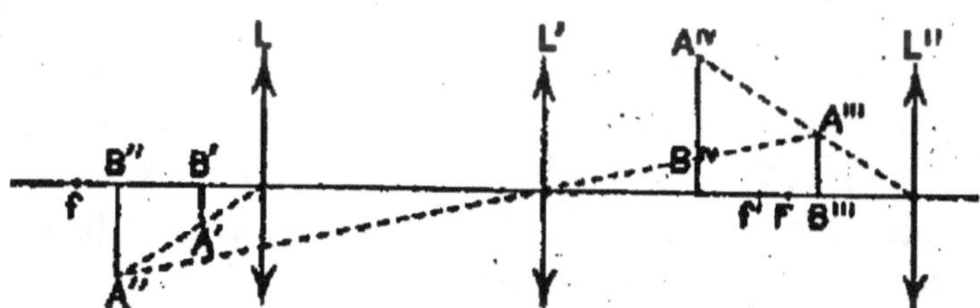

Fig. 114. — Lunette terrestre.

sa distance focale principale, donne une image virtuelle agrandie B"A'. Une deuxième lentille L' placée à une distance de B"A" égale environ au double de sa distance focale principale, fournit une image A"'B"' réelle et redressée par rapport à l'objet. Une troisième lentille L" jouant le rôle de loupe donne enfin une image A"B" virtuelle, agrandie et droite par rapport à l'objet. C'est ce système de trois lentilles convergentes assemblées qui constitue *l'oculaire terrestre*. Les deux premières lentilles L et L' forment par leur réunion ce qu'on appelle le *véhicule*.

Lunette de Galilée. — On obtient, par l'emploi de

cette lunette, un redressement de l'objet en se servant d'une lentille divergente en guise d'oculaire.

L'image renversée A'B' fournie par l'objectif L (fig. 115) donne, grâce à l'interposition de la lentille divergente L'

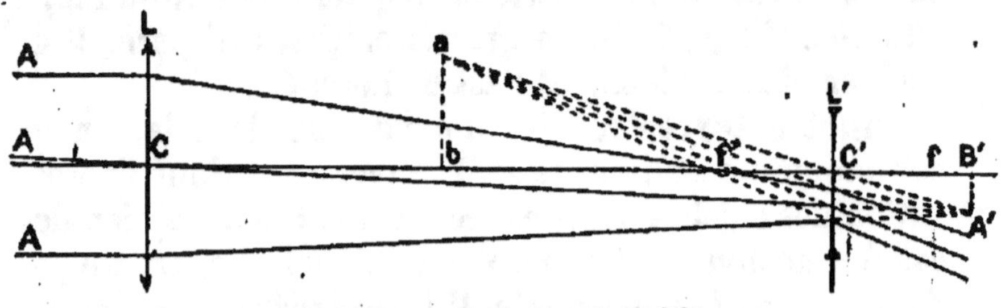

Fig. 115. — Lunette de Galilée.

(placée entre L et A'B' en une position telle que A'B' soit au delà du foyer principal *f*) une image virtuelle conjuguée *ab*.

Dans cet instrument, il ne se forme pas, comme on le voit, une image réelle, ce qui ne permet pas d'avoir une ligne de visée déterminée par un réticule fixe, mais elle possède ce grand avantage d'être beaucoup plus courte que les lunettes astronomique et terrestre.

Le grossissement pour cette lunette est encore le rapport des diamètres apparents.

Les jumelles ordinaires, les lorgnettes de spectacle simples ou doubles sont munies de lentilles disposées comme dans la lunette de Galilée. Avec la lorgnette double, la vision est binoculaire, c'est-à-dire qu'il se forme une image dans chaque œil.

Télescope. — Le but du télescope est le même que celui de la lunette astronomique, mais l'objectif est un miroir sphérique convergent à long foyer qui remplace la lentille ordinaire. Primitivement, ce miroir était en bronze poli. Foucault a perfectionné le système en remplaçant le métal par un verre dont la surface extérieure est argentée. Ce verre est retouché à la main. Il a sur le bronze le grand avantage d'être moins sujet à se rayer.

Le type des télescopes est celui de Newton. Dans ce modèle, les rayons d'un astre se réfléchissent dans le miroir sphérique concaxe. Ils sont interceptés par un prisme à réflexion totale P (fig. 116) et forment une image $a'b'$ qui se reproduit en $a''b''$ symétrique de $a'b'$ par rap-

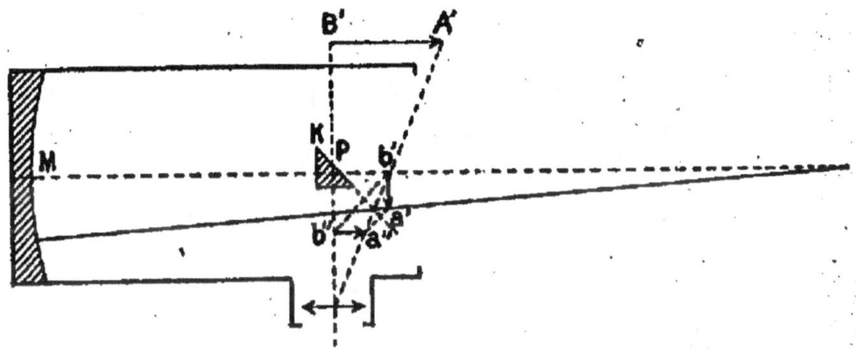

Fig. 116. — Télescope.

port au plan K prolongé. Une lentille oculaire grossissante fournit une image A'B' virtuelle et agrandie.

Le grossissement linéaire du télescope est encore le rapport du diamètre apparent de l'image à celui de l'objet.

Outre les télescopes de Newton et de Foucault, il existe d'autres modèles (Grégory, Herschel). Celui de Grégory permet de voir les objets dans leur direction réelle. Il comprend deux miroirs placés sur le même axe. En avant d'une ouverture centrale pratiquée dans l'un d'eux est placé un oculaire qui donne une image virtuelle amplifiée de l'image réelle de l'objet.

Spectroscopie. — On sait, par expérience, qu'un faisceau de rayons solaires tombant sur un prisme est dévié. Si l'on reçoit ces rayons ainsi réfléchis dans une chambre noire dans laquelle ils pénètrent par une ouverture pratiquée dans un volet, il y a *dispersion* c'est-à-dire que le faisceau est dévié, élargi et coloré. L'image recueillie sur un écran se nomme *spectre solaire*. Elle est composée des sept couleurs de l'arc-en-ciel qui se forment dans l'ordre suivant :

violet, indigo, bleu, vert, jaune, orangé, rouge.

Newton a démontré expérimentalement que ces couleurs sont inégalement réfrangibles par l'expérience de la rotation d'un prisme et par celle des prismes croisés. C'est ce qu'on exprime en disant que la lumière blanche est composée de sept couleurs inégalement réfrangibles, simples ou indécomposables.

Mais si on décompose la lumière blanche, on peut aussi faire l'expérience inverse, c'est-à-dire recomposer la lumière blanche :

1° En plaçant sur le trajet des rayons dispersés un prisme identique au premier, mais disposé en sens inverse, ses faces étant parallèles à celles du premier.

2° En recevant les rayons sortant du prisme sur un miroir sphérique concave, et en plaçant un écran au foyer conjugué.

3° En faisant tourner rapidement un disque dit de Newton portant des secteurs colorés des couleurs du spectre.

Deux couleurs sont complémentaires quand leur superposition reproduit la couleur blanche. Ex : rouge + vert = blanc ; bleu + jaune = blanc.

Si les corps sont colorés, c'est qu'ils diffusent inégalement les lumières des couleurs qui composent la lumière blanche (Newton). Les rayons qui ne sont pas transmis, diffusés ou réfléchis, sont *absorbés*.

On a constaté que le spectre solaire a des propriétés calorifiques qui vont en croissant depuis le violet jusqu'au rouge et continuent même en deçà du rouge (environ deux fois la longueur du spectre lumineux). Les rayons calorifiques obscurs sont appelés rayons *infrarouges*. On a de même remarqué qu'au delà des rayons violets il y avait encore des rayons attaquant les réactifs sensibles à la lumière. Ce sont des rayons chimiques obscurs que, par analogie avec les précédents, on appelle *ultra-violets*. La phosphorescence et la fluorescence qui sont des propriétés de certains corps ont pour cause des rayons chimiques.

Le spectre solaire pur donne des raies obscures parallèles à l'arête du prisme (Wollaston). Fraünhofer a observé jusqu'à 600 raies du spectre qu'il a désignées par les lettres allant de A à H, A étant dans le rouge et H dans le violet. Une étude plus complète du spectre a fait depuis reconnaître l'existence de 3000 raies.

Si la lune et les planètes ont même spectre que le soleil, les étoiles ont beaucoup d'analogie avec elles, tout en ayant un nombre et un groupement de raies obscures un peu différents. Quant aux corps solides et liquides incandescents, leur spectre est continu sans aucune raie. Par leur échauffement progressif, on fait apparaître d'abord les rayons calorifiques obscurs et peu réfrangibles, les rayons lumineux rouges, puis les violets, et enfin les rayons chimiques. Les corps gazeux, à spectre discontinu, ont des raies brillantes dont la couleur et la position sont caractéristiques de chaque gaz. Pour l'expérience, on se sert souvent de tubes de Geissler contenant le gaz raréfié.

Le *spectroscope*, instrument d'optique servant à l'étude des spectres (fig. 117), se compose :

1° D'un système dispersif P comprenant un ou plusieurs prismes dont les effets peuvent s'ajouter ;

2° D'un collimateur Z envoyant sur le prisme un faisceau de rayons parallèles. Ce collimateur porte, à l'une de ses extrémités, une lentille et à l'autre, une fente pratiquée dans une sorte d'obturateur et pouvant être éclairée par la source lumineuse à analyser. Cette fente se place au foyer principal de la lentille, de manière à avoir des rayons parallèles à l'axe géométrique du tube correspondant.

3° D'une lunette Y, à faible grossissement, et à champ étendu recevant les rayons réfractés du prisme. Les faisceaux colorés ainsi émergés sont parallèles à une même

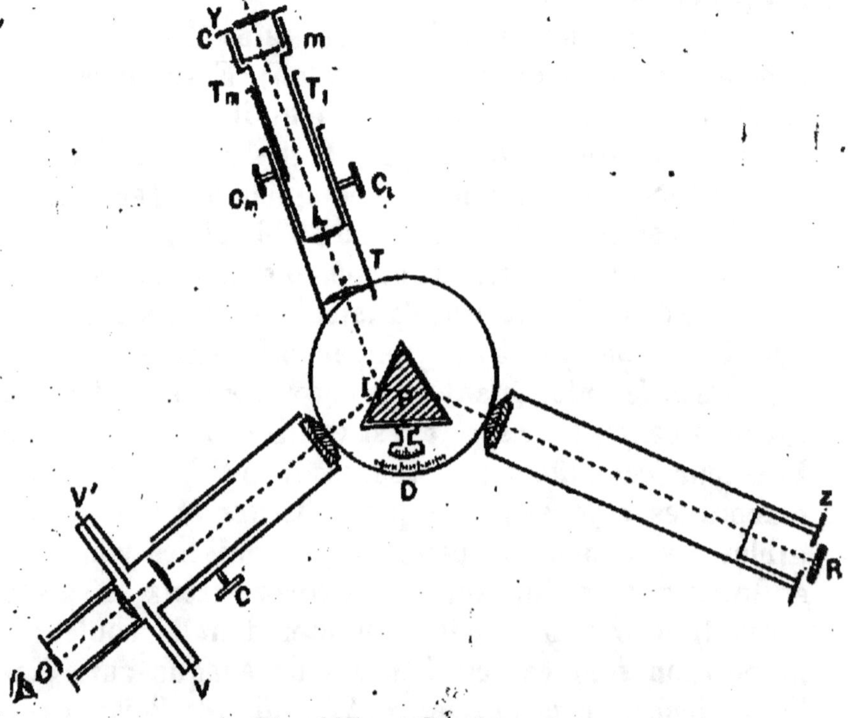

Fig. 117. — Spectroscope.

direction et forment au foyer de l'objectif leur image qu'on observe par l'oculaire.

4° D'un micromètre m qui est une échelle graduée à très petites divisions photographiées sur un verre mince. Ces divisions viennent se réfléchir en I, ce qui fait qu'on voit en même temps, suivant OI, l'image spectrale et l'image micrométrique, celle-ci se projetant un peu au-dessus de la première.

Tous ces systèmes optiques de lentilles sont contenus

dans des tubes, le prisme en flint P occupant la partie centrale. Un pied unique vertical soutient tout l'ensemble. La lunette Z est mobile autour du prisme pris comme centre ; on peut la fixer dans une position déterminée. La lumière à analyser est placée en R devant la fente étroite du collimateur.

L'adjonction d'un petit prisme à réflexion totale occupant la partie supérieure de la fente collimatrice permet de faire simultanément la comparaison entre deux flammes placées devant la fente.

Il existe d'autres spectroscopes (de Gramont, d'Amici, de Thollon) servant au même usage que le précédent.

Ces instruments ont conduit les physiciens Kirchoff et Bunsen a imaginer l'analyse spectroscopique ou spectrale laquelle permet, par l'examen de la flamme dans laquelle on volatilise un sel métallique, de déterminer les métaux les plus divers et a fait découvrir des métaux inconnus (cœsium, rubidium, thallium, indium, hélium).

La fixité des raies observées a servi, en outre, à définir les indices de réfraction pour la lumière correspondante à ces raies. La flamme Bunsen, renfermant du chlorure de sodium, constitue une source monochromatique jaune qui sert à la mesure de l'indice moyen des substances.

Photomètres. — Ce sont des appareils destinés à comparer entre elles les intensités de plusieurs sources lumineuses.

L'œil ne peut, par simple comparaison, juger de la valeur de l'éclairement de deux surfaces. Cet éclairement dépend de la nature de la source lumineuse, de sa distance, de l'inclinaison des rayons.

L'*intensité* d'une source est l'éclairement qu'elle produit sur une petite surface placée normalement à la direction des rayons à l'unité de distance.

Lois de l'éclairement. — *I.* — *L'éclairement produit*

sur une petite surface par une petite source, varie en raison inverse du carré de la distance de la source à la surface éclairée.

II. — L'éclairement d'une surface est proportionnel au cosinus de l'angle que fait la normale à la surface éclairée avec la direction des rayons lumineux.

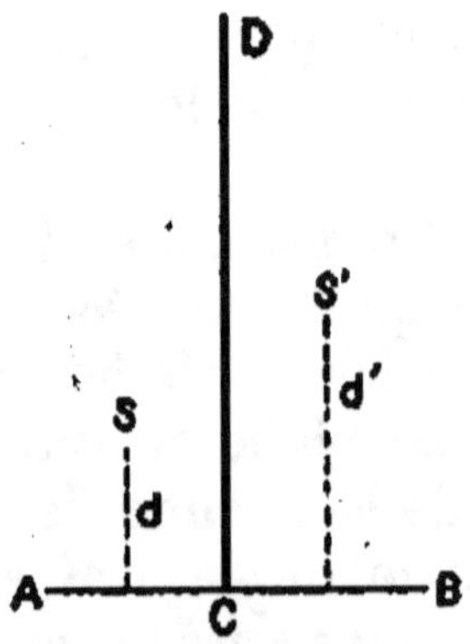

Cette seconde loi ou *loi du cosinus* se traduit par la formule :

$$e' = e \cos \alpha.$$

Photomètre Bouguer. — Un écran translucide AB (papier huilé) (fig. 118) est partagé en deux parties par une cloison opaque CD qui est normale à l'écran. On place l'une des sources lumineuses en S, l'autre en un point quelconque S'. On fait ensuite varier l'une d'elles, S' par exemple, jusqu'à ce que les éclairements produits sur les deux parties de l'écran paraissent absolument identiques. Si l'on désigne par d et d' les distances mesurées des sources à l'écran, on posera l'équation :

Fig. 118. — Photomètre Bouguer.

$$\frac{I}{I'} = \frac{d^2}{d'^2}$$

Si l'on prend I' comme unité d'intensité, on a : $I' = 1$. Par conséquent, l'intensité I de l'autre source est :

$$I = \frac{d^2}{d'^2}$$

La source, dont l'intensité est prise pour unité, est *la quantité de lumière émise en direction normale par un centimètre carré de surface d'un bain de platine à sa température de fusion.* Cette lumière blanche étalon est l'*unité pratique Violle.* Comme dans un grand nombre de cas les électriciens trouvent cette unité trop élevée, le Congrès des électriciens de 1889 a adopté la *bougie décimale*, qui est égale à $\frac{1}{20}$ de l'étalon Violle.

Jusqu'à ce moment, on avait employé en France, le *bec Carcel* qui brûlait 42 grammes d'huile de colza à l'heure et qui correspondait à $\frac{1}{2,08}$ ou 0 unité 481 Violle (en nombre rond $\frac{1}{2}$ unité Violle).

En Angleterre, on se sert comme unité pratique du *Candle* ou *Parliamentary Standard*, qui est l'intensité d'une bougie de spermaceti de $\frac{7}{8}$ de pouce de diamètre et brûlant 120 grammes par heure. 1 étalon Violle = 15,392 Candles.

En Allemagne, on se sert du *Kersen*, intensité d'une bougie de paraffine de 20 millimètres de diamètre brûlant avec une flamme de 5 centimètres de hauteur. 1 étalon Violle = 15,808 Kerzen.

L'unité pratique d'éclairement est la *bougie à 1 mètre* ou la *Carcel à 1 mètre* qui est l'éclairement produit par 1 bougie ou 1 bec Carcel placé à 1 m. de distance. On a constaté, par expérience, qu'il faut 20 à 30 bougies à 1 mètre en un point quelconque d'une salle, pour qu'elle soit convenablement éclairée, et 30 bougies à 1 mètre pour lire ou travailler facilement.

Photomètre de Foucault. — Ce photomètre est un perfectionnement du photomètre de Bouguer. L'écran est formé par une plaque de verre translucide dont on règle la position de manière que les deux parties éclairées soient en contact et non séparées par une cloison obscure. On a ainsi une observation plus précise.

Photomètre de Rumford. — Une tige cylindrique T noircie porte ombre sur un écran AB (fig. 119). On fait varier l'une des deux sources lumineuses jusqu'à ce que les taches noires soient de même intensité. On a encore comme précédemment :

$$\frac{I}{I'} = \frac{d^2}{d'^2}$$

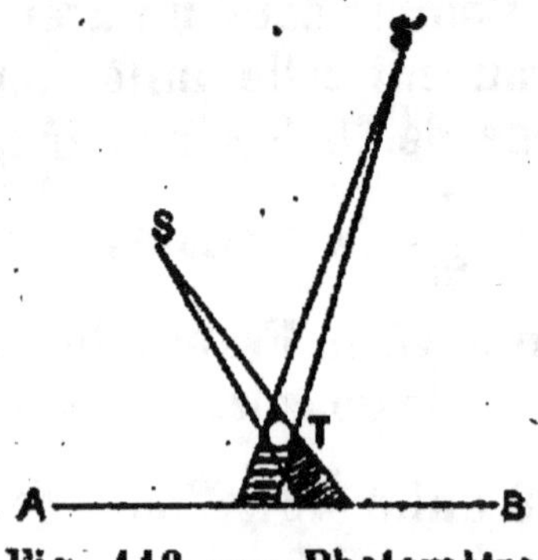

Fig. 119. — Photomètre Rumford.

d et d' étant les longueurs des bissectrices des deux angles au sommet S et S', comprises entre le sommet et l'écran.

Photomètre Bunsen. — Deux sources lumineuses S et S' sont disposées de part et d'autre d'un écran constitué par une feuille de papier blanc portant une tache d'huile annulaire claire par transparence et sombre par réflexion (fig. 120). Quand par déplacement de l'écran, la tache semble avoir disparu complètement et que la feuille de papier paraît uniformément blanche, c'est que les éclairements sont égaux. Il suffit alors de mesurer les distances respectives des sources à l'écran et d'appliquer la formule ordinaire.

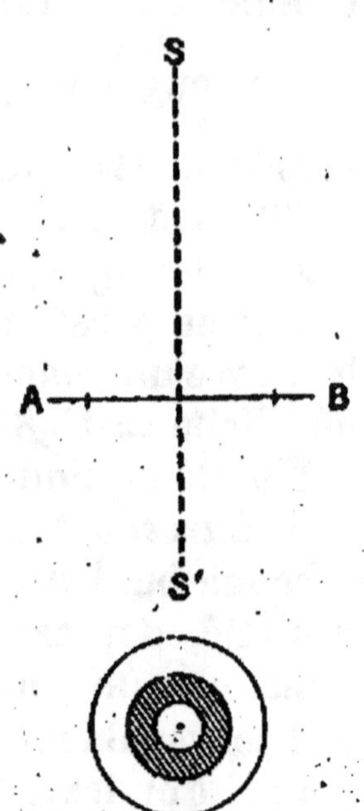

Fig. 120. — Photomètre Bunsen.

CHIMIE

MÉTALLOÏDES

Généralités. — Les métalloïdes forment l'un des deux grands groupes de corps simples de la chimie minérale. Leur nombre n'est pas limité ; il s'accroît au fur et à mesure des découvertes.

Ces corps sont dépourvus de l'éclat métallique. Ils sont mauvais conducteurs de la chaleur et de l'électricité. Leurs composés oxygénés sont des oxydes acides ou neutres ; ils ne sont jamais basiques.

Le tableau ci-après donne la liste des métalloïdes classés par groupes d'après les analogies que présentent leurs propriétés. On a indiqué leurs symboles ou abréviations par lesquels on les désigne, ainsi que leurs poids atomiques, c'est-à-dire les plus petits poids des corps simples qui entrent dans les poids moléculaires des corps composés. (Le poids de l'hydrogène est pris comme unité de poids atomique.)

Dans ce qui suit, on ne s'est pas préoccupé de cette classification, mais on a suivi l'ordre indiqué dans la préface.

Certains métalloïdes, en brûlant à l'air, donnent des composés oxygénés qu'on appelle *anhydrides* ; le soufre et le phosphore sont dans ce cas. Ces composés eux-

Hydrogène H = 1

	Symbole	Poids atomique		Symbole	Poids atomique
Oxygène ..	O	16	Azote	Az	14
Soufre.....	S	32	Phosphore..	P	31
Sélénium ..	Se	79,5	Arsenic.....	As	75
Tellure	Te	128	Antimoine ..	Sb	120
Fluor.....	F	19	Carbone	C	12
Chlore.....	Cl	35,5	Silicium	Si	28
Brome	Br	80			
Iode.......	I	127	Bore	Bo	11

mêmes se combinent parfois à l'eau ; ils forment des composés hydrogénés auxquels on a donné le nom d'*acides*. Exemple : l'anhydride sulfurique forme avec l'eau l'acide sulfurique. Les acides ont une saveur aigrelette, ils rougissent la teinture bleue de tournesol, ils laissent incolore la solution de phénolphtaléine. Les *bases* ou oxydes basiques composés d'un métal et d'oxygène jouent un rôle pour ainsi dire inverse ; elles ramènent au bleu la teinture de tournesol rougie par un acide ; elles colorent en rouge vif la solution de phénolphtaléine.

Les composés binaires oxygénés qui n'offrent les propriétés ni des anhydrides ni des bases sont des oxydes neutres. L'oxyde de carbone est un exemple d'oxyde neutre.

Les produits obtenus par la combinaison des acides et des bases sont les *sels*. Les sels dérivent des acides par la substitution d'un certain nombre d'atomes d'un métal à un nombre correspondant d'atomes d'hydrogène.

Un corps simple peut former un ou plusieurs anhydrides. S'il ne forme qu'un seul composé, on lui donne le nom du corps simple suivi du suffixe *ique*. Exemple : le carbone uni à l'oxygène donne de l'anhydride carbonique.

Quand le corps simple forme deux anhydrides, le plus oxygéné prend la terminaison *ique*, le moins oxygéné la terminaison *eux*. Exemples : l'anhydride sulfurique et l'anhydride sulfureux.

Dans les acides correspondants on remplace le mot anhydride par acide.

Si le corps simple forme plus de deux anhydrides ou acides, on désigne le moins oxygéné que l'acide en eux par *hypo* ; celui qui contient plus d'oxygène que l'acide en eux, mais moins que l'acide en ique, par *hyper eux* ; celui qui contient plus d'oxygène que l'acide en ique par *per* ou *hyper ique*. Ainsi on a :

Acide hypersulfurique
— *sulfurique*
— *hyposulfurique*
— *sulfureux*
— *hyposulfureux.*

Un métalloïde qui ne donne avec l'oxygène qu'un seul oxyde se dénomme oxyde suivi du nom du métalloïde.

Oxyde de carbone.

Pour désigner les composés binaires obtenus par l'union d'un métalloïde avec l'hydrogène, le chlore, le soufre (ou, en général, avec un corps autre que l'hydrogène) on ajoute le suffixe *ure* au nom du corps électronégatif qui s'écrit le premier :

Ex : *sulfure de carbone*
chlorure de carbone
carbure d'hydrogène

Si, pour les deux corps qui se combinent en proportions diverses, le composé contient 1, 2, 3, 4 ou 5 atomes du corps électro-négatif pour un seul atome du corps électro-positif, on ajoute les préfixes *proto, bi, tri, tétra, penta*. Ainsi on a : le protosulfure, le bisulfure, le trisulfure, le tétrasulfure, le pentasulfure.

Par exception, certains métalloïdes combinés avec l'hydrogène donnent lieu à des réactions acides. On ajoute alors le suffixe *ique* au nom du métalloïde suivi de *hydr* (hydrogène).

$$\text{acide } \textit{chlor-hydr-ique}$$
$$\text{—} \quad \textit{sulf-hydr-ique}$$

Symboles. — Le métalloïde se représente par sa lettre majuscule à laquelle on ajoute, s'il est nécessaire, une des lettres qui la suivent.

On met O pour l'oxygène, H pour l'hydrogène, P pour le phosphore, C pour le carbone, Cl pour le chlore, etc.

Le symbole représente également le poids atomique de la matière :

$$H = 1 \quad \text{d'hydrogène}$$
$$O = 16 \quad \text{d'oxygène}$$
$$C = 12 \quad \text{de carbone, etc.}$$

La notation écrite se fait à l'inverse de la nomenclature parlée et en juxtaposant seulement les symboles

$$\underbrace{\text{Acide } \textit{chlorhydrique}}_{\substack{\text{Cl} \quad \text{H}}} = HCl = 1 + 35,5 = \underbrace{36,5}_{}$$

Cl   H   poids atomiques   poids moléculaire

Valence. — La valence d'un métalloïde est la capacité de saturation de son atome par l'hydrogène considéré comme monovalent.

1re *famille. F, Cl, Br, I.* — Corps *monovalents*, c'est-à-dire s'unissant par atome avec un seul atome d'hydrogène pour fournir une molécule de composé.

2e *famille. O, S, Se, Te.* — Corps *divalents* s'unissant par atome avec deux atomes d'hydrogène pour fournir une molécule de composé.

3e *famille. Az, P, As, Sb.* — Corps *trivalents* s'unissant par atome avec trois atomes d'hydrogène pour fournir une molécule de composé.

4e *famille. C, Si.* — Corps *tétravalents* s'unissant par atome avec quatre atomes d'hydrogène pour fournir une molécule de composé.

5e *famille. Bo.* — Corps *trivalent.* Corps à atome trivalent jouissant de propriétés spéciales et traité à part.

Thermochimie. — Voici quels sont les trois principes importants de la thermochimie établis par M. Berthelot :

1º **Principe du travail moléculaire.** — *La quantité de chaleur dégagée dans une réaction quelconque mesure la somme des travaux chimiques (combinaisons ou décompositions) et physiques (changement d'état physique ou condensation) accomplis dans cette réaction.*

2º **Principe de l'équivalence calorifique des transformations chimiques.** — *Si un système de corps simples ou composés, pris dans des conditions déterminées, éprouve des changements physiques ou chimiques capables de l'amener à un nouvel état (sans donner lieu à aucun effet mécanique extérieur au système), la quantité de chaleur dégagée ou absorbée par l'effet de ces changements dépend uniquement de l'état initial et de l'état final du système ; elle est la même quelles que soient la nature et la suite des états intermédiaires.*

3º **Principe du travail maximum.** — *Tout changement chimique accompli sans l'intervention d'une énergie étrangère (chaleur, électricité, lumière), tend* *vers la production du corps ou du système de corps qui dégage le plus de chaleur.*

OXYGÈNE

Poids atomique (1 vol.) : $O = 16$
Poids moléculaire (2 vol.) : $O^2 = 32$

État naturel. — L'oxygène existe dans l'air mélangé avec l'azote. Combiné à l'hydrogène, il forme l'eau. C'est certainement le corps le plus répandu dans la nature. Les animaux, les végétaux et les minéraux contiennent de l'oxygène à l'état d'oxydes ou de composés oxygénés.

Propriétés physiques. — L'oxygène est un gaz incolore, inodore, insipide. Sa densité ($d = 1,105$) le classe parmi les gaz plus lourds que l'air. 1 litre d'oxygène pèse $1,105 \times 1$ gr. 293 $= 1$ gr. 420 ; 1 gr. 293 étant le poids du litre d'air à 0° et 760 mm. Sa solubilité dans l'eau est assez faible (0 l. 05 par litre). Son point critique est à — 116°, sa pression critique est à 50 atm.

Ce gaz peut être liquéfié à — 29° sous une pression de 300 atmosphères ou à — 136° sous une pression de 22 atm. 5 (Cailletet, Pictet, Wroblewski, Olzewski). Il bout à — 181° sous la pression atmosphérique. Une série d'étincelles ou de décharges électriques transforme l'oxygène en ozone avec absorption de chaleur et contraction de volume.

Propriétés chimiques. — L'oxygène se combine directement avec la plupart des corps simples quand ceux-ci ont été portés à la température de l'incandescence. Cette oxydation constitue le phénomène de la *combustion.*

Combustions vives. — Une allumette présentant quelques points en ignition se rallume aussitôt quand on la plonge dans une éprouvette remplie d'oxygène.

Un charbon incandescent introduit dans un flacon contenant de l'oxygène brûle avec un grand éclat ; le produit de la combustion est du gaz carbonique.

Le fer, le phosphore, le soufre, le magnésium et, en général, tous les métaux, sauf les métaux dits précieux (or, argent, platine) brûlent avec vivacité en donnant naissance à des oxydes (oxyde de fer Fe^3O^4, anhydride phosphorique, P^2O^3, anhydride sulfureux SO^2, magnésie MgO, etc.). Ces combustions se font avec un dégagement de chaleur plus ou moins intense. On appelle ces réactions *exothermiques*, par opposition aux réactions *endothermiques* qui se font avec absorption de chaleur.

Combustions lentes. — Mais la combustion d'un corps ou son oxydation peut se faire aussi avec une extrême lenteur. Ainsi, le fer abandonné à l'air se recouvre peu à peu d'une couche de *rouille* qui n'est autre que de l'oxyde de fer hydraté ou hydrate d'oxyde ferrique $2Fe^2O^3, 3H^2O$; c'est une combustion lente.

Des phénomènes analogues se constatent avec le plomb, le cuivre, le phosphore abandonnés à l'air.

Dans une combustion vive, l'incandescence n'est que l'effet d'une production rapide de chaleur échauffant une faible quantité de matière. Dans la combustion lente, la chaleur se transmet lentement et doit échauffer une grande quantité de matière ; c'est pourquoi l'effet quoique réel n'est pas visible, la chaleur étant répartie sur une plus grande surface.

La respiration des animaux est aussi une combustion lente. L'oxygène qui entre par les poumons circule avec le sang ; il oxyde les matières qui doivent être éliminées, il se combine avec le carbone pour former le gaz carbonique qui revient aux poumons avec le sang et est expulsé au dehors par le phénomène de la respiration. C'est au niveau des vésicules pulmonaires que s'accomplissent les échanges gazeux entre l'air et le sang.

L'asphyxie par manque d'oxygène se produit chez les personnes qui montent en ballon, qui gravissent de hautes montagnes où l'air est raréfié, qui travaillent à de grandes profondeurs dans des mines aux galeries mal ventilées. Cette asphyxie se traduit par un malaise spécial (mal de montagne) qui consiste en bourdonnements d'oreilles, nausées, vertiges auxquels succèdent, dans les cas graves, la syncope et la mort. Pour combattre ces effets il faut, dès les premiers malaises, respirer de l'oxygène.

PRÉPARATION

I. — PROCÉDÉS DES LABORATOIRES

Calcination du bioxyde de manganèse. — Une cornue en grès contenant du bioxyde de manganèse est chauffée sur un fourneau à réverbère (fig. 121). Il se

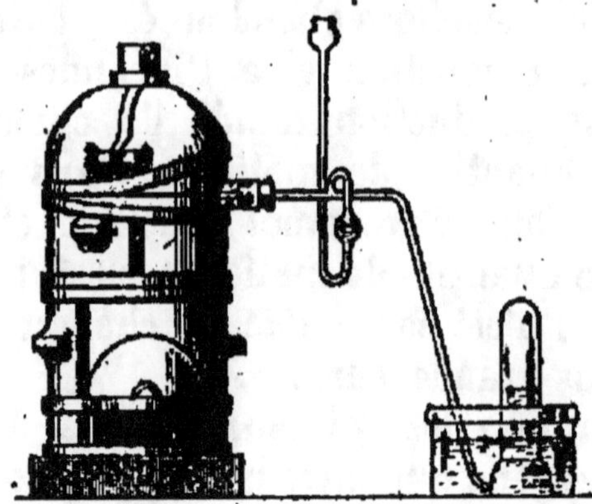

Fig. 121. — Préparation de l'oxygène par la calcination du bioxyde de manganèse.

dégage de l'oxygène que l'on recueille sur la cuve à eau. Dans la cornue, il reste de l'oxyde salin noir.

$$3MnO^2 = Mn^3O^4 + O^2$$

Bioxyde de manganèse   Oxyde salin de manganèse   Oxygène

Décomposition du chlorate de potassium. — C'est le procédé le plus fréquemment employé pour obtenir de l'oxygène pur. Dans une cornue en verre (fig. 122), on chauffe du chlorate de potassium. On recueille l'oxygène

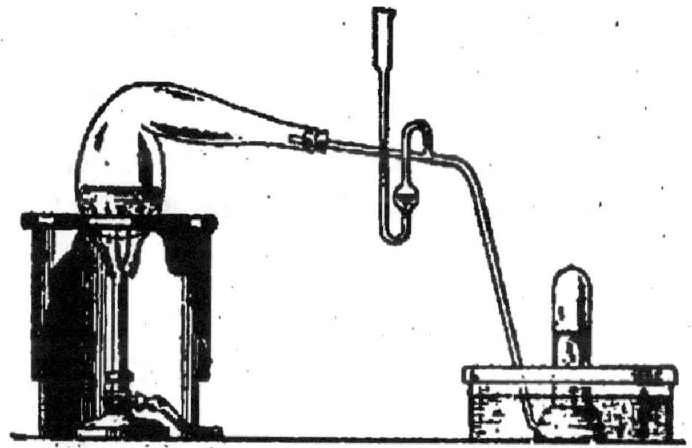

Fig. 122. — Préparation de l'oxygène par le chlorate de potassium.

sur la cuve à eau. Il reste dans la cornue un résidu de chlorure de potassium.

$$ClO^3K = KCl + O^3$$

Chlorate de potassium   Chlorure de potassium   Oxygène

Dans les laboratoires, on chauffe de préférence un mélange de chlorate de potassium et d'oxyde brun de manganèse, ce qui évite la formation de perchlorate, composé qui se produit quand on chauffe doucement le chlorate de potassium.

Décomposition du bichromate de potassium ou du chlorure de chaux. — On chauffe soit du bichromate de potassium avec de l'acide sulfurique, soit encore une solution de chlorure de chaux avec un peu de chlorure de cobalt. Il y a décomposition des sels et dégagement d'oxygène.

Procédé Boussingault. Extraction de l'oxygène de l'air. — On fait passer de l'air privé d'anhydride carbonique et d'eau sur la baryte chauffée vers 550°. A cette température, la baryte absorbe l'oxygène de l'air et se transforme en bioxyde de baryum.

$$BaO \quad + \quad O \quad = \quad BaO^2$$

Baryte   Oxygène   Bioxyde de baryum

En faisant le vide dans le tube dans lequel se trouve le bioxyde de baryum, il y a dissociation et on récupère la moitié de l'oxygène absorbé.

II. — PROCÉDÉ INDUSTRIEL

Procédé Brin. — On utilise la réaction du procédé Boussingault. On dispose de la baryte pure spongieuse dans des tubes métalliques verticaux portés à la température de 700°. Ces tubes reçoivent, sous une pression de 2 atmosphères, de l'air purifié par son passage préalable dans un lait de chaux et à travers une colonne de chaux vive où il s'est dépouillé de son anhydride carbonique et de sa vapeur d'eau. Quand on constate qu'il n'y a plus d'absorption d'oxygène par la baryte, on fait le vide et on reçoit l'oxygène qui se dégage dans des bouteilles ou récipients en acier de 3 à 23 litres où on le comprime à 120 atmosphères.

Usages. — L'oxygène s'emploie quand on veut dégager beaucoup de chaleur dans une combustion. On le mélange alors à un gaz combustible (gaz d'éclairage, hydrogène, vapeur de pétrole, etc.) et on enflamme le mélange.

Le *chalumeau oxhydrique* (fig. 123) consiste essentiel-

lèment en deux tubes séparés contenant l'un, l'oxygène,
l'autre le gaz combustible. Le mélange se produit dans
un renflement et sort par un ajutage où on l'enflamme.
Avec cet appareil, on fond et on volatilise certains métaux ; on réalise la soudure autogène du fer, de l'acier,
du bronze, etc. Pour obtenir une température moins
élevée, on remplace économiquement
l'oxygène par l'air.

La soudure autogène est réalisée
par l'emploi d'un chalumeau constitué par un tube très léger conique
très effilé et terminé en courbe à l'a-
vant, tandis que l'arrière est pourvu
de deux tubulures auxquelles s'adap-
tent les tubes de caoutchouc amenant
l'hydrogène et l'oxygène. Le mélange
des deux gaz se fait à l'intérieur du
chalumeau en proportion voulue pour
réaliser une combustion complète.
Tout danger d'explosion est évité
quand on assure au mélange gazeux
une vitesse supérieure à celle de propagation de la flamme. L'appareil se
prête à l'emploi de gaz combustibles
autres que l'hydrogène, comme l'acétylène, le gaz d'éclairage.

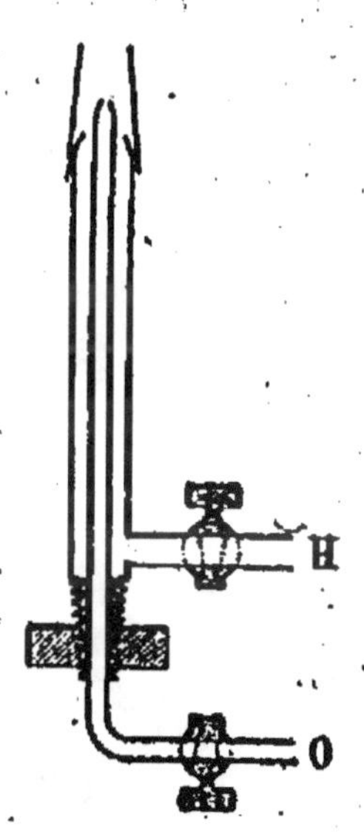

Fig. 123. — Cha-
lumeau oxhy-
drique.

Avec cet instrument, on amène facilement les deux
sections métalliques, à souder à un point de fusion tel
que les deux masses puissent s'incorporer l'une dans
l'autre au moment où la fusion commence à s'opé-
rer.

On donne à l'appareil la forme la plus convenable
pour l'opération que l'on a en vue. On peut atteindre la
température de 2250 à 3000°. On se sert par exemple de
ce procédé pour couper les tuyaux (v. fig. 124 coupe-

tuyau). On peut couper ainsi 1 m. de tôle de 8 mm. d'épaisseur en 3 minutes.

On emploie encore l'oxygène pour la production de la lumière oxhydrique ou *lumière de Drummond* qui

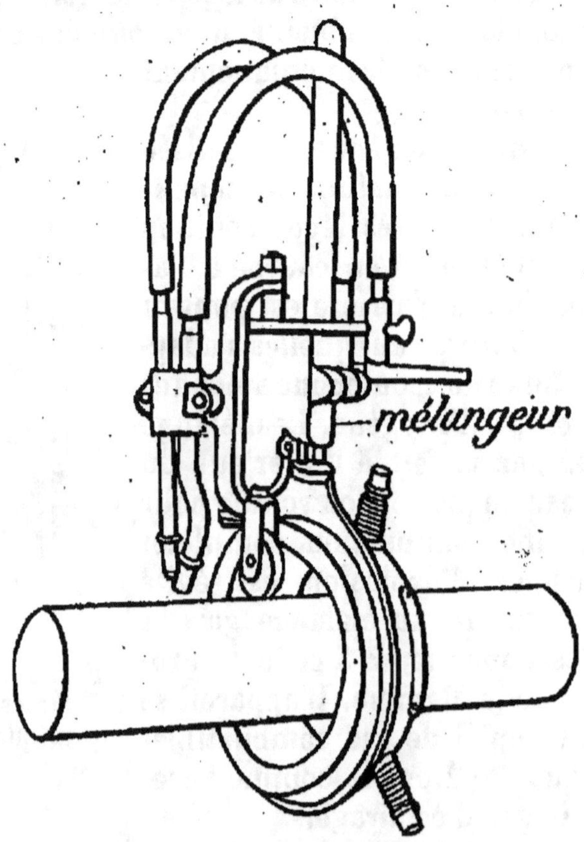

Fig. 124. — Coupe-tuyau oxhydrique.

s'obtient en dirigeant le dard d'un chalumeau à gaz oxygène et hydrogène sur un cylindre de chaux, de magnésie, de zircone ou de thorine que l'on porte ainsi au rouge blanc ; on a une flamme d'un éclat éblouissant comparable à celui de la lumière électrique.

Des ballons d'oxygène sont employés pour des inhalations médicales en cas d'étouffements ou d'asphyxie.

L'oxylithe ou *trioxyde de sodium* donne naissance au contact de l'eau à un dégagement d'oxygène. On peut ainsi avoir sous un petit volume une réserve d'oxygène utilisable à un moment quelconque. Ce produit se livre sous forme de pains.

Ozone. $O^3 = 48$. — L'ozone est un état allotropique de l'oxygène qui se forme lorsqu'on fait passer une série d'étincelles électriques dans ce gaz. Il oxyde à froid le mercure et l'argent. Il brûle les matières organiques à la température ordinaire. Il déplace l'iode des iodures.

On l'obtient soit par des oxydations lentes, soit par l'action de l'acide sulfurique sur le bioxyde de baryum au-dessous de 75°, soit par le chauffage de l'oxygène à une température de 1400° (Troost et Hautefeuille), soit encore par la décomposition de l'eau par la pile (oxygène + ozone).

L'ozone détruit les germes des ferments qui se trouvent dans l'air ; il débarrasse l'atmosphère des bactéries nuisibles qui peuvent occasionner certaines maladies ou épidémies.

Purification des eaux par l'ozone. — Les propriétés microbicides et oxydantes de l'ozone ont été mises à profit pour la purification des eaux. Un appareil producteur d'ozone a été installé en 1898 à l'usine élévatoire d'Emmerin, près de Lille. La stérilisation est obtenue grâce à une circulation méthodique de l'ozone et de l'eau. L'ozonisation de l'eau ne semble apporter aucun élément étranger préjudiciable à la santé publique. L'eau est rendue saine et agréable à la consommation sans que les éléments minéraux utiles aient disparu. En 1904, la ville de Marseille a installé un appareil stérilisateur d'ozone. Cet appareil est alimenté par un transformateur donnant au secondaire une différence de potentiel de 40.000 volts. Cette énorme tension fournit entre deux lames de verre écartées d'un millimètre et demi des effluves électriques qui abandonnent à l'air refoulé par un ventilateur et desséché par de la pierre ponce sulfurique l'ozone qu'elle produit. L'air chargé d'ozone est refoulé dans un tuyau en maçonnerie de 6 m. environ de hauteur et de 3 m. de diamètre contenant des galets lisses sur lesquels circule l'eau à stériliser. L'air contient 6 milligrammes d'ozone par litre. La colonne ozonatrice a un débit d'environ 20 m³ d'eau par heure. La numération microbienne tombe avec ce procédé à 2000 ou 3000 germes par centimètre cube d'eau.

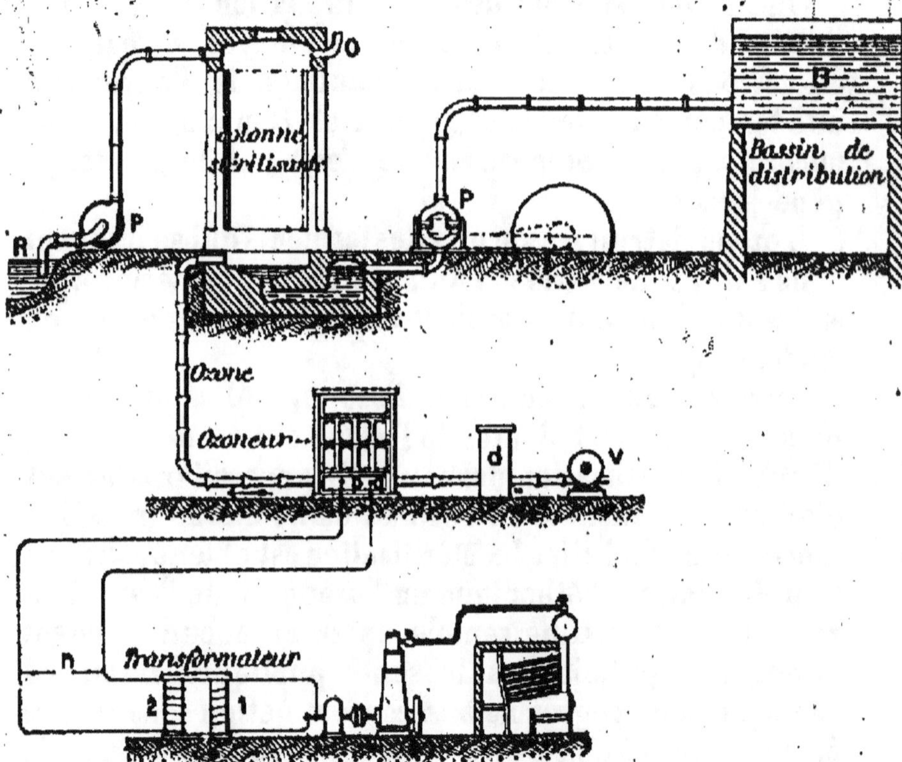

Fig. 125. — Usine de stérilisation des eaux.

Une usine de stérilisation d'eau comporte, en général, trois organes principaux :

1° Une pompe P (fig. 125) aspirante et foulante prenant l'eau de la rivière et la faisant passer dans une colonne *stérilisante*. Une pompe *p* reprend l'eau de cette colonne et la conduit dans des bassins de distribution B.

2° L'*ozoneur* recevant l'air d'un ventilateur V desséché par le passage à travers le dessiccateur *d*. L'ozone produit passe dans la colonne stérilisante et s'échappe par une ouverture pratiquée à la partie supérieure en O.

3° Un alternateur qui fournit le courant à l'ozoneur. L'énergie est donnée aux deux bornes de l'ozoneur par le secondaire du transformateur qui élève la tension du courant de l'alternateur.

AZOTE ET COMPOSÉS OXYGÉNÉS

AZOTE

Poids atomique : $Az = 14$
Poids moléculaire : $Az^2 = 28$

Etat naturel. — Ce métalloïde se trouve mélangé à l'air dans la proportion d'environ quatre cinquièmes. Il existe aussi dans un nombre considérable de matières animales, végétales ou minérales.

Propriétés physiques. — L'azote est un gaz incolore, inodore, insipide. Sa densité est 0,972. 1 litre d'azote pèse 1 gr., $293 \times 0,072 = 1$ gr.,256. Sa solubilité dans l'eau est d'environ $\frac{1}{40}$ à 0° et 760 mm. de pression. Ce corps est liquéfiable à —136° sous 130 atmosphères ; c'est alors un liquide incolore. Son point critique est à —145°. Le point d'ébullition de l'azote est —194° à la pression atmosphérique. L'azote liquide est plus léger que l'eau et l'alcool. Mis en contact avec la paroi extérieure d'un vase rempli d'air, il amène au point refroidi un dépôt de gouttelettes bleuâtres d'oxygène et, dans des conditions convenables, il permet la séparation de l'azote et de l'oxygène de l'air. L'azote liquide dissout l'ozone liquide, mais il paraît aussi inactif que l'azote gazeux, car il éteint les corps enflammés, même le magnésium.

On est parvenu à solidifier l'azote en masse neigeuse à —204° dans certaines conditions d'évaporation et de pression.

Propriétés chimiques. — L'azote éteint les corps en combustion, mais il ne trouble pas l'eau de chaux, ce qui le distingue du gaz carbonique. Il est impropre à la respiration. Les animaux qui demeurent un certain temps dans une enceinte ne renfermant que de l'azote succombent par asphyxie.

Une action prolongée des effluves électriques a pour résultat de faire absorber l'azote à un nombre assez considérable de substances : benzine, essence de térébenthine, acétylène, méthane, matières organiques (dextrine, cellulose, papier), etc.

Au point de vue agricole, les plantes et la terre végétale fixent l'azote atmosphérique par l'intermédiaire des germes microscopiques qui prennent naissance et se multiplient sur le sol ou sur les racines des légumineuses et autres plantes (Berthelot, Th. Schlœsing, Laurent).

PRÉPARATION

PROCÉDÉS DES LABORATOIRES

Extraction de l'azote de l'air. — 1° *Par le phosphore.* — Sous une grande cloche de verre placée sur la cuve à eau (fig. 120), on fait brûler du phosphore. Il se produit de l'anhydride phosphorique aux dépens de l'oxygène de l'air de la cloche, de sorte qu'il ne reste que de l'azote.

L'anhydride phosphorique se dissout assez rapidement dans l'eau. L'azote obtenu est impur. On le débarrasse de l'oxygène non transformé au moyen d'un bâton de phosphore. On élimine d'une part les vapeurs de phosphore par le chlore, puis le chlore en excès et le gaz carbonique par la potasse.

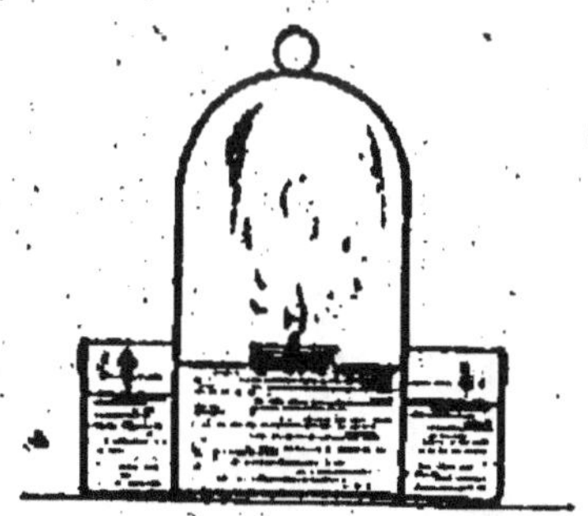

Fig. 126. — Extraction de l'azote de l'air par le phosphore.

2° *Par le cuivre.* — Dans un tube de verre contenant du cuivre chauffé au rouge (fig. 127), on fait passer un courant d'air privé de gaz carbonique. Le cuivre s'empare de l'oxygène et l'azote se dégage sur la cuve à eau où il est recueilli :

$$nAz + O + Cu = CuO + nAz$$

Air — Cuivre — Oxyde de cuivre — Azote

3° *Par le cuivre et l'ammoniaque.* — Ce procédé est basé sur cette réaction qu'une solution ammoniacale

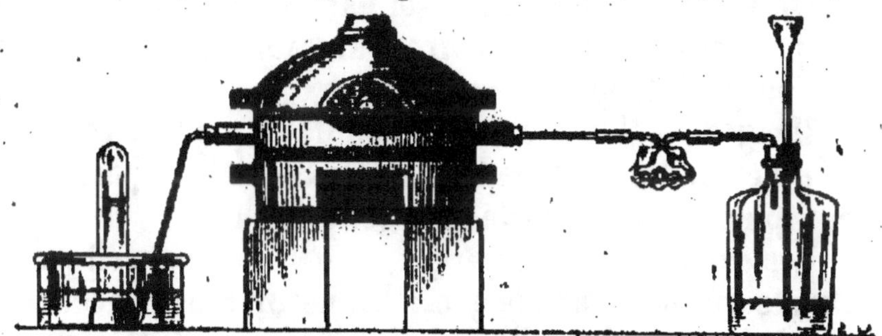

Fig. 127. — Extraction de l'azote de l'air par le cuivre.

mise en présence de la tournure de cuivre a la propriété d'absorber l'oxygène à froid.

Deux grands flacons (fig. 128) contenant l'un du

cuivre, l'autre une solution ammoniacale, sont mis en communication par un tube flexible. L'ammoniaque du premier flacon agit sur le cuivre du deuxième flacon. Au bout de 24 heures, l'oxygène de l'air du deuxième flacon est absorbé. Il suffit donc de recueillir l'azote et de le purifier, ce qui s'obtient en le débarrassant du gaz ammoniac par le passage des deux gaz dans de l'acide sulfurique.

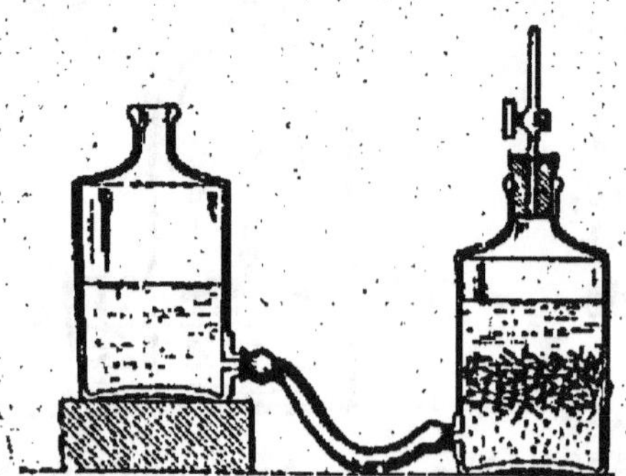

Fig. 128. — Extraction de l'azote de l'air par le cuivre et l'ammoniaque.

Décomposition de l'azotite d'ammonium. — Chauffé dans une cornue en verre (fig. 122), l'azotite d'ammonium se décompose en azote qui se dégage et en eau :

$$AzO^2AzH^4 \;=\; 2H^2O \;+\; 2Az$$

Azotite d'ammonium   Eau   Azote

On remplace souvent ce sel par un mélange d'azotite de potassium et de chlorure d'ammonium d'une conservation plus longue.

Usages. — L'azote est tout indiqué pour la conservation des matières organiques dont la décomposition est si rapide en présence de l'oxygène de l'air.

Les carnivores s'emparent, pour leur nourriture, de l'azote contenu dans la chair des herbivores ; on constate, en effet, que privés d'azote ils dépérissent et meurent. Cet azote, contenu dans le corps des herbivores, provient lui-même des plantes qui les ont nourris, les plantes elles-mêmes l'ayant tiré de l'air qui sert à leur respiration.

Tout l'azote des aliments consommés par l'homme est

éliminé à l'état d'urée par les urines, les selles et les sécrétions cutanées ; il n'en passe pas par les poumons (Voit et Pettenkofer).

D'après de Gasparin les aliments absorbés doivent contenir en azote et en carbone les proportions suivantes :

	Azote	Carbone
Ration d'entretien . . .	12 gr. 51	264 gr.
— de travail. . . .	12 » 50	45 »
donc en état de travail il faut.	25 gr. 01	309 gr.

De son côté, Letheby a trouvé qu'il fallait :

	Azote	Carbone
Dans l'état de désœuvrement . .	12 gr. 1	249 gr. 6
— de travail ordinaire .	20 gr. 7	373 »
— de travail intense . .	26 gr. 9	378 » 2

OXYDE D'AZOTE, OXYDE AZOTEUX
OU PEROXYDE D'AZOTE

Poids moléculaire (2 vol.) : Az^2O ou $\begin{matrix} Az \\ \| \\ Az \end{matrix} > O = 44$

Propriétés physiques. — L'oxyde azoteux est un gaz incolore, inodore, d'une saveur sucrée. Sa densité est 1,527. Un litre de ce gaz pèse 1 gr. 975. Sa solubilité à 0° est de 1 l. 305 par litre d'eau ; elle est de 0 l. 778 à 15°C. Il est liquéfiable à 0° sous 40 atmosphères dans l'appareil Cailletet ; la densité du liquide à 0° est 0,94. Son point d'ébullition est à — 87° à la pression atmosphérique. Solidification à — 100°. Point critique à 35°.

Propriétés chimiques. — Le protoxyde d'azote ou oxyde azoteux, porté à une température élevée, se décompose en azote et en oxygène avec dégagement de chaleur.

$$Az^2O = 2\,Az + O$$
oxyde   azote   oxygène
azoteux

Il y a également décomposition si on fait passer dans le gaz azoteux une série d'étincelles électriques; mais alors il se produit de l'azote et du peroxyde d'azote ou hypoazotide :

$$2Az^2O = 3\,Az + AzO^2$$
oxyde   azote   peroxyde
azoteux   d'azote

Au rouge, il est décomposé par les corps combustibles qui se combinent avec l'oxygène et laissent l'azote en liberté.

Un corps ne brûle dans ce gaz qu'à la condition que sa température soit assez forte pour amener sa décomposition. C'est ainsi qu'une allumette ou un charbon présentant quelques points en ignition se rallume dans l'oxyde azoteux.

Si on mélange en proportions égales de l'oxyde azoteux et de l'hydrogène, il y a détonation à l'approche d'une allumette ou au contact d'une étincelle électrique avec formation de vapeur d'eau et d'azote :

$$Az^2O + H^2 = Az^2 + H^2O$$
oxyde   hydrogène   azote   eau
azoteux

Le même mélange gazeux, mais en proportions différentes, passant sur de la mousse de platine chauffée, donne de l'ammoniaque et de la vapeur d'eau :

$$Az^2O + 8H = 2AzH^3 + H^2O$$
oxyde   hydrogène   ammoniaque   eau
azoteux

L'oxyde azoteux peut servir aux expériences de combustion du charbon, du phosphore, du soufre, du potassium, du magnésium. Sous ce rapport il présente une certaine analogie avec l'oxygène.

PRÉPARATION

Décomposition de l'azotate d'ammonium. — Dans une cornue en verre (fig. 129), on chauffe vers 210° de

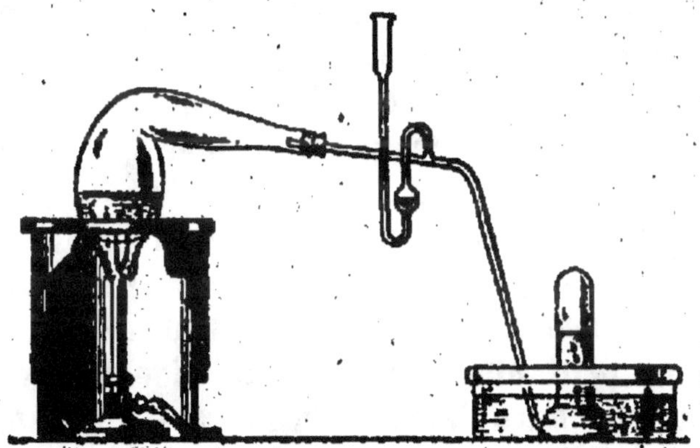

Fig. 129. — Préparation de l'oxyde azoteux par l'azotate d'ammonium.

l'azotate d'ammonium. Il y a décomposition du sel en eau et oxyde azoteux :

$$\text{AzO}^3\text{AzH}^4 \quad = \quad 2\text{H}^2\text{O} \quad + \quad \text{Az}^2\text{O}$$

Azotate d'ammonium   Eau   Oxyde azoteux

Il faut éviter de dépasser 250°, sans quoi il y a à craindre une explosion.

Le gaz obtenu doit être purifié.

Analyse. — On introduit dans une cloche courbe reposant sur le mercure un certain volume d'oxyde azoteux et un morceau de sulfure de baryum. En chauffant, on met l'azote en liberté ; le sulfure de baryum s'unit à l'oxygène pour donner un sulfate. On constate que le volume n'a pas varié. On en déduit que 2 volumes d'oxyde azoteux ou protoxyde contiennent 2 volumes d'azote et 1 volume d'oxygène ; d'où la formule Az^2O.

Usages. — L'oxyde azoteux n'entretient pas la respiration. Son absorption dans les poumons détermine une excitation cérébrale suivie d'insensibilité. Chez certains sujets, il provoque une sensation d'ivresse qui lui a fait donner le nom de *gaz hilarant* (Davy). On s'en sert comme anesthésique, mais il faut auparavant s'assurer de sa pureté, car il serait dangereux de laisser mélangé avec lui des quantités même faibles d'oxyde azotique ou de peroxyde d'azote.

Liquide, il produit un froid plus marqué que l'anhydride carbonique au même état. Avec un mélange d'oxyde azoteux liquide, d'anhydride carbonique et d'éther, on peut abaisser dans le vide la température à —110° et rendre l'alcool sirupeux. Un mélange d'oxyde azoteux et de sulfure de carbone dans le vide produit un froid de —140°.

ACIDE HYPOAZOTEUX

$$Poids\ moléculaire : Az^2O^2H^2\ ou\ \begin{matrix} Az—OH \\ \| \\ Az—OH \end{matrix}$$

Cet acide découvert en 1771 par M. Divers se prépare en dissolvant de l'azotite de potassium dans de l'eau et en ajoutant, par petites parties, un amalgame de sodium jusqu'à cessation complète du dégagement de bioxyde d'azote.

Les hypoazotites décomposés par l'acide sulfurique étendu donnent l'acide hypoazoteux en dissolution étendue.

L'acide hypoazoteux se décompose lentement à la température ordinaire en dégageant de l'oxyde azoteux.

OXYDE AZOTIQUE OU BIOXYDE D'AZOTE

Poids moléculaire (2 vol.) AzO = 30

Propriétés physiques. — L'oxyde azotique est un gaz incolore dont l'odeur et la saveur sont inconnues parce qu'au contact de l'air, il se transforme en peroxyde d'azote.

Sa densité est 1,039, 1 litre de ce gaz pèse 1 gr., 343.

Il a une faible solubilité dans l'eau $\left(\dfrac{1}{29}\right)$. Point critique

—93°,5. Point d'ébullition —154° à la pression atmosphérique.

Propriétés chimiques. — L'oxyde azotique est un gaz décomposable par la chaleur. Au rouge sombre, il se produit de l'azote, de l'oxyde azoteux et du peroxyde d'azote.

Au rouge vif, on a seulement de l'azote et de l'oxygène, comme d'ailleurs quand on le soumet à l'action d'une capsule de fulminate de mercure que l'on fait détoner.

$$AzO \quad = \quad Az \quad + \quad O$$
Oxyde azotique   Azote   Oxygène

Les vapeurs nitreuses sont un mélange d'oxyde azotique, d'anhydride azoteux et de peroxyde d'azote en proportions variables.

L'oxygène libre en excès (oxygène de l'air) transforme instantanément à la température ordinaire l'oxyde azotique en vapeurs rutilantes, dangereuses pour l'économie.

$$AzO \quad + \quad O \quad = \quad AzO^2$$
Oxyde azotique   Oxygène   Peroxyde d'azote

Les matières combustibles comme le soufre, le charbon, brûlent dans l'oxyde azotique ou bioxyde d'azote à la condition qu'elles soient bien enflammées.

La dissolution desulfate ferreux absorbe le gaz à froid puis devient brun foncé ; elle le dégage sous l'influence de la chaleur.

Dans certaines combinaisons, l'oxyde azotique joue le rôle d'un corps simple ; c'est alors le *nitrosyle* formant des composés nitrosés. Ce nitrosyle est un radical comme l'ammonium.

PRÉPARATION

1° Par le cuivre et l'acide azotique. — Sur de la tournure de cuivre, on fait agir à froid de l'acide azo-

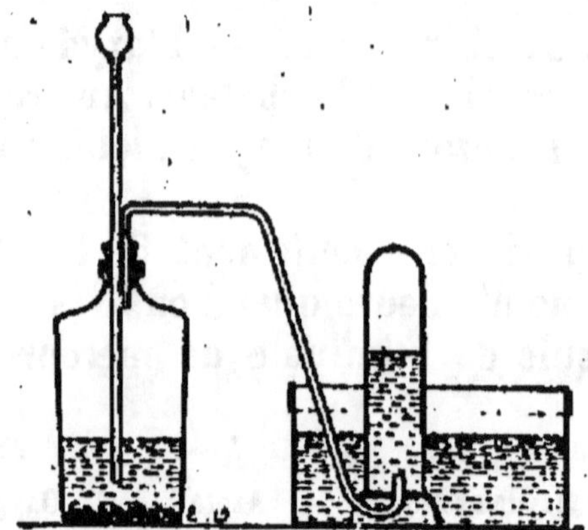

Fig. 130. — Préparation de l'oxyde azotique par le cuivre et l'acide azotique.

tique (fig. 130). Quand les vapeurs rutilantes ont cessé, on recueille le gaz qui se dégage sur la cuve à eau.

$$3Cu + 8AzO^3H = 3[(AzO^3)^2Cu] + 4H^2O + 2AzO$$

Cuivre   Acide azotique   Azotate de cuivre   Eau   Oxyde azotique

On peut remplacer le cuivre par le mercure.

2º Par le sulfate ferreux et l'acide azotique. — Cette réaction se fait à chaud dans un ballon (fig. 131)

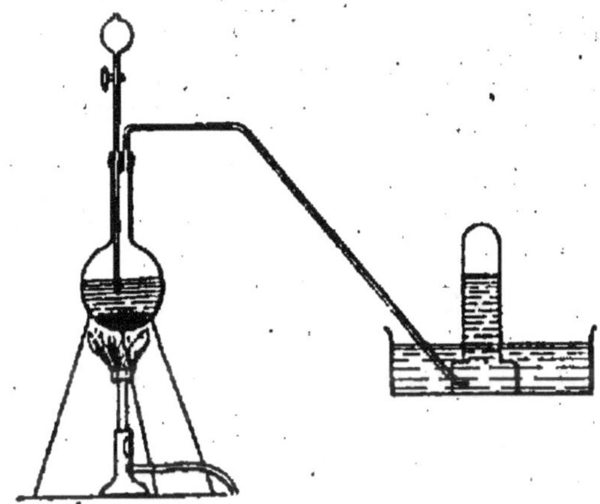

Fig. 131. — Préparation de l'oxyde azotique par le sulfate ferreux et l'acide azotique.

contenant une solution de sulfate ferreux dans laquelle on verse peu à peu l'acide azotique.

On a :

$$2AzO^3H + 6SO^4Fe + 3SO^4H^2 = 3[(SO^4)^3Fe^2] + 2AzO + 4H^2O$$

Acide azotique — Sulfate ferreux — Acide sulfurique — Sulfate ferrique — Oxyde azotique — Eau

3º Par le chlorure ferreux, l'acide chlorhydrique et l'azotate de potassium. — On opère à chaud ; on a :

$$6FeCl^2 + 2AzO^3K + 8HCl = 3Fe^2Cl^6 + 2KCl + 4H^2O + 2AzO$$

Chlorure ferreux — Azotate de potassium — Acide chlorhydrique — Chlorure ferrique — Chlorure de potassium — Eau — Oxyde azotique

Analyse. — Pour l'analyse, on suit une marche analogue à celle qui a été indiquée pour l'oxyde azoteux (1 vol. d'oxyde azotique et un morceau de sulfure de baryum dans une cloche courbe reposant sur le mercure). On en déduit que 2 vol. d'oxyde azotique renferment 1 vol. d'azote et 1 vol. d'oxygène.

Usages. — L'oxydation facile de l'oxyde azotique le fait employer dans l'industrie pour la préparation de l'acide sulfurique.

ANHYDRIDE AZOTEUX

Poids moléculaire : Az^2O^3 ou $\begin{matrix} AzO \searrow \\ AzO \nearrow \end{matrix} O$

ET ACIDE AZOTEUX

Poids moléculaire : AzO^2H ou $AzO(OH)$

Propriétés physiques et chimiques. — L'anhydride azoteux est un liquide bleu, instable, dont le point d'ébullition est voisin de 0°. Légèrement chauffé, il se dédouble en bioxyde d'azote (oxyde azotique) et en peroxyde d'azote.

Il est soluble dans l'eau froide. Si la solution est concentrée, elle est bleue et une faible chaleur provoque sa décomposition en oxyde azotique gazeux et en acide azotique étendu. Si la solution est étendue, elle est incolore et se décompose par la chaleur.

Par rapport à l'acide sulfureux, aux sels ferreux et à l'iodure de potassium, la solution d'acide azoteux se comporte à la manière d'un oxydant. La même solution joue, au contraire, le rôle d'un réducteur vis-à-vis des corps cédant facilement leur oxygène ; c'est ainsi qu'elle réduit les sels d'or et de mercure, le permanganate de potassium. Dans les deux premiers cas, le métal est mis en liberté et dans le troisième cas, il y a décoloration ; d'où un procédé utilisé pour le dosage de l'acide azoteux.

PRÉPARATION

I. — ANHYDRIDE AZOTEUX

1° Par l'oxyde azotique et l'oxygène. — On fait passer de l'oxygène avec un excès d'oxyde azotique dans un tube refroidi à — 40°.

$$2AzO + O = Az^2O^3$$

oxyde   oxygène   anhydride
azotique   azoteux

Le liquide obtenu est composé d'anhydride azoteux dans la proportion de 95 à 98 °/o. Le reste est formé d'un peu de peroxyde d'azote.

2° Par l'oxyde azotique et le peroxyde d'azote. — On opère à basse température, mais il est difficile d'arriver à décomposer entièrement le peroxyde d'azote. Pour obtenir l'anhydride azoteux à peu près pur, il faut le distiller à basse température et recevoir le produit de la distillation dans un mélange réfrigérant.

II. — ACIDE AZOTEUX.

Par le peroxyde d'azote et l'eau. — En laissant tomber goutte à goutte le peroxyde d'azote froid dans de l'eau abaissée à la température de la glace fondante, on a un liquide bleu (acide azoteux) qui se rassemble au fond du vase. L'eau dissout l'acide azotique formé et reste incolore.

$$2AzO^2 + H^2O = AzO^2H + AzO^3H$$

peroxyde   eau   acide   acide
d'azote   azoteux   azotique

Analyse. — 4 volumes d'oxyde azotique et 1 volume d'oxygène agités au sein d'une solution potassique sont entièrement absorbés avec formation d'un azotite alcalin.

J. MALETTE. — Physique et Chimie.   11

$$2AzO + O + 2KHO = 2AzO^2K + H^2O$$

oxyde oxygène potasse azotite alcalin eau
azotique

Or 4 volumes d'oxyde azotique contiennent 2 vol. Az + 2 vol. O. Il en résulte que l'anhydride azoteux renferme 2 vol. Az + 3 vol. O.

Azotites. — La décomposition partielle des azotates alcalins sous l'influence de la chaleur produit des azotites. Ainsi, l'azotate de sodium, que l'on fait fondre avec du plomb, donne de l'azotite de sodium et de l'oxyde de plomb. On peut dissoudre la masse dans l'eau et séparer le liquide dans lequel on fait ensuite passer un courant d'anhydride carbonique qui précipite le plomb. On décante. On évapore à sec. On sépare l'azotite formé de l'azotate non décomposé par l'alcool. On dissout ainsi l'azotite AzO^2Na que l'on recueille.

HYPOAZOTIDE, PEROXYDE D'AZOTE
OU ANHYDRIDE HYPOAZOTIQUE

Poids moléculaire : $AzO^2 = 46$.

Propriétés physiques. — Au moment où il vient d'être préparé, ce composé se présente sous la forme de cristaux incolores fondant à — 9°. Toutefois, le liquide ne se solidifie plus ensuite qu'à — 23°. A 0°, le liquide est jaunâtre; à 10° il est jaune rougeâtre, à 20° il est rouge-brun.

La densité du liquide est 1,45. Son point d'ébullition est à 22°; il y a formation de vapeurs rutilantes. Son spectre caractéristique est formé d'une grande quantité de fines raies noires.

Propriétés chimiques. — Le peroxyde d'azote se décompose au rouge vif en oxygène et en azote. Les étincelles électriques agissent de même, mais sur une portion seulement du composé.

Les alcalis le décomposent en azotite et en azotate.

$$2AzO^2 + 2NaOH = AzO^3Na + AzO^3Na + H^2O$$

peroxyde   soude   azotite de   azotate de   eau
d'azote   sodium   sodium

Le peroxyde d'azote est un oxydant énergique. L'hydrogène sulfuré le réduit en oxyde azotique et en eau :

$$AzO^2 + H^2S = AzO + H^2O + S$$

peroxyde   hydrogène   oxyde   eau   soufre
d'azote   sulfuré   azotique

Si on prolonge l'action de l'hydrogène sulfuré, l'oxyde azotique, à son tour, se transforme en oxyde azoteux par réduction.

Certains corps, comme le potassium, le magnésium, l'hydrogène, le carbone, le phosphore brûlent dans la vapeur de peroxyde d'azote, à la condition de se trouver toutefois à une température élevée. Le peroxyde d'azote provoque l'oxydation des carbures d'hydrogène.

1 volume de peroxyde avec 1 volume d'un mélange composé de 0,9 d'essence de pétrole et 0,1 de sulfure de carbone donne un liquide qui détone avec violence lorsqu'on fait exploser une capsule de fulminate. L'effet produit dans les mines par cette réaction est de beaucoup supérieur à celui que produit la dynamite ou la nitro-glycérine. Ce mélange ne doit se faire qu'au moment de l'emploi.

L'anhydride sulfureux en présence du peroxyde d'azote produit du sulfate neutre de nitrosyle.

$$SO^2 + 2AzO^2 = SO^2 <{OAzO \atop OAzO}$$

Anhydride   Peroxyde   Sulfate neutre
sulfureux   d'azote   de nitrosyle

Dans ses combinaisons le peroxyde d'azote joue le rôle d'un radical monovalent (azotyle).

PRÉPARATION

Décomposition de l'azotate de plomb. — Dans une cornue en verre peu fusible (fig. 132), on chauffe de l'azotate de plomb. Ce sel se décompose en oxyde de

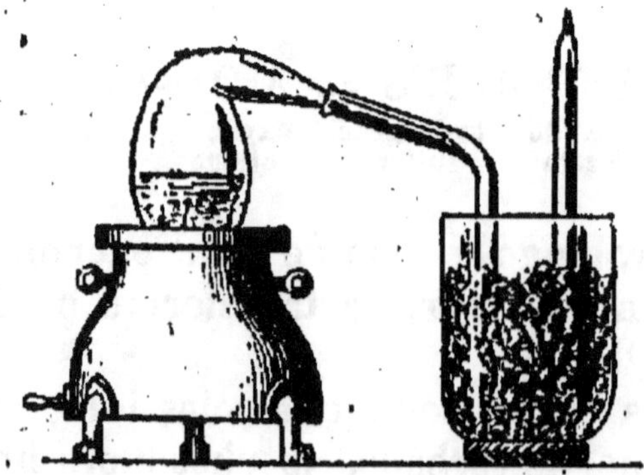

Fig. 132. — Préparation du peroxyde d'azote par l'azotate de plomb.

plomb, en peroxyde d'azote que l'on recueille dans un tube entouré d'un mélange réfrigérant et en oxygène qui se dégage.

$$(AzO^3)^2Pb = PbO + 2AzO^2 + O$$

Azotate de plomb — Oxyde de plomb — Peroxyde d'azote — Oxygène

Analyse. — On dirige un poids donné de vapeur de peroxyde d'azote sur du cuivre chauffé au rouge; on obtient de l'oxyde de cuivre et de l'azote.

$$AzO^2 + 2Cu = 2CuO + Az$$

Peroxyde d'azote — Cuivre — Oxyde de cuivre — Azote

On mesure le volume d'azote formé; l'oxygène se trouve par différence. On trouve que le peroxyde d'azote est constitué par 1 vol. d'azote et 2 vol. d'O condensés en 2 volumes.

ANHYDRIDE AZOTIQUE

Poids moléculaire Az^2O^5 *ou* $\begin{matrix} AzO^2 \\ AzO^2 \end{matrix} > O = 108$.

Propriétés. — L'anhydride azotique, solide cristallisé à la température ordinaire, fond à 30°, bout à 47° et se décompose à 80°. Il ne se conserve pas même en vase clos, à basse température ; il se décompose lentement en oxygène et en peroxyde d'azote. C'est un oxydant énergique.

PRÉPARATION

Action du chlore sur l'azotate d'argent. — On fait passer lentement un courant de chlore sur de l'azotate d'argent sec à 60°. On recueille dans un vase froid l'anhydride azotique qui se condense en gros cristaux incolores :

$$2AzO^3Ag \;+\; 2Cl \;=\; Az^2O^5 \;+\; O \;+\; 2AgCl$$

Azotate d'argent   Chlore   Anhydride azotique   Oxygène   Chlorure d'argent

Action du chlorure d'azotyle sur l'azotate d'argent. — Le chlorure d'azotyle est obtenu par la réaction à chaud du chlore sur le peroxyde d'azote.

On fait passer ce chlorure d'azotyle sur de l'azotate d'argent sec :

$$AzO^3Ag \;+\; AzO^2Cl \;=\; AgCl \;+\; Az^2O^5$$

Azotate d'argent   Chlorure d'azotyle   Chlorure d'argent   Anhydride azotique

Déshydratation de l'acide azotique. — On ajoute de l'anhydride phosphorique, par petites portions, à de l'acide azotique fumant maintenu froid par un mélange réfrigérant. La réaction se fait au-dessous de la température de la glace fondante. On distille lentement la gelée formée. On obtient des cristaux d'anhydride que l'on recueille dans des flacons refroidis.

$$2AzO^3H \ = \ Az^2O^5 \ + \ H^2O$$

Acide azotique   Anhydride   Eau
fumant   azotique

ACIDE AZOTIQUE OU ACIDE NITRIQUE

Poids moléculaire AzO^3H *ou* $AzO^2(OH) = 63$

Propriétés physiques. — Il y a deux acides azotiques à des degrés différents de concentration : l'acide monohydraté et l'acide quadrihydraté.

L'acide monohydraté ou acide normal ou fumant a pour formule AzO^3H (ou $Az^2O^5 + H^2O$). C'est un liquide incolore lorsqu'il est pur, mais que l'on trouve assez souvent coloré en jaune par du peroxyde d'azote. Sa densité est 1,52. Sa température d'ébullition est de 86°. Sa solidification se fait vers —47°. Il fume au contact de l'air.

L'acide quadrihydraté $2AzO^3H + 3H^2O$ (ou $Az^2O^5 + 4H^2O$) n'est autre que l'acide du commerce. C'est un liquide incolore, bouillant à la température de 123°, dont la densité est égale à 1,42.

Propriétés chimiques. — L'acide azotique est surtout un oxydant. L'hydrogène au rouge lui enlève totalement son oxygène et met l'azote en liberté :

$$AzO^3H \ + \ 5H \ = \ Az \ + \ 3H^2O$$

Acide   Hydrogène   Azote   Eau
azotique

Avec la mousse de platine, il y a dégagement d'ammoniaque :

$$AzO^3H \quad + \quad 8H \quad = \quad 3H^2O \quad + \quad AzH^3$$

Acide azotique   Hydrogène   Eau   Ammoniaque

Un grand nombre de métalloïdes décomposent l'acide azotique en s'oxydant à une température assez peu élevée. Tels sont l'hydrogène, le soufre, le phosphore, l'arsenic, l'iode, le silicium, le charbon. Les composés obtenus sont des oxydes, des anhydrides ou des acides. Il y a dégagement d'azote ou d'oxydes de l'azote (oxyde azotique, peroxyde).

L'oxygène, le chlore, le brome, l'azote n'ont aucune action sur l'acide azotique.

Quantité de matières organiques s'oxydent ou se détruisent par l'acide azotique. L'indigo se décolore; la soie, la laine, la peau se colorent en jaune; l'alcool se transforme en acide acétique. La benzine, la glycérine et le coton donnent la nitrobenzine, la nitroglycérine et le fulmicoton. Les deux derniers composés sont détonants.

Parmi les réducteurs, on citera l'acide sulfureux et l'oxyde azotique qui enlèvent de l'oxygène à l'acide azotique. La décomposition par l'oxyde azotique donne du peroxyde d'azote ou de l'oxyde azoteux suivant le degré de concentration de l'acide azotique; on a alors l'une des deux réactions suivantes :

$$AzO \quad + \quad 2AzO^3H \quad = \quad H^2O \quad + \quad 3AzO^2$$

Oxyde azotique   Acide azotique concentré   Eau   Peroxyde d'azote

$$2AzO \quad + \quad AzO^3H + H^2O \quad = \quad 3AzO^2H$$

Oxyde azotique   Acide azotique étendu   Acide azoteux

Les métaux mis en présence de l'acide azotique le réduisent le plus souvent en donnant un azotate métallique.

A l'inverse des métalloïdes, les métaux agissent plus

énergiquement sur l'acide étendu puisque les azotates formés sont peu solubles dans l'acide concentré. Avec l'acide au maximum de concentration, il n'y a d'action vive que sur les métaux très oxydables (potassium, sodium, zinc).

Au contact du fer pur, l'acide azotique concentré n'est pas attaqué et, en outre, le métal ne peut plus ensuite attaquer l'acide étendu parce qu'il s'est formé une couche adhérente protectrice à la surface du métal. On dit alors que le fer est devenu *passif*. Cette passivité n'est détruite que si l'on touche le métal avec un fil de cuivre ; il se produit alors une vive attaque.

L'acide du commerce que l'on étend d'un volume égal d'eau fournit des réactions ordinaires avec les métaux. Ainsi l'argent, le mercure, le cuivre donnent des azotates et de l'oxyde azotique :

$$8AzO^3H + 3Cu = 3[(AzO^3)^2Cu] + 4H^2O + 2AzO$$

acide azotique   cuivre   azotate de cuivre   eau   oxyde
étendu   azotique

$$4AzO^3H + 3Ag = 3AzO^3Ag + 2H^2O + AzO$$

acide azotique   argent   azotate d'argent   eau   oxyde
étendu   azotique

L'étain et l'antimoine donnent des oxydes acides SnO^2 et Sb^2O^5. Le zinc produit un azotate et de l'oxyde azoteux.

PRÉPARATION

I. — PROCÉDÉ DES LABORATOIRES

Action de l'acide sulfurique sur l'azotate de potassium. — Dans une cornue en verre (fig. 133) on chauffe de l'azotate de potassium et de l'acide sulfurique concentré (66° B) ; on obtient du sulfate acide de potassium et de l'acide azotique qui se condense :

$$SO^4H^2 \; + \; AzO^3K \; = \; SO^4KH \; + \; AzO^3H$$

acide sulfurique   azotate de   sulfate acide   acide
concentré   potassium   de potassium   azotique

Au commencement et à la fin de l'opération, il se dégage des vapeurs rutilantes qu'on ne recueille pas. Les premières portions d'acide azotique ne trouvant pas l'eau

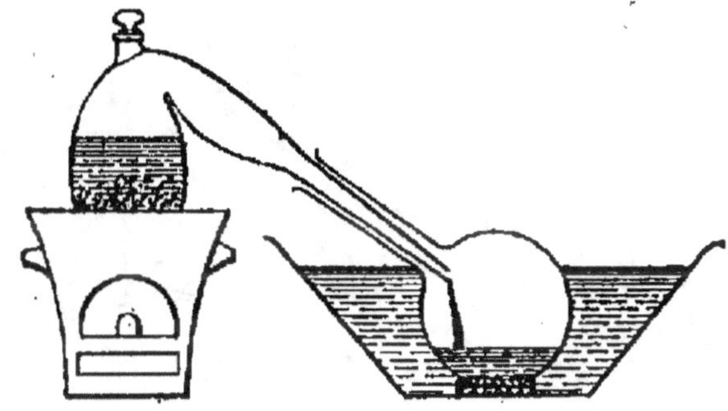

Fig. 139. — Préparation de l'acide azotique par l'acide sulfurique et l'azotate de potassium.

nécessaire qui est énergiquement retenue par l'acide sulfurique en excès, se décomposent en peroxyde d'azote et en oxygène. Les dernières vapeurs qui se dégagent sont dues à la décomposition partielle de l'acide azotique en eau, oxygène et peroxyde d'azote.

L'acide azotique obtenu à 51°B est un peu coloré en jaune par des vapeurs de peroxyde d'azote.

II. — PROCÉDÉ INDUSTRIEL

Action de l'acide sulfurique sur l'azotate de sodium. — L'acide du commerce, moins concentré et moins pur que celui qui se prépare dans les laboratoires, s'obtient par la réaction de l'acide sulfurique à 62°B, sur l'azotate de sodium. Ces deux produits sont moins coûteux que les composés correspondants employés dans les laboratoires. On remplace la cornue par une chaudière en fonte et le ballon par des bonbonnes en grès contenant un peu d'eau (fig. 134).

Purification ou blanchiment de l'acide azotique. — Les vapeurs nitreuses qu'entraîne l'acide azotique sont facilement enlevées en chauffant cet acide vers 85° dans un courant d'air. Les autres impuretés sont les acides

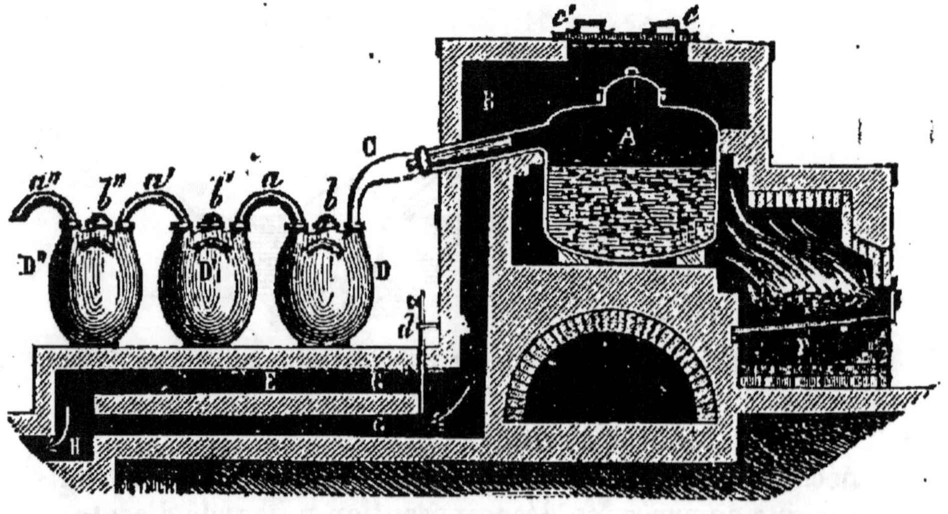

Fig. 134. — Préparation industrielle de l'acide azotique.

sulfurique et chlorhydrique (provenant de chlorure) dont on se débarrasse par précipitation avec les azotates de baryum et d'argent, puis par distillation.

Analyse. — On fait passer 4 vol. d'oxyde azotique et 5 vol. d'oxygène dans un tube renfermant de l'eau. Tout l'oxyde azotique absorbe 3 vol. d'oxygène. Il reste 2 vol. d'oxygène pur. Il s'est produit de l'acide azotique sans acide azoteux. On en conclut que l'anhydride azotique est formé de 2 vol. d'azote pour 5 vol. d'oxygène formant un volume inconnu d'anhydride (puisque 4 vol. d'oxyde azotique = 2 vol. Az + 2 vol. O). L'acide monobasique a pour formule AzO^3H.

Usages. — L'acide azotique (ou acide nitrique, eau

forte, esprit de nitre) sert à la préparation de l'acide sulfurique et des azotates, à la gravure à l'eau-forte (sur cuivre), à la teinture de la laine et de la soie, à la fabrication de l'acide oxalique, au dérochage du cuivre, du bronze et du laiton, à l'affinage de l'or et de l'argent, à la fabrication de matières organiques nitrées, telles que la nitro-benzine, la nitroglycérine, le coton-poudre, etc. On s'en sert pour composer l'eau régale.

Caractères des azotates. — Tous les azotates fusent lorsqu'on les projette sur des charbons incandescents. Lorsqu'on les chauffe dans un tube avec de la tournure de cuivre et de l'acide sulfurique, ils donnent de l'oxyde azotique qui au contact de l'air provoque la formation de vapeurs rutilantes.

Une liqueur contenant des traces d'azotate se reconnaît en y versant un peu d'acide sulfurique concentré dans lequel se trouvent quelques cristaux de sulfate ferreux. Il se produit une coloration rose qui devient rapidement brune si les azotates sont en plus grande quantité.

ANHYDRIDE PERAZOTIQUE OU PERNITRIQUE

Poids moléculaire (2 vol.) : $AzO^3 = 62$.

On fait passer un mélange d'oxygène sec avec $\dfrac{1}{7}$ au moins de son volume d'azote dans l'appareil à effluves (fig. 135). On obtient de l'ozone et de l'anhydride perazotique gazeux ; si l'on dirige ces gaz dans un tube interposé entre un spectroscope et une flamme, on remarque un spectre composé de raies fines et noires dans le rouge, l'orangé et le vert ; ce spectre caractérise l'anhydride perazotique gazeux (Hautefeuille et Chappuis).

Cet anhydride se décompose lentement en donnant de

l'oxygène et de l'anhydride azotique puis de l'oxygène et du peroxyde d'azote. Il est formé de 3 vol. d'oxygène et de 1 vol. d'azote condensés en 2 volumes.

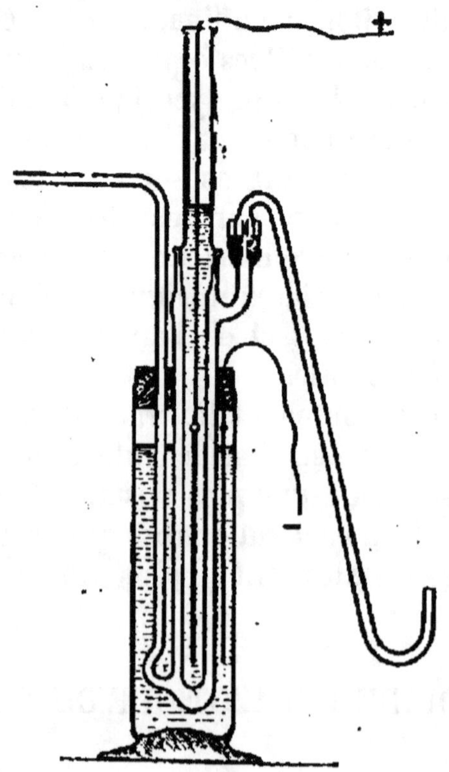

Fig. 135. — Appareil à effluves.

AIR

$$\text{Composition en volumes} \begin{cases} O = 21 \\ Az = 79 \end{cases} \qquad \text{Composition en poids} \begin{cases} O = 23 \\ Az = 77 \end{cases}$$

Propriétés physiques. — L'air est un mélange de deux gaz principaux : l'azote et l'oxygène. Il renferme, en outre, de la vapeur d'eau, du gaz carbonique, de l'argon. Accessoirement, on peut y rencontrer des gaz provenant d'émanations comme l'oxyde de carbone, l'ammoniaque, l'hydrogène sulfuré ou carboné, etc.

L'air est incolore sous une faible épaisseur. Mais il est bleu quand on le regarde sous une épaisseur considérable. Il est inodore quand il est pur et insipide quand il est soustrait aux influences extérieures. Sa densité est 1, autrement dit on le prend comme unité pour lui comparer les autres gaz. Par rapport à l'eau, l'air a une densité de $\frac{1}{773}$. Un litre d'air sec à la température de 0° et à la pression de 760 millimètres pèse 1 gr., 293. L'air peut être liquéfié. Il bout à —192°.

Propriétés chimiques. — Les propriétés chimiques de l'air sont celles de ses constituants. Les actions que peut produire l'oxygène sont souvent atténuées par la dilution de ce gaz dans l'azote. Les combustions sont moins vives dans l'air que dans l'oxygène, mais les quantités de chaleur dégagée, toutes choses égales d'ailleurs, sont les mêmes.

L'oxygène de l'air dans la combustion respiratoire entretient la chaleur animale ; il se combine avec l'hydrogène et le carbone pour donner de l'eau et du gaz carbonique. Si l'on compte chez un adulte 15 inspirations par minute, on a pour 24 heures 21.600 inspirations ; chacune d'elles faisant pénétrer 1/2 litre d'air dans nos poumons, l'homme utilise donc en un jour 10.800 litres ou 10 m³ d'air environ. L'air expiré, moins riche en oxygène que l'air inspiré, est par contre beaucoup plus chargé de gaz carbonique et de vapeur d'eau. La composition est en général la suivante :

	100 VOLUMES	
	d'air inspiré contiennent (1)	d'air expiré contiennent
Az.	79,2	79,2
O	20,8	15,5
CO_2	0,0003	4
	100,0003	98,7

Les 10 mètres cubes d'air qui, par jour, traversent les poumons abandonnent $(20,8 - 15,5) \times \dfrac{10000}{100} = 530$ litres d'oxygène et en retirent $\dfrac{4 \times 10000}{100} = 400$ litres de gaz carbonique contenant de la vapeur d'eau. Le gaz carbonique renfermant son propre volume d'oxygène, 130 litres (530-400) d'oxygène sont donc absorbés dans les poumons par le sang et utilisés de diverses manières ou mis en réserve par les cellules vivantes (E. Aubert).

Analyse qualitative. Expérience de Lavoisier. — A l'illustre Lavoisier revient l'honneur d'avoir déterminé la nature de l'air. Dans une cornue (fig. 136) ce chimiste chauffa du mercure pendant douze jours. Il constata que des pellicules rouges s'étaient formées et que, pendant le refroidissement, le mercure montait dans une cloche graduée placée sur une cuve à mercure dans laquelle aboutissait le col de la cornue. Il nota le volume final et constata que le gaz restant était impropre à la combustion et à la respiration et que le volume de l'air était ré-

(1) A 3 dix-millièmes près.

duit de $\frac{1}{6}$ environ. Les pellicules rouges furent rassem-
blées, pesées et chauffées dans une autre cornue ; elles
fournirent du mercure qui se condensa sur les parois de
la cornue et un gaz comburant (l'oxygène). Lavoisier

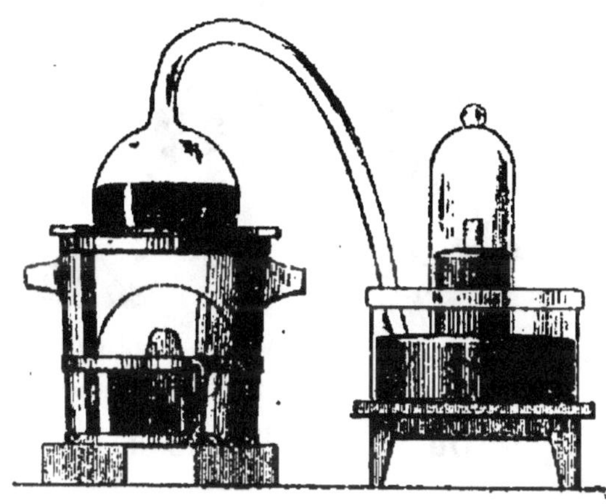

Fig. 136. — Expérience de Lavoisier pour l'analyse de l'air.

avait ainsi accompli une double opération chimique :
l'analyse et la synthèse.

Depuis cette époque, des moyens de détermination
plus précis ont été trouvés ; ils ont permis de connaître
la composition exacte de l'air que Lavoisier n'avait pu
reconnaître que d'une manière approchée parce qu'il ne
disposait pas des appareils perfectionnés qu'utilise la
chimie actuelle.

Analyse quantitative en volumes. — 1° *Par le phosphore à froid.* — On met un bâton de phosphore humide dans une éprouvette graduée reposant sur un récipient contenant de l'eau. Cette éprouvette renferme en
partie de l'eau, le restant étant occupé par 100 cc. d'air.
Il y a production de fumées blanches d'acide phosphoreux. Lorsqu'on juge l'opération terminée, ce qui a lieu
au bout d'une heure environ, on retire le phosphore et

on mesure le nouveau volume. On constate que le volume n'est plus que de 79 cc.; le gaz restant est de l'azote. 21 vol. d'oxygène ont donc disparu. Par conséquent

Fig 137. — Analyse de l'air par le phosphore.

l'air est composé de 79 vol. d'azote et de 21 vol. d'oxygène.

2° *Par le phosphore à chaud.* — On se sert d'une cloche courbe (fig. 137) dans l'ampoule de laquelle on a introduit un morceau de phosphore. Comme dans l'expérience précédente on a mesuré 100 cc. d'air. La cloche repose sur l'eau. On chauffe progressivement. La vapeur de phosphore s'enflamme et l'eau monte dans la cloche. Comme précédemment, on trouve 79 vol. d'azote et par conséquent 21 vol. d'oxygène.

3° *Par le pyrogallol et la potasse.* — Le pyrogallol (acide pyrogallique) $C^6H^6O^3$ mis en présence de la potasse s'oxyde et absorbe vite l'oxygène.

Dans une éprouvette graduée contenant l'air à analyser, on fait passer un morceau de potasse et une solution de pyrogallol. On bouche l'extrémité du tube avec le doigt et on agite plusieurs fois pour tout mélanger. Le pyrogallol absorbe l'oxygène. En abaissant légèrement le doigt sous la cuve à mercure on voit le mercure monter et prendre la place de l'oxygène. En transportant alors le tube sur la cuve à eau et en retirant le doigt, la liqueur tombe au fond du vase. On mesure le volume restant. On constate, comme précédemment, qu'il y a dans l'air un volume de 79 %, d'azote.

4° *Par l'eudiomètre.* — Un eudiomètre de Bunsen est rempli de mercure et retourné sur une cuve à mercure (fig. 138). On y fait passer 100 vol. d'air sec et 100 vol. d'hydrogène. On provoque une étincelle dans le mélange. On constate ensuite qu'il ne reste que 137 volumes. Donc 63 vol. ont disparu pour former de l'eau. L'eau étant composée de 2 vol. d'hydrogène et de 1 vol. d'oxygène, il y a donc dans les 63 vol. disparus 21 vol. d'oxygène et 42 vol. d'hydrogène. Par conséquent, 21 vol. d'oxygène sont contenus dans les 100 volumes d'air, 79 vol. d'azote formant le restant. (Il est facile de constater que l'azote occupe 79 vol. car en ajoutant 29 vol. d'O aux 58 vol. d'H restants et en excitant l'étincelle, il n'y a plus que 79 vol.)

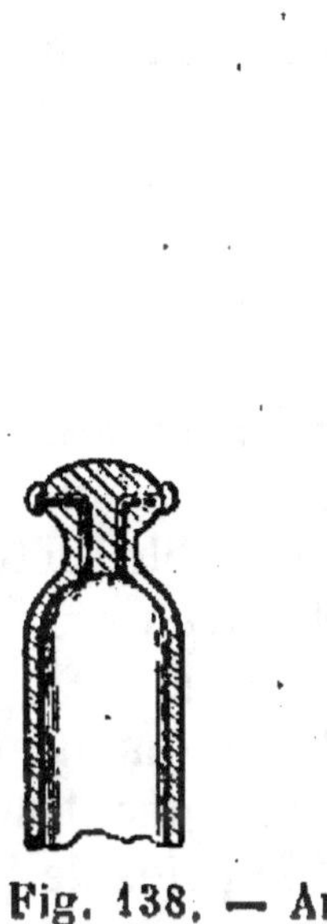

Fig. 138. — Analyse de l'air par l'eudiomètre.

Analyse quantitative en poids. — Dumas et Boussingault ont donné une méthode de détermination par poids beaucoup plus précise que les méthodes de détermination par volumes. Elle consiste à faire absorber l'oxygène de l'air à du cuivre. La réaction est la suivante :

$$O \quad + \quad Cu \quad = \quad CuO$$

Oxygène   Cuivre   Oxyde de cuivre

Un ballon B dans lequel on a fait le vide communique par un tube à robinet avec un autre tube en verre T placé sur une grille à analyse (fig. 139). Ce dernier tube contenant de la tournure de cuivre est muni d'un robinet à chaque extrémité. Une série de tubes en verre placés à la suite contiennent soit de l'acide sulfurique, soit de la potasse. Le ballon et le long tube à cuivre sont pesés séparément.

Pour l'expérience, on ouvre d'abord le robinet C ; on chauffe, en même temps, la tournure de cuivre. On ouvre ensuite successivement et lentement les robinets a et R de manière à faire un appel d'air vers le ballon.

L'air de l'atmosphère en pénétrant dans l'appareil se débarrasse du gaz carbonique dans les tubes à potasse et de la vapeur d'eau dans les tubes à acide sulfurique. Il arrive ainsi desséché dans le tube chaud T ; le cuivre s'empare de son oxygène et l'azote seul se rend dans le ballon. Quand l'opération est terminée, c'est-à-dire quand l'air cesse de traverser les tubes de Liebig, on ferme les robinets et on pèse les récipients dont on avait, au préalable, déterminé les poids respectifs, ainsi que le poids du cuivre introduit.

Soient :

P l'augmentation de poids du ballon,

p l'augmentation de poids du tube T

p' le poids de l'azote contenu dans le même tube T

　　on a :

$P + p'$ poids total de l'azote,

$p - p'$ poids de l'oxygène.

$\dfrac{p - p'}{P + p'}$ est le rapport du poids de l'oxygène à celui de l'azote.

On trouve par cette méthode :

$$\text{Composition de l'air en poids} \begin{cases} O = 23 \\ Az = 77 \end{cases}$$

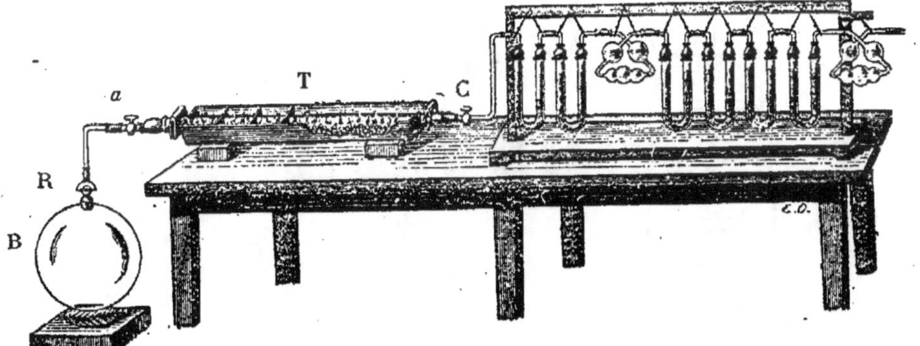

Fig. 139. — Analyse de l'air en poids.

L'air est donc formé en poids de 23 0/0 d'oxygène et de 77 0/0 d'azote.

Dosage de l'eau et du gaz carbonique. — Pour ce dosage, on se sert de l'appareil de Boussingault qui se compose d'un aspirateur de contenance connue renfermant de l'eau, et de plusieurs tubes en U à potasse et à acide sulfurique (fig. 140). On ouvre le robinet inférieur de l'aspirateur ; l'eau s'écoule par ce robinet et détermine un appel d'air par les tubes. Cet air se débarrasse

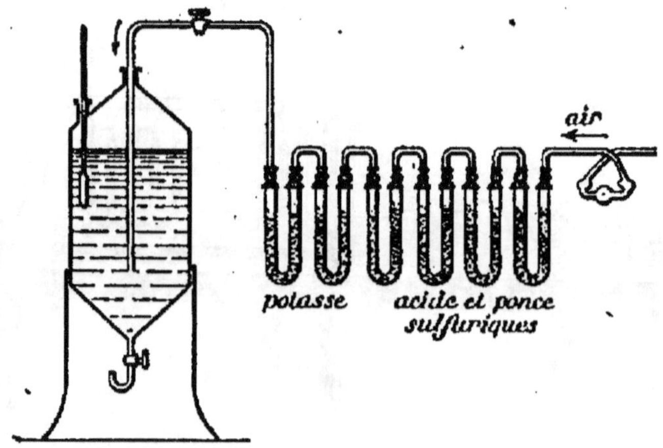

Fig. 140. — Dosage de l'eau et du gaz carbonique contenus dans l'air.

successivement de sa vapeur d'eau dans des tubes à acide sulfurique et de son gaz carbonique dans des tubes à potasse. L'augmentation respective de poids de ces deux séries de tubes donne les poids d'eau et de gaz carbonique contenus dans la quantité d'air connue de l'aspirateur. Il est facile de ramener ces poids à l'unité. On trouve ainsi pour 1 volume d'air 0,0003 de gaz carbonique et de l'eau en quantité très variable.

La proportion de gaz carbonique est naturellement plus grande dans les lieux habités ou centres industriels que dans les campagnes. Elle est aussi plus forte dans un milieu confiné. 1 0/0 de gaz carbonique provoque des malaises allant en s'accentuant. Indépendamment de ces gaz qui constituent la composition normale de l'air celui-ci contient en faible quantité de l'ozone, de l'ammoniaque, de l'azotate d'ammonium et du carbure d'hydrogène. Il renferme aussi nombre de bactéries.

D'après ce qui a été dit, l'air est donc un mélange et non une combinaison. En effet, les proportions d'oxygène et d'azote ne sont pas dans un rapport simple $\left(\dfrac{79}{21}\right)$, l'air dissous dans l'eau n'a pas la même composition chimique que l'air atmosphérique (33 O + 67 Az contre 21 O + 79 Az), le mélange d'oxygène et d'azote ne produit aucun dégagement de chaleur et aucune contraction, ce qui a lieu dans les combinaisons à volumes inégaux.

Air liquide. — L'air liquide se fabrique industriellement par les procédés Linde et Claude. Dans le procédé Linde, l'air constamment amené sous une pression de 200 atmosphères à l'extrémité d'un long tube en fer ayant la forme d'un serpentin (fig. 141) se détend à 16 atmosphères. Il s'échappe par un autre tube qui entoure le premier de telle manière que l'air qui se détend refroidit celui qui arrive. La température va ainsi en s'abaissant de plus en plus ce qui détermine finalement la liquéfaction de l'air. Les deux tubes débouchent dans un récipient où l'air se condense. Un robinet placé latéralement et à la partie inférieure du détendeur permet de recueillir l'air liquéfié.

Abandonné dans un vase de verre, l'air liquide ne tarde pas à entrer en ébullition et l'azote plus volatil se dégage, le premier laissant l'oxygène liquide presque seul, mais celui-ci finit lui-même par se volatiliser.

Dans le dispositif de M. G. Claude, l'air comprimé se

détend dans un cylindre analogue à celui d'une machine à vapeur.

L'air liquide se vend dans des vases en verre ouverts à doubles parois argentées; il peut se conserver ainsi plusieurs jours et même plusieurs semaines. Son prix actuel est d'environ 5 fr. le litre.

On emploie quelquefois l'air liquide comme explosif

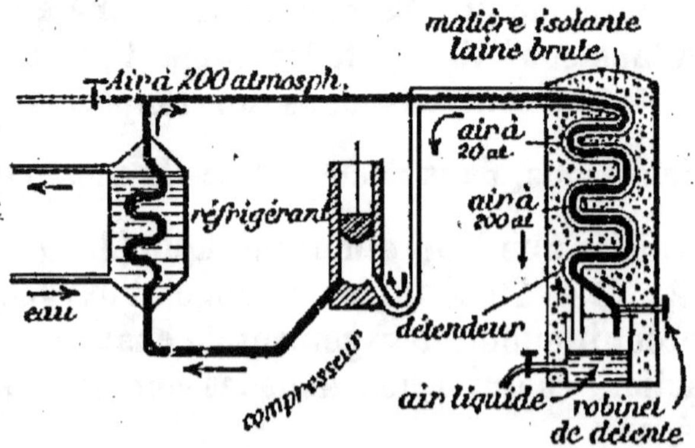

Fig. 141. — Fabrication de l'air liquide par le procédé Linde.

de tirage de mines en l'enfermant dans une cartouche en bronze phosphoreux à parois assez épaisses. Sept à huit minutes après l'achèvement de la cartouche la mine fait explosion d'elle-même par suite de la grande quantité d'air gazeux qui se produit instantanément.

HYDROGÈNE

Poids atomique : $H = 1$
Poids moléculaire : $H^2 = 2$

Propriétés physiques. — L'hydrogène est un gaz incolore, inodore et insipide. Sa densité est 0,0695. Un litre de ce gaz pèse 0 gr. 0898. C'est le plus léger de tous les gaz. Son poids est quatorze fois et demie moindre que celui de l'air. Aussi, introduit dans une éprouvette renversée, ce gaz ne s'échappe pas et peut être enflammé à la partie inférieure. Une bulle de savon formée de gaz hydrogène s'élève rapidement dans l'atmosphère.

On se sert de ce gaz pour le gonflement des ballons; malheureusement il se diffuse très facilement à travers les enveloppes.

Il est difficilement liquéfiable. Comprimé à 300 atm. à — 29° il se réduit en un brouillard (Cailletet). Il devient liquide par une brusque détente à 180 atm. et à — 200° (Wroblewski et Olzewski). Point critique — 220°. Sa solubilité dans 1 litre d'eau est de 20 cc. à 0°, et de 18 cc. à 15°.

Dans l'hydrogène raréfié, une série d'étincelles électriques fait apparaître une coloration rouge présentant au spectroscope quatre raies plus ou moins brillantes. Ce fait a permis de reconnaître l'existence de l'hydrogène libre dans la couche atmosphérique solaire et dans certaines étoiles à reflet rouge.

La diffusion de l'hydrogène s'exerce à travers une feuille de papier bouchant l'orifice d'une éprouvette

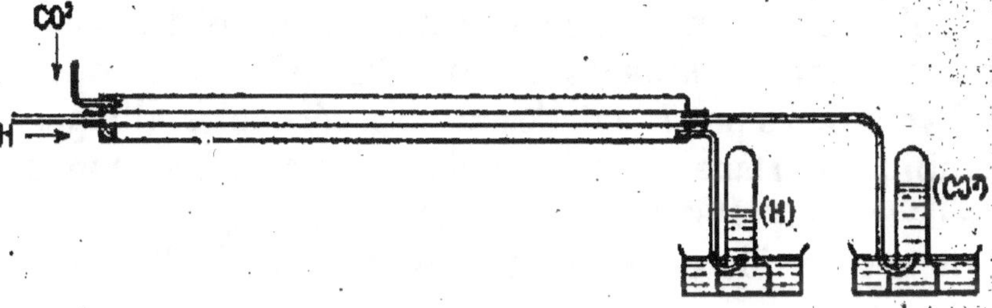

Fig. 142. — Endosmose de l'hydrogène.

contenant ce gaz. L'hydrogène s'enflamme facilement et brûle avec sa flamme bleue pâle caractéristique.

L'endosmose de l'hydrogène se démontre par l'expérience de Sainte-Claire Deville. Un tube intérieur poreux (fig. 142) reçoit un courant d'hydrogène. Un tube annulaire extérieur reçoit un courant de gaz carbonique. Ces tubes sont en communication avec des éprouvettes placées sur des cuves à eau. Contrairement aux prévisions, on reconnaît que le gaz qui se rend dans l'éprouvette où devrait se trouver l'hydrogène est du gaz carbonique et inversement pour l'autre éprouvette. Une allumette enflammée présentée à l'extrémité de chaque éprouvette renseigne sur la nature du gaz et montre que les choses se passent ainsi qu'il vient d'être dit.

Sainte-Claire Deville et Troost ont démontré la diffusion de l'hydrogène à travers le platine et le fer en faisant passer dans deux tubes concentriques chauffés au rouge et disposés de la même façon que dans l'expérience précédente de l'hydrogène et de l'azote.

L'hydrogène est un gaz bon conducteur de la chaleur. On vérifie en faisant passer dans un tube rempli d'un gaz quelconque un fil porté à l'incandescence par le passage d'un courant électrique. Si on remplace ce gaz par de l'hydrogène, ce fil cesse d'être lumineux.

Propriétés chimiques. — Le gaz hydrogène se rapproche des métaux par ses propriétés chimiques. Avec les métaux, il forme des composés qui peuvent être considérés comme des alliages : Pd^2H, K^2H, Na^2H. Ces composés hydrogénés possèdent l'éclat des véritables alliages métalliques. Dans les sels acides, l'hydrogène joue le rôle de métal (PO^4Na^2H, PO^4NaH^2, SO^4KH). On peut d'ailleurs considérer les acides comme des sels d'hydrogène :

SO^4H^2 sulfate d'hydrogène (acide sulfurique) ;

AzO^3H azotate d'hydrogène (acide azotique) ;

PO^4H^3 phosphate d'hydrogène (acide phosphorique tribasique).

L'hydrogène se combine avec les métalloïdes (corps électro-négatifs) surtout avec l'oxygène et le chlore, soit directement, soit par réduction.

Volumes égaux d'hydrogène et de chlore fournissent un mélange détonant spontanément à la lumière solaire et, par conséquent, très dangereux.

$$2H + 2Cl = 2HCl$$

1 vol. d'oxygène et 2 vol. d'hydrogène donnent aussi un mélange détonant à l'approche d'une flamme en vertu de l'équation :

$$2H + O = H^2O$$

Des bulles de savon confectionnées avec ce mélange éclatent avec force à l'approche d'une allumette enflammée.

L'expérience du briquet à hydrogène dans lequel le gaz est produit par la réaction du zinc sur de l'eau acidulée montre par l'incandescence de la mousse de platine que le mélange d'air et d'oxygène est capable de s'enflammer facilement.

L'hydrogène qui se dégage d'un tube dans lequel on a mis du zinc et de l'acide sulfurique s'enflamme et brûle avec sa flamme bleue pâle. Si l'on entoure cette flamme d'un gros tube de verre (fig. 143), il se produit des ondes sonores dont la hauteur dépend de la longueur du tube (*harmonica chimique*).

La flamme de l'hydrogène est peu éclairante, mais elle est très chaude.

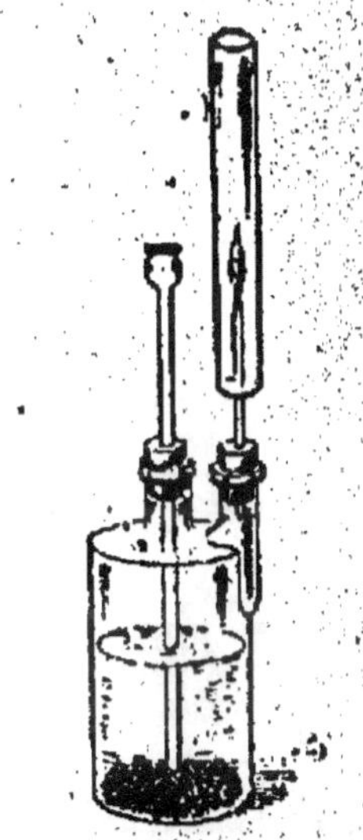

Fig. 143. — Harmonica chimique.

De tous les combustibles, l'hydrogène est celui qui, à poids égal, dégage le plus de chaleur.

L'hydrogène est un corps réducteur par rapport à certains oxydes tels que les oxydes de cuivre, de fer, de zinc, de manganèse, de baryum, mais la température à laquelle doivent être portés ces composés pour pouvoir être réduits est très différente. La potasse, la soude, l'alumine, la magnésie ne sont pas réduites par ce gaz.

A l'état de mélange, l'hydrogène et l'oxygène sont employés, comme on l'a dit, à la production d'une haute température. Cette forte chaleur est utilisée dans le chalumeau à gaz pour produire la fusion du platine. On peut aussi volatiliser l'or et l'argent, brûler le fer et la fonte, faire la soudure autogène, produire la lumière de Drummond.

PRÉPARATION

I. PROCÉDÉS DES LABORATOIRES

1° Par la vapeur d'eau et le fer au rouge. — Dans un tube en porcelaine (fig. 144) contenant des fils de fer,

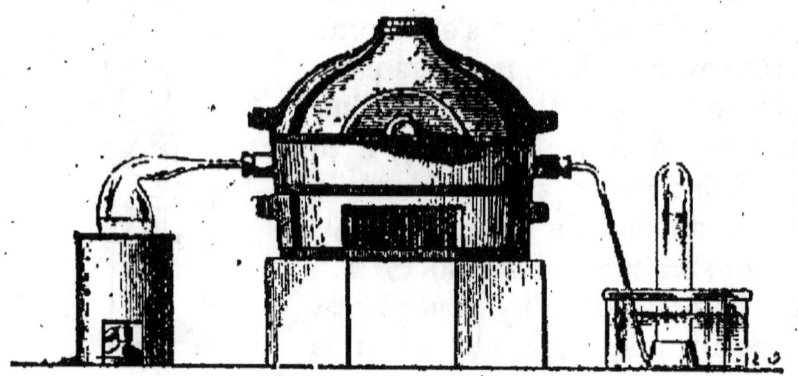

Fig. 144. — Préparation de l'hydrogène par l'eau et le fer.

on fait passer de la vapeur d'eau provenant d'une cornue dans laquelle on porte de l'eau à l'ébullition. Enfin d'expérience, on a dans le tube de l'oxyde magnétique de fer et dans l'éprouvette de l'hydrogène, suivant l'équation :

$$3Fe \quad + \quad 4H^2O \quad = \quad Fe^3O^4 \quad + \quad 4H^2$$

Fer — eau — oxyde magnétique de fer — hydrogène

2º Par le zinc et l'acide sulfurique. — Dans un flacon (fig. 145), on met du zinc et de l'acide sulfurique.

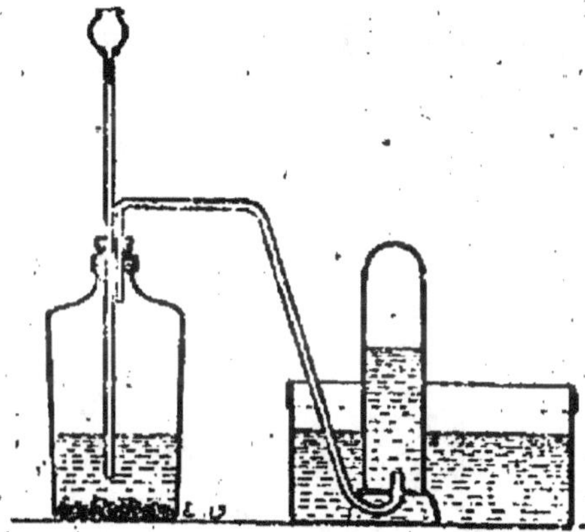

Fig. 145. — Préparation de l'hydrogène par le zinc et l'acide sulfurique.

On recueille le gaz hydrogène sur la cuve à eau. Il s'est produit du sulfate de zinc :

$$Zn \quad + \quad SO^4H^2 \quad = \quad SO^4Zn \quad + \quad 2H$$

Zinc — acide sulfurique — sulfate de zinc — hydrogène

On peut remplacer le zinc par le fer, mais dans ce cas, on a un gaz impur car le fer commercial contient souvent d'autres métaux également attaquables. La réaction est celle-ci :

$$Fe \quad + \quad SO^4H^2 \quad = \quad SO^4Fe \quad + \quad 2H$$

Fer — acide sulfurique — sulfate ferreux — hydrogène

L'acide chlorhydrique étendu peut être substitué à l'acide sulfurique et le zinc peut l'être au fer : on a alors l'une des deux réactions suivantes :

$$Zn + 2HCl = ZnCl^2 + 2H$$

Zinc — acide chlorhydrique — chlorure de zinc — hydrogène

$$Fe + 2HCl = FeCl^2 + 2H$$

Fer — acide chlorhydrique — chlorure ferreux — hydrogène

Appareil continu. — Dans certaines opérations, il est nécessaire de pouvoir disposer d'une certaine quantité d'hydrogène d'une façon continue. On emploie alors un appareil composé de deux grands flacons réunis entre eux par un gros tube en caoutchouc (fig. 146) analogue à celui qui a été décrit à propos de l'azote. L'un des flacons contient du zinc, l'autre de l'acide chlorhydrique. Quand on veut avoir de l'hydrogène, on ouvre le robinet et l'acide passe

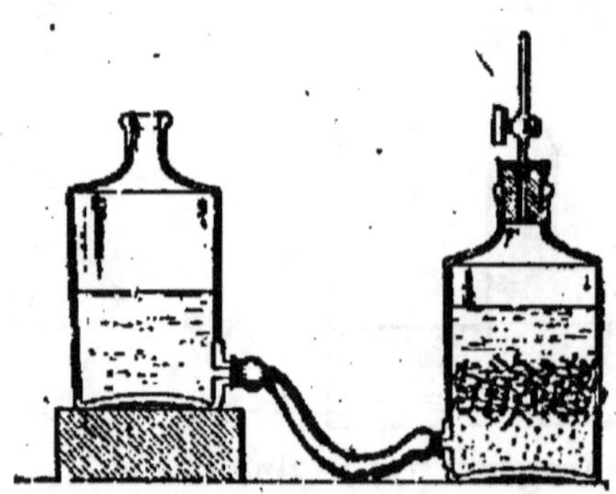

Fig. 146. — Appareil continu d'hydrogène.

dans le flacon à zinc de manière à occuper le même niveau en raison du principe des vases communicants. Le zinc est attaqué, il se produit de l'hydrogène qui s'échappe par le tube. Quand on n'a plus besoin de gaz, on ferme le robinet ; la pression du gaz s'exerce sur la surface du liquide et refoule celui-ci dans le premier flacon. Dans cette préparation, il ne faut pas employer l'acide sulfurique qui donnerait du sulfate de zinc cristallisé lequel finirait par obstruer le tuyau de la canalisation.

Dans ces diverses préparations, l'hydrogène est généralement impur, parce que le zinc du commerce contient le plus souvent du plomb, du soufre, de l'arsenic et le fer du commerce du soufre, du phosphore et du silicium. Pour avoir un gaz bien pur, il faut le faire passer dans un tube de verre contenant de la tournure de cuivre portée au rouge, puis dans une éprouvette contenant de la potasse caustique. Le cuivre absorbe l'arsenic, le soufre, le phosphore, le silicium et l'éprouvette retient la vapeur d'eau.

II. PROCÉDÉ INDUSTRIEL

Préparation électrolytique. — Cette préparation a en vue l'obtention de l'hydrogène sous pression pour le gonflement des aérostats. Elle est basée sur la décomposition de l'eau alcaline au moyen d'un courant électrique.

L'appareil du commandant Renard se compose d'un cylindre en fonte contenant de la soude jouant le rôle d'électrolyte et servant de cathode. Un cylindre de tôle perforée immergé dans l'électrolyte sert d'anode. Ce cylindre est recouvert d'un diaphragme en toile d'amiante.

L'anode et la cathode sont mis en communication avec les pôles correspondants d'une dynamo. La décomposition de l'eau s'effectue. Il y a production d'oxygène et d'hydrogène. Le gaz hydrogène seul est recueilli.

Jusqu'ici ce procédé n'a reçu d'autre application que celle du gonflement des ballons.

EAUX POTABLES

Poids moléculaire de l'eau (2 vol.) : $H^2O = 18$.

Une *eau potable* est celle qui ne contient aucune matière minérale, organique ou organisée susceptible de nuire à l'organisme qui l'absorbe.

Propriétés physiques. — A l'état de pureté, l'eau est un liquide incolore sous une faible épaisseur, bleu indigo sous une épaisseur un peu plus grande ; elle est inodore et insipide. Elle se présente sous les trois états : solide, liquide, gazeux. A l'état solide, elle cristallise en prismes hexagonaux. Son point de fusion est pris pour le zéro de la graduation du thermomètre centigrade. En se solidifiant, l'eau augmente de volume ; ce phénomène explique la rupture des vases hermétiquement fermés remplis d'eau ainsi que la gélivité des pierres, etc., lorsque ces corps sont soumis à un froid de quelques degrés au-dessous de zéro. A l'état liquide, l'eau se contracte de 0 à 4°, puis elle se dilate. Aussi a-t-on choisi 4° C comme unité de densité : D = 1. La densité à 0° est de 0,99987. La chaleur spécifique de l'eau a aussi été prise pour unité.

L'eau bout à une température qui a été prise comme point 100° du thermomètre centigrade. La densité de la vapeur d'eau comparée à celle de l'air est de 0,622. L'eau émet de la vapeur à toute température.

Propriétés chimiques. — Un courant électrique décompose l'eau en oxygène et en hydrogène. L'expérience du voltamètre montre ce phénomène.

La chaleur peut aussi produire le même effet. Grove l'a démontré en plongeant dans l'eau une sphère de platine portée à haute température. Il se produit un dégagement de gaz contenant non seulement les gaz dissous dans l'eau, mais un mélange d'oxygène et d'hydrogène résultant de la dissociation de la vapeur d'eau qui adhère aux parois de la sphère. A partir de 1000° cette dissociation d'abord partielle se fait plus aisément.

De la vapeur d'eau, passant sur du charbon contenu dans un tube en porcelaine, donne du gaz carbonique et de l'hydrogène si le charbon est porté au rouge sombre :

$$C \ + \ 2H^2O \ = \ CO^2 \ + \ 2H^2$$

Charbon　　　eau　　　gaz carbonique　　hydrogène

Elle donne de l'oxyde de carbone et de l'hydrogène si le charbon est porté au rouge vif :

$$C \;+\; H^2O \;=\; CO \;+\; H^2$$

Charbon — eau — oxyde de carbone — hydrogène

Si le charbon présente une partie de sa masse portée au rouge sombre et une autre partie portée au rouge vif il y a production des deux gaz, ce qui est le cas ordinaire.

Le chlore et la vapeur d'eau arrivant dans un tube de porcelaine chauffé au rouge donnent de l'acide chlorhydrique et de l'oxygène suivant la réaction :

$$2Cl^2 \;+\; 2H^2O \;=\; 4HCl \;+\; O^2$$

Chlore — eau — acide chlorhydrique — oxygène

Certains métaux, comme le potassium et le sodium, décomposent l'eau à la température ordinaire en s'oxydant et en dégageant de l'hydrogène. D'autres, comme le fer, demandent une température élevée. C'est ainsi que la vapeur d'eau n'a d'action immédiate que sur le fer au rouge. Autrement, l'oxydation ne se manifeste que lentement comme on le constate pour la rouille, phénomène de combustion lente déjà examiné à propos de l'oxygène.

Les anhydrides se combinent généralement avec l'eau en dégageant beaucoup de chaleur. Ex :

$$SO^3 \;+\; H^2O \;=\; SO^4H^2$$

anhydride sulfurique — eau — acide sulfurique

réaction qu'on peut mettre encore sous la forme

$$SO^2O \;+\; H^2O \;=\; SO^2(OH)^2$$

Le nombre de calories dégagées par cette réaction est de 21 c. 2.

Par rapport aux oxydes basiques, l'eau joue le rôle d'un acide :

$$CaO + H^2O = Ca(OH)^2$$
chaux vive — chaux éteinte

L'eau chimiquement pure ne se rencontre pas à l'état naturel, parce qu'elle dissout avec la plus grande facilité quantité de substances minérales et organiques. L'eau de pluie elle-même entraîne de l'oxygène, de l'azote, du gaz carbonique, de l'ammoniaque et de l'azotite d'ammonium qui se trouvent dans l'air.

On a trouvé pour l'eau de pluie et pour l'eau de Seine, les compositions centésimales suivantes :

	Eau de pluie	Eau de Seine
Azote.	65,66 0/0	39,55 0/0
Oxygène	32,15 —	18,67 —
Gaz carbonique	2,19 —	41,78 —

chiffres très différents qui montrent combien l'eau de Seine contient de gaz carbonique par rapport à l'eau de pluie. Cette différence tient à la dissolution et à la présence de bicarbonates solubles.

Lois de la solubilité des gaz dans l'eau. — I. *L'eau, en contact avec une atmosphère indéfinie d'un gaz, en dissout un volume qui, ramené à la pression de cette atmosphère, est, pour une température donnée, dans un rapport constant avec le volume du liquide* (Henri).

II. *L'eau, en présence d'une atmosphère formée de plusieurs gaz, dissout chacun d'eux comme s'il était* seul, *avec la pression qu'il possède dans le mélange* (Dalton).

Les eaux de rivières contiennent un certain nombre de substances solides dissoutes, telles que les sulfate de calcium, chlorures de potassium, de sodium et de calcium, carbonate et phosphate de calcium, silice, azotates, etc. Certaines de ces matières ne sont dissoutes que grâce à la présence du gaz carbonique, ce que l'on reconnaît d'ailleurs en portant l'eau à l'ébullition, car, privés de l'anhydride carbonique ces composés se précipitent. Le poids total des matières dissoutes ou résidu total varie généralement de 0 gr. 1 à 0 gr. 5 par litre d'eau. Au delà de ce chiffre (0 gr. 5), l'eau est souvent suspecte.

Les eaux séléniteuses sont celles qui contiennent du sulfate de calcium en proportion notable. Elles doivent être rejetées de la consommation ; elles cuisent mal les légumes et sont impropres au savonnage du linge.

Les eaux incrustantes sont chargées en carbonate de calcium maintenu en dissolution, grâce à un excès de gaz carbonique. Elles obstruent les tuyaux de conduite au bout d'un temps plus ou moins long. Les sources qui, à leur affleurement, laissent déposer le carbonate de calcium, par suite du dégagement du gaz carbonique, sont dites pétrifiantes (eau de Saint-Allyre).

Les eaux minérales chargées de sels minéralisateurs sont utilisées en médecine comme eaux thermales (eaux chaudes) ou eaux froides.

Les eaux gazeuses sont celles qui contiennent du gaz carbonique en excès (eaux de Seltz, de Pougues, de Soulzmatt).

Les eaux ferrugineuses ont une saveur rappelant celle de l'encre (eaux de Spa, Passy, Forges). Elles renferment du bicarbonate ou du sulfate de fer ou encore du fer combiné à un acide organique.

Les eaux alcalines renferment du bicarbonate de sodium (eaux de Vichy, Vals, Bussang, etc.).

Les eaux sulfureuses contiennent de l'hydrogène sulfuré libre (Allevard) ou du sulfure de sodium ou de calcium (eaux de Barèges, Luchon, Cauterets, Enghien). Elles ont une odeur désagréable, analogue à celle d'œufs pourris.

Les eaux salines ont une odeur salée ou amère due soit au chlorure de sodium, soit aux bromures et iodures de potassium ou de sodium, soit aux sulfate ou chlorure de sodium (eaux de Bourbonne, Salies-de-Béarn, Plombières, Carlsbad, Sedlitz, etc.).

Eau distillée. — Pour obtenir de l'eau distillée, on se sert d'un alambic. Cet appareil se compose d'une cucurbite en cuivre dans laquelle on met de l'eau ordinaire. Cette cucurbite est surmontée d'un chapiteau de même métal (fig. 147). L'eau, chauffée par un foyer, s'évapore,

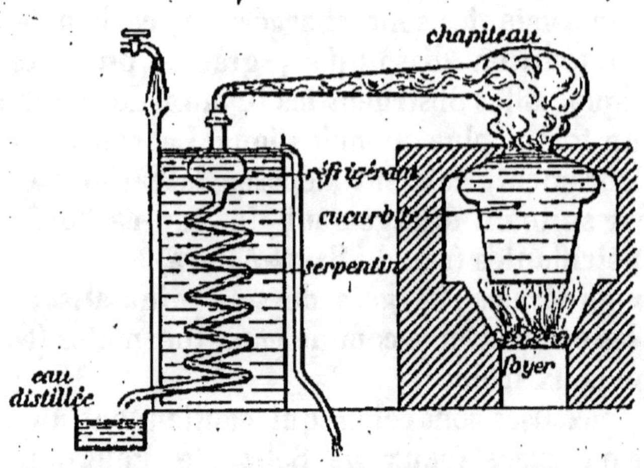

Fig. 147. — Préparation de l'eau distillée.

se rend dans un serpentin entouré d'un réfrigérant contenant de l'eau froide renouvelée. Quand les trois quarts du volume d'eau de la cucurbite sont distillés, on arrête l'opération, afin de n'avoir ni matières étrangères entraînées, ni acide chlorhydrique gazeux provenant de la réaction des chlorures alcalins sur la silice. L'eau recueillie à la partie inférieure du réfrigérant est de l'eau distillée pure.

Pour obtenir une petite quantité d'eau distillée on peut employer une cornue en verre à laquelle on adapte un tube constamment refroidi.

Caractères des eaux potables. — Une eau potable, c'est-à-dire pouvant être utilisée à l'alimentation humaine et aux usages domestiques, doit être fraîche, limpide, inodore, de saveur agréable, exempte de substances étrangères et nuisibles, suffisamment aérée ; elle dissout facilement le savon et cuit bien les légumes.

Limpidité. — Pour reconnaître si une eau est limpide, on en verse une certaine quantité (50 ou 100 cc.) dans une éprouvette à pied et on la compare en regardant par la tranche dans les mêmes conditions à un volume égal d'eau distillée. Les bonnes eaux sont transparentes ; sous une grande épaisseur, elles paraissent bleues. Les eaux médiocres sont verdâtres ; celles de mauvaise qualité sont vert foncé, grisâtres, terreuses, brunâtres ou jaunâtres.

Fraîcheur. — La température d'une eau de boisson doit être comprise entre 7 et 16°. Au delà, l'eau est tiède, fade et nauséabonde.

Odeur. — 50 cc. d'une eau versés dans un flacon bouché à l'émeri et chauffés une demi-heure au bain marie ne doivent exhaler aucune odeur ou qu'une faible odeur.

Saveur. — On compare la saveur d'une eau à celle de l'eau distillée. Elle doit être franche et non salée.

Matières minérales. — Le poids des matières minérales ne doit pas excéder 0 gr., 13 à 0 gr. 50 par litre.

Gaz. — Une eau potable contient de 25 à 50 cc. de gaz par litre.

ANALYSE DE L'EAU

L'analyse chimique de l'eau est le seul moyen qui permette de se rendre compte de la valeur alimentaire d'une eau.

Analyse qualitative. — Par l'analyse qualitative on recherche les acides et les métaux.

Acide sulfurique et sulfates. — On laisse tomber dans l'eau additionnée de quelques gouttes d'acide chlorhydrique du chlorure de baryum. On a un précipité blanc de sulfate de baryum.

Acide chlorhydrique et chlorures. — On verse dans l'eau acidulée par un peu d'acide azotique de l'azotate d'argent. On a un précipité blanc de chlorure d'argent.

Acide carbonique libre et bicarbonates. — L'eau de chaux donne un précipité blanc de carbonate de calcium.

Acide sulfhydrique et sulfures. — On ajoute à l'eau du nitroprussiate de sodium qui donne une coloration violette. L'azotate de plomb fournit avec les sulfures et l'hydrogène sulfuré une coloration brune.

Acide azotique. — Si à deux gouttes d'eau placées sur une soucoupe blanche on ajoute deux gouttes de solution de brucine et quelques gouttes d'acide sulfurique, on a une coloration rouge.

Si l'eau est additionnée d'un peu d'acide sulfurique contenant de la diphénylamine on a une coloration bleue.

Acide azoteux. — 1 cc. de métaphénylènediamine et 1 cc. d'acide sulfurique donnent au bout de quelque temps une coloration brune avec de l'eau contenant des azotites.

Calcium. — L'eau contenant des sels de calcium fournit avec du chlorure d'ammonium, de l'ammoniaque et de l'oxalate d'ammonium un précipité blanc d'oxalate de calcium.

Magnésium. — Si dans la liqueur filtrée de l'opération précédente on ajoute du phosphate de magnésium, on a en présence de sels de magnésium un précipité de phosphate ammoniaco-magnésien.

Ammonium. — Après addition à l'eau d'un peu de carbonate de sodium, puis décantation, on ajoute un peu de réactif de Nessler. On a une teinte jaune s'il y a de l'ammoniaque.

Plomb. — L'iodure de potassium donne dans l'eau concentrée avec l'acide acétique et l'acétate d'ammonium un précipité jaune d'iodure de plomb.

Cuivre. — Dans l'eau concentrée, le cuivre se reconnaît par le ferrocyanure de potassium qui donne un précipité brun.

Zinc. — Un courant d'hydrogène sulfuré provoque dans une eau contenant un peu d'acide chlorhydrique un précipité que l'on filtre. Dans la liqueur, l'ammoniaque fournit un précipité blanc de sulfure de zinc.

Arsenic. — Ce métal se reconnaît au moyen de l'appareil de Marsh auquel on soumet l'eau concentrée contenant un peu d'acide sulfurique.

Analyse quantitative. — Les corps que l'on rencontre le plus souvent dans les eaux potables sont les acides carbonique, chlorhydrique, sulfurique, azotique, azoteux, silicique, phosphorique, le calcium, le magnésium, le potassium, le sodium, l'aluminium, le fer, le manganèse, l'ammoniaque, les matières organiques, le gaz, l'oxygène.

Pour obtenir le résidu total, on place, dans un bain-marie, une capsule de platine ou de porcelaine contenant 100 cc. d'eau. On évapore à sec. On porte ensuite la capsule dans une étuve chauffée à 100° et on l'y laisse deux à trois heures. La différence entre le poids primitif et le poids final représente le résidu solide total.

Pour doser l'ammoniaque on emploie souvent le procédé de Schlœsing. On distille 500 cc. d'eau avec 1 gr. de magnésium. L'eau ammoniacale distille et se rend dans une solution titrée d'acide sulfurique.

Pour déterminer le chlore on verse dans 500 cc. d'eau aiguisée d'acide azotique un peu d'azotate d'argent. On a un précipité de chlorure d'argent que l'on recueille sur un filtre puis qu'on lave, dessèche et pèse. On peut aussi employer une méthode volumétrique basée sur la coloration rouge formée par l'addition de chromate de potassium et d'azotate d'argent.

On dose l'acide azotique en chauffant un litre d'eau qu'on ramène ainsi à 25 cc. On ajoute du chlorure ferreux en présence d'acide chlorhydrique. On recueille le bioxyde d'azote qui se dégage et on en déduit l'acide azotique correspondant.

L'acide azoteux se détermine en comparant la teinte jaune que prend l'eau dans laquelle on verse 1 cc. de solution de métaphénylènediamine avec les teintes que possèdent une série de types préparés en versant le même réactif dans des solutions titrées d'azotite de potassium ou de sodium à teneur croissante.

Les gaz dissous s'extraient soit par l'ébullition, soit par le vide.

Le dosage de l'oxygène dissous peut se faire par l'oxydation de l'oxyde ferreux en présence de la potasse ou de la soude.

Pour la détermination des matières organiques on emploie un des deux procédés suivants. Dans le procédé Schulze-Tromssdorff, on oxyde les matières organiques par le permanganate de potassium et on cherche le volume d'une solution titrée de ce sel nécessaire à l'oxydation. On tient compte toutefois des petites quantités d'ammoniaque et d'acide azoteux qui agissent également sur le permanganate.

Dans le procédé Albert Lévy, on détermine la proportion d'oxygène emprunté à une solution alcaline bouillante de permanganate de potassium.

Un procédé rapide d'analyse est l'essai hydrotimétrique imaginé par le docteur Clarke et perfectionné par Boutron et Boudet. Il repose sur cette observation que si, dans une eau, on verse goutte à goutte une dissolution de savon, il se forme d'abord des grumeaux insolubles par la combinaison des acides gras du savon avec les sels de calcium et de magnésium ; une fois le précipité formé, l'addition d'une seule goutte de la solution donne à l'eau une onctuosité telle que l'agitation y produit immédiatement une mousse légère et persistante.

De ce qui vient d'être dit il résulte qu'il existe une relation entre le volume de la solution de savon nécessaire à l'obtention de cette mousse et la quantité de sels calcaires et magnésiens dissous dans l'eau. La dureté d'une eau peut se déterminer d'après le volume d'une solution de savon titrée nécessaire pour avoir une mousse persistante.

Le mode opératoire est le suivant :

Dans un flacon divisé en 10, 20, 30 et 40 cc. on verse une quantité d'eau déterminée par un de ces traits (40 cc. par exemple si l'eau est peu calcaire). On y verse goutte à goutte d'une burette divisée en 57 divisions correspondant à 6 cc. une liqueur alcoolique de savon exactement titrée (100 gr. savon $+$ 1600 gr. alcool à 90° $+$ 1000 gr. eau distillée) par rapport à une solution contenant 0 gr. 25 de chlorure de calcium par litre d'eau. On agite le flacon jusqu'à ce que persiste une mousse blanche légère qui doit tenir 5 minutes sans s'affaisser.

Le nombre de divisions employées de la burette représente le degré hydrotimétrique de l'eau essayée. Ce nombre exprime sensiblement la quantité en centigrammes de sels terreux contenus dans 1 litre d'eau.

Le tableau suivant permet la transformation de ces degrés en poids pour les sels et en volume pour l'acide carbonique. Pour cela, on multiplie le nombre de degrés trouvé par le chiffre correspondant à 1 degré hydrotimétrique du corps :

DANS UN LITRE D'EAU UN DEGRÉ HYDROTIMÉTRIQUE CORRESPOND A

	gramme
Chaux	0,0057
Chlorure de calcium	0,0114
Carbonate de calcium	0,0103
Sulfate de calcium	0,0140
Magnésie	0,0042
Chlorure de magnésium	0,0090
Carbonate de magnésium	0,0088
Sulfate de magnésium	0,0125
Chlorure de sodium	0,0120
Sulfate de sodium	0,0146
Anhydride sulfurique	0,0082
Chlore	0,0075
Savon à 50 0/0 d'eau	0,1061
Acide carbonique gazeux	0,0500

Voici à titre de comparaison les degrés hydrotimétriques des eaux de quelques rivières :

DÉSIGNATION DES EAUX	DEGRÉ HYDROTIMÉTRIQUE total.
Eau distillée	0°
— de neige à Paris	2,5
— de pluie	3,5
— du puits de Grenelle	9 à 12
— du puits de Passy	10 à 11
— de la Seine. à Ivry	15 à 17
— de la Seine. à Chaillot	19 à 23
— de la Vanne	16 à 18
— de la Dhuis	21 à 24
— de la Marne	19 à 23
— de l'Ourcq	30

DÉSIGNATION DES EAUX	DEGRÉ HYDROTIMÉTRIQUE total
Eau d'Arcueil	40 à 53
— du Pré-Saint-Gervais	72
— de Belleville	128
Eau de l'Allier (à Moulins)	3°5
— de la Dordogne (à Libourne)	4,5
— de la Loire	5,5
— de la Somme	14
— du Beuvron	14,5
— du Rhône	15
— de l'Yonne (à Montereau)	16
— du Cher (à Vierzon)	17
— de l'Isère	19
— de l'Oise	21
— de la Durance	22
— de l'Escaut	24,5
— de l'Oued-Medjerdah (Tunisie)	38
— de la nappe des puits de Bougival (machine de Marly)	58,5

L'ancien comité consultatif d'hygiène de France avait ainsi fixé les limites de potabilité des eaux :

	EAU			
	TRÈS PURE	POTABLE	SUSPECTE	MAUVAISE
Chlore	moins de 0 g. 015 par litre	moins de 0 g 040 (excepté au bord de la mer)	0 g 050 à 0 g 100	plus de 0 g 100
Acide sulfurique	0,003 à 0,005	0,005 à 0,030	plus de 0,030	plus de 0,050
Oxygène emprunté au permanganate en solution alcaline.	moins de 0,001	moins de 0,002	de 0,003 à 0,004	plus de 0,004
Degré hydrotimétrique total.	5° à 15°	15° à 30°	au-dessus de 30°	au-dessus de 100°
Degré hydrotimétrique persistant	3° à 5°	5° à 12°	12° à 18°	au-dessus de

Dans certains cas l'analyse chimique d'une eau est complétée par l'analyse bactériologique.

Eau oxygénée ou bioxyde d'hydrogène H^2O^2. — L'eau oxygénée diffère de l'eau ordinaire par un atome d'oxygène :

$$H^2O + O = H^2O^2.$$

C'est un liquide incolore, inodore, de saveur métallique désagréable dont la densité est 1,45 à son maximum de concentration.

Il se forme dans la réaction de l'acide chlorhydrique concentré et fumant sur le bioxyde de baryum.

$$2\,HCl + BaO^2 = H^2O^2 + BaCl^2$$

Acide chlorhydrique	Bioxyde de baryum	Eau oxygénée	Chlorure de baryum.

Par une suite d'opérations, on enlève à l'eau oxygénée le grand excès d'eau qu'elle contient par suite de la réaction précédente.

Dans les laboratoires, on emploie l'eau oxygénée pour la préparation du bioxyde de calcium et de strontium. Dans l'industrie, elle sert à la restauration de vieux tableaux noircis, au blanchiment de la soie sauvage, des plumes d'autruche, du lin, des éponges, de la laine, de l'ivoire et des os. En médecine, on l'utilise pour le pansement des plaies et le traitement des maladies contagieuses.

CARBONE

Poids atomique : $C = 12$

État naturel. — Le carbone se rencontre à l'état naturel sous des aspects très variés (diamant, graphite, plombagine, lignite, tourbe). On l'obtient aussi artificiellement.

Propriétés physiques. — Les propriétés du carbone diffèrent suivant la nature et l'origine des variétés de ce produit. Mais dans tous les cas, le carbone est un corps solide, infusible et fixe à la température des hauts-fourneaux. Il se volatilise à 3500°. Il est insoluble dans les liquides, sauf dans la fonte en fusion qui en absorbe une certaine quantité.

Le graphite et le diamant sont cristallisés ; le premier en paillettes ou lamelles hexagonales, le second dans le système cubique. Le graphite est gris, mou, onctueux ; bon conducteur de la chaleur et de l'électricité ; sa densité est 2,2. Le diamant est transparent, réfringent, très dur, mauvais conducteur de la chaleur et de l'électricité ; sa densité est 3,5. On taille le diamant plat en rose et le diamant volumineux en brillant. La fonte saturée de charbon abandonne en se solidifiant lentement une certaine quantité de graphite en paillettes hexagonales gris-noirâtre ; la fonte grise doit sa couleur à ces paillettes. Le graphite est encore appelé plombagine ; il sert à la fabrication des crayons ordinaires, crayons Conté, creusets, mine de plomb. En galvanoplastie, on métallise les objets avec de la plombagine.

En dissolvant le carbone amorphe dans la fonte de fer, on obtient le graphite (Sainte-Claire Deville). A l'aide du four électrique (fig. 148), M. Moissan est parvenu à obte-

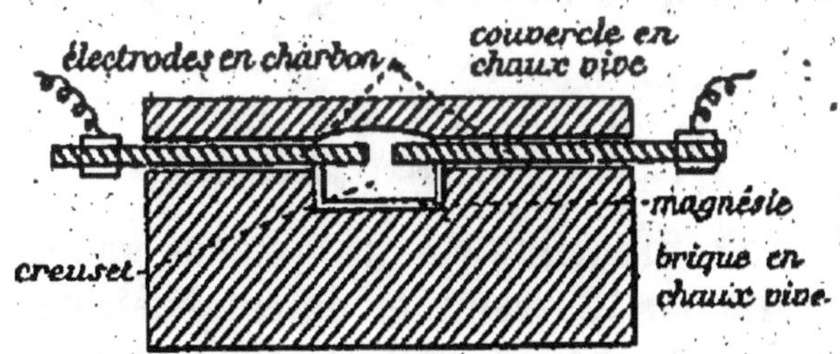

Fig. 148. — Four Moissan.

nir le diamant cristallisé ; il soumettait à la température

de l'arc électrique (3000° à 3500°) un excès de carbone en présence de la fonte de fer. Un refroidissement brusque dans l'eau amenait la solidification de la surface et le noyau intérieur ne pouvant pas augmenter de volume se trouvait soumis à une énorme pression qui avait pour effet de déterminer la cristallisation du carbone. Cette belle expérience est celle de la reproduction artificielle ou synthèse du diamant (1).

En formant une pâte avec du graphite pur, du chlorate de potassium pulvérisé et de l'acide azotique fumant et en maintenant pendant plusieurs jours à 60°, M. Berthelot a obtenu des oxydes graphitiques.

Les autres variétés du carbone sont amorphes. Ce sont parmi les charbons naturels les charbons de terre et de pierre (houille, $d = 2$; anthracite, $d = 1,16$ à $1,60$; les lignites, la tourbe) et parmi les charbons artificiels, le charbon de bois, le coke, le charbon des cornues, le noir de fumée, le noir animal.

Les charbons naturels résultent d'une carbonisation lente des matières organiques. Les charbons artificiels sont les produits de calcinations diverses (bois, houille, résines, os). Les propriétés et les applications de ces variétés du charbon sont très nombreuses.

Propriétés chimiques. — Quelle que soit la variété du carbone, ce métalloïde donne, en brûlant dans un excès d'oxygène, du gaz carbonique suivant la réaction ci-après :

$$C + O^2 = CO^2$$

carbone   oxygène   gaz carbonique

Dans cette combustion, 44 grammes de gaz carbonique sont produits par 12 grammes de combustible employé.

La chaleur dégagée dans une combustion varie sui-

______

(1) Certains chimistes infirment cette expérience.

vant l'état sous lequel se présente le carbone. Ainsi 12 grammes de diamant dégagent en brûlant 3 cal. 3 de moins que le même poids de carbone amorphe.

Si l'oxygène n'est pas en excès, on a une proportion variable d'oxyde de carbone mélangée au gaz carbonique. L'anhydride carbonique se trouve seul formé, si le carbone brûle dans un excès d'oxygène.

Le carbone décompose l'eau en s'emparant de l'oxygène provenant de sa dissociation au rouge :

$$C + 2H^2O = CO^2 + 4H \text{ (au rouge sombre)}$$

carbone — eau — gaz carbonique — hydrogène

$$C + H^2O = CO + 2H \text{ (au rouge vif)}$$

carbone — eau — oxyde de carbone — hydrogène

Le carbone réduit les composés oxygénés : l'acide sulfurique, l'anhydride phosphorique, l'acide azotique.

Quant aux oxydes métalliques, la réaction du carbone produit, suivant les cas, du gaz carbonique ou de l'oxyde de carbone suivant la température :

$$C + 2CuO = CO^2 + 2Cu \text{ (au rouge sombre)}$$

carbone — oxyde de cuivre — gaz carbonique — cuivre

$$C + ZnO = CO + Zn \text{ (au rouge vif)}$$

carbone — oxyde de zinc — oxyde de carbone — zinc

Ces deux réactions trouvent souvent leur application en métallurgie.

Le charbon en brûlant dans de la vapeur de soufre produit du sulfure de carbone :

$$C + S^2 = CS^2$$

carbone — soufre — sulfure de carbone

Si le carbone se trouve en présence de l'hydrogène,

l'arc voltaïque unit ces corps avec production d'acétylène (Berthelot).

$$2C \quad + \quad 2H \quad = \quad C^2H^2$$
carbone hydrogène acétylène

Avec l'azote, le carbone donne des cyanures, si des alcalis facilitent la réaction. Le cyanogène joue alors le rôle d'un corps simple. Avec l'ammoniaque on a du cyanure d'ammonium et de l'hydrogène :

$$C \quad + \quad 2AzH^3 \quad = \quad AzH^4 (CAz) \quad + \quad H^2$$
Carbone ammoniaque cyanure d'ammonium hydrogène

PRÉPARATION

On a vu, par ce qui précède, que des charbons existaient à l'état naturel (diamant, graphite, anthracite, houille, lignite, tourbe), tandis que d'autres se fabriquent artificiellement (coke, charbon de cornue, charbon de bois, noir de fumée, noir animal, charbon de sucre).

Fig. 149. — Carbonisation du bois.

Certains charbons artificiels se préparent par la carbonisation (fig. 149), ou par la calcination de substances organiques à l'abri de l'air. La calcination du sucre produit du charbon très pur.

Usages. — Les usages du carbone sont très variés. Il

suffit de citer les produits suivants : diamant, graphite, combustibles pour la métallurgie, pour rappeler les ressources qu'offre ce métalloïde.

COMPOSÉS OXYGÉNÉS DU CARBONE

OXYDE DE CARBONE

Poids moléculaire (2-vol.) : CO = 28.

Propriétés physiques. — L'oxyde de carbone est un gaz incolore, inodore, insipide dont la densité est 0,967. 1 litre de ce gaz pèse donc $1,293 \times 0,967 = 1$ gr. 250.

Il est très peu soluble dans l'eau : à 0° 1 litre d'eau dissout 35 cc. de ce gaz ; à 15°, il en dissout 25 cc.

Il est soluble à la température du rouge dans le fer, la fonte et l'acier.

Une solution ammoniacale ou chlorhydrique contenant du chlorure cuivreux absorbe l'oxyde de carbone en donnant le composé Cu^2Cl^22CO. Chauffée, cette dissolution laisse dégager l'oxyde de carbone absorbé. Cette propriété sert à séparer l'oxyde de carbone dans les mélanges qui renferment d'autres gaz qui sont insolubles dans le réactif cuivreux.

Le point critique de l'oxyde de carbone est à — 141°. Ce gaz a été liquéfié à — 136° en vaporisant dans le vide l'éthylène liquide.

Propriétés chimiques. — L'oxyde de carbone n'exerce aucune action sur le tournesol. Comme il ne trouble pas l'eau de chaux, c'est un moyen de le différencier du gaz carbonique.

Il se distingue de l'azote en ce qu'il est combustible.

A haute température, il se dissocie en carbone et oxygène qui s'unissent à nouveau dans les endroits moins chauds de l'enceinte pour donner du gaz carbonique :

$$2CO = CO^2 + C$$

Oxyde de carbone   gaz carbonique   carbone

On le décompose encore par une série d'étincelles électriques.

Il est combustible dans l'air ; il brûle avec une flamme bleue en produisant du gaz carbonique.

Il réduit beaucoup d'oxydes métalliques par la chaleur.

$$Fe^2O^3 + 3CO = 3CO^2 + 2Fe$$

Oxyde ferrique   oxyde de carbone   gaz carbonique   fer

Propriétés physiologiques. — L'oxyde de carbone est un gaz irrespirable et un poison violent ; c'est lui qui forme la plus grande partie de la vapeur de charbon qui se dégage d'un brasero brûlant dans une enceinte fermée. Ce gaz se combine dans les poumons avec l'hémoglobine du sang en formant une combinaison stable non décomposable par l'oxygène. Les fourneaux, poêles, cheminées à mauvais tirage, le charbon éteint par l'eau, les poêles à combustion lente sont autant de causes de production d'oxyde de carbone dont il faut se méfier. Les maux de tête, migraines, vertiges, sont les symptômes avant-coureurs de l'asphyxie que seule une ventilation rapide peut empêcher. Un chien meurt asphyxié dans un air contenant 3 0/0 d'oxyde de carbone, tandis qu'il faut une proportion de 30 0/0 d'anhydride pour produire un effet analogue et moins rapide.

Fonction chimique. — L'oxyde de carbone n'est autre qu'un radical divalent le carbonyle (CO) dont l'anhydride carbonique est l'oxyde $CO^2 = (CO)O$ et dont

l'acide carbonique est l'hydrate $CO^3H^2 = (CO) \begin{cases} OH \\ OH \end{cases}$

Le carbonyle donne des combinaisons avec les métaux

(ferropentacarbonyle $Fe(CO)^5$ et differroheptacarbonyle $Fe^2(CO)^7$, nickel tétracarbonyle $Ni(CO)^4$).

PRÉPARATION

PROCÉDÈS DES LABORATOIRES

1° Décomposition de l'acide oxalique. — Dans un ballon (fig. 150), on chauffe de l'acide oxalique cristallisé et de l'acide sulfurique concentré. On obtient du gaz car-

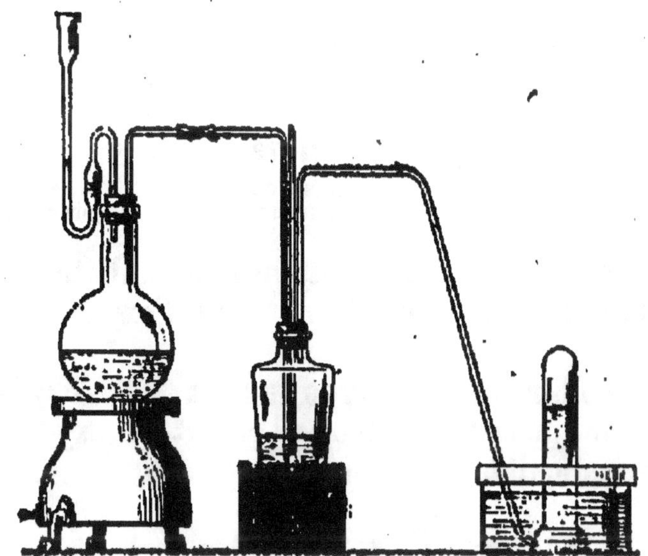

Fig. 150. — Préparation de l'oxyde de carbone par décomposition de l'acide oxalique.

bonique et de l'oxyde de carbone par suite de la décomposition de l'acide oxalique.

$$C^2O^4H^2 + 2H^2O = CO + CO^2 + 3H^2O$$

<table>
<tr><td>acide oxalique cristallisé</td><td>oxyde de carbone</td><td>gaz carbonique</td><td>eau</td></tr>
</table>

Les molécules d'eau mises en liberté se combinent à l'acide sulfurique.

Les gaz passent dans un flacon laveur renfermant une solution de potasse qui absorbe le gaz carbonique. On recueille l'oxyde de carbone dans une éprouvette sur la cuve à eau. Il est bon d'agiter le gaz avec une solution de potasse pour le débarrasser entièrement de l'anhydride carbonique.

2° **Par le ferrocyanure de potassium et l'acide sulfurique.** — Dans un ballon de verre, on chauffe le ferrocyanure de potassium (cyanure jaune) avec de l'acide sulfurique. On a la réaction :

$$(CAz)^6 FeK^4 + 6H^2O + 6SO^4H^2 =$$

ferrocyanure de potassium   eau   acide sulfurique

$$= 6CO + SO^4Fe + 2SO^4K^2 + 3[SO^4(AzH^4)^2]$$

oxyde de carbone   sulfate de fer   sulfate de potassium   sulfate d'ammonium

On obtient du sulfate de potassium, du sulfate de fer et du sulfate d'ammonium. On recueille l'oxyde de carbone.

3° **Par le charbon et l'oxyde de zinc.** — L'oxyde de carbone prend naissance quand on réduit un oxyde difficilement réductible par le charbon.

$$ZnO + C = CO + Zn$$

oxyde de zinc   carbone   oxyde de carbone   zinc

4° **Par le gaz carbonique et le charbon.** — Il se produit encore par l'action d'un courant de gaz carbonique sur du charbon chauffé au rouge dans un tube de verre (fig. 151).

$$CO^2 + C = 2CO$$

anhydride carbonique   carbone   oxyde de carbone

Composition. — Dans un eudiomètre à mercure, on fait détoner 2 vol. d'oxyde de carbone et 2 vol. d'oxygène On trouve qu'il s'est produit 3 vol. dont deux, absorbables par la potasse, sont de l'anhydride carbonique ; le troisième vol. est de l'oxygène pur. On en conclut que 2

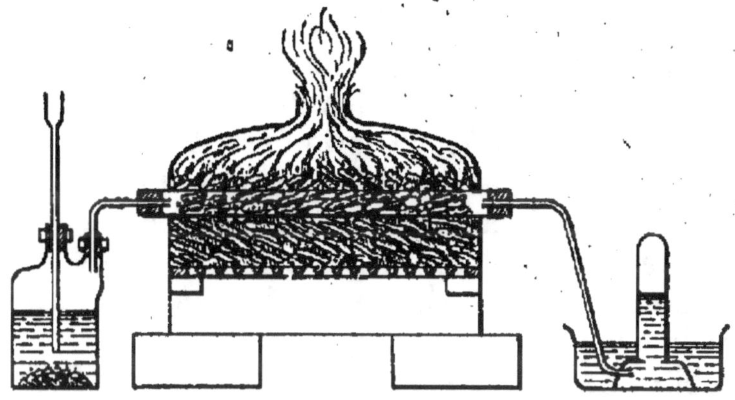

Fig. 151. — Préparation de l'oxyde de carbone par le gaz carbonique et le charbon.

vol. d'oxyde de carbone exigent 1 vol. d'oxygène pour se transformer en anhydride carbonique. Et comme l'anhydride carbonique contient son vol. d'oxygène, 2 vol. d'oxyde de carbone contiennent donc 1 vol. d'oxygène. Le poids des 2 vol. chimiques ou poids moléculaire de l'oxyde de carbone est donc représenté par la formule : $CO = CO_2 - O$.

Usages. — L'oxyde de carbone est beaucoup utilisé en métallurgie comme réducteur. Il sert aussi dans les récupérateurs Whitwell pour chauffer l'air destiné aux tuyères.

On verra plus loin, dans le paragraphe relatif au gaz d'éclairage, que l'oxyde de carbone est l'élément essentiel du mélange dit *gaz à l'eau* ou *gaz pauvre*.

ANHYDRIDE CARBONIQUE OU GAZ CARBONIQUE

$$\text{Poids moléculaire } CO_2 \text{ ou } C\underset{O}{\overset{O}{<}} = 44$$

Propriétés physiques. — L'anhydride ou gaz carbonique est un gaz incolore, d'une odeur piquante, d'une saveur aigrelette, dont la densité est 1,529. 1 litre de ce gaz pèse 1 gr. 977. Sa forte densité permet de l'obtenir par déplacement de l'air dans une éprouvette. Ainsi le gaz carbonique se transvase facilement d'une éprouvette dans une autre éprouvette ou d'un vase dans un autre, au moyen d'un siphon. Sa densité est 22 fois plus grande que celle de l'hydrogène.

Sa solubilité dans l'eau est considérable. A 0° 1 litre d'eau dissout 1 lit. 8 de gaz carbonique ; à 15° l'eau dissout un volume équivalent. L'eau ainsi chargée de gaz carbonique a la propriété de dissoudre le carbonate et le phosphate de calcium ainsi que la silice, lesquels, autrement, sont insolubles dans l'eau pure.

On a liquéfié le gaz carbonique à 0° sous une pression de 36 atmosphères (Faraday). Le liquide obtenu est incolore, il bout à — 79° sous la pression atmosphérique. On trouve dans le commerce des cylindres en acier contenant l'anhydride carbonique liquide comprimé. En tenant un semblable récipient renversé et en laissant échapper le jet dans un sac de drap, on obtient une neige fondant à — 65° susceptible d'être utilisée pour la production de froids intenses. En ajoutant du chlorure de méthyle ou de l'éther pour faciliter l'expérience, on arrive à produire une température de — 82° à la pression ordinaire et de — 106° dans le vide (Cailletet et Colardeau). Un tube scellé contenant de l'anhydride carbonique liquide plongé dans un mélange de chlorure de méthyle et d'anhydride carbonique liquide ne tarde pas à laisser voir l'anhydride carbonique cristallisé.

A 0° et à 17 atmosphères de pression, Wroblewski a obtenu un hydrate d'acide carbonique solide et cristallisé dont la formule est $CO_2 + 8H_2O$.

Propriétés chimiques. — Le gaz carbonique est impropre à la combustion. On constate cette propriété en plongeant une allumette enflammée dans une éprouvette remplie de ce gaz ; on la voit aussitôt s'éteindre.

Il n'est pas non plus comburant. Il trouble l'eau de chaux en donnant un précipité de carbonate de calcium.

L'anhydride carbonique, comme il a déjà été dit, est dissocié par la chaleur en oxyde de carbone et en oxygène qui se recombinent d'ailleurs à plus basse température.

L'hydrogène et le charbon lui enlèvent la moitié de l'oxygène qu'il contient à la température du rouge :

$$CO_2 \underset{\text{anhydride carbonique}}{} + 2H \underset{\text{hydrogène}}{} = CO \underset{\text{oxyde de carbone}}{} + H_2O \underset{\text{eau}}{}$$

$$CO_2 \underset{\text{anhydride carbonique}}{} + C \underset{\text{carbone}}{} = 2CO \underset{\text{oxyde de carbone}}{}$$

Le potassium réduit le gaz carbonique en charbon quand ce gaz passe dans un tube contenant ce métal.

Le gaz carbonique est absorbé par les bases (KOH, $NaOH$, $Ca(OH)_2$) en donnant un carbonate.

Propriétés physiologiques. — L'anhydride carbonique est impropre à la respiration. Ainsi un chien placé dans une atmosphère contenant 10 % de ce gaz devient insensible après avoir passé toutefois par une période de surexcitation. Il meurt asphyxié dans une enceinte renfermant 30 % de gaz. Cette asphyxie se produit même par les pores de la peau, la tête étant hors d'atteinte.

On reconnaît que la proportion d'anhydride carbonique est insuffisante pour déterminer l'asphyxie quand une bougie allumée tenue à la main ne s'éteint pas. Dans le cas contraire il y a à redouter les effets pernicieux du gaz et il faut assurer le renouvellement de l'air par une ventilation énergique.

Analyse. — On détermine la composition de l'anhydride carbonique par synthèse.

1° *Composition en volumes.* — On répète l'expérience de Lavoisier qui consiste à faire brûler du carbone dans un ballon contenant de l'oxygène. On constate que le volume ne varie pas sensiblement. Par la considération des densités de l'anhydride carbonique et de l'oxygène, on en déduit que ce gaz carbonique contient 27,6 % de carbone et 72,4 % d'oxygène.

2° *Composition en poids.* — Elle se détermine d'après la méthode de Dumas et Stas

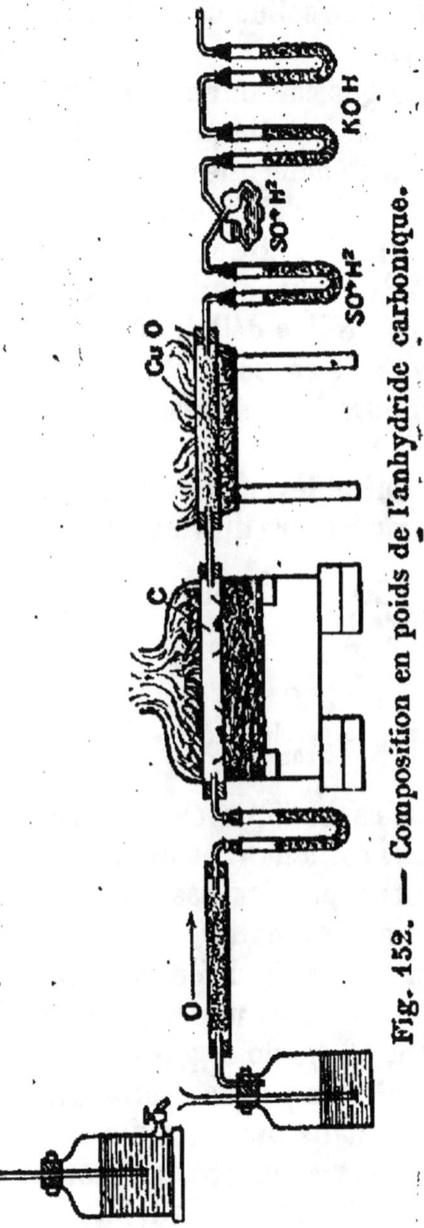

Fig. 152. — Composition en poids de l'anhydride carbonique.

qui consiste à faire passer un courant lent d'oxygène

débarrassé de gaz carbonique et de vapeur d'eau sur du graphite ou du diamant contenu dans un tube de porcelaine placé dans un four à réverbère (fig. 152). On obtient de l'anhydride carbonique en vertu de la réaction :

$$C + 2O = CO^2.$$

Ce gaz carbonique est recueilli dans des tubes en U contenant de la potasse où il forme du carbonate de potassium que l'on pèse et duquel on déduit le poids de l'anhydride carbonique. Un tube à oxyde de cuivre transforme le peu d'oxyde de carbone qui a pu se produire en anhydride carbonique. Des tubes à acide sulfurique retiennent la vapeur d'eau. On trouve ainsi :

$$C = 12 \qquad O = 32.$$

La formule de l'anhydride carbonique est donc CO^2.

PRÉPARATION

I. PROCÉDÉ DES LABORATOIRES

Action de l'acide chlorhydrique sur le carbonate de calcium. — Dans un flacon (fig. 153), on met de la craie ou du marbre (carbonate de calcium). On y verse de l'acide chlorhydrique étendu. On recueille le gaz dégagé sur la cuve à eau. On obtient comme produit du chlorure de calcium :

$$2HCl + CO^3Ca = H^2O + CaCl^2 + CO^2$$

<table>
<tr><td>acide chlorhydrique</td><td>carbonate de calcium</td><td>eau</td><td>chlorure de calcium</td><td>gaz carbonique</td></tr>
</table>

Le gaz carbonique se forme encore par la combustion du carbone dans l'air

$$C + 2O = CO^2$$

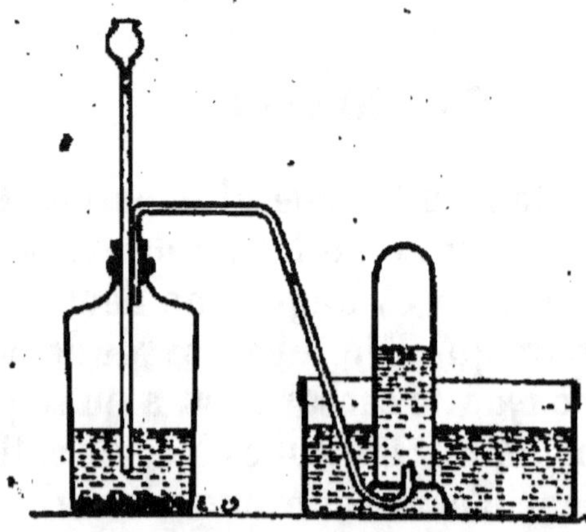

Fig. 153. — Préparation du gaz carbonique par l'acide chlorhydrique et la craie.

et par la décomposition d'un carbonate sous l'action de la chaleur :

$$\underset{\text{carbonate de calcium}}{CO^3Ca} = \underset{\text{chaux}}{CaO} + \underset{\text{gaz carbonique}}{CO^2}$$

Pour la préparation du gaz, on peut se servir de l'appareil continu décrit au sujet de l'hydrogène en remplaçant le zinc par du marbre.

II. PROCÉDÉ INDUSTRIEL

Pour la fabrication industrielle du gaz carbonique destiné à l'obtention de l'eau de Seltz ou de la limonade gazeuse, on fait réagir l'acide sulfurique sur la craie :

$$\underset{\substack{\text{acide} \\ \text{sulfurique}}}{SO^4H^2} + \underset{\substack{\text{carbonate de} \\ \text{calcium}}}{CO^3Ca} = \underset{\text{eau}}{H^2O} + \underset{\substack{\text{sulfate de} \\ \text{calcium}}}{SO^4Ca} + \underset{\substack{\text{gaz} \\ \text{carbonique}}}{CO^2}$$

Il convient d'agiter continuellement le mélange, afin d'empêcher le sulfate de calcium peu soluble d'enrober les morceaux de craie et d'empêcher ainsi la réaction de se continuer.

Dans les ménages, on prépare l'eau de Seltz dans des appareils Briet ou analogues en se servant d'acide tartrique et de bicarbonate de sodium. Il se produit du tartrate de sodium et du gaz carbonique.

Usages. — On vient de voir que le gaz carbonique servait à la fabrication de l'eau de Seltz et des boissons gazeuses. C'est aussi lui qui fait mousser la bière, le vin de Champagne et le cidre. Il se trouve dans l'air et provient de la combustion des matières carbonées, de la respiration des animaux et des plantes et des fermentations. Il est décomposé par les parties vertes des plantes sous l'influence des rayons solaires. La constance de la composition de l'air en gaz carbonique est due à sa dissolution à l'état de bicarbonate de calcium dans l'eau de mer qui l'absorbe et le laisse dégager quand la pression de l'atmosphère vient à varier. On a vu que les carbonate et phosphate de calcium insolubles dans l'eau ordinaire s'y dissolvent quand cette eau contient du gaz carbonique. Le gaz carbonique s'emploie dans la fabrication de la soude. Il sert dans certains cas dans les travaux publics à la congélation des terrains aquifères.

Caractères des carbonates. — Les carbonates solides ou en solution concentrée donnent en présence d'un acide une vive effervescence due au dégagement du gaz carbonique.

Le gaz dégagé trouble l'eau de chaux.

L'azotate d'argent donne avec une solution de carbonate un précipité blanc de carbonate d'argent.

COMPOSÉS HYDROGÉNÉS
DU CARBONE

ACÉTYLÈNE

$$\textit{Poids moléculaire } C^2H^2 \text{ ou } \begin{matrix} CH \\ ||| \\ CH \end{matrix} = 26$$

L'acétylène est le premier des trois types fondamentaux C^2H^2, C^2H^4, CH^4 desquels dérivent les carbures d'hydrogène dont un certain nombre abondent dans la nature (pétroles, essences, caoutchouc, etc.).

Propriétés physiques. — L'acétylène est un gaz incolore, d'une odeur désagréable rappelant celle du gaz d'éclairage. Sa densité est 0,92. Il est peu soluble. On le liquéfie à 1° sous une pression de 48 atm. (Cailletet). Son point critique est à 37°.

Propriétés chimiques. — Chauffé un certain temps dans une cloche courbe sur la cuve à mercure, l'acétylène donne de la benzine accompagnée de styrolène C^8H^8, de naphtalène $C^{10}H^8$, etc. :

$$\underset{\text{acétylène}}{3C^2H^2} = \underset{\text{benzine}}{C^6H^6}$$

L'acétylène peut fixer de l'hydrogène et fournir de l'éthylène et de l'éthane

$$C^2H^2 + H^2 = C^2H^4 \text{ (éthylène)}$$
$$C^2H^2 + H^4 = C^2H^6 \text{ (éthane)}$$

Le chlore, mélangé à de l'acétylène détone sous l'action de la lumière solaire. Quelquefois la réaction se produit lentement :

$$C^2H^2 + 2Cl = C^2H^2Cl^2$$
$$C^2H^2 + 4Cl = C^2H^2Cl^4$$

Des fragments de carbure de calcium, de baryum ou de strontium tombant dans de l'eau saturée de chlore laissent dégager de l'acétylène qui s'enflamme lorsqu'il se trouve au contact du chlore.

L'acétylène est combustible dans l'air ; sa flamme est éclairante et fuligineuse.

Volumes égaux d'acétylène et d'azote se combinent sous l'influence des étincelles électriques pour former de l'acide cyanhydrique :

$$\underset{\text{acétylène}}{C^2H^2} + \underset{\text{azote}}{Az^2} = \underset{\text{acide cyanhydrique}}{2CAzH}$$

L'acétylène constitue le premier terme d'une série de carbures d'hydrogène homologues qui sont :

l'allylène C^3H^4 (propine) ;
le crotonylène C^4H^6 (butine) ;
le valérylène C^5H^8 (pentine).

L'acétylène a été étudié surtout par Berthelot qui en a fait la synthèse en faisant passer de l'hydrogène dans un œuf de verre (fig. 154) où l'arc électrique se produit

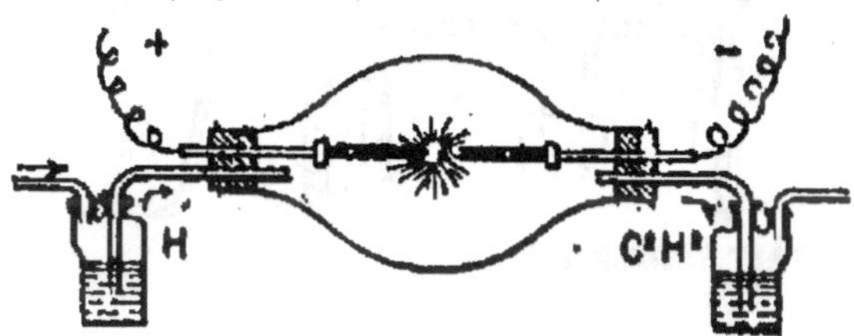

Fig. 154. — Synthèse de l'acétylène.

entre deux charbons. En se dégageant, le gaz se rend dans un flacon contenant une solution ammoniacale de chlorure cuivreux qui ne tarde pas à laisser déposer de l'acétylure cuivreux couleur rouge de sang.

Propriétés physiologiques. — D'expériences faites par M. Gréhant au Muséum d'histoire naturelle de Paris il résulte que, pour les chiens :

Un mélange d'air et d'acétylène à 20 0/0 respiré en 1 heure n'est pas toxique ;

Un mélange à 40 0/0 amène la mort en 51 minutes ;

Un mélange à 79 0/0 tue en 27 minutes.

Ce dernier mélange à 79 0/0 a pu être respiré par un cobaye pendant 2 h. 45 sans qu'il ait paru malade ; le lendemain cependant il était mort des suites de cette inhalation.

PRÉPARATION

I. PROCÉDÉS DES LABORATOIRES

1° **Par le carbure de calcium et l'eau.** — On prépare l'acétylène pur en décomposant le carbure de calcium par l'eau :

$$\underset{\text{carbure de calcium}}{C^2Ca} + \underset{\text{eau}}{2H^2O} = \underset{\text{hydrate de calcium}}{Ca(OH)^2} + \underset{\text{acétylène}}{C^2H^2}$$

Par l'action du bromure d'éthylène sur la potasse.

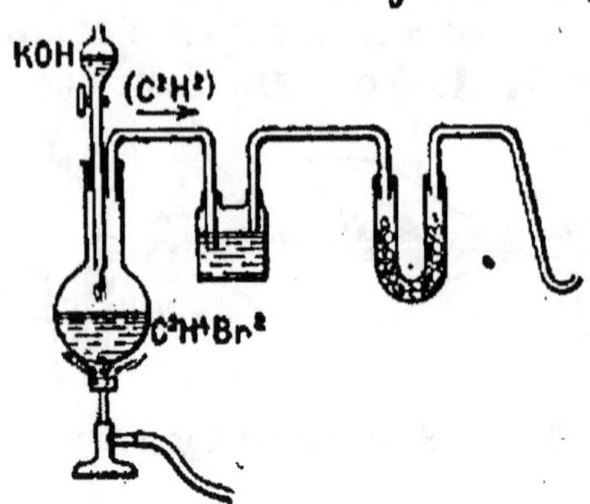

Fig. 155. — Préparation de l'acétylène par le bromure d'éthylène et la potasse.

Dans un petit ballon (fig. 155), on fait agir le bromure

d'éthylène sur une solution alcoolique de potasse ajoutée goutte à goutte et on chauffe. On a :

$$C^2H^4Br^2 + 2KOH = 2KBr + 2H^2O + C^2H^2$$

bromure   potasse   bromure   eau   acétylène
d'éthylène   de potassium

Par l'action de l'acide chlorhydrique sur l'acétylure cuivreux. — Cette décomposition se fait dans un petit ballon. On recueille le gaz sur la cuve à mercure :

$$C^2H^2Cu^2O + 2HCl = Cu^2Cl^2 + C^2H^2 + H^2O$$

acétylure   acide   chlorure   acétylène   eau
de cuivre   chlorhydrique   de cuivre

L'acétylène se produit encore lorsqu'on chauffe au rouge le méthane, l'éthylène, l'éther et beaucoup de composés organiques, lorsqu'on fait passer des étincelles dans un gaz ou dans une vapeur hydrocarbonée ou dans un mélange d'hydrogène et d'oxyde de carbone. Les combustions incomplètes donnent aussi naissance à de l'acétylène.

II. PROCÉDÉS INDUSTRIELS

Dans l'industrie, la fabrication du gaz acétylène s'opère au moyen de la décomposition par l'eau du carbure de calcium. On emploie un carbure de calcium pur et cristallisé capable de donner un gaz titrant 99,5 à 99,6.

On purifie le gaz en le faisant passer (procédé Bon) à travers une colonne contenant du sulfate de cuivre qui retient les hydrogènes sulfuré et arsénié. Cette colonne est suivie d'une autre à chlorure de calcium qui retient l'eau.

Par le procédé Ullmann, les impuretés sont oxydées au moyen d'une solution d'acide chromique.

Avec le procédé Jaubert, l'oxydation des gaz hydrogène phosphoré et sulfuré se fait par le peroxyde de sodium.

Les appareils employés diffèrent selon que l'on veut obtenir l'acétylène sous une pression voisine de la pression atmosphérique ou sous une forte pression.

L'acétylène liquide renfermé dans des tubes métalliques est sujet à explosion. D'ailleurs l'acétylène forme avec les métaux des acétylures détonants.

Le procédé Atkins pour la fabrication de l'acétylène à sec est basé sur la réaction du carbonate de sodium hydraté sur le carbure de calcium :

$$9CaC^2 + 2Na^2CO^3 10H^2O = 9C^2H^2 + 4NaOH + 2CaCO^3 + 7Ca(HO)^2 + 2H^2O$$

L'appareil employé (fig. 156) est un cylindre tournant comportant trois compartiments dont le premier contient du coke, le deuxième du carbonate de sodium et le troisième du carbure de calcium. Le gaz s'échappe par l'axe de rotation. Le coke a pour but d'arrêter les poussières et l'eau condensée.

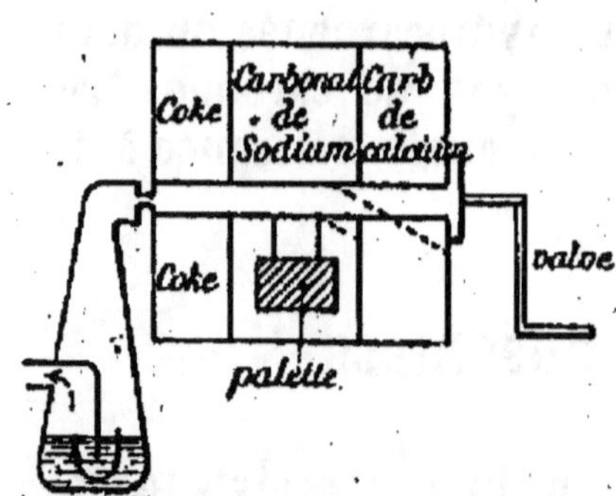

Fig. 156. — Fabrication de l'acétylène par le procédé Atkins.

Usages. — L'acétylène sert surtout comme moyen d'éclairage très commode à l'extérieur (éclairage des wagons, tramways, carburation de gaz d'éclairage). On l'emploie dans certains cas comme moyen de chauffage dans les laboratoires ou dans l'industrie.

L'acétylène sert à l'éclairage de wagons, de tramways, de phares (phare de Chassiron), à la carburation du gaz de l'éclairage. Il remplace le gaz d'éclairage dans le chalumeau dit oxyacétylénique.

Cet appareil employé dans l'industrie a été décrit au sujet du chalumeau oxhydrique. Il utilise d'une part l'oxygène du commerce renfermé sous pression dans un tube et d'autre part l'acétylène provenant de l'une des deux sources suivantes : 1° de bouteilles d'acétylène dissous, où le gaz se trouve en dissolution dans l'acétone imprégnant une matière poreuse et sous une pression moyenne de 10 kgr. ; 2° d'un générateur d'acétylène produisant sur place ce gaz sous une pression de quelques centimètres d'eau.

Le mélange des deux gaz se fait dans l'intérieur du chalumeau et doit avoir une vitesse supérieure à 150 m. par seconde afin d'éviter les explosions. Pour empêcher le retour de flamme on dispose dans l'appareil des matières poreuses. Parmi les dispositifs en usage on citera le chalumeau Fouché (fig. 157).

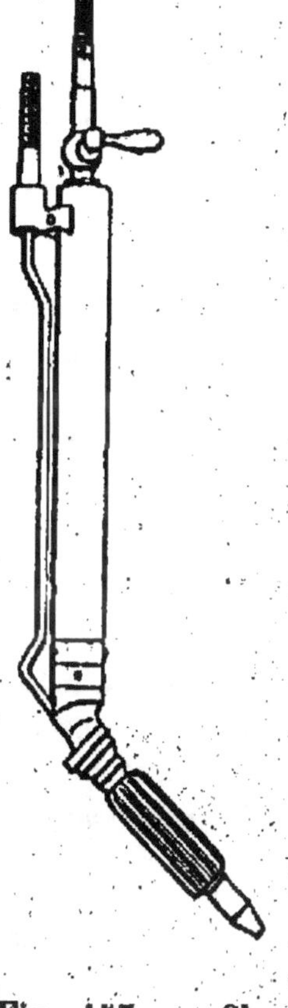

Fig. 157. — Chalumeau oxyacétylénique Fouché.

ETHYLÈNE

$Poids\ moléculaire\ C^2H^4\ ou\ \begin{matrix} CH^2 \\ \| \\ CH^2 \end{matrix} = 28$

Propriétés physiques. — L'éthylène, encore appelé bicarbure d'hydrogène ou gaz oléfiant, est un gaz incolore, insipide, possédant une odeur empyreumatique. Sa densité est 0,97. 1 litre du gaz pèse 1 gr. 25. Il est peu soluble dans l'eau $\left(\dfrac{1}{16}\right)$, mais très soluble dans l'alcool (3 fois son volume) et dans l'éther. Il est liquéfiable à 1° sous une pression de 45 atmosphères (Cailletet). Son point critique est à 9°. Son point d'ébullition se trouve à — 105°.

Propriétés chimiques. — Sous l'action de la chaleur, il donne de l'acétylène et de l'hydrogène :

$$\underset{\text{éthylène}}{C^2H^4} = \underset{\text{acétylène}}{C^2H^2} + \underset{\text{hydrogène}}{H^2}$$

Il brûle dans l'air en formant avec l'oxygène un mélange détonant :

$$\underset{\text{éthylène}}{C^2H^4} + \underset{\text{oxygène}}{O^6} = \underset{\substack{\text{anhydride}\\\text{carbonique}}}{2CO^2} + \underset{\text{eau}}{2H^2O}$$

Il possède une flamme peu éclairante.

Il brûle dans le chlore au contact d'une allumette enflammée. A la température ordinaire, ces gaz se combinent directement en donnant naissance à *l'huile des hollandais* qui n'est autre que du chlorure d'éthylène ou bichlorhydrine du glycol :

$$\underset{\text{éthylène}}{C^2H^4} + \underset{\text{chlore}}{Cl^2} = \underset{\substack{\text{chlorure}\\\text{d'éthylène}}}{C^2H^4Cl^2}$$

C'est ce composé (huile des hollandais) qui a fait donner à l'éthylène le nom de *gaz oléfiant*.

Avec le brome, on a un composé analogue qui est le bromure d'éthylène :

$$\underset{\text{éthylène}}{C^2H^4} + \underset{\text{brome}}{Br^2} = \underset{\substack{\text{bromure}\\\text{d'éthylène}}}{C^2H^4Br^2}$$

Volumes égaux d'éthylène et d'acide chlorhydrique gazeux (ou d'acide bromhydrique et iodhydrique gazeux) produisent des éthers :

$$C^2H^4 + HCl = C^2H^5Cl$$

éthylène | acide chlorhydrique gazeux | chlorure d'éthyle

L'éthylène constitue le terme initial d'une série de carbures homologues (C^nH^{2n} (oléfines) dont les suivants sont :

le propylène C^3H^6 (propène)
le butylène C^4H^8 (butène)
l'amylène C^5H^{10} (pentène)

PRÉPARATION

Action de l'acide sulfurique sur l'alcool. — Dans un ballon en verre (fig. 158), on chauffe avec précaution de l'alcool et de l'acide sulfurique, en évitant une trop

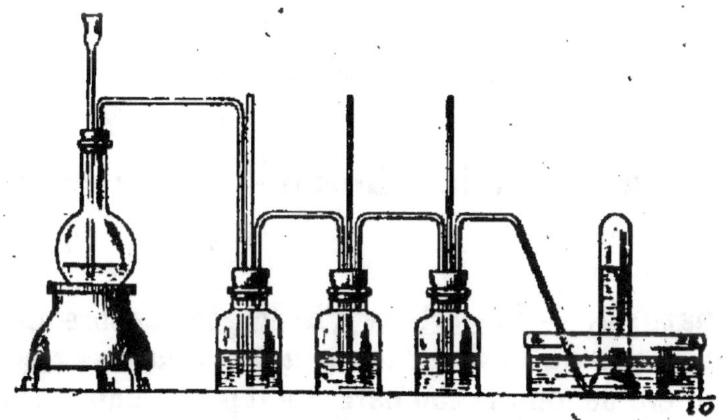

Fig. 158. — Préparation de l'éthylène par l'acide sulfurique et l'alcool.

grande élévation de température. L'alcool perd 1 molécule d'eau et se transforme en éthylène :

$$C^2H^6O = C^2H^4 + H^2O$$

alcool | éthylène | eau

Il se forme, en outre, de l'éther et du gaz sulfureux

qu'on retient dans des flacons laveurs contenant le premier de l'acide sulfurique et le second de la potasse.

M. Berthelot a fait la synthèse de l'éthylène en combinant des volumes égaux d'éthylène et d'acétylène.

Analyse. — On provoque la combustion eudiométrique de 2 volumes d'éthylène avec 10 volumes d'oxygène. Il reste 8 volumes de gaz. On absorbe 4 volumes d'anhydride carbonique par l'introduction d'un morceau de potasse. 4 volumes des 6 volumes d'oxygène disparus ont servi à former le gaz carbonique avec 2 volumes de vapeur de carbone. On en conclut que 2 volumes d'éthylène renferment 2 volumes de vapeur de carbone et 4 volumes d'hydrogène condensés en 2 volumes.

Usages. — L'éthylène fait partie de la composition du gaz d'éclairage.

MÉTHANE OU FORMÈNE

$$\textit{Poids moléculaire (2 vol.)} : CH^4 \text{ ou } H - \overset{\displaystyle H}{\underset{\displaystyle H}{\overset{|}{\underset{|}{C}}}} - H = 16.$$

Etat naturel. — Ce carbure d'hydrogène encore appelé *protocarbure d'hydrogène* ou *gaz des marais* a reçu cette dernière dénomination parce qu'il prend naissance dans la vase des marais, par suite de la décomposition spontanée des matières organiques. On le trouve encore dans les fissures du sol de certaines contrées (Isère, Florence, Bologne, littoral de la mer Caspienne), ainsi que dans les filons de certaines mines de houille ou de sel gemme où ce gaz se dégage parfois en abondance. Dans les pays où le gaz sort du sol il brûle depuis longtemps et il sert à la cuisson des aliments ainsi que pour la fabrication de certains matériaux, comme le plâtre et les briques. Les *fontaines ardentes* ne sont autres que du méthane qui s'échappe de la terre et brûle en toute saison même en hiver et à la surface de l'eau.

Propriétés physiques. — Le méthane est un gaz incolore, insipide dont la densité est 0,559. 1 litre de ce gaz pèse 0 gr.732. Il est liquéfiable à basse température. Son point critique est à — 82° et sa température d'ébullition à — 164° (à la pression atmosphérique). Son point de solidification se trouve à — 186° quand la pression est de 80 mm.

Propriétés chimiques. — Le méthane est un carbure saturé, c'est-à-dire qu'il ne se combine avec aucun corps par addition.

La chaleur et l'électricité le décomposent en acétylène et en hydrogène d'après l'équation :

$$2CH^4 = C^2H^2 + 6H$$

méthane — acétylène — hydrogène

Ce gaz brûle à l'air en donnant une flamme peu éclairante d'une couleur blanc jaunâtre.

2 volumes de méthane mélangés à 4 volumes d'oxygène forment un mélange détonant. Il se produit de la vapeur d'eau et de l'anhydride carbonique.

$$CH^4 + O^4 = CO^2 + 2H^2O$$

méthane — oxygène — anhydride carbonique — eau

Ce mélange constitue la partie importante du *grisou*.

1 vol. de méthane et 2 vol. de chlore s'unissent sous l'influence des rayons solaires pour donner de l'acide chlorhydrique

$$CH^4 + 4Cl = 4HCl + C$$

méthane — chlore — acide chlorhydrique — carbone

La réaction se produit aussi à la lumière diffuse mais

lentement et en donnant du chlorure de méthyle CH^3Cl, du chlorure de méthylène CH^2Cl^2, du chloroforme $CHCl^3$ ou du tétrachlorure de carbone CCl^4. Le brome et l'iode fournissent des produits analogues.

PRÉPARATION

Action de la soude sur l'acétate de sodium. — Dans

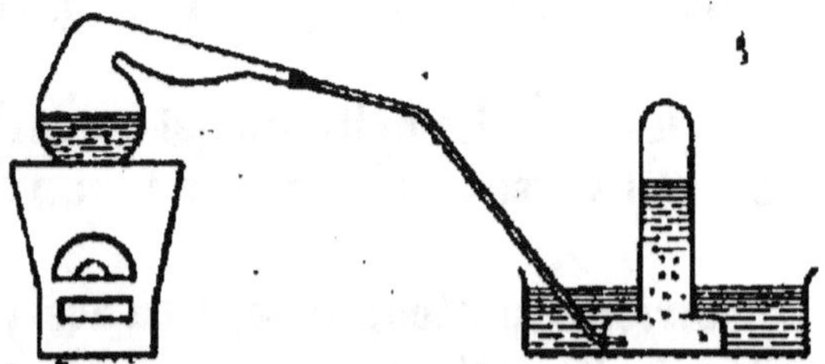

Fig. 159. — Préparation du méthane.

une cornue en verre peu fusible (fig. 159) on met de l'acétate de sodium et de la chaux sodée.

La soude seule sert à la réaction, la chaux ne servant que pour assurer l'intimité du mélange et faciliter l'action de la soude sur l'acétate de sodium. Il se produit du méthane qu'on recueille sur la cuve à eau.

Du carbonate de sodium reste dans la cornue.

$$CH^3CO^2Na + NaOH = CO^3Na^2 + CH^4$$

acétate de sodium ⟶ soude ⟶ carbonate de sodium ⟶ méthane

La synthèse du méthane a été faite par M. Berthelot qui réduit au rouge le sulfure de carbone par l'hydrogène sulfuré.

$$CS^2 + 2H^2S = CH^4 + 2S^2$$

sulfure de carbone ⟶ hydrogène sulfuré ⟶ méthane ⟶ soufre

Le méthane constitue le premier terme de la série des

carbures saturés ou *paraffines* $C^{2n}H^{2n+2}$. Les produits homologues sont les suivants :

l'éthane	C^2H^6	(hydrure d'éthylène)
le propane	C^3H^8	(— propylène)
le butane	C^4H^{10}	(— butylène)
le pentane	C^5H^{12}	(— amylène)

Les pétroles contiennent une partie des carbures précédents.

Analyse. — Dans l'eudiomètre à mercure, on brûle 2 vol. de méthane et 6 vol. d'oxygène. Il reste 4 vol. dont 2 sont absorbables par la potasse (CO^2) et 2 par le phosphore (O). Des 4 vol. d'oxygène disparus, 2 ont formé CO^2, les 2 autres correspondant à 4 vol. d'hydrogène. Donc 2 vol. de méthane contiennent 4 vol. d'hydrogène et le carbone contenu dans 2 vol. d'anhydride carbonique ou 1 atome de carbone. La formule est par conséquent CH^4.

Usages. — Le méthane forme une partie importante du gaz de l'éclairage.

GAZ DE L'ÉCLAIRAGE

Le gaz de l'éclairage est un mélange d'hydrogène (45 0/0), de méthane (35 0/0), d'oxyde de carbone (6 0/0), d'éthylène et homologues (4 0/0), de benzine et homologues, de gaz carbonique et d'azote (en assez faible proportion). Il contient, en outre, quelques produits volatils retenus par l'épuration.

Fabrication. — On le fabrique en calcinant la houille en vase clos dans de grandes cornues en terre réfractaire de 2 m. 50 de longueur (fig. 160). Le gaz distillé sort par une tubulure, se rend dans un *barillet* contenant de l'eau et jouant le rôle de flacon laveur où il dépose par condensation les carbures liquides (*goudrons*) les moins volatils. Le gaz passe ensuite dans des tubes en ∩ métalliques refroidis faisant l'office de *réfrigérants*. Il

Fig. 160. — Fabrication du gaz de l'éclairage.

abandonne en ces endroits des *goudrons*, des carbures liquides volatils (*huiles*) et des *sels ammoniacaux* provenant des impuretés de la houille. Il passe ensuite à travers une colonne de coke, puis il est refoulé par des pompes (*extracteurs*) dans un condensateur à chocs où il se débarrasse des gouttelettes fines de goudron.

Après cette opération qui constitue l'épuration physique, le gaz passe dans des caisses contenant un mélange de chaux, de sulfate de calcium, d'oxyde ferrique et de sciure de bois. Ces matières retiennent l'ammoniaque (sciure de bois humide), l'hydrogène sulfuré et les acides cyanhydrique et sulfocyanique (oxyde ferrique) et le carbonate d'ammonium (sulfate de calcium).

Le gaz arrive enfin aux gazomètres, sortes de grandes

cloches métalliques où il s'accumule et d'où il part pour être distribué par des canalisations souterraines dans les différents quartiers des villes.

On n'épure pas complètement le gaz d'éclairage : cela dans un double but : afin de ne pas diminuer le pouvoir éclairant et aussi pour pouvoir facilement et sans trop de danger rechercher les fuites qui se produisent.

Les carbures liquides ou solides tels que la benzine et la naphtaline qui se trouvent à l'état de vapeurs augmentent le pouvoir éclairant du gaz.

Le résidu des cornues est le coke. Le charbon des cornues est le produit de la décomposition des carbures par la chaleur; il se dépose sur les parois des cornues.

Les sous-produits de l'épuration, goudrons, benzines, sels ammoniacaux, cyanures, ont une grande valeur commerciale (fabrication des couleurs, de l'ammoniaque). Leur valeur est supérieure à celle que produit la vente du gaz.

Usages. — Le gaz de houille sert à l'éclairage et au chauffage industriel public et privé.

Voici le résultat de l'analyse des produits gazeux de la distillation de la houille dans les usines à gaz de Paris :

Gaz carbonique	1,72
Oxyde de carbone	8,21
Hydrogène	49, »
Formène	33,51
Carbures non saturés	4,40
Benzine	1,06

On l'emploie comme force motrice dans les moteurs à gaz. Les eaux ammoniacales, sous-produits de la fabrication, trouvent un débouché dans la préparation industrielle du sulfate et du chlorure d'ammonium. Des goudrons on retire la benzine, le toluène, la naphtaline, l'anthracène, les huiles lourdes. Avec le brai, on fait du noir de fumée et des agglomérés.

Gaz à l'eau ou gaz pauvre. — Dans les pays où la cherté de la houille ou le bas prix du pétrole jouent un rôle économique de première importance, on emploie à la place du gaz d'éclairage le *gaz à l'eau* ou *gaz pauvre* qui est un gaz incolore et délétère mais peu coûteux.

Le gaz à l'eau s'obtient généralement par le passage d'un courant d'air humide à travers une couche de charbon incandescent. En principe, le gazogène qui sert à sa production se compose d'une cuve dans laquelle se trouve le charbon et d'une chaudière destinée à fournir de la vapeur. Le mélange d'air et de vapeur traverse le charbon porté au rouge ; le gaz carbonique qui s'est formé dans la zone de combustion se transforme alors en oxyde de carbone, lequel avec l'hydrogène provenant

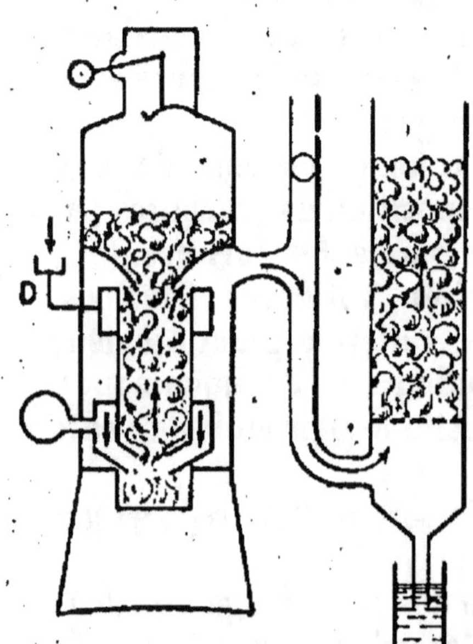

Fig. 161. — Appareil Bardot pour la fabrication du gaz à l'eau.

de la dissociation de la vapeur d'eau, un peu de méthane et de l'azote contenu dans l'air constitue le gaz pauvre utilisable dans des moteurs.

Dans le dispositif Bardot (fig. 161) qui sert à l'obtention de ce gaz, l'organe principal est le diffuseur D dans lequel le brassage de l'air s'effectue avant de pénétrer dans le foyer. L'air atmosphérique est aspiré par le moteur et l'eau tombe par gouttes sur des rondelles métalliques percées de trous dans lesquelles elle se divise. De là le mélange passe dans une chambre annulaire entourant la partie supérieure du foyer où les gouttelettes se transforment en vapeur. Puis il pénètre dans une autre chambre annulaire inférieure plus rapprochée du foyer où elle se surchauffe et traverse ensuite le foyer de bas en haut.

Le gaz pauvre renferme en moyenne 60 0/0 d'azote avec 5 à 10 0/0 d'anhydride carbonique pour la partie non combustible et 20 0/0 d'oxyde de carbone avec 10 0/0 d'hydrogène pour la partie combustible. Ces chiffres sont d'ailleurs quelque peu variables.

Pour faire servir le gaz à l'eau pour l'éclairage il faut au préalable le carburer en le faisant passer dans le benzène ou un hydrocarbure convenable.

Le pouvoir calorifique des divers gaz est le suivant (H. S. Bailey) :

Gaz de houille	5,965 cal. par m³
— à l'eau	2.634 —
— à l'eau carburé	5,134 —
— d'huile	7.715 —
— de gazogène	1,286 —
Hydrogène	2.857 —
Oxyde de carbone	2.857 —
Méthane	8.930 —
Ethylène	14.288 —
Gaz naturel	8.930 —

COMBUSTION

On appelle *combustion* l'ensemble des phénomènes qui accompagnent la combinaison d'un corps avec l'oxygène.

Une *flamme* est toujours constituée par un gaz ou une vapeur portée à haute température ; autrement dit, c'est une matière gazeuse portée au point de devenir lumineuse. La flamme ne caractérise pas toujours la combustion vive. Ainsi le soufre, le phosphore et le magnésium brûlent dans l'oxygène avec flamme, mais le charbon pur et le fer portés au rouge brûlent sans flamme. La combustion de la houille dans un fourneau produit une flamme; celle du coke n'en produit pas.

L'éclat de la flamme provient de la présence, au milieu du gaz, de particules solides. Les carbures d'hydrogène, riches en carbone, ont une flamme très éclairante à cause du carbone incandescent, mais quand la teneur en carbone est considérable la flamme devient fuligineuse. C'est pour éviter cet inconvénient que l'on met un verre sur les lampes à pétrole et à huile. On active de cette façon la combustion du carbone par un appel d'air qui brûle entièrement ce métalloïde.

La température ne correspond pas à l'éclat de la flamme. La flamme d'un bec Bunsen, éclairante si l'air ne se mélange pas au gaz, devient pâle mais chaude si l'on fait arriver de l'air par la partie inférieure en tournant la virole du bec. On brûle de cette manière tout le carbone contenu dans le gaz. La flamme de l'hydrogène est peu éclairante quoique très chaude. On augmente encore sa température en y mélangeant de l'oxygène, ce qui a lieu dans un chalumeau. En dirigeant la flamme sur une matière fixe comme un crayon de chaux, on obtient la lumière éblouissante de Drummond, éclat dû à l'incandescence de la chaux mais non à la flamme. D'ailleurs, en général, l'éclat d'une flamme tient à la présence de corps en suspension portés à l'incandescence.

Dans une flamme, comme celle d'une bougie, on distingue :

une zone intérieure obscure (fig. 162) constituée par les gaz résultant de la décomposition de la matière imbibant la mèche ;

une zone intermédiaire éclairante dans laquelle la combustion se fait d'une façon incomplète ;

une zone extérieure peu éclairante dans laquelle la combustion est complète ; dans cette zone l'oxygène est en excès et la flamme est très chaude ;

une zone inférieure bleue dans laquelle brûle l'oxyde de carbone.

Les becs à incandescence par le gaz (bec Auer et

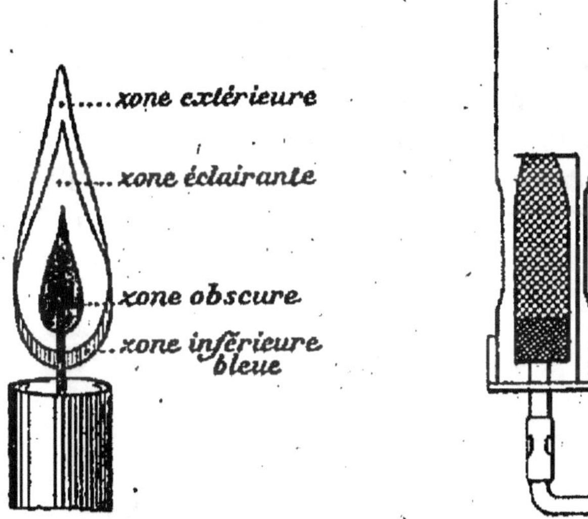

Fig. 162. — Flamme d'une
bougie.

Fig. 163. — Bec Auer.

analogues) sont munis d'un manchon en treillis de zircone, thorine et autres oxydes infusibles que l'on place dans l'intérieur d'un bec Bunsen et qui communiquent à la flamme un éclat remarquable (fig. 163). Le bec Auer a un pouvoir éclairant de 18 bougies et donne une économie de 60 0/0 de gaz. Le mélange d'air et de gaz doit se faire dans la proportion de 2 litres 8 d'air pour 1 litre de gaz.

Dans l'éclairage fourni par la bougie, l'huile ou le gaz ordinaire, c'est le carbone solide qui, porté à l'incandescence, donne une lumière éclatante. On le constate aisément en écrasant la flamme sur une plaque froide de porcelaine ou de faïence ; celle-ci se recouvre d'un enduit de noir de fumée.

Les corps contenant du carbone en quantité assez grande brûlent avec une flamme fuligineuse peu éclairante ; une partie seulement du carbone est utilisée. Tel est le cas de la benzine, de l'essence de térébenthine, de la résine, etc. Leur flamme devient brillante si à leur vapeur on mélange de l'hydrogène ou de la vapeur d'alcool dont les flammes sont pâles.

Certains dispositifs, comme les becs Siemens ou autres becs industriels, ont pour but de donner une flamme

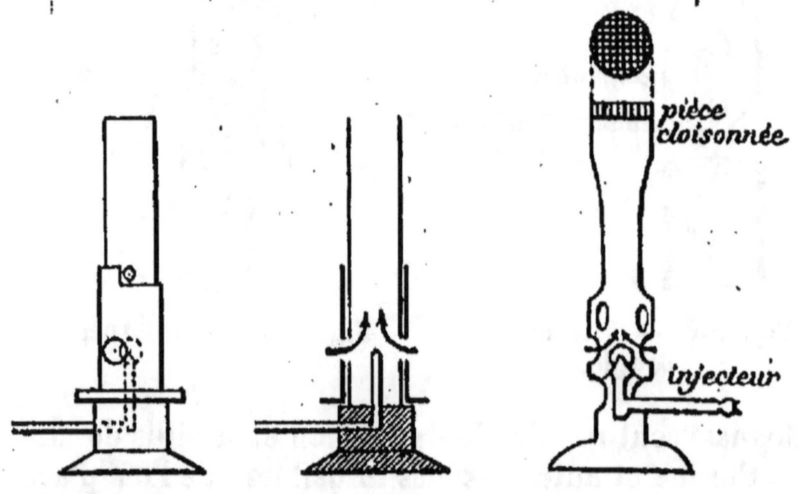

Fig. 164. — Brûleur Bunsen.　　　Fig. 165. — Brûleur Méker.

intensive provenant d'une élévation de la température produite par l'échauffement du gaz combustible et de l'air avant leur arrivée à l'ouverture du bec.

Le bec Bunsen (fig. 164), très employé en chimie, consiste en un tube recevant le gaz par un orifice conique. A la hauteur de cet orifice sont pratiquées dans le tube deux ouvertures circulaires par lesquelles pénètre l'air. Le mélange d'air et de gaz se fait donc dans le tube et brûle à la partie supérieure de celui-ci. Une virole mobile permet de régler la flamme par une augmentation ou une diminution de la quantité d'air introduite.

Certains fours de laboratoires comme les fours Perrot, Schlœsing, etc., permettent d'obtenir, par complète combustion, une température pouvant aller jusque vers 1500°.

On emploie suivant les types la pression ordinaire du gaz ou du gaz avec de l'air comprimé sous une pression de $0^m,15$ à $0^m,20$ d'eau.

Le brûleur Méker (fig. 165) est un brûleur Bunsen dont la partie supérieure évasée se trouve munie d'une pièce cloisonnée à alvéoles carrées. On peut atteindre avec ce bec simple 1300 à 1400° et avec un bec placé au-dessous d'un fourneau à double circulation de flamme une température pouvant atteindre 1500°.

Dans le chalumeau de Deville et Debray on fait arriver de l'oxygène par l'une des tubulures. Le mélange d'oxygène et de gaz d'éclairage donne une température assez élevée pour amener la fusion du platine et de l'iridium placés dans un four à chaux vive.

Avec le chalumeau des chimistes et des minéralogistes, on provoque des phénomènes de réduction et d'oxydation à haute température en se servant de la flamme d'une simple bougie. On l'utilise aussi en orfèvrerie pour la soudure de petites pièces.

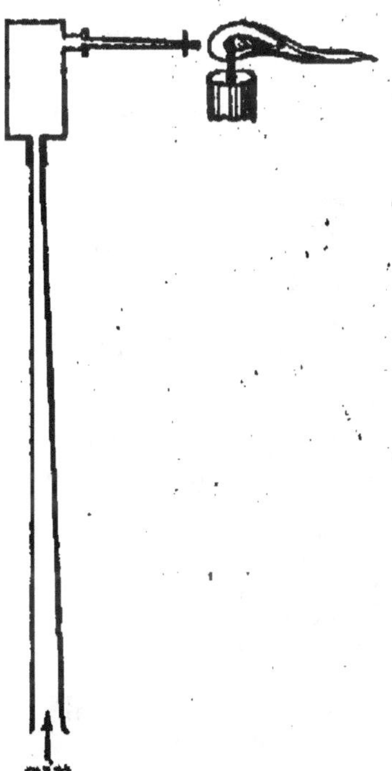

Fig. 166. — Chalumeau.

Cet appareil (fig. 166) se compose d'un tube conique à embouchure d'ivoire dont l'une des extrémités aboutit à une boîte cylindrique dans laquelle se condense la vapeur d'eau de l'air insufflé par la bouche. L'air s'échappe de cette boîte à angle droit par un petit tube latéral à bout conique et on le dirige sur la flamme d'une bougie. Suivant l'opération que l'on a en vue on soumet le corps au *feu de réduction* qui se trouve un peu au delà du cône bleu, au début de la ligne brillante où le carbone est en excès ou au *feu d'oxydation* à l'extrémité de la zone extérieure où la température est élevée et où il y a excès d'air.

La toile métallique a pour effet d'arrêter la combustion en abaissant la température d'une flamme. Si l'on dispose une semblable toile sur une flamme celle-ci disparaît au-dessus de la toile. Les matières gazeuses cependant la traversent, car si l'on approche une allumette enflammée la flamme apparaît au-dessus. Si la toile est chauffée au rouge le même phénomène peut se produire.

C'est sur cette propriété des toiles métalliques qu'est basée la lampe de sûreté de Davy employée dans les mines grisouteuses. Les toiles sont d'autant plus efficaces qu'elles sont meilleures conductrices et à mailles serrées. L'ancienne lampe de Davy avait sa flamme entièrement entourée de toile métallique ainsi que les ouvertures par lesquelles l'air pénétrait. Dans les modèles actuels (fig. 167) la flamme est entourée d'un tube

toile métallique

cheminée de tirage

cylindre de cristal

Fig. 167. — Lampe de mineur.

de cristal épais et la partie supérieure contient une cheminée qui active la combustion. Cette cheminée est entourée d'une toile métallique. Une toile identique obture aussi les trous d'arrivée d'air. La flamme est ainsi à l'abri des gaz combustibles du grisou et la toile ne peut être portée à l'incandescence. De cette façon, les mineurs ne craignent aucun danger d'explosion dû à la lampe, même s'ils se trouvent dans une enceinte dont l'atmosphère est grisouteuse.

SOUFRE

Poids atomique (1 vol.) : S = 32.
Poids moléculaire (2 vol.) : S^2 = 64.

Etat naturel. — Le soufre se rencontre à l'état natif dans des matières bitumineuses mélangées à du gypse et à du calcaire, dans des roches renfermant du sel gemme, du sulfate de strontium et du gypse et dans les contrées volcaniques. Quelquefois, il est pur et cristallisé, mais, le plus souvent, il est imprégné de substances terreuses. Il existe aussi de nombreux sulfures naturels : sulfures de fer, de plomb, de mercure, de cuivre.

Propriétés physiques. — Le soufre est un corps solide dont la couleur est jaune citron à la température ordinaire. Il est inodore et insipide; il est mauvais conducteur de la chaleur et de l'électricité. Les craquements que l'on entend dans les canons de soufre tenus à la main proviennent de la rupture de cristaux peu adhérents. Le soufre est insoluble dans l'eau, peu soluble dans l'alcool, mais très soluble dans le sulfure de carbone et la benzine.

Il se présente sous divers états allotropiques. Il existe

sous la forme amorphe et sous la forme cristalline; il est polymorphe.

Dans le soufre natif, les cristaux sont octaédriques et relèvent du système orthorhombique. Ils sont transparents, de couleur jaune clair, et restent inaltérables à la température ordinaire. Une dissolution de soufre dans le sulfure de carbone laisse, après évaporation, du soufre octaédrique. La densité du soufre octaédrique est 2,07. Sa fusion s'opère à 113°.

Si l'on fond du soufre dans un creuset et, qu'au moment de sa solidification, on enlève la surface pour pouvoir par retournement vider l'intérieur encore liquide, on voit adhérer sur les parois du creuset des aiguilles latérales transparentes et flexibles. Ces aiguilles sont du soufre prismatique appartenant au système clinorhombique. La densité du soufre prismatique est 1,97. Son point de fusion est à 117°4. Il dégage une quantité de chaleur supérieure de 0 cal. 04 au soufre octaédrique.

Mais ces propriétés ne sont pas stables. Elles n'existent pour l'un des corps qu'au-dessus de 98° et pour l'autre au-dessous de ce point.

Laissées un certain temps à l'air libre, les aiguilles prismatiques deviennent opaques et friables; leur densité est alors de 2,07. Elles passent à la forme octaédrique.

Inversement, les cristaux octaédriques abandonnés quelque temps à 112° et touchés avec un cristal prismatique absorbent de la chaleur et passent à la forme prismatique.

Si, d'autre part, dans du soufre en surfusion à 100°, on touche un des points avec un cristal octaédrique toute la masse cristallise dans ce système. Si on touche, au contraire, le même point avec un cristal prismatique la masse entière cristallise dans le système prismatique. Les cristaux octaédriques produits par la première de ces deux expériences ne sont pas stables si la température n'est pas inférieure à 98°.

M. Gernez a montré que l'on obtenait à volonté une des deux formes cristallines à une même température par la dissolution à 80° du soufre dans la benzine, suivie d'un refroidissement à 15° au contact de l'une ou de l'autre forme du soufre.

Le soufre en fleur ou en canons, dissous dans du sulfure de carbone, laisse un résidu insoluble qui est le *soufre amorphe*. Ce soufre se produit encore en faible quantité par le refroidissement brusque du métalloïde chauffé à 155° ou à 170°. La densité est alors de 2,05. Laissé quelque temps à 100°, il devient prismatique et se dissout dans le sulfure de carbone.

De 113 à 120°, le soufre est fluide et transparent avec une couleur jaune clair ; au delà de cette température, il devient brun et visqueux. A 200°, on peut retourner le vase qui le contient sans qu'il y ait crainte de le voir tomber. Au-dessus de 200°, il redevient liquide, mais il conserve sa couleur brune. A 447°, il bout et distille ; les produits de la distillation redonnent le soufre jaune citron.

Si on chauffe le soufre à 250°, puis qu'on le laisse refroidir lentement, il repasse par les états inverses décrits ci-dessus. Il présente trois points critiques à 230°, à 170° et à 140°.

Fondu à 120° et versé brusquement dans de l'eau froide, le soufre devient jaune citron et friable. Mais s'il a été porté à 230°, un refroidissement rapide analogue le fait passer à l'état de soufre mou et élastique. Desséché, il devient dur et cassant et revient à la forme octaédrique.

Par rapport à l'air, la densité de la vapeur de soufre est de 6,6 à 500°. Quand la température augmente, cette densité décroît ; à 860°, elle devient constante et égale à 2,2 (Troost).

Propriétés chimiques. — Le soufre est électro-positif ou combustible envers l'oxygène, le chlore, le brome, le fluor et l'iode. A 250°, il brûle dans l'oxygène, dans l'air, dans l'oxyde azoteux, en donnant une flamme peu éclairante. Il se produit de l'anhydride sulfureux :

$$\underset{\text{soufre}}{S} + \underset{\text{oxygène}}{O^2} = \underset{\substack{\text{anhydride}\\\text{sulfureux}}}{SO^2}$$

A la température ordinaire, le chlore donne avec le soufre du chlorure de soufre :

$$\underset{\text{soufre}}{S} + \underset{\text{chlore}}{Cl} = \underset{\substack{\text{chlorure de}\\\text{soufre}}}{SCl}$$

Le soufre est électro-négatif et comburant envers les autres corps. Le cuivre, le zinc, le fer, etc., brûlent dans la vapeur de soufre en formant un sulfure correspondant. Par l'expérience du *volcan de Lémeri* qui consiste à mélanger de la limaille de fer et du soufre et à humecter ce mélange, on fait voir l'affinité de ces deux corps à froid. La vapeur d'eau qui se dégage abondamment montre manifestement qu'il y a dégagement de chaleur dû à la production de sulfure.

Le soufre se combine avec le chlore chauffé au rouge quand il se trouve à l'état de vapeur. On a du sulfure de carbone ou anhydride sulfocarbonique :

$$\underset{\text{carbone}}{C} + \underset{\text{soufre}}{S^2} = \underset{\substack{\text{sulfure de}\\\text{carbone}}}{CS^2}$$

Avec l'hydrogène à 400°, on a de l'hydrogène sulfuré :

$$\underset{\text{hydrogène}}{H^2} + \underset{\text{soufre}}{S} = \underset{\substack{\text{hydrogène}\\\text{sulfuré}}}{H^2S}$$

Extraction du soufre natif. — 1° *Par la méthode des calkeroni.* — Sur une surface circulaire inclinée ap-

pelée calcarone (fig. 168), on dispose le minerai de soufre en une meule de 15 mètres environ de diamètre ; un
mur de 1m50 à 2 mètres de hauteur forme la paroi latérale extérieure de cette meule. A la partie inférieure
déclive de la masse, on ménage une ouverture appelée
la morte par laquelle s'échappe en coulant le soufre en

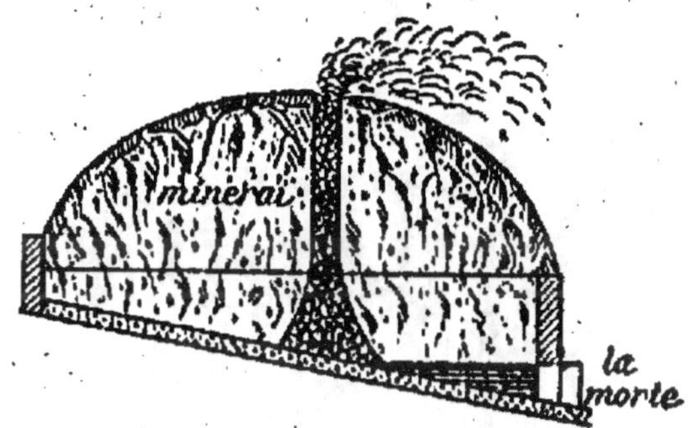

Fig. 168. — Extraction du soufre par la méthode des calkeroni.

fusion. A la partie inférieure et centrale de la meule, on
met les plus gros morceaux de minerai. Au-dessus, on
entasse le minerai le plus fin et les résidus d'opérations
précédentes. Le volume total de la meule varie de 200
à 1200 m³. Au moyen d'herbes sèches et soufrées, on
allume la meule par une ouverture pratiquée à la partie
supérieure. Quand le feu s'est communiqué à la masse
entière, on modère son action en faisant un revêtement
en terre. Le soufre s'écoule par la morte ; au bout de
quinze jours à un mois, l'opération est terminée. Il ne
se dégage plus de gaz sulfureux.

Ce procédé, très employé en Sicile, ne donne guère
qu'un rendement de 10 à 12 0/0 du poids du minerai.

2° *Par la distillation.* — Les sables des cratères des
volcans éteints sont mis dans des cornues ou pots en
terre réunis deux à deux (fig. 169), l'un se trouvant à
l'intérieur d'un four de galère, l'autre à l'extérieur. On
chauffe les pots contenus dans l'intérieur du four ; le

soufre distille, se rend dans les pots extérieurs et coule dans des baquets remplis d'eau froide où il se solidifie. Le soufre obtenu est impur ; sa couleur est jaune ver-

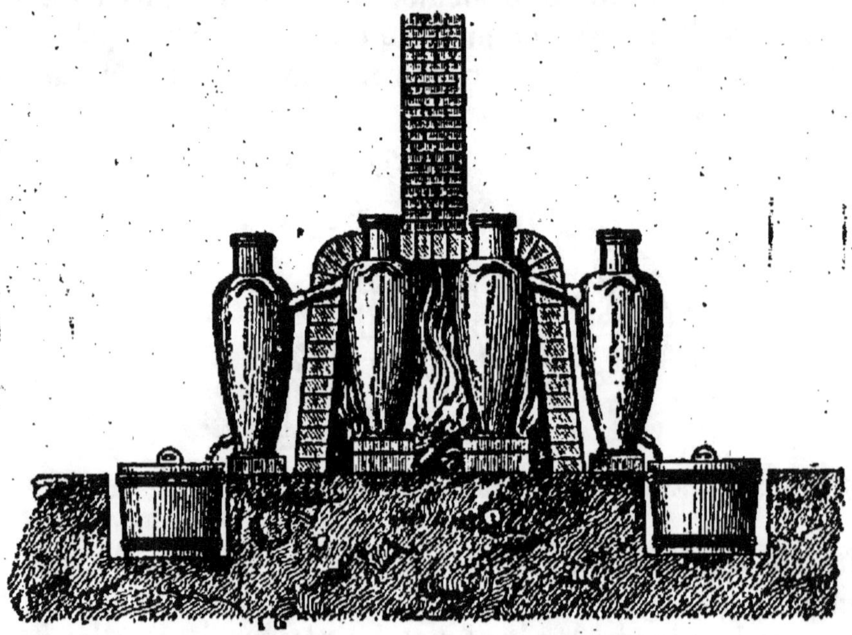

Fig. 169. — Four de galère.

dâtre. Le rendement est de 7 à 8 kgr. de soufre pour 10 à 25 kg. de sable sulfureux employé.

3° *Par la vapeur d'eau.* — Par ce procédé employé à Naples, on détermine la fusion du soufre par l'arrivée de vapeur d'eau à 4 atmosphères. On obtient ainsi un meilleur rendement que par le procédé des calkeroni.

4° *Procédé américain.* — Dans ce procédé, comme dans le précédent, on emploie la vapeur d'eau. Près de Lake Charles, sur le littoral du golfe du Mexique, se trouve un abondant gisement de soufre natif dont la couche est à 150 à 200 mètres de profondeur. Pour extraire ce soufre, on injecte dans un trou de sonde de 0ᵐ25 de diamètre de la vapeur d'eau surchauffée à 168°

qui dissout le soufre, lequel remonte fondu par un tube central de 0ᵐ125 grâce à la pression de l'air comprimé que l'on envoie. En tout il y a quatre tubes concentriques qui sont : le trou de sonde extérieur, le tube intérieur donnant passage à l'eau chaude, le tube élévatoire de soufre et au centre un tube d'injection d'air.

Le soufre sort à l'extérieur parfaitement raffiné ; il coule dans de grands bassins où il se solidifie. On dispose les tubes à 50 mètres les uns des autres. Le prix de revient du soufre rendu en Europe est, avec ce procédé, descendu à 30 fr. la tonne au lieu de 80 à 110 fr., prix de vente du soufre provenant de la Sicile.

5° *Par le chlorure de calcium.* — Le minerai immergé dans une solution de chlorure de calcium à 120° donne un rendement de 19 à 23 0/0 en soufre. Ce rendement est supérieur à celui que fournit le procédé des calkeroni.

Extraction du soufre des pyrites. — Les pyrites (bisulfure de fer) sont introduites dans des cornues en grès de forme conique placées dans un four de galère. Par le chauffage, le soufre se sépare, fond et se rend dans un vase de fonte contenant de l'eau froide :

$$3\ FeS^2 = S^2 + Fe^3S^4$$

$$\underset{\substack{\text{bisulfure} \\ \text{de fer}}}{3\ FeS^2} = \underset{\text{soufre}}{S^2} + \underset{\substack{\text{sulfure magnétique} \\ \text{de fer}}}{Fe^3S^4}$$

Raffinage. — Le soufre brut est, à son arrivée en France, soumis à un raffinage dans un appareil composé d'une chaudière communiquant avec une cornue cylindrique. Le soufre fondu se vaporise et se rend dans une chambre en maçonnerie où il se condense en fine poussière sur les parois. Cette poussière est la fleur de soufre. La chaleur venant à augmenter dans la chambre atteint 113°. A cette température, le soufre fond ; il se réunit à la partie inférieure un peu inclinée et, de temps à autre, on le dirige dans une chaudière de laquelle on l'extrait pour le couler dans des moules en bois tronconiques, de manière à former des *canons*.

Le soufre en fleur contient toujours un peu d'anhydride sulfureux et d'acide sulfurique que l'on purifie en le lavant à l'eau bouillante, mais le soufre en canons est beaucoup plus pur.

Usages. — Le soufre entre dans la composition de la poudre. On s'en sert pour fabriquer des allumettes et vulcaniser le caoutchouc. Il est utilisé dans la préparation du sulfure de carbone, de l'anhydride sulfureux et de l'acide sulfurique. Les vignerons détruisent les ravages causés par l'oïdium en employant une composition dont le soufre constitue l'élément important. On se sert aussi de sulfate de cuivre ou bouillie bordelaise. La médecine a recours à des pommades sulfureuses pour combattre les maladies de la peau et les affections de la gorge. Avec le soufre on prend des empreintes de médailles ; on fait des scellements.

Caractères des sulfures. — Si les sulfures sont solubles, ils dégagent, quand on y verse un acide, de l'hydrogène sulfuré ou acide sulfhydrique reconnaissable à une odeur repoussante (œufs pourris).

Ils donnent avec les sels de plomb un précipité noir,

PHOSPHORE

$$\text{Poids atomique :} \left(\frac{1}{2} \text{ vol.}\right) \ P = 31$$

$$\text{Poids moléculaire :} \ (2 \text{ vol.}) \ P^4 = 124$$

Etat naturel. — Le phosphore existe à l'état de phosphures de fer, de magnésium, de calcium (phosphorite), de chlorophosphates (apatite, wagnérite). On le trouve dans le sol, dans les engrais, dans les plantes.

Les os, les nerfs, l'urine, la laitance des poissons contiennent du phosphore.

Propriétés physiques. — Le phosphore est solide, translucide, incolore et de couleur un peu ambrée, d'une odeur alliacée. Il est flexible et facile à rayer par l'ongle.

Sa densité est 1,83. Il fond à 44°. Il présente assez facilement la surfusion (fig. 170). Le phosphore recouvert d'une couche d'eau, puis chauffé à 44° dans un tube, ne tarde pas à fondre. Il ne se solidifie à la température de 30° que si on le touche avec une baguette contenant une parcelle de phosphore ordinaire (Gernez). Au-dessous de 30°, la solidification du phosphore se produit par simple agitation.

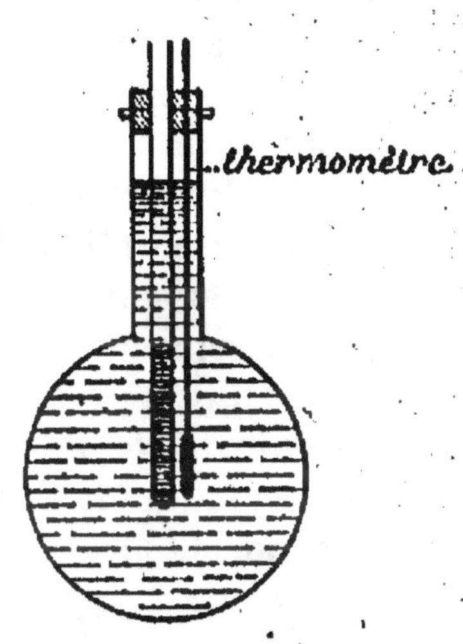

Fig. 170. — Surfusion du phosphore.

Le point d'ébullition du phosphore est à 278°. Ce corps est insoluble dans l'eau ; il est un peu soluble dans l'alcool et dans l'éther et il est très soluble dans la benzine et le sulfure de carbone.

Dans l'eau privée d'air, le phosphore transparent se recouvre peu à peu d'une poussière blanche et opaque composée de cristaux microscopiques. Le phosphore transparent cristallise en dodécaèdres rhomboïdaux.

Propriétés chimiques. — Dans l'obscurité, le phosphore présente le phénomène de phosphorescence c'est-à-dire de lumière. A la température ordinaire et dans l'air sec, il subit peu à peu une oxydation accompagnée de phosphorescence et il se transforme en anhydrides phosphoreux et phosphorique. A l'air humide, ce sont des acides phosphoreux et phosphoriques auxquels le phosphore donne naissance.

Un peu au delà de 30°, le phosphore s'enflamme dans le gaz oxygène en produisant une lumière éblouissante. On démontre cette combustion du phosphore en ouvrant le robinet d'une vessie contenant de l'oxygène comprimé et en faisant dégager ce gaz sur le phosphore placé au fond d'une éprouvette remplie d'eau. Il y a production d'éclairs ; de l'acide phosphorique se dissout dans l'eau.

On obtient une rapide oxydation du phosphore à la température ordinaire en versant quelques gouttes d'une solution de phosphore et de sulfure de carbone sur du papier ; celui-ci devient spontanément inflammable dès que le sulfure de carbone s'est évaporé.

. A l'air libre, le phosphore s'enflamme à 60° en donnant une lumière éclatante. Il se produit de l'anhydride phosphorique :

$$P^2 + O^3 = P^2O^5$$

Phosphore   oxygène   anhydride
phosphorique solide.

Le phosphore s'enflamme spontanément dans le chlore, dans le brome et dans l'iode avec formation de trichlorures liquides ou de pentachlorures liquides (PCl^3, PBr^3).

Il se combine facilement avec le silicium et l'arsenic ainsi qu'avec la plupart des métaux en donnant des phosphures.

Le phosphore est un réducteur énergique. Il attaque avec vivacité l'acide nitrique concentré et moins violemment l'acide étendu. Les acides arsénique, sulfurique et iodique sont également réduits. Il décompose la vapeur d'eau au-dessus de 250°.

Il exerce une action toxique sur les organes, sur le système nerveux et sur les os. Son antidote est l'essence de térébenthine. Les brûlures très dangereuses qu'occasionne ce métalloïde sur les tissus vivants sont combattues au moyen de la magnésie.

Phosphore rouge. — En vase clos et sous l'influence de la chaleur, le phosphore ordinaire se transforme en phosphore rouge qui est une modification allotropique du premier. Le phosphore rouge diffère du phosphore ordinaire par un certain nombre de propriétés. Il a une plus forte densité, 2,34; il ne fond pas, il cristallise à 580°, il est insoluble dans le sulfure de carbone. Il n'est pas phosphorescent, il s'oxyde très lentement à l'air, il ne s'enflamme qu'à 260°, n'attaque pas les solutions alcalines faibles et n'est pas vénéneux. Sous l'action de la chaleur (au-dessus de 200°), il repasse à l'état de phosphore ordinaire. Il est le plus souvent amorphe.

PRÉPARATION

PROCÉDÉS INDUSTRIELS

Procédé de Scheele. — On calcine les os blancs qui renferment 80 0/0 de phosphate tricalcique et 20 0/0 de carbonate de calcium, de silice et d'alumine. Les matières organiques sont ainsi brûlées. Le résidu ou cendre d'os est traité dans une cuve en plomb par l'eau bouillante et l'acide sulfurique. Il se produit du phosphate monocalcique et du sulfate de calcium.

Voici quelles sont les réactions :

$$(PO^4)^2Ca^3 + 2SO^4H^2 = (PO^4)^2H^4Ca + 2SO^4Ca$$

Phosphate tricalcique | acide sulfurique | phosphate monocalcique (orthophosphate acide de calcium). | sulfate de calcium

$$CO^3Ca + SO^4H^2 = SO^4Ca + CO^2 + H^2O$$

Carbonate de calcium | acide sulfurique | sulfate de calcium | anhydride carbonique | eau

Après repos, on décante l'orthophosphate acide de calcium soluble, on évapore jusqu'à consistance sirupeuse, on incorpore du charbon et on chauffe au rouge sombre. L'orthophosphate acide se transforme en métaphosphate neutre sous l'action de l'eau provenant de l'acide sulfurique en excès :

$$(PO^4)^2H^4Ca \quad - \quad 2H^2O \quad = \quad (PO^3)^2Ca$$

Orthophosphate acide de calcium — eau — métaphosphate neutre de calcium

On chauffe ensuite la masse concassée au rouge vif avec du charbon dans des cornues en grès (fig. 171) que

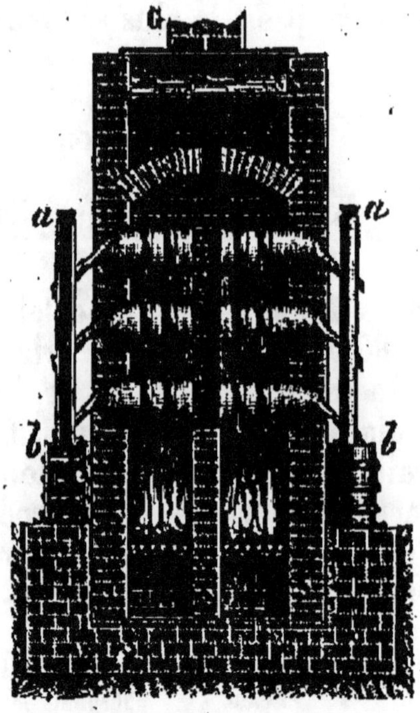

Fig. 171. — Fabrication du phosphore blanc.

l'on introduit dans un fourneau voûté. La décomposition du métaphosphate par le charbon donne du phosphore, de l'oxyde de carbone et régénère le phosphate tricalcique suivant l'équation :

$$3\,[(PO^3)^2Ca] + 10\,C = (PO^4)^2Ca^3 + 10\,CO + P^4$$

Métaphosphate de calcium — charbon — phosphate tricalcique — oxyde de carbone — phosphore

Procédé Coignet. — Le procédé précédent est remplacé actuellement par celui de Coignet dans lequel on traite les os par l'acide chlorhydrique qui dissout la matière minérale et laisse l'osséine qu'on transforme ensuite en gélatine. Comme ci-dessus l'orthophosphate tricalcique est transformé en orthophosphate acide ; le carbonate par double décomposition devient un chlorure. A la solution chlorhydrique, on ajoute un lait de chaux étendu qui précipite l'acide phosphorique en phosphate bicalcique insoluble :

$$(PO^4)^2CaH^4 + CaO = (PO^4)^2Ca^2H^2 + H^2O$$

phosphate monocalcique — chaux — phosphate bicalcique — eau

On traite ce phosphate par l'acide sulfurique qui le transforme en acide phosphorique :

$$(PO^4)^2CaH^4 + SO^4H^2 = 2PO^4H^3 + SO^4Ca$$

phosphate monocalcique — acide sulfurique — acide phosphorique — sulfate de calcium

Cet acide phosphorique que l'on concentre est mélangé avec du charbon de bois en poudre puis chauffé au rouge blanc dans des cornues réfractaires. On recueille la vapeur de phosphore dans des cuves à eau métalliques :

$$4PO^4H^3 + 16C = P^4 + 16CO + 6H^2$$

acide phosphorique — carbone — phosphore — oxyde de carbone — hydrogène

Le phosphore obtenu est ensuite purifié à travers une couche de noir animal et passé dans une peau de chamois, puis moulé en prismes triangulaires.

Si on veut l'avoir tout à fait pur, il faut le distiller dans une cornue dans laquelle circule un courant d'hydrogène.

Préparation au four électrique. — On soumet un mélange de phosphates naturels, de silice et de charbon à la température du four électrique. La silice met l'acide phosphorique en liberté. On réduit cet acide par le charbon ; le phosphore distille (procédé Readmann et Parker). On obtient de cette façon 86 0/0 du phosphore contenu dans le mélange.

L'appareil de M. Billaudot qui sert à cette préparation se compose essentiellement d'un four électrique, d'un condenseur mis en communication avec une série de tours de condensation, d'un aspirateur d'oxyde de car-

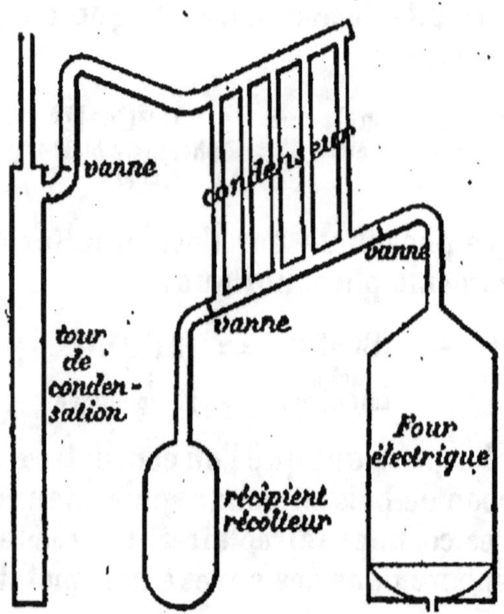

Fig. 172. — Préparation du phosphore au four électrique.

bone et d'un compresseur pour ce dernier gaz et enfin d'un appareil de récolte (fig. 172).

Préparation du phosphore rouge. — Dans l'industrie, on obtient le phosphore rouge en chauffant dans une cornue en fonte du phosphore ordinaire jusqu'à 240°. On maintient dix jours à cette température. Après refroidissement, on détache le phosphore solide que l'on broie. On débarrasse cette matière qui est du phosphore rouge impur du phosphore ordinaire qu'il contient par le sulfure de carbone qui dissout seulement le dernier. On lave enfin et on sèche le phosphore rouge purifié.

Usages. — Le phosphore sert surtout à la fabrication des allumettes ordinaires. Celles-ci sont trempées dans une pâte semi-fluide composée de :

Phosphore.	30 0/0
Gomme du Sénégal.	30 —
Bioxyde de plomb	20 —
Sable fin et matières colorantes . .	20 —

La toxicité du phosphore est mise à profit pour composer une pâte phosphorée employée à la destruction des rats. Cette pâte est confectionnée avec du phosphore fondu, de la farine et de la graisse.

Les allumettes qui ne s'enflamment que sur un frottoir spécial sont exemptes de phosphore. La pâte de l'allumette a la composition suivante :

Chlorate de potassium . . .	100	parties
Sulfure d'antimoine. . . .	40	—
Colle forte.	20	—

La pâte du frottoir, au contraire, est faite avec les matières suivantes parmi lesquelles se trouve le phosphore rouge :

Phosphore rouge	100	parties
Sulfure d'antimoine.	80	—
Colle forte.	50	—

Le phosphore est à l'état combiné dans le phosphate de calcium naturel (phosphate de chaux) que l'acide sulfurique transforme en phosphate acide employé comme engrais sous le nom de superphosphate.

CHLORE

Poids atomique (1 vol.) : $Cl = 35,5$
Poids moléculaire (2 vol.) : $Cl^2 = 71$

Propriétés physiques. — Le chlore est un gaz jaune verdâtre d'une odeur suffocante, dangereuse pour l'économie. Sa densité est de 2,49. Il est soluble dans l'eau avec laquelle il forme un hydrate $Cl + 5H^2O$. On le liquéfie à — 35° à la pression atmosphérique ou à + 15° à la pression de 4 atmosphères. Le chlore liquide a une densité de 1,33; il se solidifie à — 102°. Son point d'ébullition est à — 34° et son point critique à 141°.

Propriétés chimiques. — Le chlore est un corps électro-négatif mais ses composés oxygénés ne jouissent pas de cette propriété. Sa combinaison se fait directement avec le plus grand nombre de corps simples sauf l'oxygène, l'azote et le carbone dans la série des métalloïdes.

La combustion du phosphore dans le chlore se fait spontanément; il y a formation de pentachlorure de phosphore : PCl^5. Le soufre se combine aussi avec lui à la température ordinaire. L'arsenic et l'antimoine en poudre brûlent spontanément dans ce gaz. Le cuivre au rouge brûle facilement. Ces combinaisons sont exothermiques.

Le mercure est attaqué à la température ordinaire. Dans l'eau de chlore, l'or et le platine se dissolvent : il se forme un chlorure soluble.

Le chlore et l'hydrogène libre se combinent dans un flacon à la lumière solaire en donnant un mélange détonant dangereux.

$$H + Cl = HCl$$

hydrogène   chlore   acide chlorhydrique

Il est prudent de faire cette expérience à distance. La même réaction se fait plus lentement à la lumière diffuse.

Le chlore décompose l'eau à froid sous l'influence de la lumière :

$$H^2O \quad + \quad 2Cl \quad = \quad O \quad + \quad 2HCl$$

eau   chlore   oxygène   acide
chlorhydrique

C'est pour cette raison qu'on ne peut conserver l'eau de chlore que dans des flacons soustraits à l'action de la lumière.

Cette propriété de décomposer l'eau à froid permet, dans certains cas, de l'employer comme corps oxydant. Ainsi le gaz sulfureux est transformé par le chlore en acide sulfurique suivant l'équation :

$$SO^2 \quad + \quad 2H^2O \quad + \quad 2Cl \quad = \quad SO^4H^2 \quad + \quad 2HCl$$

anhydride   eau   chlore   acide   acide
sulfureux   sulfurique   chlorhydrique

L'oxygène de l'eau décomposée par le chlore se porte sur le gaz sulfureux. Ce pouvoir oxydant explique pourquoi un sel ferreux se transforme en sel ferrique sous l'action du chlore. D'ailleurs, on vérifie aisément cette réaction en mettant du sulfate ferreux dans deux verres à pied. Si dans l'un des verres on versé de l'eau pure et dans l'autre de l'eau de chlore, l'ammoniaque donne dans le premier cas un précipité blanc verdâtre qui indique un sel ferreux et dans le second un précipité couleur rouille, caractéristique des sels ferriques.

L'hydrogène sulfuré est décomposé par le chlore en soufre et en acide chlorhydrique :

$$H^2S \quad + \quad 2Cl \quad = \quad S \quad + \quad 2HCl$$

Hydrogène   chlore   soufre   acide
sulfuré   chlorhydrique

Le gaz ammoniac qui, par un tube, se dégage dans

un flacon de chlore, brûle spontanément en produisant de l'azote et du chlorure d'ammonium :

$$4AzH^3 \quad + \quad 3Cl \quad = \quad Az \quad + \quad 3(AzH^4Cl)$$

Gaz ammoniac — chlore — azote — chlorure d'ammonium

De l'ammoniaque versée dans un tube contenant de l'eau de chlore donne naissance à des bulles d'azote et à un peu d'hypochlorite d'ammonium qui se décompose en présence de l'excès d'ammoniaque en azote et en chlorure d'ammonium.

La combinaison du chlore avec certains carbures d'hydrogène donne des composés d'addition (ex : chlorure d'éthylène $C^2H^4Cl^2$).

Le chlore enlève quelquefois l'hydrogène à certains composés et donne des produits de substitution (ex : CH^2Cl^2, $CHCl^3$, CCl^4).

Il exerce une action décolorante très marquée sur certaines matières. Ainsi le tournesol, l'indigo, l'encre sont décolorés par une solution de chlore. Si on fait agir l'eau de chlore sur l'encre, les caractères conservent leur trace colorée en jaune par l'oxyde ferrique. On détruit cette coloration par l'acide chlorhydrique ou par l'acide acétique (vinaigre). Pour obtenir de l'encre indélébile, il faut lui ajouter du carbone (encre de Chine ou encre d'imprimerie).

La plupart des oxydes métalliques sont décomposables par le chlore :

$$CaO \quad + \quad 2Cl \quad = \quad CaCl^2 \quad + \quad O$$

Chaux — chlore — chlorure de calcium — oxygène

Au lieu de se dégager, l'oxygène à froid peut se fixer sur le chlore. Les hydrates alcalins donnent des hypochlorites :

$$2KOH + 2Cl = KCl + ClOK + H^2O$$

potasse   chlore   chlorure de potassium   hypochlorite de potassium   eau

Le mélange de ces deux sels (KCl + ClOK) constitue l'eau de Javel qui est un chlorure décolorant.

Le chlore qui agit sur la chaux fournit du chlorure de chaux. Les chlorures décolorants laissent facilement dégager le chlore par l'addition d'un acide même faible comme l'acide carbonique de l'air. Ils s'emploient comme désinfectants.

A chaud, une solution concentrée de potasse donne, avec le chlore, le chlorate de potassium.

$$6KOH + 6Cl = 5KCl + ClO^3K + 3H^2O$$

potasse   chlore   chlorure de potassium   chlorate de potassium   eau

Si on mélange à volumes égaux du chlore et de l'oxyde de carbone, on obtient sous l'action de la lumière solaire du chlorure de carbonyle $COCl^2$.

PRÉPARATION

I. PROCÉDÉS DES LABORATOIRES

1° **Action de l'acide chlorhydrique sur le bioxyde de manganèse.** — C'est le procédé de Scheele. On chauffe légèrement un ballon (fig. 173) contenant du bioxyde de manganèse et de l'acide chlorhydrique concentré. Il se produit du chlore, du chlorure de manganèse et de l'eau :

$$MnO^2 + 4HCl = 2Cl + MnCl^2 + 2H^2O.$$

bioxyde de manganèse   acide chlorhydrique   chlore   chlorure de manganèse   eau

Le chlore abandonne l'acide chlorhydrique entraîné dans un flacon laveur et l'eau dans une colonne à chlorure de calcium. Le chlore est recueilli dans un flacon

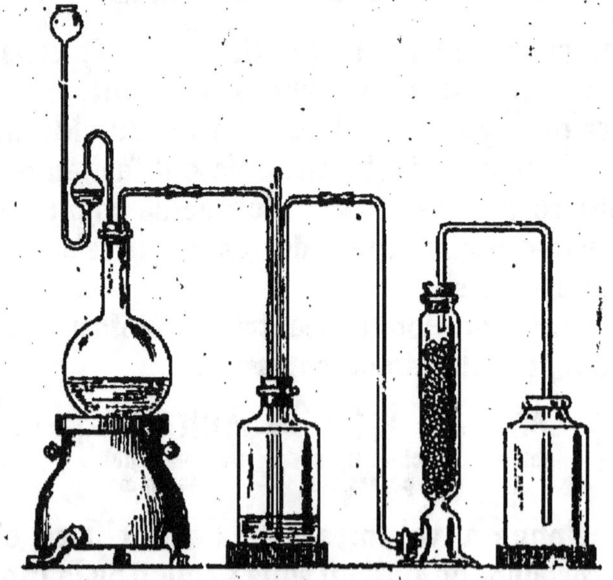

Fig. 173. — Préparation du chlore par le procédé de Scheele
(acide chlorhydrique et bioxyde de manganèse).

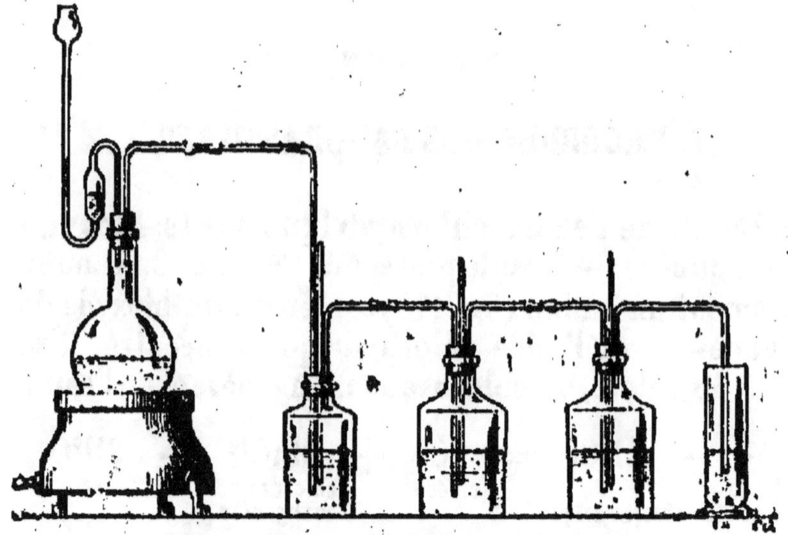

Fig. 174. — Appareil de Woulf.

sec où il reste sans s'échapper en raison de sa grande

densité. On ne recueille pas le chlore sur la cuve à mercure parce que ce métal est attaqué par le gaz.

S'il n'est pas utile d'avoir le gaz sec, on recueille le chlore sur *l'eau salée* dans laquelle il est moins soluble que dans l'eau ordinaire.

Pour avoir une dissolution de chlore, on fait passer le gaz provenant de la préparation précédente dans une suite de flacons de Woulf (fig. 174) contenant de l'eau. Une dernière éprouvette dans laquelle on a versé une liqueur alcaline absorbe l'excès de chlore dégagé.

2° Action du chlorure de sodium sur le bioxyde de manganèse et l'acide sulfurique. — C'est le procédé de Berthollet. On remplace l'acide chlorhydrique par l'acide sulfurique et un chlorure. On a la réaction suivante :

$$MnO^2 + 2NaCl + 2(SO^4H^2) = SO^4Mn + SO^4Na^2 + 2H^2O + 2Cl$$

| Bioxyde de manganèse | chlorure de sodium | acide sulfurique | sulfate de manganèse | sulfate de sodium | eau | chlore |

II. — PROCÉDÉS INDUSTRIELS

1° Par les méthodes de Scheele et de Weldon. — Dans l'industrie, on remplace le ballon de laboratoire par des bonbonnes ou vases en pierre (fig. 175) et on place le bioxyde de manganèse concassé dans des cylindres en grès percés de trous que l'on introduit dans les bonbonnes. La réaction produite est celle du bioxyde de manganèse sur l'acide chlorhydrique concentré.

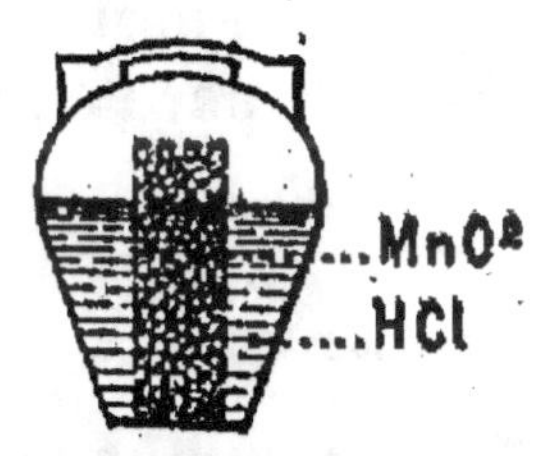

Fig. 175. — Fabrication industrielle du chlore.

Dans le procédé Weldon, on régénère le bioxyde, c'est-à-dire qu'on ramène à l'état de bioxyde le chlorure de manganèse formé par la réaction de Scheele. Le principe de ce procédé de régénération repose sur la précipitation de l'oxyde manganeux et son oxydation par l'oxygène de l'air. On neutralise la solution acide de chlorure de manganèse impur par de la craie qui précipite l'alumine, l'oxyde ferrique et la silice. On décante la liqueur à laquelle on ajoute un lait de chaux. On fait passer un courant d'air. L'oxyde manganeux produit s'oxyde et donne un précipité de bimanganite de calcium qui, traité par l'acide chlorhydrique, fournit du chlore, du chlorure de calcium et du chlorure de manganèse auquel on fait subir les mêmes transformations que celles qui viennent d'être décrites.

$$\underset{\substack{\text{bimanganite} \\ \text{de calcium}}}{(MnO^2)^2CaH^2} + \underset{\substack{\text{acide} \\ \text{chlorhydrique}}}{10HCl} = \underset{\text{chlore}}{2Cl^2} + \underset{\substack{\text{chlorure de} \\ \text{manganèse}}}{2MnCl^2} + \underset{\substack{\text{chlorure de} \\ \text{calcium}}}{CaCl^2} + \underset{\text{eau}}{6H^2O}$$

Par la méthode Deacon. — Par ce procédé on décompose l'acide chlorhydrique par l'oxygène au rouge sombre :

$$\underset{\text{ac. chlorhydrique}}{2\,HCl} + \underset{\text{oxygène}}{O} = \underset{\text{magnésie}}{2\,Cl} + \underset{\text{eau}}{H^2O}.$$

Par la méthode Schlœsing. — On décompose le chlorure de magnésium déshydraté par un courant d'air c'est-à-dire par l'oxygène :

$$\underset{\substack{\text{chlorure} \\ \text{de magnésium}}}{MgCl^2} + \underset{\text{oxygène}}{O} = \underset{\text{magnésie}}{MgO} + \underset{\text{chlore}}{2Cl}$$

Par la méthode de Péchiney. — On décompose l'oxychlorure de magnésium anhydre par un courant d'air :

$$\underset{\substack{\text{oxychlorure de magnésium} \\ \text{anhydre}}}{MgCl^2,MgO} + \underset{\text{oxygène}}{O} = \underset{\text{magnésie}}{2MgO} + \underset{\text{chlore}}{2Cl}$$

Par la méthode électrolytique. — On prépare encore le chlore dans l'industrie en électrolysant une dissolution de chlorure de magnésium et de chlorure alcalin.

Usages. — La principale application du chlore est dans le blanchiment. Autrefois, on employait le chlore à l'état de solution ; actuellement on se sert de chlorure de chaux. On décolore ainsi les chiffons destinés à la fabrication du papier ; on désinfecte les égouts, les navires, latrines, fosses d'aisances, etc.

Caractères des chlorures. — Les chlorures solubles produisent avec l'azotate d'argent un précipité blanc, caillebotté, devenant violet lorsqu'il reste exposé à l'action de la lumière. Ce précipité qui est insoluble dans l'acide azotique est soluble dans l'ammoniaque et dans l'hyposulfite de sodium.

L'acide sulfurique concentré versé sur un chlorure dégage des fumées abondantes de gaz chlorhydrique.

SILICIUM

Poids atomique : Si = 28

Propriétés physiques. — Le silicium se présente sous deux états : à l'état amorphe et à l'état cristallisé.

Le silicium amorphe est une poudre brune, mauvaise conductrice de la chaleur et de l'électricité. Quand on le chauffe sous une couche de sel marin suffisante pour empêcher l'accès de l'air, il fond en globules cristallins (silicium cristallisé).

Le silicium cristallisé est formé d'octaèdres réguliers fréquemment disposés en chapelets. Sa couleur est gris de plomb ; son éclat est métallique. Il a une densité égale à 2,49 et un point de fusion situé à 1200°. Sa dureté est inférieure à celle du diamant.

Propriétés chimiques. — Le silicium est attaqué à froid par le fluor ; il se produit du fluorure de silicium.

$$\underset{\text{silicium}}{Si} + \underset{\text{fluor}}{F^4} = \underset{\text{fluorure de silicium}}{SiF^4}$$

Le chlore, le brome et l'iode donnent des réactions semblables.

Le silicium amorphe, calciné au rouge vif, ne s'oxyde plus que lentement dans un courant d'oxygène, comme le fait le silicium cristallisé ou graphitoïde. Mais, s'il n'est pas porté au préalable à une forte température, il brûle à l'air en donnant de la silice.

$$\underset{\text{silicium}}{Si} + \underset{\text{oxygène}}{O^2} = \underset{\text{silice}}{SiO^2}$$

Du silicium, chauffé avec un hydrate alcalin en solution concentrée, comme la potasse, donne un silicate alcalin et de l'hydrogène :

$$\underset{\text{silicium}}{Si} + \underset{\text{potasse}}{2KOH} + \underset{\text{eau}}{H^2O} = \underset{\text{silicate de potassium}}{SiO^3K^2} + \underset{\text{hydrogène}}{4H}$$

La vapeur de soufre et l'azote se combinent avec le silicium pour former un sulfure et un azoture.

Le carbone et le silicium portés à la température de l'arc électrique se combinent avec production de siliciure de carbone cristallisé SiC.

L'acide chlorhydrique gazeux arrive à former avec le silicium un chlorure de silicium et un liquide que l'on désigne sous le nom de silici-chloroforme SiHCl³ (Friedel et Ladenburg). Des réactions analogues se produisent avec les acides bromhydrique et iodhydrique à froid. A froid, l'acide fluorhydrique dissout le silicium amorphe.

Au rouge, les carbonates alcalins décomposés par le silicium se séparent en charbon et silicate.

A froid, le silicium cristallisé n'est pas attaqué par les acides, mais il l'est par un mélange d'acides azotique et fluorhydrique.

Préparation du silicium amorphe. — *Action du fluosilicate de potassium sur le potassium.* — C'est l'ancien procédé de Berzélius qui consiste à chauffer ces deux corps dans un tube de verre

$$\underset{\substack{\text{fluosilicate de}\\\text{potassium}}}{SiF^6K^2} + \underset{\text{potassium}}{4K} = \underset{\substack{\text{fluorure de}\\\text{potassium}}}{6KF} + \underset{\text{silicium}}{Si}$$

Action du fluosilicate de potassium sur le sodium. — On chauffe dans un creuset un mélange de ces deux corps. La masse brune obtenue comprend du silicium amorphe, du siliciure de sodium, du fluorure de potassium, du fluorure de sodium et l'excès de fluosilicate de potassium. On traite le tout par l'eau froide qui décompose le siliciure de sodium et donne une solution étendue de soude. On décante le liquide et on reprend la masse par l'eau chaude. Les fluorures de potassium et de sodium ainsi que le fluosilicate de potassium se dissolvent. Il reste alors le silicium.

Action du chlorure de silicium sur le sodium. — Par ce procédé, H. Sainte-Claire-Deville, en chauffant du sodium dans des nacelles de porcelaine, puis en faisant passer un courant de chlorure de silicium, a obtenu du silicium et du chlorure de sodium. Le résidu traité par l'eau laisse le silicium insoluble

$$\underset{\substack{\text{chlorure de}\\\text{silicium}}}{SiCl^4} + \underset{\text{sodium}}{4Na} = \underset{\substack{\text{chlorure de}\\\text{sodium}}}{4NaCl} + \underset{\text{silicium}}{Si}$$

Action du verre sur le sodium. — Dans un creuset réfractaire, on chauffe du verre pur avec du sodium. La partie non réduite de la silice du verre se combine au sodium pour former un silicate de sodium. La partie réduite est le silicium :

$$3SiO^2 \quad + \quad 4Na \quad = \quad 2SiO^3Na^2 \quad + \quad Si$$

silice   sodium   silicate de   silicium
sodium

Propriétés du silicium cristallisé. — *Action du fluo-silicate de potassium sur l'aluminium.* — On fond, dans un creuset, vers 950° à 1000° de l'aluminium et du fluo-silicate de potassium en grand excès. On traite la masse refroidie par l'acide chlorhydrique concentré qui dissout l'aluminium et par l'acide fluorhydrique qui enlève la silice. Les lamelles hexagonales cristallisées que l'on obtient ont une couleur gris de plomb ; elles rappellent assez l'aspect du graphite ; c'est pour cette raison que l'on a donné à cette forme du silicium le nom de *silicium graphitoïde*.

Action du chlorure de silicium sur l'aluminium. — Sainte-Claire-Deville faisait passer de la vapeur de chlorure de silicium sur de l'aluminium porté au rouge. Il obtenait le silicium cristallisé en longues aiguilles octaédriques.

Action du sodium sur le zinc et sur le fluorure double de silicium et de potassium. — On met ce mélange dans un creuset en terre et on chauffe après avoir recouvert le creuset. On reprend la masse froide par l'acide chlorhydrique qui dissout le zinc, par l'acide azotique qui dissout le plomb (métal accompagnant toujours le zinc impur) et par l'acide fluorhydrique qui dissout la silice. Il reste le silicium cristallisé en aiguilles brillantes.

Usages. — Si le silicium pur n'a pas d'applications directes, il n'en est pas de même de quelques-uns de ses composés, tels que le ferrosilicium (siliciure de fer) employé en métallurgie pour transformer les fontes blanches peu fusibles en fontes grises plus fusibles qui servent au moulage.

Il entre dans la composition chimique des aciers. On

fabrique des aciers au silicium qui possèdent une grande résistance au choc et qui ont en même temps une limite élastique élevée. Ces aciers obtenus au four Martin sur sole acide servent surtout à la confection des ressorts.

On fabrique aussi le bronze de silicium. La télégraphie et la téléphonie emploient le cuivre silicié.

Le carborundum est un siliciure de carbone pouvant remplacer l'émeri comme dureté.

La silice est un oxyde de silicium très répandu dans la nature et qui a de nombreuses applications.

MÉTAUX ET OXYDES MÉTALLIQUES

Généralités.. — Les métaux constituent le second groupe de la chimie minérale. Actuellement on en connaît 50 environ non compris les métaux dont les propriétés sont incomplètement connues comme le radium, le polonium, l'actinium, le scandium, etc.

Ils sont doués d'un éclat particulier appelé *éclat métallique*. Au point de vue chimique, ils se distinguent des métalloïdes en ce qu'ils forment avec l'oxygène au moins un oxyde basique. Ils sont bons conducteurs de la chaleur et de l'électricité.

Les poids atomiques des métaux par rapport à l'hydrogène sont les suivants :

Hydrogène H = 1

Métaux	Symbole	Poids atomique	Métaux	Symbole	Poids atomique
Potassium	K	39	Cobalt	Co	59
Sodium	Na	23	Vanadium	Va	51,2
Lithium	Li	7	Uranium	Ur	240
Thallium	Tl	204			
Cæsium	Cs	133	Tungstène	Tu	184
Rubidium	Rb	85	Molybdène	Mo	96
			Osmium	Os	190
Calcium	Ca	40	Germanium	Ge	72,4
Strontium	Sr	87,5	Tantale	Ta	182
Baryum	Ba	137	Titane	Ti	48
			Zirconium	Zr	98
Magnésium	Mg	24	Thorium	Th	233
Zinc	Zn	65	Etain	Sn	118
Cadmium	Cd	112	Bismuth	Bi	208
Aluminium	Al	27,0	Niobium	Nb	94
Glucinium	Gl	9,1			
Gallium	Ga	70	Cuivre	Cu	63
Indium	In	113,4	Plomb	Pb	207
Yttrium	Yt	89,5			
Lanthane	La	138,5	Mercure	Hg	200
Cérium	Ce	141	Palladium	Pd	106
Didyme	Di	145	Rhodium	Rh	104
Erbium	Er	166	Ruthénium	Ru	101,4
Ytterbium	Yb	173			
			Argent	Ag	108
Fer	Fe	56	Platine	Pt	194
Manganèse	Mn	55	Iridium	Ir	192,7
Chrome	Cr	52,5	Or	Au	196,6
Nickel	Ni	59			

Dans ce qui suit, on ne traitera que des principaux métaux et de leurs oxydes.

Les combinaisons de deux ou de plusieurs métaux entre eux portent le nom d'*alliages*. Ex : alliage de plomb et d'étain. Si le mercure est l'un des deux métaux on appelle l'alliage *amalgame*. Ex : amalgane d'argent (mercure + argent). Quelques-uns ont des noms particuliers : bronze, laiton, etc. Les alliages peuvent être binaires, ternaires, quaternaires.

En général, les métaux perdent leur éclat et leur conductibilité lorsqu'on les pulvérise.

Dans la nature, les métaux existent à l'état natif ou de liberté (or, platine), de sulfures, d'arséniures ou de chlorures (argent, cuivre, zinc, plomb), d'oxydes ou de sels (oxydes de fer, carbonates, etc.).

En général, le procédé industriel métallurgique pour l'extraction des métaux consiste à calciner le minerai avec du charbon si c'est un oxyde, à le griller, à l'oxyder, puis à le réduire par le charbon, si c'est un sulfure.

Tous les métaux, sauf le mercure, sont solides à la température ordinaire. Ils sont opaques sous une épaisseur convenable et translucides sous une très faible épaisseur. Leur couleur est variable, mais elle dérive généralement du blanc (cuivre, or exceptés).

Les métaux sont plus lourds que l'eau, sauf le potassium, le sodium et le lithium. Le laminage et le martelage augmentent presque toujours leur densité. La plupart d'entre eux sont fusibles, volatils à diverses températures, ductiles, malléables, tenaces, plus ou moins durs et susceptibles de cristalliser.

Le traitement métallurgique des minerais, c'est-à-dire des composés naturels d'où l'on retire les métaux comprend :

1° *Un traitement mécanique*, le triage à la main suivi du broyage entre cylindres cannelés, du bocardage ou pulvérisation dans une auge au moyen de pilons, puis du lavage dans des auges inclinées.

2° *Un traitement chimique* qui diffère suivant que l'on se trouve en présence d'oxydes ou de sulfures à traiter. Selon le cas, on chauffe le minerai avec du charbon ou on le grille à l'air, le grillage étant suivi comme on l'a vu d'un traitement par le charbon.

Classification des métaux. — La classification pratique des métaux basée sur l'action qu'exercent sur eux l'oxygène, l'eau et la chaleur peut être résumée dans le tableau de la page 289.

L'essai de classification de Mendéleef, intéressant à connaître, est basé sur cette observation que *les propriétés physiques et chimiques des éléments sont des fonctions périodiques de leurs poids atomiques.* De plus les poids atomiques des corps simples peuvent être insérés dans un tableau de telle façon que les colonnes verticales soient composées de corps possédant des propriétés analogues, les tranches horizontales comprenant les corps ayant des propriétés variant régulièrement d'un corps à l'autre. Certaines lacunes de ce tableau reproduit page 291 correspondent à des corps inconnus à l'heure actuelle (1).

Oxydes métalliques. — La nature offre, parmi les richesses naturelles de son sol, un nombre important d'oxydes métalliques dont certains servent comme minerais à la fabrication des métaux (oxydes de fer, de manganèse et d'étain). Les uns existent à l'état anhydre comme l'oxyde magnétique de fer, le bioxyde de manganèse, le bioxyde d'étain ; les autres se trouvent à l'état hydraté comme les hydrates de sesquioxyde de fer et de manganèse. Le plus souvent les oxydes naturels sont amorphes ; quelquefois, cependant, ils sont cristallisés et portent un nom particulier, *fer oligiste* (Fe^2O^3),

---

(1) On constate dans ce tableau de légères différences avec les poids atomiques donnés dans un tableau précédent (page 286). Cela provient de l'incertitude inévitable dans les déterminations de ces poids faites par différents auteurs. Aussi en général, doit-on considérer ces nombres comme des poids approchés et non comme des poids absolus.

	1re SECTION	2e SECTION	3e SECTION	4e SECTION	5e SECTION	6e SECTION	7e SECTION	8e SECTION
	MÉTAUX							
Action de l'eau.	décomposant l'eau à froid.	décomposant l'eau à 100°	décomposant l'eau au rouge sombre ou à froid en présence des acides.	décomposant l'eau au rouge vif ou à froid en présence des bases.	ne décomposant pas l'eau ou que très lentement sous l'influence de la chaleur.	décomposant l'eau au rouge blanc mais ne la décomposant pas en présence des acides ou des bases.	ne décomposant l'eau à aucune température.	ne décomposant l'eau à aucune température
Action de l'air sec.	s'oxydant à température élevée.	s'oxydant à température élevée.	s'oxydant à température élevée.	s'oxydant à température élevée.	ne s'oxydant qu'à haute température.	s'oxydant à température élevée.	s'oxydant à température peu élevée.	ne s'oxydant pas.
Action de la chaleur.	oxydes irréductibles.	oxydes irréductibles	oxydes irréductibles	oxydes irréductibles	oxydes irréductibles	oxydes irréductibles	oxydes décomposables.	oxydes décomposables
NOMS DES MÉTAUX.	Métaux alcalins Potassium. Sodium. Lithium. Cæsium. Rubidium. Thallium. Métaux alcalino-terreux Baryum. Strontium. Calcium.	Ma·nésium. Manganèse.	Fer. Zinc. Nickel. Cobalt Vanadium. Chrome. Cadmium. Indium. Uranium.	Etain. Antimoine. Tungstène. Molybdène. Titano. Tantale. Osmium. Niobium.	Aluminium. Glucinium. Gallium.	Cuivre. Plomb. Bismuth.	Mercure. Palladium. Rhodium. Ruthénium.	Argent. Or. Platine. Iridium.

pyrolusite (MnO^2), *cassitérite* (SnO^2), *saphir oriental* (Al^2O^3).

La préparation des oxydes résulte :

1° de l'oxydation du métal (ex : blanc de zinc) ;

2° de la décomposition d'un sel par la voie sèche (chaux) ;

3° de la décomposition d'un sel par la voie humide (oxyde d'argent).

Les oxydes sont des corps généralement solides à la température ordinaire, ternes et mauvais conducteurs de la chaleur souvent blancs (magnésie), quelquefois colorés (minium) ne fondant qu'à haute température ; parfois ils sont volatils (oxyde d'antimoine).

Les oxydes des métaux alcalins sont très solubles, ceux des métaux alcalino-terreux assez solubles et les autres insolubles.

La chaleur réduit à l'état métallique seulement les métaux des 7e et 8e sections.

L'hydrogène réduit la plupart des oxydes à une température plus ou moins élevée en formant de l'eau et en mettant le métal en liberté.

Le charbon réduit également la plupart des oxydes en donnant du gaz carbonique ou de l'oxyde de carbone.

Le chlore, le brome et le soufre décomposent presque tous les oxydes à haute température.

L'eau s'unit à certains oxydes en donnant des hydrates (hydrates de potassium, de sodium, de chaux).

La façon dont agissent les oxydes vis-à-vis des alcalis a servi à établir cinq groupes d'oxydes ; ce sont :

1° Les *oxydes basiques* qui s'unissent aux acides pour former des sels (chaux, baryte, magnésie, etc.). Quand un métal formé plusieurs oxydes, l'oxyde basique est le plus souvent celui qui contient le moins d'oxygène. Sa formule est MO ou M^2O.

2° Les *oxydes acides* qui s'unissent à l'eau pour for-

GAZ DE L'AIR	CORPS							
	Monovalents	Divalents.	Trivalents	Tétravalents.	Trivalents.	Divalents.	Monovalents.	
							H = 1	
He = 4	Li = 7	Gl = 9	Bo = 11	C = 12	Az = 14	O = 16	Fl = 19*	
Ne = 20	Na = 23	Mg = 24	Al = 27	Si = 28	P = 31	S = 32	Cl = 35,5	
A = (40)	K = 39	Ca = 40	Sc = 44	Ti = 48	Va = 51	Cr = 52,5	Mn = 55	{Fe = 56 Ni = 58,5 / Co = 58,7
	Cu = 63	Zn = 65	Ga = 70	Ge = 72	As = 75	Se = 79	Br = 80	
Kr = 82	Rb = 85,2	Sr = 87,3	Yt = 89	Zr = 90	Nb = 94	Mo = 96	»	{Ru = 101,5 Rh = 103,2 / Pd = 106,3
	Ag = 108	Cd = 112	In = 113	Sn = 117,5	Sb = 119	Te = 126	I = 127	
v = 128	Cs = 132,7	Ba = 137	La = 138,5	Ce = 144,2	Di = 145	»	»	
	»	»	Yb = 172,6	»	Ta = 182	Tu = 185	»	{Os = 190 Ir = 192 / Pt = 194
	Au = 196	Hg = 200	Tl = 203,7	Pb = 207	Bi = 210	»	»	
	»	R = 225	»	Th = 232	»	Ur = 240	»	

mer des hydrates, lesquels jouent le rôle d'acides vis-à-vis des oxydes basiques (FeO^3, CrO^3, MnO^3).

3° *Les oxydes indifférents* qui forment avec l'eau des acides ou des bases et dont les hydrates jouent le rôle de base envers les acides forts et celui d'acides envers les bases énergiques. Leur formule générale est M^2O^3.

4° *Les oxydes salins* qui résultent de la combinaison d'un oxyde acide à un oxyde basique ($Pb^3O^4 = 2PbO$, PbO^2).

5° *Les oxydes singuliers* qui ne sont ni oxydes acides, ni oxydes basiques (MnO^2). Ils sont incapables de s'unir aux acides pour former des sels. Les acides forts les transforment en oxydes basiques et les bases tendent à en faire des oxydes acides.

POTASSIUM

Poids atomique : $K = 39$

Etat naturel. — Le potassium existe à l'état de combinaison dans les eaux de la mer (chlorure), dans le salpêtre (azotate), dans les terrains granitiques (silicate, feldspath), dans le sol et dans les végétaux (potasse), dans les tissus des animaux (sels alcalins potassiques).

Propriétés physiques. — Le potassium est un corps solide, malléable et mou à la température ordinaire, dur et cassant au-dessous de 0°. Il fond à 62° et il distille à 719°. Sa densité est 0,865. Lorsqu'on le coupe, il est blanc d'argent. On le conserve généralement dans de l'huile de naphte.

Propriétés chimiques. — A froid et dans l'air, le potassium ne s'oxyde pas, mais à l'air humide il se recouvre bien vite d'une couche blanchâtre d'hydrate de potassium. A haute température, il brûle en donnant du protoxyde et du peroxyde de potassium.

Ce métal décompose l'eau à froid en produisant de la potasse. Projeté dans l'eau, un fragment de potassium se déplace avec un mouvement giratoire en dégageant en même temps de l'hydrogène qui s'enflamme et brûle avec une couleur violette due à la volatilisation de particules de potassium. Le bruit sec final que l'on entend provient du contact de la potasse incandescente avec l'eau.

La réaction précédente s'observe encore quand on introduit un fragment de potassium dans une éprouvette renversée contenant du mercure surmonté d'une petite couche d'eau. Le potassium monte à la partie supérieure du liquide et le phénomène ci-dessus indiqué se reproduit. En fin d'expérience on constate que la liqueur est devenue alcaline, car le papier rouge de tournesol vire au bleu. Le gaz de l'éprouvette s'enflamme au contact d'une allumette.

Le potassium est un réducteur énergique décomposant à température élevée beaucoup de corps oxygénés comme les anhydrides carbonique et silicique. Il décompose aussi des chlorures, des bromures et des iodures en s'emparant des métalloïdes et en mettant les métaux en liberté.

Indépendamment des métalloïdes, le potassium se combine avec un grand nombre de métaux. Avec le sodium, il donne KNa^2, alliage liquide. Avec le gaz ammoniac liquide, il forme le potassamonium solide (AzH^3K). Avec le mercure, on obtient $Hg^{12}K$ qui est un alliage cristallisé. Avec l'hydrogène, on a aussi un alliage K^2H.

PRÉPARATION

I. PROCÉDÉ DES LABORATOIRES

Electrolyse de la potasse. — Cette préparation, qui est plutôt une expérience, n'est autre que celle qui a amené la découverte du potassium par Davy. Sur une lame de platine communiquant avec le pôle positif d'une pile (fig. 176), on place un fragment de potasse humecté

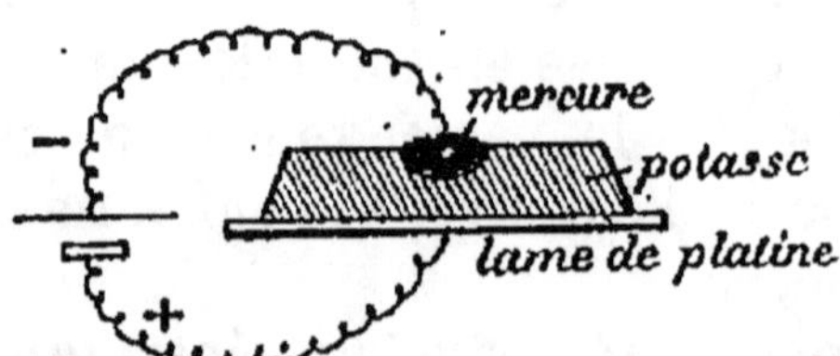

Fig. 176. — Electrolyse de la potasse.

d'eau, dans lequel on a creusé une cavité que l'on a remplie de mercure. Un fil conducteur plonge d'une part dans le mercure et se rend d'autre part au pôle négatif de la pile. Le courant étant établi, on constate qu'il se forme avec le mercure un amalgame qui, chauffé dans l'air sec, laisse le potassium comme résidu.

II. PROCÉDÉS INDUSTRIELS

Méthode de Gay-Lussac et de Thénard. Action de la potasse sur le fer. — Ce procédé, qui n'est plus employé aujourd'hui, consistait à faire couler de la potasse sur de la tournure de fer chauffée au rouge blanc. L'hydrogène provenant de la réaction se dégageait dans une éprouvette contenant du mercure et le potassium se ren-

dait dans une allonge dans laquelle se trouvait de l'huile
de naphte. La réaction supposée était la suivante :

$$3Fe + 4KOH = Fe^3O^4 + 4K + 4H$$

fer   potasse   oxyde magné-   potasse   hydrogène
                            tique de fer

Méthode Brünner. Action du carbonate de potassium sur le charbon. — M. Curaudeau a établi la réaction suivante :

$$CO^3K^2 + 2C = 2K + 3CO$$

carbonate   carbone   potassium   oxyde de
de potassium   carbone

Brünner a utilisé cette réaction en chauffant le mélange précédent dans une bouteille de fer.

MM. Donny et Mareska ont perfectionné le procédé de fabrication en remplaçant la bouteille par une cornue

Fig. 177. — Fabrication du potassium.

(fig. 177) qui communique avec une boîte plate par l'intermédiaire d'un tube de fer très court. Le tube de fer est maintenu au rouge vif. Quand la boîte plate est remplie de potassium, on la remplace par une autre.

Méthode électrolytique. — Cette méthode de production du potassium est analogue à celle qui est décrite pour l'obtention du sodium électrolytique.

Usages. — Le potassium est un réducteur énergique souvent remplacé par le sodium qui jouit des mêmes propriétés, mais dont la préparation industrielle est beaucoup plus aisée.

OXYDES DU POTASSIUM

POTASSE OU HYDRATE DE POTASSIUM

Poids moléculaire: $KOH = 56$

Propriétés physiques et chimiques. — L'hydrate de potassium ou potasse caustique est un corps solide, blanc, fusible au rouge sombre et volatil au rouge vif. La potasse se dissout dans l'eau en formant un deuxième hydrate $KOH + 2H^2O$ qui cristallise. Elle est déliquescente et devient peu à peu sirupeuse au contact de l'air humide. Le gaz carbonique de l'air ne tarde pas d'ailleurs à la transformer en carbonate de potassium.

La solution potassique verdit le sirop de violettes, ramène au bleu la teinture rouge de tournesol et se colore en rouge par la phénolphtaléine.

La potasse est un caustique énergique ramollissant et dissolvant la peau. C'est aussi un poison violent.

PRÉPARATION

1° Action du carbonate de potassium sur la chaux. — L'hydrate de potassium se prépare en décomposant le carbonate de potassium dissous dans l'eau par la chaux.

On obtient du carbonate de calcium insoluble et de la potasse soluble.

$$\underset{\substack{\text{carbonate de}\\\text{potassium}}}{CO^3K^2} + \underset{\text{chaux}}{Ca(OH)^2} = \underset{\text{potasse}}{2KOH} + \underset{\substack{\text{carbonate}\\\text{de calcium}}}{CO^3Ca}$$

On fait la préparation dans une marmite en fonte contenant le mélange et l'on chauffe à l'ébullition. On décante, on laisse refroidir à l'abri de l'air, on évapore et on coule la potasse sur une plaque de cuivre ou dans une lingotière (pierre à cautères). La potasse ainsi obtenue est la *potasse à la chaux*. Elle est impure. Pour la débarrasser des sels (carbonate, sulfate), ainsi que de la chaux qu'elle contient, on la redissout dans l'alcool et on sépare les impuretés par décantation. En évaporant ensuite l'alcool on a la *potasse à l'alcool*.

Le prix élevé de l'alcool fait que l'on préfère préparer actuellement la potasse pure en traitant le carbonate de potassium par la chaux, avec des produits chimiquement purs.

2º **Electrolyse du chlorure de potassium.** — L'électrolyse du chlorure de potassium fournit immédiatement la potasse pure.

3º **Action du sulfate de potassium sur la baryte.** — On emploie le sulfate de potassium en solution et un poids correspondant de baryte pure.

4º **Action de l'azotate de potassium sur le cuivre.** — Dans un creuset en cuivre, on traite 1 partie d'azotate de potassium et 3 parties de tournure de cuivre. Le mélange de potasse anhydre et d'oxyde de cuivre qui en résulte est traité par l'eau dans un flacon bouché. La potasse se dissout.

Oxydes anhydres. — Il y a deux oxydes anhydres :

1º Le protoxyde K^2O qui se prépare en chauffant de la potasse avec du potassium ;

2º Le peroxyde K^2O^4 (ou K^2O^3 !) qui se forme quand du potassium est tenu assez longtemps en fusion au contact de l'air.

Usages. — La potasse pure s'emploie en analyse chimique pour précipiter les oxydes insolubles. En chirurgie on l'utilise comme cautère.

Les sels de potassium, surtout les carbonates, servent pour le blanchiment, la fabrication des savons, les nettoyages de peintures, etc.

Caractères des sels de potassium. — Réaction principale : *En solution concentrée les sels de potassium donnent avec le tétrachlorure de platine (ou acide chloroplatinique $PtCl^6H^2$) un précipité jaune de chloroplatinate de potassium.*

RÉACTIFS ORDINAIRES	RÉSULTATS DES RÉACTIONS
acide perchlorique	précip. cristallin de perchl.
— tartrique	— blanc de bitartrate
— picrique	— jaune de picrate
sulfate d'aluminium	alun de potassium
flamme du bec Bunsen	couleur violette

SODIUM

Poids atomique : Na = 23

État naturel. — Le sodium n'existe dans la nature qu'à l'état de combinaison. On le trouve dans le sel gemme et le sel marin (chlorures), dans le nitrate du Chili, dans les végétaux marins.

Propriétés physiques. — Le sodium est un corps solide, mou et malléable comme le potassium lorsqu'il est à la température ordinaire, mais dur et cassant comme l'est aussi ce métal, au-dessous de 0°. Sa densité est

0,970. Son point de fusion est à 96° ; il distille au rouge.
Il est blanc d'argent lorsqu'il est fraîchement coupé.

Propriétés chimiques. — La couleur blanche que possède le sodium quand on le coupe ne tarde pas à se ternir lorsqu'on l'abandonne à l'air humide ; le métal se recouvre d'une couche blanchâtre d'hydrate de sodium par suite d'oxydation.

$$2Na + O + H^2O = 2NaOH.$$

À haute température, le sodium s'enflamme en produisant deux oxydes : le protoxyde et le peroxyde.

Au delà de 300°, le sodium forme un alliage avec l'hydrogène : Na^2H. Avec le mercure, il donne un amalgame Hg^6Na. Avec l'ammoniaque liquéfiée, on obtient un sodammonium AzH^3Na.

Un fragment de sodium tombant dans l'eau est animé d'un mouvement giratoire, mais l'hydrogène dégagé ne brûlant pas comme dans le cas du potassium il n'y a pas d'explosion. Pour provoquer cette explosion, il faut employer de l'eau gommée ; la flamme produite est jaune.

PRÉPARATION

I. PROCÉDÉ DES LABORATOIRES

On peut répéter avec le sodium l'expérience de Davy décrite au sujet du potassium.

II. PROCÉDÉS INDUSTRIELS

Les méthodes de Gay-Lussac, Thénard et Brünner, anciennement en usage pour la préparation du potassium, donnent un mauvais rendement en ce qui concerne le sodium. Elles ont été abandonnées et remplacées par les méthodes décrites ci-après.

Méthode de Sainte-Claire-Deville. — Action du carbonate de sodium sur le charbon. — Dans un long cy-

Fig. 178. — Fabrication du sodium.

lindre en tôle (fig. 178), on place du carbonate de sodium, de la houille et de la craie. On chauffe. Grâce à la craie, le carbonate de sodium ne se sépare pas en fondant ; ce sel sodique reste, de cette façon, en contact avec le charbon. Le sodium se dégage par un tube très court et se rend dans un récipient plat posé de champ. Les gaz brûlent à la partie supérieure et le sodium condensé coule dans une marmite remplie d'huile de schiste.

On purifie le sodium ainsi obtenu par simple fusion sous une couche d'huile de schiste. On coule ensuite dans une lingotière et on conserve pour l'usage dans des boîtes en fer-blanc.

Méthode Castner. — On réduit l'hydrate de sodium par le carbone provenant du carbure de fer.

$$3NaOH + C = CO^3Na^2 + Na + 3H$$

soude — carbone — carbonate de sodium — sodium — hydrogène

Méthode électrolytique. — Dans le procédé Grabau, on électrolyse un mélange de 3 molécules de chlorure de sodium, 3 de chlorure de potassium et 1 de chlorure de strontium. On obtient du so..ium fondu exempt de strontium et contenant seulement 3 0/0 de potassium. On remplace les chorures de potassium et de sodium du bain qui s'épuise par des quantités équivalentes de ces sels.

Le mélange est mis dans un creuset en terre que l'on chauffe au commencement de l'opération. Ensuite le passage du courant suffit pour maintenir en fusion la partie du bain comprise entre les électrodes.

La cathode, placée au centre, se compose d'une lame de fer fixée sur les bords d'un tube de fer vertical possédant une tubulure horizontale pour l'écoulement du sodium fondu. Les anodes sont en charbon.

Parmi les autres procédés fournissant du sodium électrolytique il faut citer ceux de Borchero, Castner et Rathenau.

Usages. — Dans les laboratoires on se sert du sodium comme réducteur. Une majeure partie de ce métal sert dans l'industrie à la préparation de l'aluminium et du magnésium. Il est souvent préféré au potassium dans les réactions analytiques.

OXYDES DU SODIUM

Les plus importants de ces oxydes sont la soude ou hydrate de sodium et le bioxyde de sodium.

SOUDE OU HYDRATE DE SODIUM

Poids moléculaire : NaOH = 40

Propriétés. — La soude caustique ou hydrate de sodium est un corps solide blanc à cassure fibreuse de densité 2,0. Elle fond au rouge sombre et se volatilise au rouge vif. Elle se dissout dans l'eau en dégageant de la chaleur. A l'air humide, elle absorbe assez rapidement la vapeur d'eau et se liquéfie. Par une absorption subséquente d'une certaine quantité d'anhydride carbonique de l'air, elle redevient solide.

PRÉPARATION

I. PROCÉDÉS DES LABORATOIRES

La soude se prépare par les mêmes procédés que ceux de la potasse. On a de la même façon la *soude à la chaux*.

II. PROCÉDÉ INDUSTRIEL

Soude électrolytique. — L'électrolyse d'une solution aqueuse de chlorure de sodium fait déposer au pôle négatif du sodium qui, au contact de l'eau, donne une solution de soude et de l'hydrogène.

Ce procédé utilise des appareils divers parmi lesquels on citera celui de Hermite et Dubosc. Cet appareil (fig. 178) se compose d'une cathode en cuivre affectant la forme d'un V renversé, sur laquelle coule constamment du mercure. Ce mercure, est surmonté d'une couche de sulfure de carbone afin que la solution aqueuse ne soit pas en contact avec le mercure, ce qui fait que l'amalgame de sodium produit n'est pas décomposé par l'eau. Le mercure provient de vases d'où il est enlevé par une chaîne à godets.

L'anode est en platine et se trouve près de la cathode.

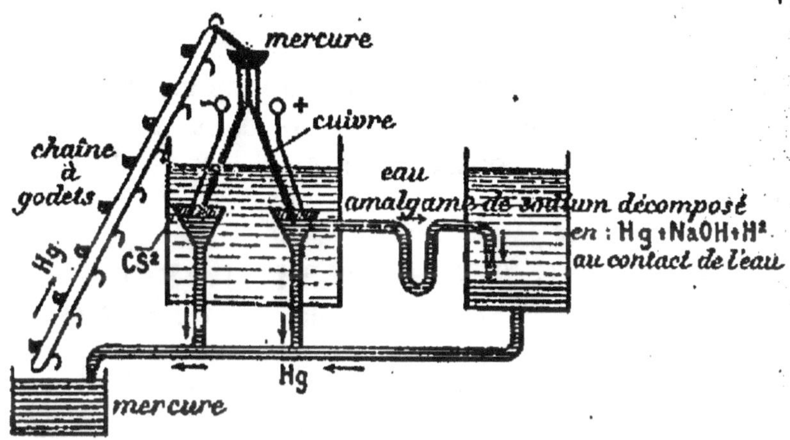

Fig. 178. — Appareil Hermite et Dubosc pour la fabrication de la soude.

L'amalgame de sodium produit par le passage du courant s'écoule par un tube latéral dans un vase voisin contenant de l'eau qui le décompose en mercure que l'on récupère, en soude que l'on recueille et en hydrogène qui se dégage.

Usages. — La principale application de la soude est dans la fabrication des savons durs. On s'en sert aussi en Angleterre dans la fabrication du papier au moyen de la paille ou de la sciure de bois. On chauffe ces produits avec de la soude; ils abandonnent les corps étrangers et laissent un résidu de cellulose.

BIOXYDE DE SODIUM

Poids moléculaire : $Na^2O^2 = 78$

Le bioxyde de sodium ou peroxyde de sodium s'obtient dans l'industrie par l'oxydation du sodium produite par un courant de gaz oxygène dans un tube de fer porté à 300°. Au contact de l'eau il donne de l'eau oxygénée.

$$Na^2O^2 \ + \ 2H^2O = 2NaOH \ + \ H^2O^2$$

bioxyde de sodium   eau   soude   eau oxygénée

On obtient une solution de bioxyde en chauffant graduellement jusqu'au rouge clair un mélange de chaux et de magnésie avec un nitrate alcalin puis en oxydant à 500° la masse obtenue dans un courant d'air et enfin en traitant le produit pulvérisé par l'eau.

C'est un oxydant énergique qu'il soit solide ou qu'il soit en solution.

On a fait des essais d'application industrielle de cet oxyde dans le blanchiment. On a aussi proposé de l'employer, en cas de nécessité, pour la respiration des personnes vivant dans un air confiné. En laissant tomber goutte à goutte de l'eau sur du bioxyde de sodium on aurait une quantité d'oxygène qui pourrait être égale à la quantité de gaz carbonique expiré lequel serait absorbé par la soude caustique produite par la même réaction.

Caractères des sels de sodium. — Réaction principale. *Ces sels donnent avec le pyroantimoniate acide de potassium un précipité de pyroantimoniate de sodium.*

RÉACTIFS ORDINAIRES	RÉSULTATS DES RÉACTIONS
Tétrachlorure de potassium.	Pas de précipité.
Flamme du bec Bunsen.	Couleur jaune.

CALCIUM

Poids atomique : Ca = 40.

Etat naturel. — Le calcium n'existe pas à l'état métallique. On ne le rencontre que sous la forme de combinaison.

Propriétés. — Le calcium est un métal blanc jaunâtre, brûlant avec une flamme blanche brillante. Sa densité est 1,52. Il fond vers 780°. Il possède un vif éclat, mais, à l'air humide, il s'altère rapidement. A l'air sec, il s'altère aussi, mais lentement. Il cristallise en tablettes hexagonales.

Le calcium se combine facilement au soufre, au chlore et au phosphore.

PRÉPARATION

I. PROCÉDÉS DES LABORATOIRES

1° **Par l'électrolyse du chlorure de calcium fondu.** — On emploie une pile (fig. 179) dont l'électrode positive est une baguette de charbon de cornue et l'électrode négative une tige de fer placée dans l'axe d'un tube de verre. On chauffe avec un bec Bunsen. L'électrolyte est du chlorure de calcium anhydre fondu. On fait passer le courant électrique. Le calcium se rend au pôle négatif (Bunsen et Matthiesen).

2° **Par l'iodure de calcium anhydre et le sodium.**

— C'est le procédé Liès Bodard et Jobin. On décompose le mélange au rouge dans un creuset de fer fermé par

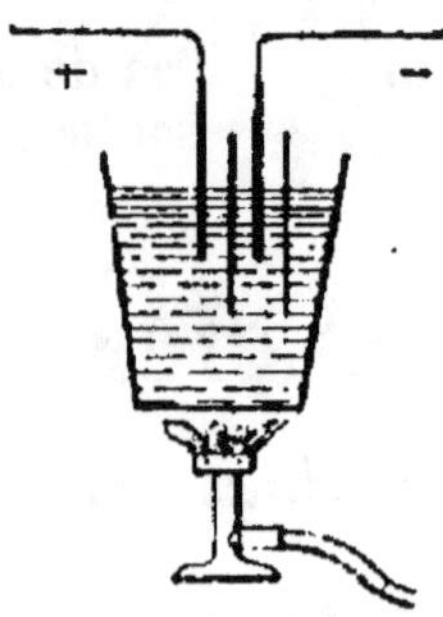

Fig. 179. — Electrolyse du chlorure de calcium fondu.

un couvercle à vis. On maintient une heure au rouge. Le sodium étant en excès, on le sépare par l'alcool anhydre qui n'a aucune action sur le calcium et donne avec le sodium de l'alcool sodé :

$$C^2H^6O \underset{\text{alcool}}{} + Na \underset{\text{sodium}}{} = C^2H^5NaO \underset{\text{alcool sodé}}{} + H \underset{\text{hydrogène}}{}$$

II. PROCÉDÉ INDUSTRIEL

Dans l'industrie, on prépare le calcium sous forme de cylindres (usine de Bitterfeld). Le procédé employé est en grand celui de Davy quand il a isolé ce métal. On peut obtenir ainsi du calcium titrant 93,3 0/0.

OXYDES DU CALCIUM

CHAUX

Poids moléculaire : CaO = 56

Propriétés physiques. — La chaux est un corps solide blanc, amorphe, dont la densité est 3,3. Elle ne fond qu'à très haute température, celle de l'arc électrique du four Moissan. On l'a aussi obtenue à l'état cristallisé. Elle ne se décompose pas par la chaleur.

Propriétés chimiques. — La chaux est caustique (chaux vive). Elle est très avide d'eau. Elle s'échauffe ou contact de l'eau et se transforme en hydrate (chaux éteinte) en se délitant.

$$CaO + H^2O = Ca\,(OH)^2$$

chaux vive   eau   hydrate de calcium

Un thermomètre plongé dans de la chaux vive qui se délite marque une élévation de température d'environ 400°.

La chaux éteinte délayée dans un peu d'eau donne une bouillie blanche qui est le *lait de chaux.* Une plus grande quantité d'eau donne après repos une liqueur claire appelée *eau de chaux.*

La solubilité de la chaux par litre d'eau est de 1 gr. 38 à 0°, de 1 gr. 30 à 15° et de 0 gr. 58 à 100°.

L'eau de chaux agit comme alcali, c'est-à-dire qu'elle ramène au bleu la teinture de tournesol rougie par un acide. Le gaz carbonique de l'air est facilement absorbé par elle et il y a à la surface du liquide une blanche pellicule de carbonate de calcium. C'est la raison pour laquelle on conserve l'eau de chaux dans des flacons remplis et bouchés.

Abandonnée à l'air, la chaux absorbe l'air et l'anhydride carbonique; elle se délite.

La calcination fait perdre son eau à l'hydrate de calcium.

PRÉPARATION

I. PROCÉDÉS DES LABORATOIRES

Calcination du carbonate de calcium. — Un creuset en terre contenant du marbre blanc est porté au rouge vif. Il y a décomposition et formation de chaux et de gaz carbonique :

$$CO_3Ca = CaO + CO_2$$

carbonate de calcium — chaux — anhydride carbonique

Mais le produit obtenu est souillé par la présence de traces de magnésie, d'alumine et quelquefois de potasse.

Pour avoir un produit absolument pur, il faut remplacer le marbre par du carbonate de calcium chimiquement pur.

Action de l'azotate de calcium sur le carbonate d'ammonium. — L'action de ces deux corps chimiquement purs donne, par double décomposition, du carbonate de calcium insoluble et de l'azotate d'ammonium soluble.

Une filtration permet de recueillir le carbonate de calcium et on retombe dans le cas précédent. Une calcination au rouge vif du carbonate de calcium donne de la chaux caustique pure.

II. PROCÉDÉS INDUSTRIELS

Dans l'industrie, on décompose des carbonates de calcium naturels comme la craie ou la pierre à chaux dans des fours spéciaux appelés *fours à chaux.* Ces fours sont de divers systèmes.

Four à feu intermittent. — Le four à feu intermittent a une forme ovoïde (fig. 180). Ses parois sont constituées par des briques réfractaires. La hauteur est de 3 à 4 mètres. Pour le remplissage, on construit d'abord une voûte avec de gros morceaux de calcaires, puis on élève la masse avec des morceaux de grosseur décroissante laissant entre eux des espaces permettant le dégagement des flammes et des fumées. On met le feu à des fagots placés sous la voûte. On élève peu à peu la température au rouge vif et on maintient à ce degré de chaleur pendant un temps suffisant. Il y a alors décomposition du carbonate et expulsion du gaz carbonique et de la vapeur d'eau. Quand l'opération est terminée, on défourne et on recueille les morceaux de chaux cuite.

Fours à feu continu. — Le four à feu intermittent n'est plus guère employé de nos jours. Il tend à être remplacé par des fours à feu continu encore appelés *fours coulants.* En général ces fours sont à *courte flamme.* Il existe néanmoins des fours à *longue flamme.*

Ces fours sont souvent constitués par deux troncs de

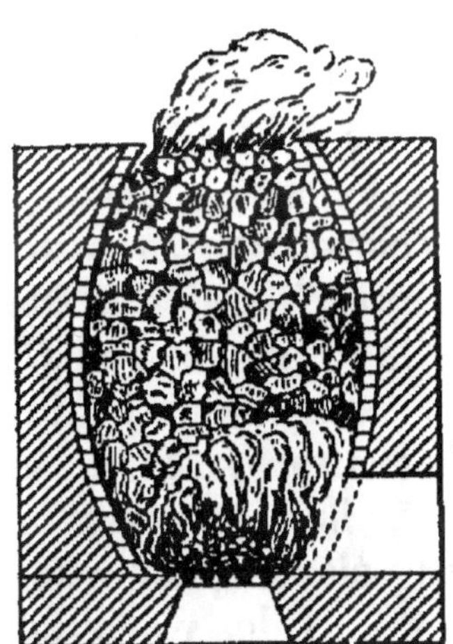

Fig. 180. — Four à chaux à feu intermittent.

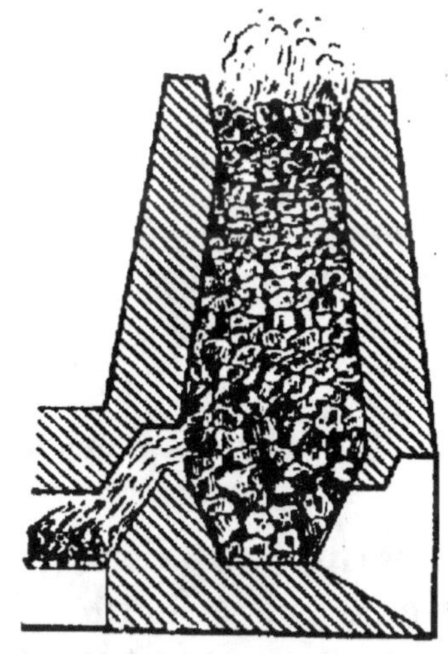

Fig. 181. — Four à chaux à feu continu.

cônes réunis par une base commune (fig. 181). La hauteur totale est de 10 à 15 mètres. Quelquefois, la chaleur est produite par un foyer latéral indépendant de la cuve. D'autres fois, on met des charges alternées de matière calcaire et de charbon non flambant que l'on introduit par le gueulard.

Le feu est poussé de telle sorte que sa température soit fixe à une hauteur donnée. La chaleur dégagée dessèche la pierre et vaporise l'eau. En descendant, la masse arrive à 1300°-1400° qui est la température de cuisson. Il va sans dire que le revêtement des fours doit être constitué par des matières réfractaires (briques alumineuses, siliceuses ou magnésiennes).

Dans les fours Fahnehjelm et Paar, la cuve est cylindrique ; la pierre est introduite par une porte pratiquée dans la cheminée et des gazogènes envoient du gaz à la partie inférieure du four. Dans le four Rüdersdorf les gazogènes sont remplacés par des grilles sur lesquelles on brûle du charbon gras à longue flamme. Dans les fours du Teil (Ardèche) la partie inférieure possède une grille à barreaux mo-

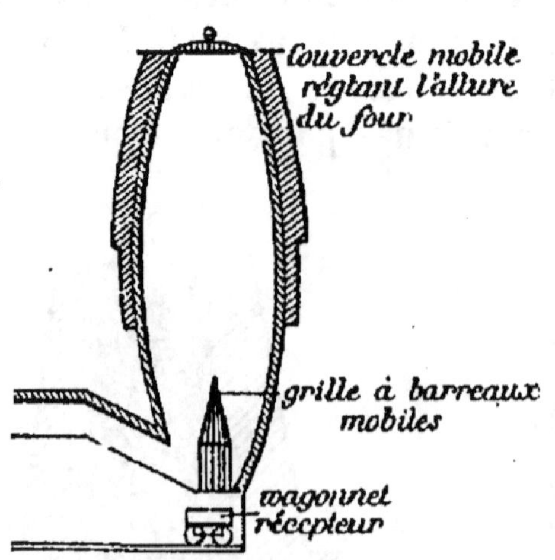

Fig. 182. — Four du Teil.

biles (fig. 182). Cette grille est assez élevée pour que la chaux puisse tomber directement dans des wagonnets. La partie supérieure du four est munie d'un couvercle mobile permettant de régler l'allure du four. Quelques fours sont chauffés au gaz (Société Pavin de Lafarge).

Après défournement, la chaux est arrosée d'eau. Ou bien, on la conduit aux *chambres d'extinction* où un jet d'eau tombant en pluie fine humecte la masse. Par cette opération, la chaux se délite et s'éteint en dégageant beaucoup de vapeur d'eau. La chaux se réduit alors en poudre. On en opère ensuite le *blutage*, ce qui se fait à l'aide de blutoirs hexagonaux analogues à ceux employés en meunerie pour la farine. La chaux, après avoir traversé la toile métallique du blutoir, est reçue dans une trémie se terminant par une ouverture recevant le sac à remplir (ensacheur-peseur automatique).

Fours à ciment. — Le ciment s'obtient par la calcination de roches naturelles (pierres à ciment) ou d'un mélange artificiel composé de sable et d'argile en proportion déterminée.

Les fours à ciment naturel sont analogues aux fours à chaux. On remplace l'extinction et le blutage du produit cuit par le broyage.

Le ciment artificiel est fourni par la cuisson d'une pâte prépa-

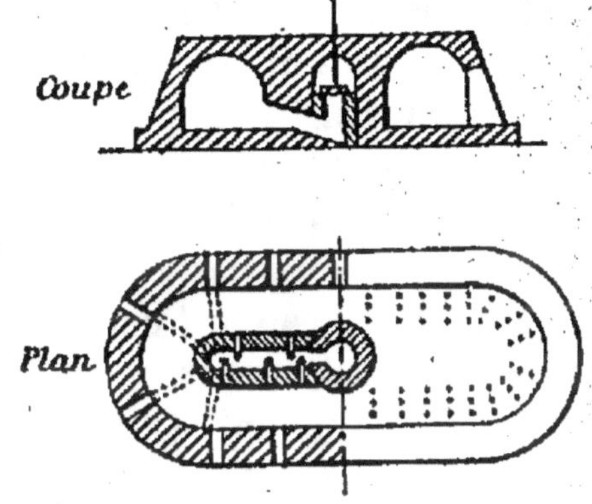

Fig. 183. — Four Hoffmann.

rée par voie humide dans des bassins malaxeurs et doseurs. On l'obtient aussi par voie sèche au moyen du procédé de simple ou de double cuisson. Les fours employés pour la cuisson affectent diverses formes suivant les types (fours à dôme, Hoffmann (fig. 183),

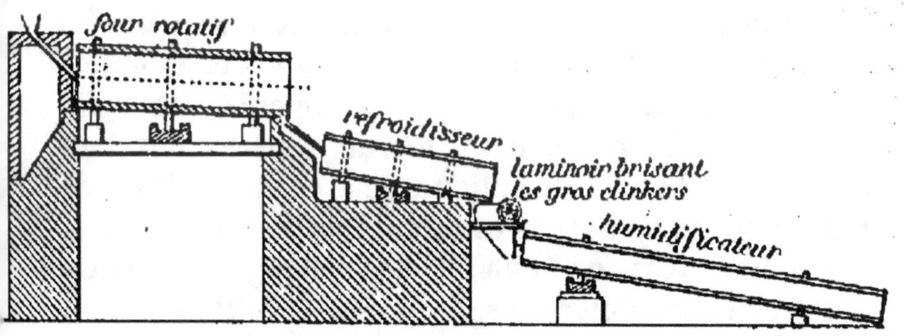

Fig. 184. — Four rotatif Hurry et Seaman.

Dietzsch, Bauchère, Perpignani, Candlot, Hauenschild.

Actuellement, on préfère pour les nouvelles installations les fours rotatifs (fours Ransome, Polysius, Giron, Hurry et Seaman (fig. 184), etc., qui sont des fours cylindriques animés d'un mouvement de rotation. La pâte est introduite à l'une des extrémités du four à l'aide d'une pompe à air. Le combustible employé peut être du pétrole brut ou du charbon pulvérisé. Les fragments sortant du four ont une grosseur d'un à deux centimètres (clinkers). On les porte dans des concasseurs, puis dans des broyeurs et enfin dans des tubes finisseurs, d'où ils sortent à l'état de poudre que l'on conserve dans des silos.

Mortiers. — Les mortiers sont des matériaux de liaison qui servent à réunir entre eux les pierres de construction. Ils acquièrent, avec le temps, une grande dureté et une adhérence telle qu'ils semblent faire partie des pierres elles-mêmes.

Il y a deux sortes de mortiers : les mortiers aériens et les mortiers hydrauliques.

Les mortiers aériens sont formés par des mélanges de chaux grasse éteinte et de sable auxquels on ajoute de l'eau. Ils durcissent progressivement à l'air et finissent par acquérir une grande dureté, mais ils se comportent mal à l'humidité ou dans l'eau.

Les mortiers hydrauliques durcissent lorsqu'on les abandonne sous l'eau. Ce sont ceux que l'on emploie journellement dans la construction des ponts, des aqueducs, des égouts, des canaux, etc. Ils sont formés d'un mélange de chaux hydraulique (ou de ciment) et de sable auquel on ajoute de l'eau en proportion convenable. On emploie aussi quelquefois un mélange de chaux grasse et de pouzzolane (argile poreuse volcanique) ou de matières argileuses cuites et pilées (tuiles, poteries, briques, ciment de tuileau).

Le *béton* est un mélange de mortier hydraulique et

de cailloux ou pierres cassées. Comme le mortier, on le fabrique et on l'emploie sur place pour faire des fondations de culées ou piles de ponts, blocs à la mer, radiers, fondations de pavage en bois, etc.

Dans les services des Ponts et Chaussées, les chaux et les ciments donnent lieu à des essais de réception qui sont :

l'analyse chimique par laquelle on dose les éléments suivants : sable, silice combinée, alumine, oxyde ferrique, chaux caustique (CaO), magnésie, anhydride sulfurique, perte au feu (comprenant eau, anhydride carbonique, matières volatiles et combustibles) et alcalis;

les essais physiques et mécaniques au moyen desquels on détermine la densité apparente, la finesse de blutage ou de mouture, la prise, la traction (rupture au bout de sept, vingt-huit jours, etc.), la déformation à chaud et à froid, etc.

Des analyses et essais semblables s'effectuent journellement dans les laboratoires de l'Ecole des Ponts et Chaussées qui exercent un contrôle permanent sur les chaux et les ciments employés dans les travaux exécutés par les services dépendant du ministère des Travaux publics.

Théorie de l'hydraulicité. — A Vicat revient l'honneur d'avoir découvert que l'hydraulicité des produits calcaires était due à la relation qui existe entre la silice et l'alumine, d'une part, et la chaux et la magnésie d'autre part.

Les principales expériences faites par Vicat peuvent être ainsi résumées :

I. — Un calcaire naturel, soumis à l'action de l'acide chlorhydrique faible, se dissout d'une façon incomplète; il reste un résidu d'argile ou de silice. Rien n'indique, par conséquent, qu'il y ait une combinaison avec la chaux. Il en résulte que le calcaire est un simple mélange physique.

II. Si, après cuisson du calcaire, on renouvelle l'expérience précédente, l'acide chlorhydrique laisse en suspension une matière gélatineuse. Il y a donc eu un changement chimique provenant d'une réaction à haute température. Il s'est, en effet formé un silicate.

III. Si on fait un mélange d'argile chauffée à 700° et de silice, puis qu'on ajoute de l'eau de chaux, on constate que l'eau de chaux est absorbée et que le liquide perd son alcalinité.

De cette série d'expériences, Vicat a tiré cette conclusion que la cuisson donne lieu à la formation d'un silicate de calcium ou d'un silicate double d'aluminium et de calcium. Ces composés s'hydratent ensuite en présence de l'eau à la manière du plâtre, d'où résulte le durcissement.

Solidification des chaux hydrauliques et des ciments. — Théorie de M. Le Chatelier. — M. H. Le Chatelier attribue un rôle essentiellement actif, dans la prise des chaux hydrauliques et des ciments, au silicate de calcium $SiO^3 3CaO$, composé difficile à reproduire au laboratoire, mais dont la présence dans les ciments est certaine. Dans la chaux hydraulique, ce composé se trouve mélangé avec un grand excès de chaux non combinée qui, après cuisson, a réduit la masse en poudre par extinction et lui donne ainsi l'homogénéité nécessaire.

En présence de l'eau, le silicate tricalcique se décompose suivant l'équation :

$$SiO^3 3CaO + Aq = 2(CaOH^2O) + SiO^2 CaO\ 2,5H^2O.$$

Cette hydratation fournissant le composé $SiO^2 CaO\ 2,5\ H^2O$ se fait avec lenteur ; c'est la cause déterminante du durcissement.

En outre, il y a hydratation due à l'aluminate tricalcique d'après cette autre équation :

$$Al^2O^3 3CaO + Aq = Al^2O^3\ 3CaO\ 12H^2O$$

Dans la chaux du Teil qui contient très peu d'alumine la première réaction est la seule qui paraisse se produire.

En outre du silicate tricalcique que contiennent les ciments Portland, il se forme à haute température des aluminates de calcium (et même un silico-aluminate de calcium). Ces aluminates de calcium s'observent surtout dans les ciments à prise rapide.

En l'état actuel de la question, on admet généralement la théorie de M. Le Chatelier qui rapporte la prise rapide à l'hydratation de l'aluminate de calcium et le durcissement progressif des mortiers au silicate monocalcique qui s'unit plus lentement à l'eau. D'ailleurs, pour les ciments Portland on constate pratiquement un premier durcissement rapide suivi d'un autre progressif qui dure jusqu'à deux ans. D'autre part, des calcaires à même teneur d'argile mais contenant 1 1/2 et 6 0/0 d'alumine donnent des pâtes dont la prise est très différente, la pâte plus alumineuse ayant une prise plus rapide.

D'autres savants comme Feichtinger, Zulkowski, Fuchs, Newberry ont donné des explications diverses sur la prise et le durcissement des produits hydrauliques.

Solidification des mortiers de chaux grasse. — Les mortiers de chaux grasse se solidifient peu à peu grâce à la présence du gaz carbonique contenu dans l'air. Chaque grain de sable joue un rôle inerte au point de vue chimique, mais utile en ce sens qu'il attire l'eau; sa surface se recouvre d'une pellicule d'hydrate de calcium qui absorbe l'acide carbonique de l'air et produit du carbonate de calcium solide et adhérent. Ce phénomène se produit pour chaque grain intérieur et se communique à la masse entière qui devient compacte,

La cháux étant soluble, les mortiers faits avec la chaux grasse ne peuvent pas être employés sous l'eau.

Classification des produits hydrauliques. — La classification des chaux et des ciments faite par Vicat est résumée dans le tableau de la page suivante (Durand-Claye) (1) :

Dans la chaux hydraulique, il reste après cuisson une certaine proportion de chaux non combinée appelée *chaux libre*. Mais dans le ciment cuit la totalité de la chaux est entrée en combinaison avec la silice et l'alumine.

Les *pouzzolanes* qui n'ont par elles-mêmes aucune propriété hydraulique sont, au contraire, des matières très hydrauliques lorsqu'on les mélange en proportion convenable avec une chaux grasse.

La température de cuisson à laquelle doit être porté un calcaire à chaux pour produire une bonne chaux hydraulique est de 1250°; quelquefois même, on va jusqu'à 1450°. Le gaz carbonique commence à se dégager vers 950°.

Le *ciment Portland* est le produit de la mouture d'un mélange intime de carbonate de calcium, de silice, d'alumine et d'oxyde ferrique cuit jusqu'à ramollissement. Au-dessous de 1500°, on n'obtient que des chaux-limites sans stabilité sous l'eau. Bien au delà de cette température, celle du four électrique, par exemple, on a une matière compacte et inerte. Le ciment Portland est un *ciment à prise lente* ; il met environ deux ans pour acquérir son maximum de résistance.

(1) Les désignations commerciales des chaux et ciments sont plutôt basées sur la vente des produits que sur leur valeur et sur leurs propriétés. Elles jettent une confusion regrettable dans l'appellation des matières hydrauliques. Ainsi on vend souvent sous le nom de chaux lourde, légère, demi-lente, des produits qui ne correspondent à aucune définition précise.

NATURE DES PRODUITS	INDICE D'HYDRAULICITÉ	TENEURS CORRESPONDANTES à la silice plus l'alumine (argile) des calcaires supposés purs	DURÉE DE PRISE
Chaux grasse ou maigre	0,00 à 0,10	0,0 à 5,3	plus de 30 jours
— faiblement hydraulique . .	0,10 à 0,16	5,3 à 8,2	du 16e au 30e jour
— moyennement hydraulique .	0,16 à 0,31	8,2 à 14,8	du 10e au 15e jour
— hydraulique proprement dite.	0,31 à 0,42	14,8 à 19,1	du 5e au 9e jour
— éminemment hydraulique. .	0,42 à 0,50	19,1 à 24,8	du 2e au 4e jour
— limite ou ciment à prise lente.	0,50 à 0,65	21,8 à 26,7	de 10' à 18 heures
Ciment à prise rapide.	0,65 à 1,20	26,7 à 40,0	de 2' à 10 minutes
— maigre	1,20 à 3,00	40,0 à 62,6	
Pouzzolane	au-dessus de 3,00	au-dessus de 62,6	

La production mondiale annuelle du ciment Portland est de 7 à 8 millions de tonnes dans laquelle la France entre pour 450.000 tonnes.

Le *ciment à prise rapide* s'obtient par la cuisson vers 1000° d'un calcaire naturellement argileux ou d'un mélange de calcaire et d'argile. Sa prise a lieu par hydratation de l'aluminate tricalcique, comme il est dit plus haut. Il y a deux sortes de ciment à prise rapide : le ciment naturel souvent appelé *ciment romain* et le ciment artificiel ou *ciment prompt artificiel*.

Les *grappiers* sont les matières qui échappent à la pulvérisation de la chaux par extinction. Ce sont des mélanges d'incuits, de surcuits et de chaux hydratée. Soumis à des extinctions et blutages successifs, ces grappiers séparés de la chaux sont broyés sous des meules ou dans des tubes-broyeurs puis conservés en silos pendant plusieurs mois. Ils constituent alors le ciment de grappiers.

Le *ciment de laitier* est un mélange de laitier des hauts fourneaux et de chaux grasse éteinte ou de chaux hydraulique. Le laitier qui sert à cette préparation doit être refroidi brusquement à sa sortie du haut fourneau.

Au point de vue chimique, on distingue les produits hydrauliques d'après leur *indice d'hydraulicité* qui est le rapport existant entre la silice et l'alumine d'une part, à la chaux et à la magnésie d'autre part ; de sorte que ce rapport peut être ainsi exprimé :

$$I = \frac{SiO^2 + Al^2O^3}{CaO + MgO}$$

Ces produits se distinguent encore entre eux d'après leur durée de prise, ainsi qu'on l'a vu dans un tableau précédent.

Usages. — Dans les laboratoires, la chaux pure sert à la fabrication de la potasse et de la soude caustiques, à la préparation du gaz ammoniac, du chlorure de chaux et de l'acétylène.

Dans l'industrie, la chaux marchande et les produits analogues ont des applications journalières et nombreuses surtout dans les travaux publics où, sous forme de chaux grasse, de chaux hydraulique ou de ciment, ils servent à la confection des mortiers.

HYDRATE DE BIOXYDE DE CALCIUM

Poids moléculaire : $CaO^2 + 8H^2O = 216$

Cet hydrate s'obtient en ajoutant un excès d'eau de chaux à de l'eau oxygénée. La réaction qui dure quelques minutes donne naissance à du bioxyde de calcium hydraté.

Caractères des sels de calcium. — *Réaction principale.* — *Avec l'oxalate d'ammonium, ces sels donnent un précipité d'oxalate de calcium insoluble dans l'acide acétique et soluble dans les acides forts.*

RÉACTIFS ORDINAIRES	RÉSULTATS DES RÉACTIONS
Ammoniaque.	Pas de précipité.
Carbonate de potassium.	Précipité blanc.
Acide sulfurique.	Précipité blanc en solution concentrée.
Coloration de la flamme.	Rouge.

ALUMINIUM

Poids atomique : $Al = 27$

État naturel. — L'aluminium se rencontre en combinaison avec le fluor et le sodium. Le minerai exploité est la *cryolithe* (fluorure double d'aluminium et de sodium.

Propriétés physiques. — L'aluminium est un métal blanc bleuâtre, d'une grande ductilité et très malléable. Il a une densité de 2,56, analogue à celle du verre ; c'est donc un corps léger. Il est très sonore, bon conducteur de la chaleur et assez bon conducteur de l'électricité. Son point de fusion est au rouge vif (625°). Il est peu volatil. Il oppose à la traction une résistance de 27 kgr. par millimètre carré.

Propriétés chimiques. — L'aluminium est peu altérable à l'air. Sa surface se recouvre d'une couche blanche très légère d'alumine qui sert de revêtement protecteur. Réduit en feuille mince, il brûle dans l'air au contact d'une flamme. Il ne décompose l'eau que lentement. Il ne noircit pas par l'hydrogène sulfuré.

Le chlore donne avec lui du chlorure d'aluminium. L'iode et le brome produisent des réactions analogues. Un fragment d'aluminium jeté à la surface du brome liquide se conduit comme le potassium tombant dans l'eau. Il est animé d'un mouvement giratoire et brûle à la surface du brome.

Les acides azotique et sulfurique sont peu attaqués à froid par l'aluminium ; ils le sont mieux à la température de l'ébullition. L'acide chlorhydrique à froid dissout l'aluminium.

Avec les solutions de potasse et de soude, l'aluminium donne des aluminates solubles.

Dans un mélange d'oxygène et de chlore, l'aluminium chauffé devient incandescent ; il se délite en lamelles d'oxychlorure d'aluminium.

Au rouge blanc, la silice et l'anhydride borique sont réduits par l'aluminium avec formation de silicium et de borure d'aluminium.

Chauffé au four électrique avec du charbon, l'aluminium fournit un carbure d'aluminium C^3Al^4.

De l'aluminium en poudre projeté sur la flamme d'un bec Bunsen brûle avec éclat. Certains oxydes métalliques sont vivement décomposés lorsque la température est assez élevée. Dès lors, la réaction continue en raison de la grande chaleur dégagée. C'est ce phénomène qui constitue l'*aluminothermie* qui sert à la production de divers métaux rares ; l'alumine produite fond souvent en donnant une sorte de corindon.

La combustion de l'aluminium ainsi provoquée donne une température d'environ 3000° (procédé Goldschmidt). De la poudre d'aluminium versée dans un creuset de Hesse fortement chauffé brûle très vivement quand on fait passer un courant d'hydrogène. La température atteinte est au moins aussi élevée que celle de l'arc électrique, car le platine, la chaux, la magnésie fondent et se volatilisent aussitôt.

PRÉPARATION

I. PROCÉDÉS DES LABORATOIRES

Action du chlorure d'aluminium sur le potassium. — Cette réaction est due à Wöhler :

$$Al^2Cl^6 \quad + \quad 6K \quad = \quad 2Al \quad + \quad 6KCl$$

chlorure   potassium   aluminium   chlorure de
d'aluminium   potassium

On obtient de l'aluminium à l'état de poudre grise.

Action du sodium sur le chlorure double d'aluminium et de sodium. — Sainte-Claire-Deville a montré qu'on pouvait obtenir l'aluminium en mettant, dans un four à réverbère, le sodium en contact avec le chlorure double d'aluminium et de sodium, en ayant soin toutefois d'ajouter de la cryolithe (fluorure double d'aluminium et de sodium) qui a pour but de rendre la matière plus fluide et lui permet ainsi de se rassembler plus facilement.

Action du sodium sur la cryolithe (Procédé Netto).
— Le sodium décompose la cryolithe en donnant de l'aluminium et du fluorure de sodium :

$$3NaF,Al^2F^6 \quad + \quad 6Na \quad = \quad 2Al \quad + \quad 9NaF$$

Cryolithe　　　　sodium　　　aluminium　　　fluorure de
sodium

II. PROCÉDÉ INDUSTRIEL

Actuellement, on a abandonné les anciens procédés trop coûteux et on se sert pour la fabrication de l'aluminium d'un procédé qui consiste à électrolyser un mélange de cryolithe et d'alumine auquel on ajoute quelquefois du chlorure de sodium. Ce procédé électrolytique est surtout devenu économique par l'emploi de dynamos et de chutes d'eau (houille blanche) comme force motrice.

Dans une grande cuve en fer de 1 m., 50 sur 1 m., 20 (fig. 185 et 186), garnie intérieurement de briques de charbon de cornue, on introduit les matières ci-dessus indiquées (cryolithe + alumine sèche). L'électrode négative ou charbon communique avec le fond de la cuve. L'électrode positive également en charbon plonge dans le

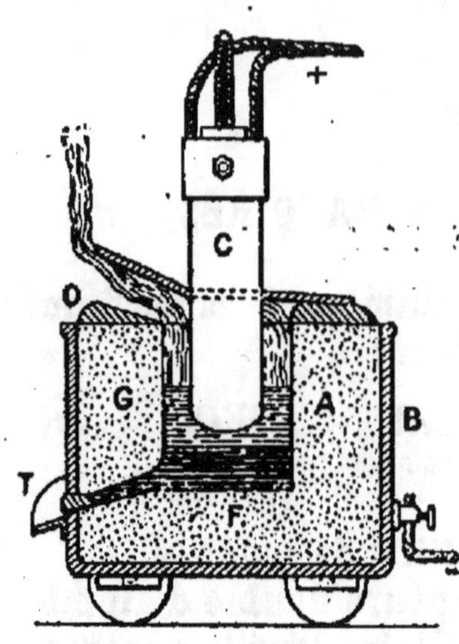

Fig. 185. — 1er four Héroult pour la fabrication de l'aluminium.

mélange. On fait passer le courant. Dans le début, on double le voltage. Au régime normal, on emploie 6 à 7 volts. Le dégagement de chaleur produit par le passage

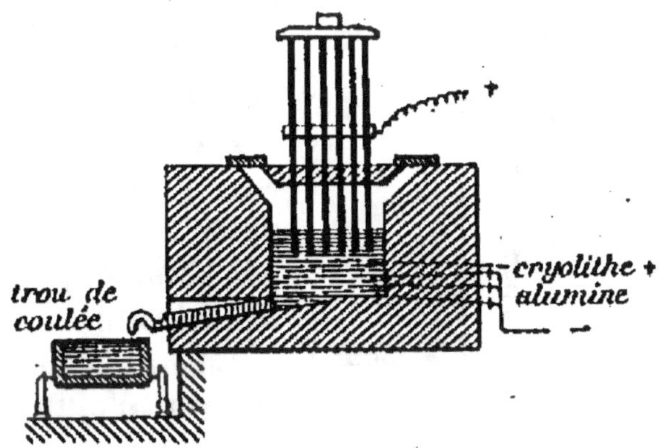

Fig. 186. — 2° four Héroult pour la fabrication de l'aluminium.

du courant porte le mélange à la fusion (800 à 900°). L'aluminium mis en liberté se liquéfie, gagne le fond de la cuve où il forme un bain de 0 m., 20 d'épaisseur, puis sort au moment voulu par un tuyau communiquant à un trou de coulée où il est recueilli. Pour que la composition du bain reste constante, il faut ajouter du fluorure d'aluminium et de l'alumine qui retient le fluor en dégageant de l'oxygène. L'appauvrissement du bain se reconnaît à l'intensité d'éclairage d'une lampe à incandescence placée en dérivation.

Tel est le principe du procédé Héroult en usage en France à Froges (Isère) et à La Praz (Savoie) et du procédé Minet (fig. 187) employé en Suisse à Laufen-Neuhausen près Schaffouse.

Alliages. — On se sert encore du procédé industriel ci-dessus pour fabriquer les *bronzes d'aluminium*, en remplaçant les matières indiquées ci-dessus par un mélange de cuivre, de corindon (ou de bauxite) et de charbon. Il y a dégagement d'oxyde de carbone et production d'un alliage d'aluminium que l'on refond avec une quantité déterminée de cuivre.

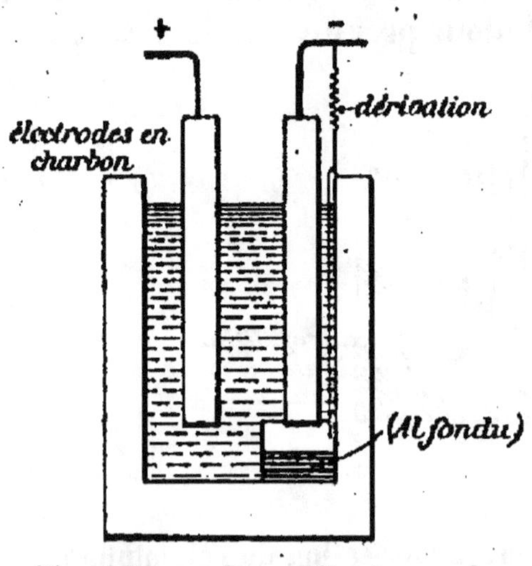

Fig. 187. — Four Minet pour la fabrication de l'aluminium.

En remplaçant le cuivre par la fonte dans cette opération, on obtient un *ferro-aluminium*.

En refondant le bronze d'aluminium avec du zinc, on a un *laiton d'aluminium*. On peut aussi le refondre avec du nickel, ce qui constitue un autre alliage.

Usages. — Le prix actuellement peu élevé de l'aluminium (environ 2 fr. le kilogramme) permet de l'employer à une foule d'usages pour lesquels on recherche la légèreté unie à une grande ténacité (longues-vues, lunettes, dés à coudre, chaloupes démontables pour eaux douces). On s'en sert encore pour les papiers de tenture, l'affinage de l'acier, dans la fabrication des pièces d'automobiles, des câbles et conducteurs électriques, des appareils distillatoires, dans la construction de ponts provisoires.

Les alliages d'aluminium reçoivent aussi des applications importantes.

OXYDES DE L'ALUMINIUM

ALUMINE

Poids moléculaire : $Al^2O^3 = 102$

Etat naturel. — A l'état naturel, l'alumine se rencontre sous forme de *corindon*, pierre très dure et incolore, de *rubis oriental*, de *saphir oriental*, de *topaze orientale*, d'*émeri*. Toutes ces variétés doivent leur coloration à des oxydes métalliques qui s'y trouvent incorporés.

En outre des pierres précédentes qui sont formées d'alumine anhydre, on trouve encore l'alumine hydratée qui forme le *diaspore*, $Al^2O^3H^2O$, la *gibbsite* Al^2O^3 $3H^2O$, la *bauxite* $Al^2O^32H^2O$ (mêlée d'oxyde ferrique).

L'alumine cristallise en rhomboèdres. Elle est combinée à la silice dans les argiles et dans les feldspaths.

Propriétés physiques. — A l'état pur, l'alumine est une poudre blanche, insoluble dans l'eau quand elle a été fortement chauffée. Elle n'est fusible qu'à la température donnée par le chalumeau à gaz oxygène et hydrogène, ce qui explique la propriété réfractaire des argiles alumineuses.

Propriétés chimiques. — L'alumine ne se décompose pas par la chaleur ni par l'action des corps réducteurs (carbone, potassium, etc,). Pour la décomposer, il faut faire agir sur l'alumine et le charbon mélangés du chlore ou du sulfure de carbone qui donnent un chlorure ou un sulfure d'aluminium.

Lorsqu'elle est anhydre ou calcinée, l'alumine se dissout difficilement dans les alcalis et les acides. On s'en rend compte en analyse chimique lorsqu'on veut, comme dans l'analyse d'un ciment, séparer l'alumine de l'oxyde

ferrique fortement calcinés, au moyen de l'acide chlorhydrique.

Nouvellement précipitée à l'état d'hydrate gélatineux,
l'alumine est très soluble dans les acides et les alcalis.
Elle se dissout, par exemple, dans l'acide sulfurique
pour former du sulfate d'aluminium, ou dans la soude
pour former de l'aluminate de sodium ; on voit que c'est
un oxyde indifférent.

L'alumine est un peu soluble dans l'ammoniaque, à
condition toutefois qu'il n'y ait pas de sels ammoniacaux en présence. A l'état gélatineux, elle retient les
substances colorantes ; aussi met-on cette propriété à
profit pour la production de *laques*. Une décoction de
cochenille, dans laquelle on délaie de l'alumine en gelée,
a sa couleur rouge totalement entraînée par l'alumine.
Si on filtre, la liqueur passe incolore.

L'alumine soluble s'obtient en chauffant en vase clos,
à 100°, une solution étendue de biacétate d'aluminium.
On l'obtient encore par la dialyse du chlorure d'aluminium. Cette alumine soluble devient aussitôt gélatineuse
par l'addition d'un sel.

Avec la potasse, la soude et la baryte, l'alumine donne
des aluminates solubles ; avec les autres oxydes, elle
forme des aluminates insolubles cristallisés appelés *spi-
nelles*. Ex : le rubis spinelle Al^2O^4Mg dans lequel le magnésium peut être remplacé par le fer et le zinc ; dans
ces composés, l'aluminium peut aussi lui-même être remplacé par le fer.

Préparation de l'alumine cristallisée. — Ebelmen
a reproduit cette forme de l'alumine en évaporant lentement dans un four à porcelaine une dissolution d'alumine amorphe dans l'anhydride borique fondu.

Deville et Caron l'ont aussi obtenue par l'action des
vapeurs d'anhydride borique sur certains fluorurés métalliques volatils.

Frémy l'a préparée en faisant agir du fluorure de baryum chauffé avec de l'alumine amorphe dans un creuset porté à une température élevée.

Industriellement, on obtient de l'alumine cristallisée par la fusion au four électrique des bauxites naturelles avec du sel marin, un peu de coke, du charbon et de la sciure de bois.

Les parois du four sont en charbon et servent d'électrodes. Un trou de coulée sert à recueillir la masse fondue. Le courant a 100 ampères sous 110 volts.

Les cristaux qui se trouvent enchevêtrés dans le bloc cristallisé sont composés d'alumine pure plus ou moins colorée. Cette alumine ne peut d'ailleurs servir que comme produit de polissage mais non comme pierre précieuse utilisable dans la bijouterie.

Préparation de l'alumine hydratée ou hydrate d'aluminium ($Al^2O^33H^2O$).

1° *Par l'alun et le carbonate d'ammonium.* — On verse du carbonate d'ammonium dans une dissolution d'alun ordinaire (sulfate double d'aluminium et de potassium). Du gaz carbonique se dégage, de l'alumine hydratée se produit ainsi que des sulfates solubles :

$$\underbrace{(SO^4)^3Al^2}_{alun} + SO^4K^2 + \underbrace{3CO^3(AzH^4)^2}_{carbonate\ d'ammonium} + \underbrace{3H^2O}_{eau} =$$

$$\underbrace{SO^4K^2}_{\substack{sulfate\ de\\potassium}} + \underbrace{3SO^4(AzH^4)^2}_{sulfate\ d'ammonium} + \underbrace{Al^2O^33H^2O}_{alumine\ hydratée} + \underbrace{3CO^2}_{\substack{anhydride\\carbonique}}$$

Le précipité gélatineux filtré, puis lavé à l'eau bouillante, est séché ; il présente alors la composition définie ci-dessus.

2° *Par l'aluminate de sodium et le gaz carbonique.* — La *bauxite* (alumine hydratée mélangée d'oxyde ferrique) calcinée avec du carbonate de sodium donne de l'aluminate de sodium soluble et de l'oxyde ferrique insoluble. Traité par un courant de gaz carbonique, l'aluminate, en solution concentrée, donne de l'alumine; le carbonate de sodium est régénéré.

La bauxite pâle contenant peu d'oxyde ferrique, chauffée avec de l'acide sulfurique, donne un sulfate d'aluminium.

Au lieu de se servir de bauxite, on peut calciner de la cryolithe avec la chaux, ce qui donne également de l'aluminate de sodium en vertu de la réaction suivante :

$$6NaF\ Al^2F^6\ +\ 6CaO\ =\ 6CaF^2\ +\ Al^2O^6Na^6$$

$$\text{cryolithe} \qquad \text{chaux} \qquad \substack{\text{fluorure de}\\\text{calcium}} \qquad \substack{\text{aluminate de}\\\text{sodium}}$$

On continue le traitement comme ci-dessus, c'est-à-dire que l'aluminate de sodium dissous dans l'eau est traversé par un courant de gaz carbonique.

Préparation de l'alumine anhydre. — L'alumine anhydre amorphe se prépare en calcinant son hydrate ou l'alun ammoniacal.

Usages. — L'alumine sert à la préparation du chlorure double d'aluminium et de sodium. On l'emploie aussi en teinture.

L'alumine naturelle cristallisée est une pierre précieuse.

Caractères des sels d'aluminium. — Sels à saveur douce, puis astringents.

Réaction principale. — *Traités par l'ammoniaque ou les carbonates alcalins ces sels en solution donnent un précipité gélatineux d'alumine.*

RÉACTIFS ORDINAIRES	RÉSULTATS DES RÉACTIONS
Potasse ou soude.	Précipité gélatineux d'alumine soluble dans excès de réactif.
Sulfate de potassium.	Cristallisation d'alun avec solution concentrée et chaude.
Au chalumeau avec azotate de cobalt.	Coloration bleue.

FER, FONTE ET ACIER

FER

Poids atomique : $Fe = 56$

Etat naturel. — A l'état naturel, le fer se trouve dans les *pierres météoriques* avec le nickel, le cobalt et le chrome. On le rencontre aussi dans les roches ignées comme les *basaltes*. Les composés naturels du fer sont les oxydes, le sulfure, le carbonate et le silicate.

Les minerais servant à la fabrication du fer, de la fonte ou de l'acier sont :

L'oxyde de fer magnétique Fe^3O^4 qui se trouve en amas considérables dans la Suède et dans la Norwège ; il est très pur et il donne d'excellents produits.

L'oxyde ferrique anhydre Fe^2O^3 que l'on rencontre sous la forme cristallisée (*fer oligiste*) dans l'île d'Elbe, les Vosges ou sous la forme amorphe (*hématite rouge ou ocre rouge*).

L'oxyde ferrique hydraté $2Fe^2O^3$ $3H^2O$ dont les gîtes sont dans la Bourgogne, le Berry, la Franche-Comté ; on l'appelle encore *limonite, hématite brute, fer oolithique*. Ce minerai est moins pur que le précédent ; aussi doit-on l'analyser avant de l'employer.

Le *carbonate de fer* CO^3Fe (*fer spathique, sidérose*) que l'on extrait à Saint-Etienne et dans les Pyrénées.

Propriétés physiques. — Le fer est un métal solide, blanc, tirant sur le gris. Il est ductile, malléable, très tenace. Un fil de fer non recuit d'un diamètre de 2 millimètres supporte sans rupture un poids de 230 kgr.

Sa densité est de 7,84 à 8 à l'état fondu ou forgé ; elle est de 7,78 lorsqu'il est écroui. A l'état liquide, elle est de 6,88. Son point de fusion est à 1500°, mais avant de fondre, il se ramollit, il devient pâteux et, en cet état, il peut être martelé et soudé.

Son coefficient de dilatation linéaire est en moyenne de 0,0000125. Si le fer se trouve sous la forme de fil, ce coefficient devient 0,0000144.

En se solidifiant, le fer fondu prend une texture grenue. Quand il est mélangé de scorie interposée, comme dans le fer puddlé, le laminage lui donne une texture fibreuse qui s'ajoute à sa texture naturelle.

Le fer est une substance très magnétique ; cette propriété magnétique disparaît lorsqu'il est porté au rouge. Cette disparition coïncide avec une absorption de chaleur correspondant à des transformations moléculaires aux environs des températures de 690°, 740° et 850°. Ces états allotropiques ou *points critiques* sont désignés par M. Osmond sous les noms de fer α, fer β, fer γ et sont représentés par les lettres $A_1 A_2 A_3$ affectées des indices r ou c suivant qu'on les observe au refroidissement ou à l'échauffement. Les températures de ces points critiques varient quand la proportion de carbone combiné au fer va en augmentant. Ainsi certains corps n'ont qu'un seul point critique dont la notation est alors $A_{3.2.1}$. Dans le fer pur, les phénomènes constatés sont réversibles ; le fer est donc un corps polymorphe. Il cristallise dans le système cubique.

Propriétés mécaniques. — Les propriétés mécaniques du fer ont une grande importance. Ce sont elles qui déterminent l'emploi de ce métal dans tel ou tel cas industriel.

Grâce à son élasticité, le fer peut être employé dans l'établissement des ponts et dans les constructions métalliques. En général, on ne fait pas travailler le fer à plus de 7 kgr. par millimètre carré.

Le fer est le plus tenace de tous les métaux usuels, le nickel excepté. Il n'est malléable qu'au rouge blanc. Il est ductile, il s'étire en fils très fins (fils d'archal, de clavecin).

Les principales constantes expérimentales du fer sont les suivantes :

	CHARGE pratique	CHARGE limite d'élasticité	CHARGE de rupture	COEFFICIENT d'élasticité	ALLONGEMENT proportionnel à la limite d'élasticité
Traction . .	7,0	14,0	40,0	20.000	0,0007
Compression .	7,0	14,0	25,0	20.000	»
Cisaillement .	6,0	10,5	35,0	7.500	»

Le cahier des charges général du ministère des travaux publics dit que les éprouvettes soumises à des efforts de traction jusqu'à ce que la rupture s'ensuive doivent donner des résultats égaux ou supérieurs aux chiffres du tableau suivant:

DÉSIGNATION DES FERS	CHARGE MINIMUM de rupture par mm^2 de section	ALLONGEMENT minimum de rupture
	kilogrammes	%
Tôles { en long.	32	8
en travers.	28	3,5
Fers profilés et larges-plats . .	32	8
Fers forgés { ordinaires . . .	30	9
forts.	32	15
forts supérieurs .	36	20

Propriétés chimiques. — Tous les métalloïdes, sauf l'azote, se combinent avec le fer. A l'air humide, le fer se transforme peu à peu en oxyde ferrique hydraté et ammoniaque sous l'action de la vapeur d'eau, du gaz carbonique, de l'oxygène et de l'azote.

Parmi les procédés mis en œuvre pour empêcher l'oxydation du fer, il faut citer la galvanisation (fer recouvert de zinc), l'étamage (fer-blanc ou fer recouvert d'étain) et l'application d'une ou de plusieurs couches de peinture.

Au rouge blanc, le fer brûle en donnant de l'oxyde magnétique Fe^3O^4. Le *fer pyrophorique* et *l'oxyde des battitures* sont du fer magnétique non allié pour le premier ou allié pour le second à de l'oxyde ferreux FeO. La vapeur d'eau décompose le fer au rouge avec formation d'hydrogène et d'oxyde magnétique.

Le fer attaque facilement les acides. Il attaque à froid l'acide sulfurique *étendu* en donnant de l'hydrogène et du sulfate ferreux. Il n'attaque le même acide *concentré* que sous l'action de la chaleur, parce que le sulfate ferreux est insoluble à froid dans l'acide concentré. Avec l'acide chlorhydrique à froid, il forme un chlorure.

Au contact de l'acide azotique *monohydraté*, le fer devient *passif*. Avec l'acide azotique ordinaire ou *quadrihydraté*, il donne de l'azotate de fer et il dégage à la fois de l'oxyde azoteux (protoxyde) et de l'oxyde azotique (bioxyde). Dans l'acide azotique étendu, le fer se dissout en formant de l'azotate de fer et de l'azotate d'ammonium :

$$2AzO^3H \ + \ H^2O \ = \ O^4 \ + \ AzO^3AzH^4$$

Acide azotique   Eau   Oxygène   Azotate d'ammonium

FONTE

Propriétés physiques, mécaniques et chimiques. — La fonte est un carbure de fer dont la majeure partie

(au moins 94 0/0) est formée de fer et dont une grande
partie du restant (6 à 2 0/0) est du carbure. Des impuretés en proportion assez faible viennent s'ajouter à cette
composition. Ainsi, on y trouve du phosphore, du silicium, du manganèse, du soufre, de l'azote et parfois de
l'arsenic et des traces de titane.

Les propriétés de la fonte varient avec la teneur de ces
éléments.

On distingue la fonte d'après sa couleur. La *fonte
grise* a une couleur variant du gris clair au gris noir ;
cela provient du graphite incorporé mais non combiné
dans sa masse. Sa densité est de 6,8 à 7,05. Sa température de fusion est à 1200°. Elle devient alors fluide, ce
qui la rend apte au moulage. Elle est douce, grenue. On
la lime, on la tourne et on la fore avec une très grande
facilité. On la réduit très difficilement en poudre fine
dans un mortier.

La *fonte blanche* a une couleur rappelant celle de l'argent. Sa densité, plus élevée que celle de la fonte grise,
varie de 7,44 à 7,84. Son point de fusion se trouve situé aux environs de 1100°, mais elle reste à l'état pâteux.
Elle est impropre au moulage et on la destine surtout à
la fabrication du fer et de l'acier. Elle est dure, cassante,
lamelleuse et miroitante. La lime l'attaque avec difficulté. Elle se brise sous le choc.

Malgré la différence qui existe entre ces deux fontes,
un même fourneau dans lequel on met les mêmes quantités et qualités de minerai, fondant et combustible donne,
suivant la température à laquelle a lieu la réduction,
soit de la fonte grise, soit de la fonte blanche. On a de la
fonte grise, riche en silicium, si la température est élevée parce que la fonte agit sur la silice du laitier. On a
de la fonte blanche contenant moins de silicium si la
température de réduction est moins élevée. Dans la fonte
grise, on a un résidu de graphite noir quand on l'atta-

que par un acide. Dans la fonte blanche, on n'a pas de résidu charbonneux dans les mêmes conditions, le carbone étant combiné ou dissous et passant sous l'action d'un acide à l'état de carbure d'hydrogène d'odeur fétide.

Il faut remarquer, en outre, qu'une fonte blanche refondue et refroidie très lentement passe à l'état de fonte grise ; le charbon se sépare, cristallise dans la masse sous forme de paillettes. D'autre part, la fonte grise trempée, c'est-à-dire refroidie brusquement présente l'aspect de la fonte blanche ; le carbone n'a pu se séparer pour cristalliser à part. M. Osmond a trouvé que ce refroidissement était accompagné d'arrêts ou de ralentissements avec dégagement de chaleur.

Si on l'envisage au point de vue de l'emploi auquel on la destine, la fonte se divise en *fonte de moulage* et en *fonte d'affinage*.

La *fonte truitée* présente à la cassure des mouches presque noires disséminées avec assez de régularité dans la masse métallique. Elle est d'une couleur plus claire que la fonte grise, mais d'une composition chimique sensiblement égale. La lime l'attaque aisément.

Le coefficient linéaire de la fonte est 0,0000111.

Les constantes expérimentales de la fonte sont les suivantes :

	CHARGE PRATIQUE	CHARGE LIMITE d'élasticité	CHARGE de rupture	COEFFICIENT d'élasticité	ALLONGEMENT proportionnel à la limite d'élasticité
Traction . . .	2,5	7,5	12,5	10.000	0,00075
Compression. .	7,0	15,0	75,0	10.000	»
Cisaillement . .	2,0	5,6	20,0	3.750	»

Les propriétés chimiques de la fonte présentent une grande analogie avec celles du fer dont elle est un dérivé.

ACIER

Propriétés physiques, mécaniques et chimiques. — L'acier est un carbure de fer contenant de 0,005 à 0,015 de carbone combiné (0,5 à 1,5 0/0 de carbone).

Il constitue, par conséquent, au point de vue de la teneur en carbone, le deuxième terme de la série carburée dont le fer serait le premier terme et la fonte le troisième terme.

L'acier fond entre 1350° et 1450°. Sa densité est très voisine de celle du fer : elle varie de 7,8 à 7,9. Son coefficient de dilatation linéaire est de 0,0000122 pour l'acier trempé et de 0,0000115 pour l'acier non trempé.

Quand on a porté l'acier à une haute température et qu'on l'a laissé lentement se refroidir, le carbone dissous (carbone de trempe) se combine au fer entre 700° et 650° avec dégagement de chaleur et se transforme en carbure Fe^3C qui est le carbone de cémentation ou carbone du carbure normal.

La caractéristique de l'acier est de pouvoir être *trempé*, c'est-à-dire acquérir des propriétés mécaniques favorables par le refroidissement brusque (trempe) dans un liquide comme l'eau, l'huile ou le mercure froid. Mais s'il devient dur et cassant, il est en même temps homogène et élastique. Il ne se laisse pas rayer par la lime et a acquis la propriété de prendre un beau poli. Sa densité a diminué.

Fortement trempé, l'acier serait trop cassant pour être employé. Pour l'usage, on le recuit, c'est-à-dire qu'on le rechauffe à plus ou moins haute température. Le carbone de trempe repasse alors à l'état de carbone de recuit. Le fer doux, soumis aux mêmes traitements, ne subit pas ces modifications.

Si on chauffe l'acier à une température élevée, puis qu'on le laisse refroidir lentement, il devient ductile et malléable comme le fer et se laisse limer.

Certains corps simples qui se trouvent en faible quantité comme le phosphore, le soufre et l'arsenic le rendent cassant. D'autres, comme le manganèse, le chrome, le tungstène, lui donnent certaines qualités spéciales, telles que dureté et ténacité.

La définition exacte de l'acier industriel a donné lieu à beaucoup de controverses, mais aucune proposition n'a pu encore, à l'heure actuelle, réunir les suffrages de tous les métallurgistes. On appelle souvent :

Fer, le composé ferreux, malléable et soudé ;

Acier, le composé ferreux, malléable et fondu.

Dans le premier cas, il y a interposition de scorie entre les grains du métal ; dans le second cas, il n'y a pas de scorie.

On appelle *charge-limite d'élasticité* la charge maximum en kilogrammes par millimètre carré de section que peut supporter un barreau de métal sans éprouver de déformation permanente.

La *charge de rupture* R est la charge maximum en kilogrammes par millimètre carré de section primitive que peut supporter un barreau métallique sans se rompre.

La formule fondamentale reliant les allongements aux efforts de traction est donnée par la relation :

$$l = \frac{P \times L}{E \times \omega}$$

dans laquelle

l représente l'allongement du fil de longueur L et de section ω soumis à l'expérience ;

P le poids qui détermine l'allongement ;
E le coefficient d'élasticité.

Les constantes expérimentales de l'acier sont les suivantes :

	ACIER cémenté	ACIER fondu	FIL D'ACIER
Charge pratique :			
Traction.	13,0	30,0	19,2
Compression	13,0	30,0	»
Cisaillement	10,0	22,0	»
Charge limite d'élasticité :			
Traction.	27,0	60,0	»
Cisaillement	20,0	45,0	»
Charge de rupture :			
Traction.	75,0	100,0	115,0
Cisaillement. . . .	50,0	65,0	»
Coefficient d'élasticité :			
Traction et compression .	22,500	27,500	28,000
Cisaillement	8,440	10,312	»
Allongement proportionnel à la limite d'élasticité :			
Traction.	0,0012	0,0022	»

Le cahier des charges général du ministère des travaux publics spécifie que les éprouvettes soumises aux efforts de traction jusqu'à rupture doivent fournir des résultats au moins égaux à ceux du tableau ci-après :

DÉSIGNATION DES PIÈCES	Charge minimum de rupture par mm² de section	ALLONGEMENT minimum de rupture
	kilogrammes	%
Tôles { en long.		
en travers.		
Barres profilées en long. . . . }	42	22
Larges-plats en long.		
Barres pour rivets.	38	28

Les propriétés chimiques de l'acier sont analogues à celles du fer.

Aciers spéciaux. — L'industrie sidérurgique fabrique des aciers jouissant de propriétés particulières qui ne sont autres que des alliages formés de fer et d'un ou de plusieurs métaux. Ces produits désignés sous le terme général d'aciers spéciaux semblent devoir, dans l'avenir, se substituer pour une partie de leurs usages aux aciers au carbone. C'est ainsi que l'on fait des aciers au nickel, au manganèse, au chrome, au tungstène, au molybdène, au silicium, au vanadium. On fabrique même aussi des aciers quaternaires comme les aciers au nickel-chrome, chrome-tungstène, manganèse-silicium. Par contre, les aciers au titane, à l'aluminium, au cobalt, à l'étain, au bore, au cuivre, ne paraissent pas susceptibles, pour le moment, d'applications industrielles.

Aciers rapides. — Les aciers dits à coupe rapide ou aciers rapides sont des aciers qui conservent les propriétés de la trempe lorsqu'ils sont portés au rouge sombre par suite du travail intense auquel ils sont soumis.

Ils ont été découverts en Amérique par White et Taylor. Ils permettent d'atteindre des vitesses et des profondeurs de coupe considérables, ce que ne peuvent donner les aciers au carbone. Les copeaux métalliques enlevés par les outils en acier rapide sont énormes, très épais et sortent au rouge sombre sur la machine-outil.

L'acier rapide donnant les meilleurs résultats au point de vue de la vitesse de coupe a, d'après M. Taylor, la composition chimique suivante :

Tungstène	18,91
Chrome	5,47
Carbone	0,11
Vanadium	0,20
Silicium	0,04

On l'obtient en le portant au rouge à 1200° et en le refroidissant simplement dans un courant d'air. Cet acier dit acier Taylor-White 1906 s'emploie maintenant dans tous les grands ateliers pour outils de coupe, tels que burins de tour, de raboteuse, forets, fraises, etc.

Par l'utilisation des aciers rapides, la production industrielle se trouve considérablement augmentée.

Classification des fers et des aciers. — On divise les fers en plusieurs catégories désignées par un numéro qui sert à les distinguer. Ce sont :

Le *fer commun* ou n° 2 (0,08 0/0 de C). Usages : boulonnerie, serrurerie, tire-fonds, rivets, plaques tournantes, barreaux de grilles, arbres de machines, profilés du commerce, chaudières ordinaires.

Le *fer ordinaire* ou n° 3 (0,08 0/0 de C). Usages : maréchalerie, serrurerie, fers à cheval, profilés ordinaires de chemin de fer, ponts métalliques.

Le *fer fort* ou n° 4 (0,11 0/0 de C). Usages : boulonnerie et serrurerie de qualité supérieure, fers à bœufs, rivets pour ponts et navires, profilés supérieurs.

Le *fer supérieur* ou n° 5. Usages : fers forts, tôles à chaudières.

Le *fer fin* ou n° 6 (0,12 0/0 de C). Usages : pièces de machines, tiges de tiroirs, bielles, essieux, arbres moleurs, profilés extra, maillons de chaînes, rivets, tôles à chaudière de locomotives.

Le *fer extra* ou n° 7 (0,15 0/0 de C). Usages : bielles motrices, tubes et tiges de pistons, essieux, taillanderie, pièces tourmentées, tôles, emboutis, blindages.

Les aciers du commerce se classent dans l'une des catégories suivantes :

Acier extra-doux (0,14 0/0 de C). Usages : tréfilage, tôles, foyers, viroles, clous à cheval, bandages de roues, rivets.

Acier très doux. Usages : tôles et profilés pour chaudières, rivets, pièces cémentées, obus à mitraille, tubes, étuis sans soudure.

Acier doux (0,16-0,28 0/0 de C). Usages : tôles de navires et de ponts, affûts, boulons, vis, constructions de toutes sortes.

Acier mi-doux (0,35 0/0 de C). Usages : pièces mécaniques, versoirs, pelles, arbres, essieux, tôles, scies, godets de dragues, fourches, vis, lunettes.

Acier mi-dur (0,45 0/0 de C). Usages : rails, éclisses, pièces d'armes, canons, pelles, pioches, bêches, fourreaux de sabres, essieux, frettes, mandrins.

Acier dur (0,60 0/0 de C). Usages : ressorts, pièces d'armes, canons, masses, marteaux, rails, bandages, bêches, sonnettes, socs.

Acier très dur (0,70 0/0 de C). Usages : ressorts, matrices, bouterolles, coutellerie, scies, poinçons, limes, aimants, couteaux de balances.

Au point de vue des transactions commerciales, les fers affectent diverses formes. On les appelle fers marchands, glacés, feuillards, rubans, larges plats, rails, fers à T, à planchers, fers spéciaux (I, U, cornières, Zorès, tôles).

Analyses et essais. — Les qualités des fers, des fontes et des aciers se déterminent au moyen d'analyses et d'essais.

L'analyse chimique d'un métal ferreux comprend le dosage des éléments suivants : graphite, carbone combiné, carbone total (s'il y a lieu), manganèse, phosphore, soufre, silicium, ainsi que le dosage des corps spéciaux introduits à dessein en vue de faire acquérir au métal certaines propriétés (nickel, chrome, tungstène, molybdène, vanadium, etc.). Les procédés employés relèvent du domaine de la chimie analytique.

Certains essais comme les procédés macroscopiques et métallographiques conduisent à des observations intéressantes. Le procédé macroscopique consiste à attaquer la surface d'un métal poli par un réactif convenable (acide chlorhydrique étendu, chlorure double de cuivre et d'ammonium, chlorure mercurique, etc., et à examiner

Fig. 188. — Section de rail traitée par le procédé macroscopique.

la corrosion produite au bout d'un temps d'attaque plus ou moins long (fig. 188). Il se forme des parties claires et sombres dues à la liquation de certains éléments. Des défauts de fabrication sont ainsi mis en évidence. Le laboratoire de l'École des Ponts et Chaussées examine par ce procédé des rails rompus en service. Ce même laboratoire emploie aussi concurremment et dans le même but l'analyse métallographique. Pour cette analyse on prend un petit parallélipipède à base carrée (1 cm² à 2 cm² de section) que l'on dégrossit, que l'on lime et que l'on polit d'une façon parfaite sur une de ses faces. On se sert, à cet effet, de papier émeri de différents numéros et on frotte par des passes successives et alternatives. On termine le polissage sur un disque de feutre américain imprégné de rouge d'Angleterre (oxyde de fer) ou d'alumine calcinée. Ce polissage doit être poussé au point de ne plus apercevoir de rayure par l'examen fait à l'aide d'un microscope. Une fois ce résultat obtenu, on attaque la surface par un réactif approprié (teinture d'iode, acide azotique plus ou moins dilué, picrate de sodium en solution alcoolique, etc). On examine au microscope l'échantillon ainsi attaqué. On observe alors certains éléments appelés constituants différant les uns des autres et répartis d'une certaine façon suivant la nature des métaux et suivant la température d'élaboration de ces métaux. On distingue ainsi (Osmond) :

La *ferrite* qui est du fer pratiquement pur. La teinture d'iode et l'acide azotique étendu n'ont aucune action sur cet élément. Sa forme est celle des grains polyédriques appartenant à des cristaux cubiques (fig. 189 et 194).

La *cémentite* (fig. 190) dont la formule probable est Fe^3C. On la désigne encore sous le nom de carbone du carbure normal, carbone de recuit, carbone de cémentation. Elle est constituée par des lamelles plates, souvent curvilignes. Sa dureté est semblable à celle du feldspath.

La *perlite*, constituant binaire formé de fines lamelles

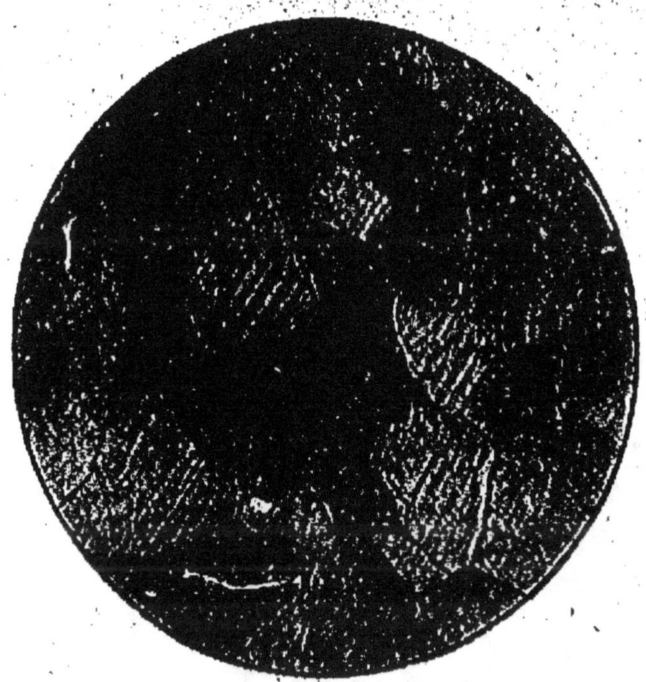

Fig. 189. — Ferrite.

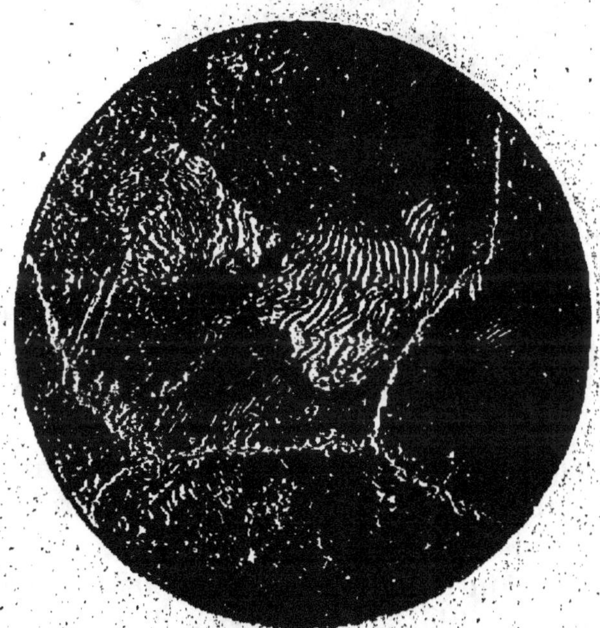

Fig. 190. — Perlite et cémentite (G = 200).

successivement dures et tendres. Elle est composée,
suivant les cas, de ferrite et de cémentite, de cémentite
ou de sorbite, ou de sorbite et de ferrite (fig. 190).

La *martensite* (fig. 191) en forme d'aiguilles se recou-

Fig. 191. — Martensite.

pant souvent ou de fibres rectilignes parallèles aux trois
côtés d'un triangle.

La *troostite* (fig. 192), liseré de largeur variable, séparant les noyaux de la martensite des lambeaux de perlite.

L'*austénite* (fig. 193), parallélogrammes clairs à bords
irréguliers.

La *sorbite* qui s'obtient en chauffant de l'acier au-
dessus du point critique A_1, et en hâtant le refroidissement sans aller jusqu'à la trempe.

La *troosto-sorbite* (fig. 193) en masse foncée irrégu-
lière à contours rectilignes ou en forme de fer de lance.
Elle accompagne l'austénite dans les trempes violentes,

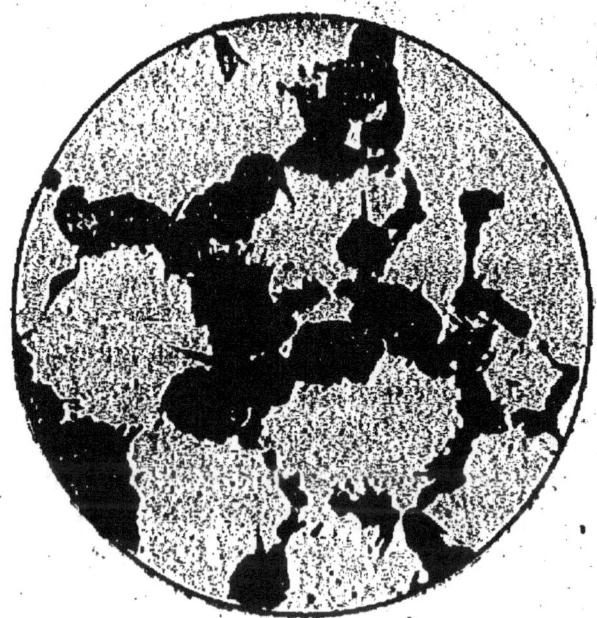

Fig. 192. — Troostite.

Fig. 193. — Austénite et troosto-sorbite (fers de lance).

De l'examen de ces constituants et de la façon dont ils se colorent quand on les traite par le sulfate de calcium précipité et la teinture d'iode, M. Osmond a tiré une méthode d'analyse métallographique très intéressante en ce qui concerne les métaux ferreux. Cette voie semble devoir donner d'excellents résultats dans l'avenir quand on connaîtra mieux encore la nature exacte des constituants. Cette méthode est applicable aux métaux autres que les aciers ainsi qu'aux alliages. En outre des éléments ci-dessus, l'examen microscopique révèle la présence de scories (fig. 195), de graphite, de soufflures ou de défauts souvent invisibles à l'œil nu.

Enfin un autre procédé de détermination de la qualité des métaux ferreux consiste dans les essais mécaniques et dans les essais de fabrication.

Les essais mécaniques proprement dits sont des expériences de laboratoire faites en vue de la réception des métaux (essais de traction, de compression, de choc, de flexion, de torsion, de fragilité, etc.). On les effectue sur des pièces métalliques de dimensions appropriées appelées *éprouvettes*. Pour ces épreuves, on emploie des machines spéciales à leviers ou à manomètres, des moutons, des pendules.

Les essais de fabrication sur pièces finies consistent en essais de façonnage à froid et à chaud, de pliage, de crochets, de soudabilité, de perçage, de rabattement.

Usages des fers, fontes et aciers. — Les usages des métaux ferreux sont très nombreux. Dans les travaux publics, ces matériaux servent notamment à édifier des ponts métalliques, des constructions, des halls, des planchers, des bâtiments (poutres, poutrelles, entretoises, cornières, treillis, etc.). Dans les chemins de fer on les emploie pour la confection des locomotives, des voitures, des rails, éclisses, boulons, rivets, traverses en acier. Aux colonies on préfère quelquefois des poteaux métal-

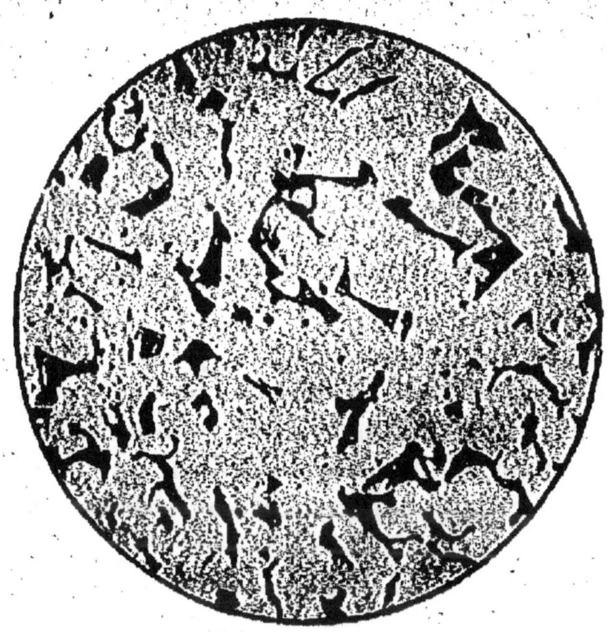

Fig. 194. — Ferrite et perlite dans un acier recuit à 0,185 % de carbone.

Fig. 195 — Inclusions de scories dans un fer doux.

liques aux poteaux en bois dans l'établissement des lignes télégraphiques. Dans la guerre et dans la marine on fabrique des engins de défense, des canons, des blindages. Dans l'industrie et dans l'économie domestique, la fonte, par sa propriété de se mouler, se prête à la confection de nombreux objets: cylindres de machines à vapeur, dynamos, colonnes de fonte, piliers, parapets, grilles, ornements. Suivant la finesse que l'on veut obtenir, on emploie la *fonte de première fusion*, c'est-à-dire celle qui sort du haut fourneau ou la *fonte de deuxième fusion* qui a été refondue dans un petit four à cuve appelé *cubilot*.

Les usages des fers et des aciers marchands ont été indiqués ci-dessus (p. 339-340).

Avec l'acier fondu on fait des burins, des coins de monnaie, des laminoirs, de la coutellerie fine, de la bijouterie, des ressorts de montre, des instruments de chirurgie.

Des outils très durs sont confectionnés avec des aciers au chrome, au tungstène, au molybdène.

Les objets en acier trempé doivent être recuits aux températures suivantes déterminées d'après leur couleur :

221° *jaune pâle*, lancettes ;
232°   — *paille*, rasoirs ;
243°   — *foncé*, rasoirs, canifs ;
254° *brun*, ciseaux, bêches, houes ;
265° *brun pourpre*, haches, cisailles, rabots ;
288° *bleu clair*, épées, ressorts de montres ;
294°   — *foncé*, poignards, scies ;
316°   — *noir*, scies à main.

L'incorporation du fer dans le béton constitue le *béton armé*. C'est le jardinier parisien Joseph Monier qui, en 1867, eut le premier l'idée d'associer le ciment au fer pour confectionner des caisses à fleurs d'assez grandes dimensions, puis des réservoirs. Il remplaça ensuite le ciment par le béton et c'est cet assemblage qui de nos jours est devenu d'un emploi fréquent dans certaines constructions.

Les principes sur lesquels on s'appuie pour recourir à ce mode de construction sont les suivants : le béton a une résistance à l'écrasement sensiblement plus élevée que sa résistance à la traction ; on oppose cette résistance à l'écrasement aux efforts de traction. Le fer a une résistance à la traction qu'on oppose aux efforts de la traction. C'est pour cela que des barres de fer de section ronde ou polygonale noyées dans une masse de béton s'opposent aux efforts de traction tandis que le béton réagit contre les efforts de compression. En somme, la réunion de ces deux matériaux dissemblables, béton et fer, a pour résultat de communiquer à l'ensemble des qualités résultant de l'adhérence des deux matériaux entre eux, de l'équivalence approchée des coefficients de dilatation et de la non-production de rouille sur le fer.

OXYDES DU FER

Les composés oxygénés du fer sont les suivants :

L'oxyde *ferreux*	FeO
— *ferrique*	Fe^2O^3
— *magnétique*	Fe^3O^4
L'anhydride *ferrique*	FeO^3

OXYDE FERREUX

Poids moléculaire : $FeO = 72$

L'oxyde ferreux s'obtient par le passage d'un mélange d'hydrogène et de vapeur d'eau sur de l'oxyde ferrique chauffé au rouge.

L'action prolongée d'un courant d'hydrogène sur l'oxyde ferrique légèrement chauffé donne de l'oxyde ferreux *pyrophorique* (s'enflammant spontanément à l'air).

Volumes égaux. d'oxyde de carbone et d'anhydride carbonique réduisent l'oxyde ferrique en oxyde ferreux.

Hydrate ferreux. — Avec l'eau, l'oxyde ferreux donne un hydrate ferreux $Fe(OH)^2$. Cet hydrate s'obtient en versant une solution potassique dans un sel ferreux. On a un précipité blanc avide d'oxygène qui, au contact de l'air, devient vert puis ocreux ; c'est alors de l'hydrate ferrique. Une solution de chlore sur le précipité d'hydrate ferreux hâte cette transformation.

OXYDE FERRIQUE

Poids moléculaire : $Fe^2O^3 = 160$

C'est un oxyde très répandu dans la nature où il se trouve sous forme de *fer oligiste* (corps cristallisé en rhomboèdres brillants) ou d'*hématite rouge* ou *sanguine* (corps amorphe).

Pour le préparer, on calcine le sulfate ferreux. L'oxyde ferrique obtenu n'est autre que le *colcothar*, oxyde anhydre et amorphe qui sert au polissage des métaux.

Pour l'obtenir cristallisé, on calcine dans un creuset 100 gr. de sulfate ferreux avec 300 gr. de sodium. Un lavage débarrasse les cristaux du sulfate de sodium qui accompagne l'oxyde ferreux.

Hydrate ferrique. — De l'ammoniaque versée dans la solution d'un sel ferrique donne un précipité couleur rouille $Fe^2(OH)^6$. C'est la rouille du fer abandonné à l'air humide.

L'hydrate ferrique que l'on rencontre dans le sol est

ordinairement amorphe et prend les noms d'*hématite brune* et de *limonite*.

Il est insoluble dans l'eau, très soluble dans les acides. La calcination lui fait perdre son eau. Au rouge sombre, il présente un phénomène subit d'incandescence (oxyde cuit). On observe ce phénomène quand on effectue le dosage du phosphore dans les aciers par la voie sèche (calcination de l'oxyde ferrique provenant de la précipitation du sel ferrique par l'ammoniaque). En cet état, l'oxyde ferrique est difficilement attaquable par les acides. On le redissout généralement par l'acide chlorhydrique additionné d'un peu d'acide sulfurique à la température de l'ébullition.

Au rouge blanc, cet oxyde passe à l'état d'oxyde magnétique Fe^3O^4.

L'oxyde ferrique appartient au groupe des oxydes indifférents.

La dialyse du perchlorure de fer ou le chauffage à 70° d'une solution étendue de perchlorure de fer donne une liqueur fortement colorée qui se précipite par l'addition d'un peu de sel alcalin. Mais le précipité aussitôt lavé se redissout dans l'eau distillée; c'est l'*oxyde ferrique soluble*.

L'ocre rouge ou sanguine employée en peinture est de l'hématite rouge.

OXYDE MAGNÉTIQUE DE FER

Poids moléculaire : $Fe^3O^4 = 232$

C'est la pierre d'aimant naturelle cristallisée en octaèdres réguliers, douée de l'éclat métallique. Des amas considérables de cet oxyde existent en Suède et en Norwège. On l'obtient artificiellement en faisant passer de l'oxygène sur du fer ou un courant de vapeur d'eau sur du fer au rouge.

Sa poussière est magnétique. A haute température, l'oxyde fond sans se décomposer.

De l'oxyde ferrique chauffé à 350° ou 440° dans une enceinte d'oxyde de carbone ou d'hydrogène donne un oxyde magnétique que l'acide azotique attaque et que le grillage transforme en oxyde ferrique (Moissan).

L'oxyde magnétique fournit des fers et des aciers très purs et très recherchés.

ANHYDRIDE FERRIQUE

Poids moléculaire : $FeO^3 = 104$

A l'état isolé, cet oxyde n'est pas connu. Mais on obtient du ferrate de potassium en faisant passer du chlore gazeux sur de l'hydrate ferrique tenu en suspension dans la potasse. Le ferrate de potassium (noir) dissous dans l'eau donne une liqueur rouge. Cette solution rouge est décolorée par les acides, ce qui la distingue des permanganates. Il se forme un sel ferrique et de l'oxygène.

Caractères des sels de fer. — I. SELS FERREUX. — Sels hydratés verts, sels anhydres blancs.

Réaction principale. — *Les alcalis donnent un précipité gris verdâtre qui devient couleur rouille.*

RÉACTIFS ORDINAIRES	RÉSULTATS DES RÉACTIONS
Sulfures alcalins. — d'ammonium.	Précipité noir de sulfure.
Ferrocyanure de potassium.	Précipité blanc bleuissant à l'air.

II. SELS FERRIQUES. — Sels jaunes ou rouges.

Réaction principale. — Les alcalis donnent un précipité jaune rougeâtre d'hydrate ferrique.

RÉACTIFS ORDINAIRES	RÉSULTATS DES RÉACTIONS
Hydrogène sulfuré.	Réduction en sel ferreux avec dépôt de soufre.
Sulfures alcalins.	Précipité noir de sulfure.
Ferrocyanure de potassium.	Précipité bleu de Prusse.

ZINC

Poids atomique : Zn = 66

Etat naturel. — La *blende* (sulfure) et la *calamine* (carbonate) sont les composés naturels du zinc. Ce sont aussi les minerais exploités. La calamine semble être une altération de la blende exposée à l'air. On rencontre abondamment ces minerais en Angleterre, en Belgique, en Allemagne. On en trouve quelques gisements en France (Lot, Gard).

Propriétés physiques. — Le zinc est un métal blanc bleuâtre dont la texture est cristalline et formée de grandes lamelles. Un refroidissement lent le fait cristalliser en prismes à 6 pans. A la température ordinaire, il casse facilement. Entre 100 et 130°, il est ductile et malléable; il se laisse alors laminer en feuilles minces. Au-dessus de 130°, il est de nouveau cassant. A 200°, on le pulvérise aisément.

Le zinc est un métal peu sonore, d'une odeur et d'une saveur faibles. Sa température de fusion est à 400°; il bout à 932°, il distille à 1040°. Sa densité à l'état fondu est de 6,87; par le martelage elle s'élève à 7,2. Sa dureté est intermédiaire entre celle de l'argent et celle du cuivre. Son coefficient de dilatation (0,00002918) est plus élevé que celui du fer.

Propriétés mécaniques. — Le zinc coulé a une limite d'élasticité à la traction qui est de 2,3. Son coefficient d'élasticité à la traction et à la compression est de 9,5 ; celui au cisaillement est de 3,56.

Propriétés chimiques. — A froid et dans l'air sec, le zinc ne s'altère pas. A l'air humide, sa surface se recouvre d'une couche d'hydrocarbonate de zinc qui constitue un revêtement protecteur. Le zinc bouillant s'enflamme et brûle avec éclat en produisant des flocons blancs d'oxyde de zinc qui voltigent dans l'air.

L'eau, portée au-dessus de 100°, est décomposée par le zinc à la condition que celui-ci soit pur. L'eau acidulée est lentement décomposée par le zinc pur ; il se forme une couche adhérente d'hydrogène qui empêche l'attaque de se produire librement. Le zinc ordinaire du commerce attaque, au contraire, avec énergie l'eau acidulée par l'acide sulfurique parce que des métaux électro-négatifs constituant les impuretés du métal s'emparent de l'hydrogène dégagé. Dans une liqueur acidulée, le zinc pur, mis en contact avec un métal (cuivre ou plomb), détermine une attaque rapide.

Une solution bouillante de potasse ou de soude est attaquée par le zinc avec production d'hydrogène et d'oxyde qui s'unit à la potasse :

$$Zn \ + \ 2KOH \ = \ Zn\,(OK)^2 \ + \ H^2$$

zinc   potasse   zincate alcalin   hydrogène

Le zinc précipite de leurs dissolutions les métaux moins oxydables comme le cuivre, le plomb, le mercure et l'argent.

L'action qu'exerce l'acide azotique sur le zinc diffère suivant le degré de dilution. Si l'acide est très dilué il n'y a pas dégagement de gaz mais production d'azotate de zinc et d'azotate d'ammonium :

$$10(AzO^3H) + 4Zn'' = 4[Zn(AzO^3)^2] + AzH^4AzO^3 + 3H^2O$$
acide azotique   zinc   azotate de zinc   azotate   eau
                                                 d'ammonium

Si l'acide est moins dilué, il y a dégagement d'oxyde azoteux :

$$10(AzO^3H) + 4Zn = 4[Zn(AzO^3)^2] + Az^2O + 5H^2O$$
acide azotique   zinc   azotate de zinc   oxyde   eau
                                                 azoteux

Enfin avec un acide encore moins dilué, il y a dissolution de zinc, dégagement d'oxyde azotique et formation d'azotate de zinc.

Métallurgie. — Le traitement préalable des minerais de zinc consiste à les transformer en oxyde de zinc.

La *blende*, chauffée à l'air, est grillée, ce qui fait passer le soufre à l'état de gaz sulfureux et le métal à l'état d'oxyde.

Quant à la *calamine*, on la calcine fortement, ce qui la débarrasse du gaz carbonique et de la vapeur d'eau et on a encore de l'oxyde de zinc.

Une fois le minerai amené ainsi à l'état d'oxyde plus ou moins pur, on le mélange à son volume de charbon. On le porte à une température élevée. L'oxyde de zinc se réduit et le zinc distille, tandis que l'oxyde de carbone se dégage. On obtient ainsi le zinc distillé.

En Belgique, les usines de la Vieille-Montagne se servent de cornues en terre réfractaire (fig. 106) que l'on superpose les unes aux autres. Les faces antérieures de ces cornues sont ouvertes. L'intérieur est rempli d'un mélange formé d'une partie de houille et de deux parties de calamine. Aux extrémités inférieures de ces cornues inclinées, on adapte un tuyau en fonte ou en terre auquel est fixée une allonge en tôle où se fait la condensation du zinc.

Après deux heures d'exposition à une chaleur convenable, on retire les allonges et on fait couler le zinc liquide dans des poches en fer ou poêlons. On adapte à

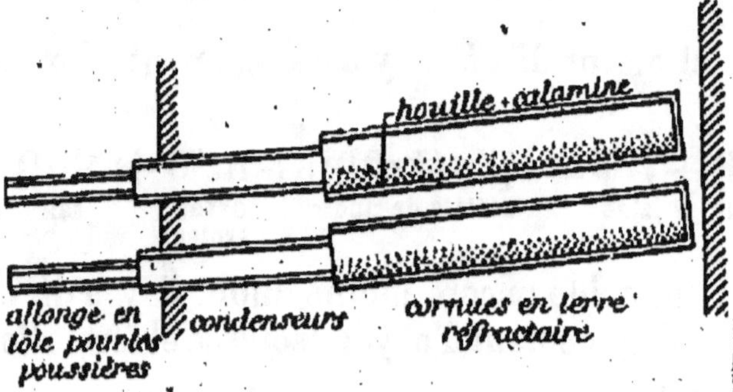

Fig. 196. — Cornues belges.

nouveau l'allonge et on recommence l'opération en enlevant le zinc toutes les deux heures.

Fig. 197. — Four silésien.

Dans les usines silésiennes les cornues sont cylindriques et jumelles (fig. 197). On les chauffe par un foyer central. Le métal distille dans une allonge et se condense dans une caisse placée à la partie inférieure.

En Angleterre, on fait la réduction dans un four de verrier contenant des creusets percés d'un trou à la partie inférieure et munis d'un tube vertical fermé par un tampon de bois servant de filtre après sa carbonisation. La vapeur de zinc se condense dans ce réservoir. On appelle cette distillation *per descensum*, tandis qu'à Liège et en Silésie la distillation a lieu *per ascensum*.

Impuretés. — Le zinc ainsi obtenu contient des impuretés qui consistent surtout en cuivre, en plomb, en cadmium qui se trouvaient dans le minerai. Ces matières n'existent d'ailleurs qu'en faibles quantités. Il y a en outre de l'arsenic, du soufre et du charbon. Pour enlever ces impuretés, on distille le zinc au rouge blanc dans une cornue tubulée. La vapeur sort par un tube latéral, se condense et tombe dans un récipient rempli d'eau. On le débarrasse de cette façon des matières fixes et du charbon. Comme il contient encore du soufre, du phosphore, du cadmium et de l'arsenic, on le fond avec du nitre qui oxyde le soufre et le phosphore et on projette dans le métal en fusion du chlorure de zinc ou de magnésium qui chasse l'arsenic. On distille à nouveau en mettant à part les premiers produits de la distillation qui renferment du cadmium.

Si on veut du zinc chimiquement pur, on réduit l'oxyde de zinc pur par du charbon de sucre.

Usages. — Les feuilles de zinc très peu épaisses servent à la couverture des maisons. L'épaisseur de ces feuilles est variable. On admet généralement que le poids d'une couverture en zinc est 4 fois moindre que la même couverture en ardoise et 12 fois moindre que si elle était en tuiles.

Le fer galvanisé est du fer recouvert de zinc par l'électrolyse ou immergé dans un bain de ce métal. On s'en sert comme fils télégraphiques, supports de linge dans la blanchisserie, entourage de clôtures de jardins, etc. On évite de la sorte l'oxydation du fer.

OXYDE DE ZINC

Poids moléculaire : $ZnO = 82$

Propriétés physiques. — L'oxyde de zinc est blanc. Chauffé, il devient jaune, mais il reprend sa couleur primitive par le refroidissement. Il est infusible, fixe aux températures des hauts fourneaux. Il est peu soluble dans l'eau. Sa densité est 5,4.

Propriétés chimiques. — Il est réduit par le charbon, mais sa réduction par l'hydrogène n'a lieu qu'à une température élevée. Il forme avec l'eau un hydrate qui s'obtient en versant un alcali (potasse ou soude) dans un sel de zinc en excès :

$$SO^4Zn \; + \; 2KOH \; = \; SO^4K^2 \; + \; Zn(OH)^2$$

<table>
<tr><td>Sulfate de zinc</td><td>potasse</td><td>sulfate de potassium</td><td>hydrate d'oxyde de zinc</td></tr>
</table>

L'hydrate de zinc absorbe rapidement le gaz carbonique de l'air, ce que ne fait pas l'oxyde de zinc calciné.

Les acides sulfurique, chlorhydrique et azotique dissolvent facilement l'oxyde de zinc ou son hydrate.

Les solutions alcalines dissolvent l'hydrate de zinc avec formation de zincates :

$$Zn(OH)^2 \; + \; 2KOH \; = \; Zn(OK)^2 \; + \; 2H^2O$$

<table>
<tr><td>hydrate de zinc</td><td>potasse</td><td>zincate alcalin</td><td>eau</td></tr>
</table>

L'oxyde de zinc est un oxyde indifférent. Un excès d'alcali versé dans une solution de sel de zinc redissout le précipité primitivement formé.

L'oxyde de zinc calciné est difficilement attaqué par les dissolutions alcalines, mais il est rapidement dissous par les alcalis fondus.

I. PROCÉDÉ DES LABORATOIRES

Calcination du carbonate ou de l'azotate de zinc.
La calcination de l'un ou de l'autre de ces sels produit de l'oxyde de zinc suivant les réactions :

$$CO^3Zn = ZnO + CO^2$$

Carbonate de zinc   oxyde de zinc   anhydride carbonique

$$(AzO^3)^2Zn = ZnO + 2AzO^2 + O$$

Azotate de zinc   oxyde de zinc   peroxyde d'azote   oxygène

Du zinc chauffé dans un creuset ouvert donne des flocons neigeux d'oxyde de zinc.

II. PROCÉDÉ INDUSTRIEL

On provoque l'oxydation directe du métal par l'oxygène de l'air :

$$Zn + O = ZnO$$

Le zinc est chauffé dans des cornues en terre (fig. 198). Ses vapeurs sont brûlées par un courant d'air et l'oxyde produit se dépose dans des caisses. Les premières parties déposées sont du *blanc de zinc* pulvérulent. Les parties les plus légères sont floconneuses : c'est le *blanc de neige*.

Usages. — Le blanc de zinc remplace le blanc de plomb ou céruse dans les peintures. Il ne noircit pas par l'hydrogène sulfuré. Sa fabrication n'offre aucun danger pour la santé des ouvriers.

Pour la peinture, on délaye le blanc de zinc dans de l'huile de lin ordinaire et on le rend siccatif par l'addition de 3 0/0 d'huile de lin chauffée au préalable avec du bioxyde de manganèse ou un sel manganeux, tel que le résinate de manganèse.

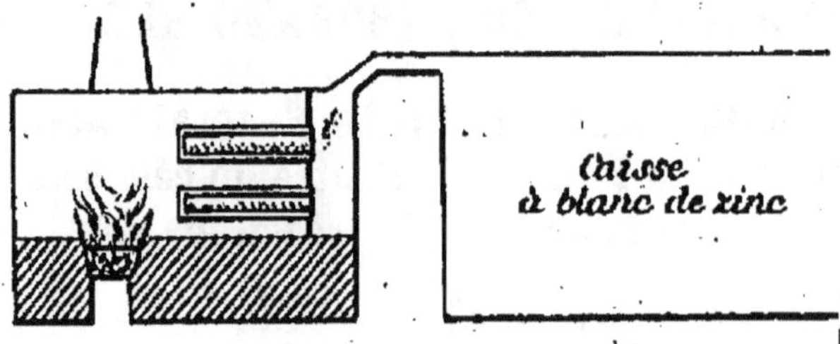

Fig. 198. — Fabrication du blanc de zinc.

La société de la Vieille-Montagne fabrique plusieurs types d'oxyde de zinc qu'elle désigne sous les noms de :

Blanc de neige s'employant pour le réchampissage des rosaces, pour les glacis et les marbres blancs, pour les cages d'escalier, vestibules et corridors.

Blanc n° 1, utilisé dans les travaux soignés ;

Blanc n° 2, un peu moins blanc que le précédent ; il sert pour les premières couches, pour les travaux ordinaires et les ravalements ;

Gris pierre, donnant une teinte pierre gris clair convenant pour les tons un peu foncés et les couches d'impression des travaux ordinaires, ainsi que pour les ravalements, les pièces métalliques, les charpentes en fer, les machines, etc.

De l'oxyde de zinc délayé dans une solution concentrée de chlorure de zinc donne une peinture résistante qui est un oxychlorure de zinc (Sorel). Cet oxychlorure mélangé à du sable constitue le *ciment métallique* employé pour le raccord des pierres.

Le *vert de Rinmann* est une couleur verte obtenue en chauffant au rouge de l'oxyde de zinc délayé dans de l'azotate de cobalt.

Caractères des sels de zinc. — Sels incolores ou blancs.

Réaction principale. *— Traités par la potasse, la soude et l'ammoniaque, ces sels en solution donnent un précipité blanc d'hydrate de zinc, soluble dans un excès de réactif.*

RÉACTIFS ORDINAIRES	RÉSULTATS DES RÉACTIONS
Sulfure d'ammonium.	Précipité blanc de sulfure.
H²S en solution acide.	Pas de précipité.
H²S en solution acétique.	Précipité blanc.
Au chalumeau (avec carbonate de sodium sur un charbon.	Enduit jaune à chaud, blanc à froid.

ETAIN

Poids atomique : Sn = 118

Etat naturel. — Le minerai qui sert à la fabrication de l'étain est la *cassitérite* (bioxyde). On en trouve d'abondants gisements en Angleterre, en Saxe et aux Indes, dans la presqu'île de Malacca et dans l'île de Banca. En France, les gisements sont peu abondants ; ils se trouvent près de Nantes et de Limoges. La cassitérite est surtout mélangée de sulfures et d'arséniures de fer, de cuivre et de plomb.

Propriétés physiques. — L'étain est un métal blanc, rappelant la couleur de l'argent. Lorsqu'on le frotte, il acquiert une odeur désagréable. Il fond à 228°, c'est-à-dire que de tous les métaux usuels il est le plus fusible. Il fond sur une feuille de papier blanc que l'on met sur une plaque de tôle un peu chaude. Il a une densité de 7,3 ; il n'est pas sensiblement volatil.

L'étain, d'abord fondu, puis abandonné au refroidissement, prend une texture cristalline. Porté à —40°, il perd son éclat métallique ; il devient grisâtre et friable,

Sa densité est alors 5,95. Si, en cet état, on le chauffe à 35°, il subit une contraction et reprend ses propriétés primitives.

L'étain est un métal flexible qui crie quand on le plie; ce cri provient de la rupture des cristaux. Il est malléable, il se lamine en feuilles minces, mais comme le plomb, il ne s'écrouit pas, tandis que les autres métaux s'écrouissent par le martelage et le laminage. Il est un peu plus tenace que le plomb.

Propriétés chimiques. — A froid, l'étain est inaltérable à l'air. Chauffé à 200°, sa surface s'oxyde en donnant un mélange d'oxydestanneux et d'oxyde stannique. A haute température, l'étain se transforme en acide stannique. Un grand nombre de métalloïdes se combinent avec ce métal. On fait des alliages d'étain avec le cuivre (bronze-laiton), avec le mercure (amalgame d'étain), avec le plomb (mesures d'étain).

L'étain décompose l'eau au rouge en donnant de l'hydrogène. Il est attaqué lui-même par les alcalis fixes en liqueur concentrée, surtout si l'on a soin de chauffer.

$$Sn + 2KOH + H^2O = K^2OSnO^2 + 4H$$

étain — potasse — eau — stannate de potassium — hydrogène

Les acides agissent sur l'étain en se décomposant.

L'acide chlorhydrique concentré à froid, mais surtout à chaud, dissout l'étain en donnant un chlorure.

$$Sn + 2HCl = SnCl^2 + 2H$$

étain — acide chlorhydrique — chlorure d'étain — hydrogène

L'acide sulfurique est attaqué à chaud vers 150° par le métal en produisant de l'acide sulfureux.

L'acide azotique ordinaire réagit énergiquement sur l'étain en formant de l'acide métastannique et de l'oxyde azotique. L'antimoine seul parmi tous les autres métaux partage avec l'étain cette propriété d'être attaqué sans être dissous.

L'acide azotique fumant n'est pas attaqué par l'étain.

Métallurgie. — La cassitérite subit d'abord un traitement mécanique consistant en un triage, un bocardage, et un lavage. On débarrasse de cette façon le minerai des matières terreuses qui l'accompagnent. Après un grillage qui oxyde et désagrège les sulfures et les arséniures que contient la cassitérite, on complète les opérations préalables par de nouveaux bocardages et lavages. Les oxydes légers sont entraînés par l'eau, sauf l'oxyde stannique (bioxyde) qui, plus lourd, est recueilli.

Au traitement mécanique succède le traitement chimique, par lequel l'oxyde stannique, mêlé au charbon de bois, est chauffé dans un four à manche (fig. 199).

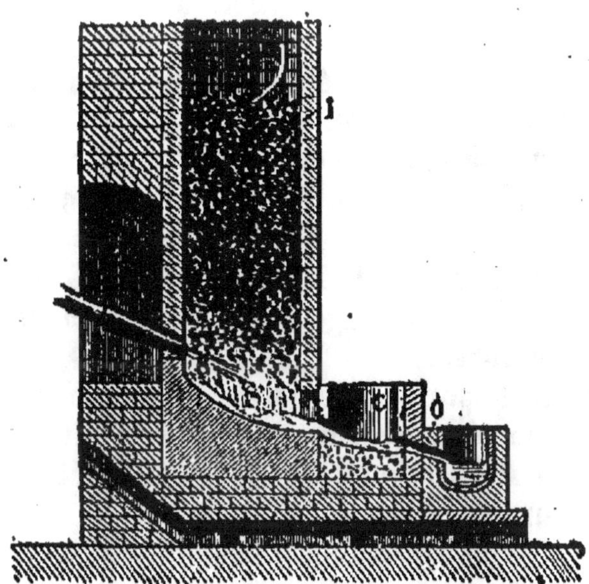

Fig. 199. — Four à manche.

Une tuyère amène l'air d'une machine soufflante. L'oxyde de carbone que fournit l'oxygène de l'air, au contact du charbon, réduit l'oxyde stannique et produit de l'étain qui, très fusible, se sépare facilement et vient couler dans un creuset. De ce creuset, il passe dans un bassin où on l'agite avec des branchages de bois vert. Les matières étrangères se réunissent en une crasse à la surface du bain ; on les enlève.

Malgré tout, l'étain ainsi obtenu est souillé de cuivre, de fer, d'arsenic, de plomb et d'antimoine. On le purifie en le fondant à basse température dans un four à réverbère, sous une couche de charbon. L'étain, très fusible, fond le premier et coule hors du four, tandis que les alliages, moins fusibles, restent sur la sole. Au besoin, on répète plusieurs fois cette opération ; on arrive à avoir, de cette manière, un étain presque pur.

Pour l'obtenir chimiquement pur, il faut réduire l'oxyde d'étain pur par du charbon de sucre dans un creuset brasqué.

Usages. — On a vu que l'étain entrait dans la fabrication du bronze et de certains alliages. Il sert à étamer des objets en cuivre tels que casseroles et autres ustensiles d'économie domestique. Ses sels ne sont pas vénéneux comme ceux du cuivre. Les feuilles minces d'étain enveloppent les chocolats, thés, vanille, etc. L'étain est aussi employé dans l'étamage des glaces et dans la composition des soudures.

En dissolvant la surface du fer-blanc au moyen d'un mélange d'acide chlorhydrique et d'acide nitrique on aperçoit une cristallisation de la surface, qui est le *moiré métallique* d'un bel aspect.

OXYDES DE L'ÉTAIN

On connaît quatre oxydes qui sont : l'oxyde stanneux, l'oxyde stannique, l'acide stannique, l'acide métastannique.

OXYDE STANNEUX

Poids moléculaire : $SnO = 134$.

Le protoxyde anhydre SnO se présente sous divers états allotropiques ou modifications qui sont :

L'oxyde noir, que l'on obtient en faisant bouillir de l'hydrate d'étain blanc dans une solution étendue de potasse. A froid, la réaction est plus lente.

L'oxyde brun olive, que l'on prépare en chauffant de l'oxyde noir à 250°.

L'oxyde rouge, qui se forme lorsqu'on précipite le chlorure stanneux par un excès d'ammoniaque ; ce précipité étant ensuite porté à l'ébullition, puis évaporé.

Au contact de l'air, l'oxyde stanneux chauffé brûle facilement en donnant de l'oxyde stannique blanc.

L'hydrate stanneux blanc $Sn(OH)^2$ se produit par la précipitation d'une solution de potasse dans une solution de chlorure stanneux.

OXYDE STANNIQUE

Poids moléculaire : $SnO^2 = 150$.

Cet oxyde encore appelé *bioxyde d'étain* se trouve cristallisé dans la nature (*cassitérite*). Il affecte quelquefois une forme particulière rappelant l'aspect du bois ; on l'appelle alors *étain de bois*.

On l'obtient par la combustion de l'étain en présence d'un excès d'oxygène ou par la déshydratation au moyen de la chaleur des acides stannique ou métastannique.

L'oxyde stannique entre dans la composition des émaux.

ACIDE STANNIQUE

Poids moléculaire : $SnO^3H^2 = 168$.

On prépare ce corps sous forme d'un précipité blanc en décomposant le tétrachlorure d'étain ou chlorure stannique par le carbonate de potassium, de sodium ou de calcium.

$$SnCl^4 + 2CO^3K^2 + H^2O = SnO^3H^4 + 2CO^2 + 4KCl$$

| Chlorure stannique | Carbonate de potassium | eau | Acide stannique | Gaz carbonique | Chlorure de potassium |

Cette matière est blanche, soluble dans l'acide chlorhydrique et dans l'acide sulfurique dilué. Avec la potasse, elle donne un stannate soluble $SnO^3K^2 + 3H^2O$. Si on la chauffe à température assez élevée, elle devient insoluble dans les acides.

ACIDE MÉTASTANNIQUE

Poids moléculaire : $Sn^5O^{11}H^2 = 768$.

C'est une substance blanche, insoluble, que l'on obtient en traitant l'étain par l'acide azotique concentré. Il y a dégagement de bioxyde d'azote, formation d'azotate d'ammonium et d'acide métastannique.

Dans la potasse, cet acide se dissout en donnant le métastannate de potassium, $Sn^5O^{11}K^2$, lequel, chauffé avec un excès de potasse et de soude, se transforme en stannate alcalin.

Le stannate de sodium s'emploie en teinture comme *mordant*.

Le *pinck colour*, couleur rouge qui sert à orner les fines faïences est un stannate double de chrome et de calcium.

Caractères des sels d'étain.

RÉACTIFS ORDINAIRES	RÉSULTATS DES RÉACTIONS
Potasse	Précipité blanc, soluble dans un excès de réactif.
Carbonates alcalins . . .	Précipité blanc.
Zinc métallique	Réduction des sels avec dépôt d'étain.
Au chalumeau (avec KCy) .	Etain métallique.
Gaz hydrogène sulfuré . .	Avec sels stanneux précipité brun marron. Avec sels stanniques précipité jaune clair.
Nitrate d'argent	Avec sels stanneux précipité rouge.

PLOMB

Poids atomique : Pb = 207.

Etat naturel. — A l'état naturel le plomb se rencontre sous la combinaison de sulfure, de carbonate, de phosphate et d'arséniate du métal. Les minerais exploités sont le carbonate (cérusite) et le sulfure (galène). La galène, qui est le minerai le plus répandu, se trouve en quantités considérables en Angleterre, en Italie, en Allemagne, en Espagne, en Algérie et en France. Les principaux gîtes français sont : Poullaouen, Huelgoat (Finistère), Pontgibaud (Puy-de-Dôme), Vialas (Lozère).

Propriétés physiques. — Le plomb est un métal gris, brillant quand il est fraîchement coupé, mou et malléable, très peu tenace et par conséquent peu ductile. Un fil de plomb de 3 millimètres d'épaisseur se rompt sous une charge de 14 kilogrammes. Le plomb ne s'écrouit pas par le laminage ni par le martelage. Il laisse une tache grise quand on le frotte sur le papier. Il fond à une température comprise entre 325° et 340°, selon son état de pureté. A haute température, il laisse dégager d'abondantes vapeurs. Par fusion, il peut cristalliser en octaèdres réguliers. Suivant qu'il est à l'état fondu, forgé ou liquide, il possède une densité de 11,34, 11,36 ou 10,64. Il bout à 1600° ou 1800° à la flamme du chalumeau oxhydrique.

Ses constantes physiques sont les suivantes :

Charge-limite d'élasticité . Traction	plomb . .	1,65	
	fil de plomb	0,47	
Charge de rupture . . . Traction	plomb . .	1,3	
	fil de plomb.	2,2	
Coefficient d'élasticité. Traction et compression.	plomb . .	500	
	fil de plomb	700	
Coefficient d'élasticité . Cisaillement	plomb . .	187,5	
	fil de plomb	262,5	
Allongement proportionnel à la limite d'élasticité . } Traction	plomb . .	0,00210	
	fil de plomb	0,00067	
Résistivité en ohms-cm		19,140	
Résistance d'un fil de 100^m de longueur et de 1^{mm} de diamètre, en ohms . . . . }		24,370	
Résistance d'un fil de 1 m. de longueur pesant 1 gramme, en ohms. }		2,227	

Propriétés chimiques. — De faibles quantités de matières étrangères ont une grande influence sur les propriétés du plomb.

Ce métal est pour ainsi dire inaltérable aux influences atmosphériques parce qu'il se recouvre rapidement d'une couche de sous-oxyde Pb^2O qui forme un revêtement protecteur pour le restant de la masse. Un peu au-dessus de la température de fusion du plomb, mais au-dessous toutefois de celle de l'oxyde de plomb, le plomb s'empare de l'oxygène en donnant un oxyde très poreux, le massicot. A une température plus élevée, il y a encore formation de protoxyde fondu qui, par refroidissement, donne un autre oxyde de même composition, la litharge.

L'eau n'est décomposée par le plomb qu'à une température élevée. Si elle est pure, comme l'eau distillée ou l'eau pluviale, elle dissout un peu d'oxyde de plomb, ce qui la rend dangereuse pour la boisson ; aussi, pour éviter leur toxicité doit-on laisser couler les premières parties d'une canalisation de plomb contenant ces eaux. Mais les eaux de rivières ou de sources ne présentent pas cet inconvénient, parce qu'elles contiennent une quantité suffisante de chlorures, de sulfates ou de carbonates pour produire des sels correspondants de plomb formant un enduit préservateur dans l'intérieur des tuyaux.

La plupart des acides sont inattaquables par le plomb. Certains l'attaquent lentement en présence de l'oxygène de l'air ; l'acide azotique dissout entièrement le métal en donnant de l'azotate de plomb et de l'oxyde azotique. Le gaz chlorhydrique ou la solution concentrée d'acide chlorhydrique attaque le plomb, tandis que ce métal n'est pas attaqué par l'acide sulfurique *étendu*.

C'est ce qui fait qu'on emploie des chambres de plomb dans la fabrication de l'acide sulfurique. Mais la concentration de l'acide ne peut pas être poussée bien loin, parce qu'alors il y aurait réaction entre l'acide concentré et le plomb avec dégagement de gaz sulfureux et production de sulfure de plomb.

Le plomb et ses sels ont une action toxique sur l'économie ; les ouvriers qui manipulent ces produits sont sujets aux coliques de plomb ou coliques saturnines.

Métallurgie. — Le traitement du carbonate consiste simplement à calciner le minerai avec du charbon dans un four à manche ; le plomb se réunit dans un creuset.

Pour la galène, il faut au préalable lui faire subir un

traitement mécanique qui consiste dans le triage, le bocardage et le lavage pour la débarrasser des substances terreuses qui l'accompagnent. Puis, suivant que le minerai est riche et peu siliceux, ou impur et siliceux, on le traite par le procédé de réduction ou par le procédé par grillage et réaction.

Procédé par réduction. — Dans un four à cuve, ayant la forme d'un double tronc de cône, on met des couches alternées de minerai (galène), de combustible et de fonte en grenaille. Sous l'action de la chaleur, le sulfure de plomb fond et est réduit par le fer.

$$PbS + Fe = FeS + Pb$$

Sulfure de plomb — fer — sulfure de fer — plomb

A la partie inférieure du four, on recueille les matières qui sont superposées par ordre de densité de la façon suivante : en bas, le plomb, au-dessus une matte ou scorie contenant du sulfure de fer avec un peu de sulfure de plomb et de cuivre et, au-dessus, la scorie.

La partie supérieure du four communique avec une série de chambres dans lesquelles se déposent les poussières plombifères entraînées ; les gaz se rendent ensuite dans une cheminée d'appel.

Procédé par grillage et réaction. — Ce procédé, en usage en France et en Angleterre, consiste à faire réagir le sulfure de plomb sur l'oxyde et le sulfate de plomb,

Sur la sole d'un four à réverbère (fig. 200), on dispose le minerai en couche mince, puis on le porte à la température du rouge sombre. On transforme ainsi une partie du sulfure en oxyde en sulfate.

$$2PbS + 3O^2 = 2PbO + 2SO^2$$

Sulfure de plomb — oxygène — protoxyde de plomb — acide sulfureux

$$PbS + 2O^2 = SO^4Pb$$

Sulfure de plomb — oxygène — sulfate de plomb

Lorsque l'oxydation est suffisante, on élève la température et on mélange la partie superficielle oxydée à la

Fig. 200. — Four à réverbère pour la fabrication du plomb par le procédé par réaction.

partie inférieure, riche en sulfure. Par la réaction de ce sulfure sur l'oxyde et le sulfate, on a du plomb métallique et du gaz sulfureux.

$$PbS + 2PbO = 3Pb + SO^2$$

Sulfure de plomb — protoxyde de plomb — plomb — anhydride sulfureux

$$PbS + SO^4Pb = 2Pb + 2SO^2$$

Sulfure de plomb — sulfate de plomb — plomb — anhydride sulfureux

Avec le plomb, il reste une *matte* formée de sous-sulfure Pb^2S qu'on soumet à de nouveaux grillages.

Plomb argentifère (plomb d'œuvre). — Le plomb ainsi obtenu renferme le plus souvent de petites quantités d'argent, par exemple 1/10000. Pour extraire ce métal précieux, on a recours à l'un des deux procédés suivants :

Pattinsonnage. — Ce procédé, dû à M. Pattinson, consiste à fondre le plomb et à le laisser refroidir lentement. Le plomb argentifère se sépare en deux portions : l'une d'elles contenant peu d'argent cristallise et se dépose au fond du bain, l'autre est un alliage plus riche

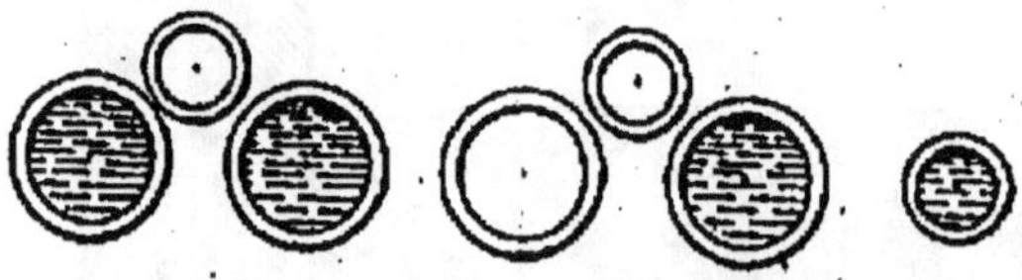

Fig. 201. — Pattinsonnage.

en argent ; elle reste liquide. Cette opération appelée pattinsonnage s'effectue dans sept chaudières (fig. 201) placées sur un fourneau unique. Les cristaux de plomb enlevés à chaque opération sont placés dans les chaudières de droite et les alliages riches en argent sont mis dans les chaudières de gauche. On conçoit qu'une série d'opérations semblables enrichisse les chaudières de gauche au détriment des autres. On arrive ainsi à obtenir un alliage très riche en argent. Cet alliage doit être alors soumis à la coupellation ou au zincage.

Coupellation. — Le plomb argentifère est chauffé sur la sole d'un four à réverbère (fig. 202) et, quand le plomb est fondu, on lance sur sa surface un fort courant d'air. Le plomb est oxydé tandis que l'argent reste inaltéré. Le bain est recouvert d'une couche d'oxyde liquide

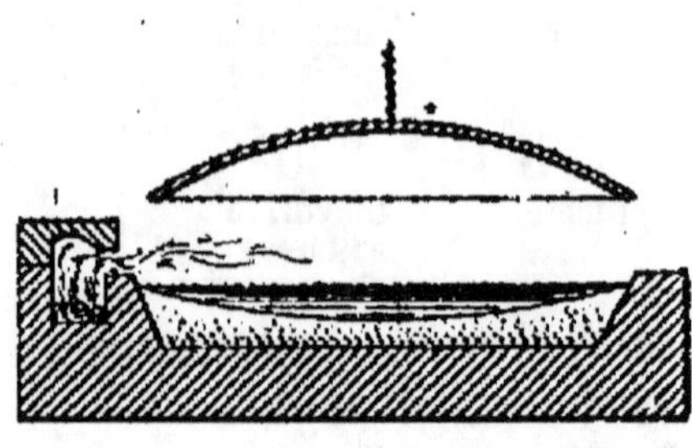

Fig. 202. — Four à coupellation.

(litharge) que l'on écoule au fur et à mesure de sa formation. Au moment où il n'y a plus d'oxyde se produit le phénomène de l'*éclair*, c'est-à-dire que la surface du plomb se trouve être beaucoup plus brillante que les parois du four en raison de l'énorme quantité de chaleur dégagée. On asperge d'eau le métal. On a de l'argent à 10 0/0 de plomb que l'on affine sur une sole poreuse qui a la propriété d'absorber la litharge.

Zincage. — Au plomb argentifère fondu, on ajoute une petite quantité de zinc. On a un alliage ternaire composé de zinc, de plomb et d'argent qui forme une *crasse* à la surface du bain. On recueille cette crasse que l'on débarrasse du zinc par distillation (fig. 203) en chauffant à une température élevée ; ensuite on coupelle l'alliage sortant.

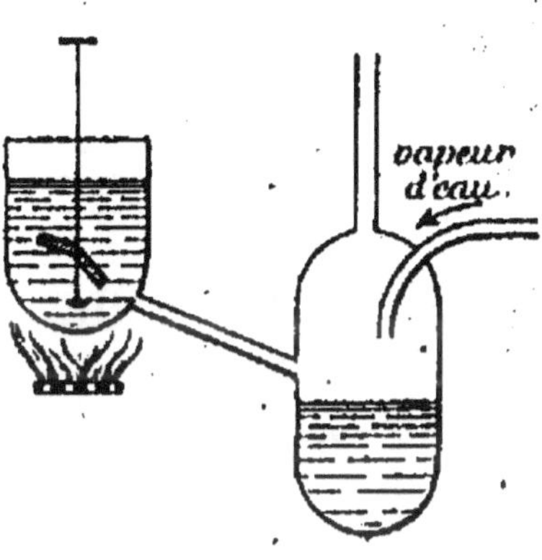

Fig. 203. — Zincage.

Le plomb appauvri contient du zinc que l'on chasse au moyen de la vapeur surchauffée qui oxyde le zinc.

Usages. — Le plomb a de nombreux usages. Réduit en feuilles minces, il sert à la couverture des bâtiments. Les chambres de fabrication d'acide sulfurique, les fils des jardiniers, les tuyaux d'eau et de gaz d'éclairage sont en plomb. Ce métal entre dans la composition de soudures et d'alliages, dans celle des caractères d'imprimerie. Les rouleaux de dilatation de ponts métalliques reposent souvent sur des plaques de plomb. Le plomb de chasse consomme une assez grande partie du métal fabriqué.

OXYDES DU PLOMB

Le plomb donne avec l'oxygène un sous-oxyde, un protoxyde, un oxyde salin et un bioxyde.

SOUS-OXYDE DE PLOMB

Poids moléculaire : $Pb^2O = 430$

Ce sous-oxyde se prépare en chauffant à 300° de l'oxalate de plomb :

$$2C^2O^4Pb = Pb^2O + 3CO^2 + CO$$

Oxalate de plomb   sous-oxyde de plomb   anhydride   oxyde de carbone

C'est un oxyde singulier.

PROTOXYDE DE PLOMB

Poids moléculaire : $PbO = 223$

On l'obtient à l'état anhydre :

1° en chauffant l'hydrate $PbOH^2O$;

2° en calcinant le carbonate ou l'azotate de plomb ;

3° en chauffant à l'air le plomb fondu et en agitant.

Si l'oxydation se fait à basse température, ou a du massicot. A température plus élevée, il se forme de la litharge qui existe sous deux variétés isomériques : rouge et jaune.

Pour avoir le protoxyde à l'état hydraté ($PbOH^2O$), on précipite un sel de plomb par un alcali soluble. Le précipité blanc obtenu est soluble dans un excès de potasse ou de soude et insoluble dans l'ammoniaque. Avec les alcalis fixes, on a des plombites.

Le protoxyde de plomb PbO est un corps solide jaune, assez fusible, formant avec la silice des silicates de plomb très fusibles. C'est pourquoi des creusets en terre sont rapidement percés quand on fait fondre de la litharge.

Il est un peu soluble dans l'eau, mais plus soluble dans l'eau sucrée (même caractère que la chaux). L'alcalinité de ces solutions est mise en évidence par la phtaléine qui devient rouge sous l'action des bases.

Une solution de sel marin est décomposée en quelques jours par le protoxyde de plomb.

$$2NaCl + 2PbO + H^2O = PbOPbCl^2 + 2NaOH$$

Chlorure de sodium — protoxyde de plomb — eau — oxychlorure de plomb — soude

La litharge est facilement réduite au rouge par l'hydrogène et par le charbon.

BIOXYDE DE PLOMB

Poids moléculaire : $PbO^2 = 239$

C'est l'oxyde puce de plomb ou acide plombique.

On le prépare en traitant le minium par l'acide azotique faible. Il se produit de l'azotate de protoxyde de plomb et du bioxyde de plomb brun :

$$PbO^2 2PbO + 4AzO^3H = 2[(AzO^3)^2Pb] + PbO^2 + 2H^2O$$

minium — acide azotique — azotate de protoxyde de plomb — bioxyde de plomb — eau

On l'obtient encore en électrolysant une dissolution d'un sel de plomb ou en faisant réagir l'acétate de plomb sur le chlorure de chaux (chaux + hypochlorite de calcium).

Le bioxyde de plomb est brun ; c'est un oxydant. La chaleur le décompose aisément avec mise en liberté d'oxygène.

Il absorbe l'anhydride sulfureux et se transforme en sulfate de plomb.

$$PbO^2 + SO^2 = SO^4Pb.$$

Mélangé au soufre, il l'enflamme en dégageant du gaz sulfureux.

L'acide chlorhydrique donne avec cet oxyde un chlorure et du chlore. De même que le bioxyde de manganèse, le bioxyde de plomb est un oxyde singulier.

MINIUM

Poids moléculaire : $2PbOPbO^2 = Pb^3O^4 = 685$.

Broyé et lavé, puis chauffé, le massicot se transforme en minium, corps doué d'une belle couleur rouge que l'on emploie en peinture et dans les travaux publics principalement pour protéger le fer contre l'oxydation. C'est aussi une matière première dans la fabrication du cristal, du flint-glass et du strass.

Le minium est une combinaison de protoxyde et de bioxyde de plomb. En le traitant par l'acide azotique, le protoxyde se dissout et le bioxyde reste insoluble.

La préparation directe du minium a été faite par Frémy qui mélangeait deux solutions alcalines de protoxyde et de bioxyde de plomb. Il obtenait un précipité jaune hydraté qui, calciné, donnait le minium rouge.

La calcination à l'air de la céruse donne le minium en poudre appelé *mine orange*.

Le minium du commerce est souvent falsifié par l'addition d'oxydes de fer et de plomb qui diminuent sa valeur. Les autres adultérations consistent surtout en addition de sulfate de plomb ou de baryum, de litharge ou de céruse.

L'essai industriel d'un minium comprend la détermination de l'humidité, du plomb total, des impuretés, du bioxyde de plomb, du protoxyde de plomb et du carbonate de plomb.

Avec le minium, on lute les joints des machines à vapeur et on fabrique la cire à cacheter.

Caractères des sels de plomb. — Les sels de plomb solubles sont vénéneux. La plupart des sels de plomb sont insolubles dans l'eau (carbonate, sulfate, phosphate, chromate).

Réactions principales. — *Avec l'iodure de potassium, les sels de plomb donnent un précipité jaune d'iodure de plomb et avec l'acide sulfurique un précipité blanc de sulfate de plomb.*

RÉACTIFS ORDINAIRES	RÉSULTATS DES RÉACTIONS
Potasse, soude	Précipité blanc d'hydrate de plomb soluble dans un excès d'alcali.
Sulfates solubles . . .	Précipité blanc de sulfate.
Acide chlorhydrique et chlorures	Précipité blanc de chlorure soluble dans l'eau bouillante.
Hydrogène sulfuré et sulfures	Précipité noir de sulfure.
Zinc métallique. . . .	Dépôt de plomb.
Chalumeau (avec KCy) .	Plomb métallique et auréole jaune d'oxyde.

CUIVRE

Poids atomique : $Cu = 63$.

État naturel. — On trouve le cuivre en certains endroits à l'état natif, en octaèdres dans les sables (Bolivie), en amas importants (Lac Supérieur des Etats-Unis). On le rencontre combiné à l'état de sous-oxyde Cu^2O, de carbonate (azurite $2CO^3Cu + Cu(OH)^2$ et malachite $CO^3Cu + Cu(OH)^2$ au Pérou, au Chili et dans les Monts Ourals). Les principaux minerais exploités sont la chalcosine (sulfure de cuivre), la chalkopyrite ou pyrite cuivreuse (sulfure double de cuivre et de fer). Les lieux d'exploitation sont en Angleterre, en Allemagne, au Mexique, au Chili, en Chine, au Japon. En France, il y a des mines à Chessy (épuisées) et Saint-Bel (près de Lyon), à Allevard (Isère), Castelnau (Ariège), Saint-Georges des Hurtières (Savoie).

Propriétés physiques. — Le cuivre est un métal rouge dont la densité est 8,8 à 8,9, quand il est à l'état fondu et 8,95 quand il est laminé. Il fond vers 1050°. Lorsqu'on le frotte, il acquiert une odeur spéciale désagréable. Le polissage lui donne un brillant éclat. Sa dureté est plus grande que celle de l'or et celle de l'argent.

Il se vaporise à une température élevée en donnant naissance à des vapeurs vertes. L'intensité de la coloration pourrait laisser supposer que ce métal est très volatil. Il n'en est rien cependant puisque, chauffé plusieurs jours dans un four porté à une assez haute température, il ne perd que 0,5 0/0 de son poids. Refroidi lentement, le cuivre fondu cristallise dans le système cubique.

Il est très bon conducteur de la chaleur ; aussi s'en sert-on dans la confection des alambics, des ustensiles de cuisine, des chaudières d'évaporation de sucreries, des réfrigérants de brasseries, etc. Il est aussi bon conducteur de l'électricité ; cette propriété est fréquemment utilisée.

Le cuivre est doué d'une odeur et d'une saveur faibles et désagréables. Chauffé à 100°, il possède une dilatation linéaire qui est $\frac{1}{582}$ de sa longueur à la température de 0°. Son coefficient de dilatation linéaire entre 0 et 100° est 0,0000168.

Un essai de traction montre qu'une éprouvette de cuivre qui se rompt sous une charge inférieure à celle que demande le fer a par contre un allongement élastique supérieur.

Le tableau suivant donne quelques comparaisons entre

CUIVRE ET ALLIAGES	CHARGE PRATIQUE			CHARGE LIMITE D'ÉLASTICITÉ			CHARGE de rupture		COEFFICIENTS D'ÉLASTICITÉ en kgr. par mm²		ALLONGEMENT PROPORTIONNEL à la limite d'élasticité Traction
	traction	compression	cisaillement	traction	compression	cisaillement	traction	compression	traction et compression	cisaillement	
Cuivre laminé — écroui	6,6	6,6	5,0	14,0	14,0	10,5	»	»	10.700	4.012,0	0,0013
Cuivre laminé — recuit	2,5	2,0	1,5	3,0	2,75	2,0	21,0	41,0	10.700	4.012,0	0,00027
Fil de cuivre	6,6	»	»	12,0	»	»	42,0	»	12.000	»	0,001
Laiton	2,5	»	1,9	4,85	»	3,64	12,4	7,3	6.400	2.400,0	0,00076
Fil de laiton	6,6	»	5,0	13,3	»	»	36,5	»	9.870	»	0,00135
Bronze 8Cu+1Sn	2 »	»	1,5	3,0	»	3,25	25,6	»	6.000	2.580,0	0,00063

les résistances offertes par le cuivre, le laiton et le bronze.

Les propriétés mécaniques varient avec la présence d'une faible proportion de corps étrangers. Aussi est-il nécessaire de recourir à l'analyse chimique pour connaître la qualité d'un cuivre ou d'un alliage de cuivre.

Propriétés chimiques. — Le cuivre ne s'altère pas à l'air sec, mais en présence de l'humidité, il se recouvre d'une couche d'hydrocarbonate de cuivre désignée communément sous le nom de *vert-de-gris*. Cette couche, qui constitue aussi la *patine*, se forme sur les bronzes, vis-à-vis desquels elle joue le rôle d'enduit protecteur qui les met à l'abri de toute altération ultérieure.

Chauffé jusqu'au rouge, le cuivre se revêt d'oxyde cuivreux de teinte rouge violacé faisant place ensuite à de l'oxyde cuivrique anhydre noir. Le cuivre fondu s'imprègne de cette matière et perd alors sa ductilité : son grain devient rouge terne. Ses qualités primitives ne lui sont rendues que par une nouvelle fusion au contact du charbon.

Le soufre, le phosphore et l'arsenic se combinent directement avec le cuivre sous l'influence de la chaleur. Une assez faible quantité de phosphore suffit à faire acquérir au métal une grande dureté. Le cuivre fondu absorbe du charbon au bout de quelque temps et devient aigre.

En présence d'un acide faible, comme l'acide acétique (vinaigre) qui donne un sel soluble, il y a une rapide oxydation au contact de l'air, d'où cet inconvénient de laisser séjourner les aliments dans des récipients en cuivre, les sels formés étant vénéneux. Le contrepoison du cuivre est l'albumine qui donne avec les sels de cuivre des composés insolubles ; on peut aussi administrer du lait ou du fer réduit par l'hydrogène.

L'acide chlorhydrique attaque assez lentement le cuivre en présence de l'air en donnant du chlorure cuivrique.

Le chlorure cuivrique attaque le cuivre beaucoup plus rapidement que l'acide chlorhydrique en produisant du chlorure cuivreux :

$$CuCl^2 + Cu = Cu^2Cl^2$$

L'acide sulfurique concentré est décomposé à chaud par le cuivre ; on a de l'anhydride sulfureux.

L'acide azotique dissout le cuivre en donnant de l'azotate de cuivre et de l'oxyde azotique.

L'ammoniaque versée sur de la tournure de cuivre exposée à l'air en provoque l'attaque. Par l'absorption de l'oxygène de l'air, il se produit de l'oxyde de cuivre et de l'azotate d'ammonium (préparation de l'azote).

Métallurgie. — Si le minerai employé est le sous-oxyde ou le carbonate, la fabrication est des plus faciles. Il suffit de fondre le minerai avec du charbon dans un four à cuve. Le charbon réduit l'oxyde et on a du cuivre métallique.

Pyrite cuivreuse. — La pyrite contient très souvent du sous-sulfure de cuivre. Pour enlever le soufre et le fer, on s'appuie sur les réactions suivantes : le grillage fait passer le soufre à l'état de gaz sulfureux et les métaux à l'état d'oxydes ; l'arsenic et l'antimoine se volatilisent. L'oxyde de cuivre au contact du sulfure de fer et de la silice produit à haute température du sulfure de cuivre et de l'oxyde de fer ; ce dernier se combine à la silice et donne un silicate de fer très fusible qu'il est facile d'enlever.

Le grillage de la pyrite se fait dans un four à réverbère (fig. 204). Cette pyrite, une fois grillée, est fondue au contact de matières siliceuses dans un four à manche. On obtient une *matte* cuivreuse avec un peu de fer. On recommence de nouveaux grillages suivis de fusions et on enrichit la matte. La dernière matte est soumise à un grillage puis à l'action d'un courant d'air traversant la partie supérieure d'un convertisseur (appareil Manhès) présentant beaucoup d'analogie avec le convertisseur Bessemer. On a alors le cuivre noir; de l'anhydride sulfureux se dégage. Ce cuivre est impur; il contient environ 95 0/0 de cuivre, un peu de soufre et du fer.

Les Anglais préfèrent effectuer les grillages dans des fours à réverbère; on facilite le départ du soufre par l'ad-

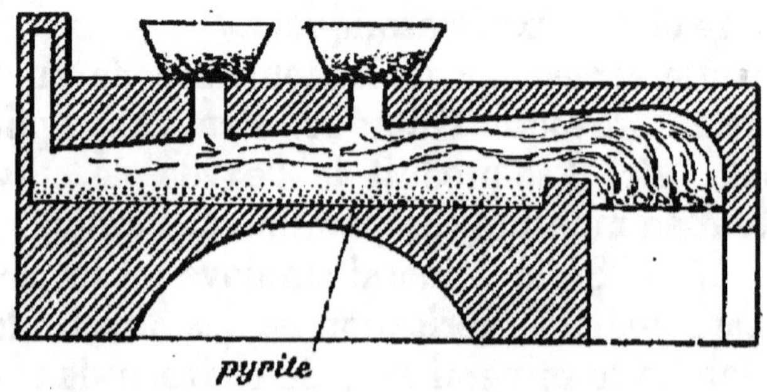

Fig. 204. — Four à réverbère pour le grillage de la pyrite cuivreuse.

dition d'oxyde et de carbonate de cuivre. On obtient successivement une matte bronze, une matte blanche et du cuivre brut.

Raffinage. — On expose le cuivre noir fondu déposé sur la sole d'un four à réverbère à l'action d'un courant d'air en présence d'un peu d'argile et du charbon. De l'anhydride sulfureux se dégage et le fer passe à l'état de silicate. Après enlèvement de la scorie, on saupoudre de charbon la surface du bain, on brasse avec des branches de bois vert qui amènent la réduction du sous-oxyde à l'état de cuivre métallique. On coule le métal dans des moules.

Affinage électrolytique. — Ce procédé d'affinage donne le cuivre le plus conducteur et le plus pur.

Le pôle + ou anode est formé par une plaque de cuivre noir (cuivre impur), le pôle — (cathode) par une plaque de cuivre pur. Le bain est constitué par une solution de sulfate de cuivre.

Le courant électrique décompose le sulfate ; le cuivre se rend sur la cathode. Le radical SO_4 se porte sur le cuivre noir qu'il dissout.

L'épaisseur de la cathode est d'un millimètre ; celle de l'anode est d'un centimètre.

On emploie comme générateur la machine Gramme ou la machine Siemens alimentant 20 à 30 bains couplés en tension.

Les cuves sont en bois doublé de plomb, toutes au même niveau et communiquant entre elles par la partie inférieure.

La dépense est de 200 francs par tonne de cuivre affiné ; on recueille ainsi dans les boues qui se déposent au fond des cuves l'or et l'argent qu'il peut y avoir. Les autres impuretés, soufre et plomb, sont également précipitées, sauf le fer et le zinc qui restent en solution. Le cuivre obtenu par ce procédé a une plus-value pour les usages électriques.

Liquation du cuivre argentifère. — Lorsque le minerai traité contient de l'argent, ce métal reste dans le cuivre noir. Pour l'en retirer, on mélange du plomb au cuivre fondu et on fait subir un refroidissement rapide au mélange en le coulant dans des moules. On réchauffe peu à peu ce mélange et on le coule sous forme de disques. Le plomb s'écoule avec l'argent. On raffine le cuivre. Quant au plomb argentifère, on le traite comme il a déjà été dit au sujet de cet alliage.

Cuivre pur. — Le cuivre pur se prépare en réduisant un sel de cuivre par le fer pur. On lave le cuivre précipité et on le fond dans un creuset avec du borate de sodium (borax).

On a aussi du cuivre pur en réduisant par l'hydrogène

de l'oxyde de cuivre. On peut aussi effectuer l'électrolyse du sulfate de cuivre.

Usages. — Les usages du cuivre sont nombreux. Alambics, chaudières, objets de cuivre, feuilles de blindage ou de revêtement, fils électriques, alliages sont quelques exemples de l'emploi du cuivre.

Pur, le cuivre se moule difficilement. Trop chaud, il conserve des soufflures après refroidissement. Trop froid, il ne prend pas l'empreinte des moules.

Alliages de cuivre. — Les alliages du cuivre avec un ou plusieurs autres métaux sont assez nombreux ; les principaux d'entre eux sont les bronzes et les laitons. Les bronzes contiennent surtout du cuivre et de l'étain. Les laitons sont composés de cuivre et de zinc.

Ces alliages sont de véritables métaux possédant des propriétés différentes de celles des éléments qui les composent. L'examen microscopique des alliages de cuivre vient compléter d'une façon très heureuse les renseignements que l'on possède sur les propriétés chimiques de ces corps. Il fait connaître si les alliages ont été réduits et il permet même, d'après M. Guillemin, de savoir quelle est la nature du réducteur.

Le tableau suivant donne la composition de quelques alliages de cuivre d'un emploi courant dans l'industrie :

DÉSIGNATION DES ALLIAGES	PROPORTIONS RESPECTIVES DE					USAGES
	CUIVRE	ÉTAIN	ZINC	PLOMB	FER	
Bronze	90,10	9,90	»	»	»	Anciens canons.
Bronze zincifère	73,60	9,50	9,09	7 »	0,42	Coussinets de machines.
Alliage très dur	6,10	11,32	62,64	19,94	»	Locomotives.
Alliage de Calvert et Johnson	6,80	12,58	69,56	11,06	»	id.
Métal de Muntz	66 »	»	34 »	»	»	Doublage des navires.
Alliages dits « bronzes de couleur » — cuivre	99,90	»	»	»	0,08	Pour la peinture.
Alliages dits « bronzes de couleur » — jaune orangé	98,93	»	0,73	»	0,20	id.
Alliages dits « bronzes de couleur » — jaune rouge	90 »	»	9,60	»	0,07	id.
Alliages dits « bronzes de couleur » — jaune foncé	84,50	»	15,30	»	0,16	id.
Alliages dits « bronzes de couleur » — verte	84,32	»	15,02	»	0,30	id.
Laitons de — Romilly	70 »	»	30 »	»	»	Pour les travaux au marteau.
Laitons de — Stolberg	65,80	0,20	31,80	2.20	»	Pour les chaudières.
Laitons de — anglais	70,29	0,47	29,26	»	0,28	Pour les travaux au marteau.
Laitons de — Jemmapes	64,60	0,20	33,70	»	1,50	Utilisé par les tourneurs.
Soudure forte jaune	53,30	1,30	43,40	»	0,30	Alliage peu fusible.
Soudure blanche	57,40	14,60	28 »	»	»	Alliage très fusible.
			Antimoine	Aluminium		
Alliage pour coussinets	9 »	73 »	18 »	»	»	Pour roues et hélices.
Métal antifriction	32 »	36 »	32 »	»	»	»
Bronze d'aluminium	90 »	»	»	10 »	»	»

Il convient de remarquer que la formule

$$D = \frac{(p + p')\,dd'}{pd' + p'd} \quad (1)$$

qui donne la densité d'un mélange de plusieurs corps en proportions connues n'est pas applicable dans le cas des alliages de cuivre. La détermination de la densité doit être faite expérimentalement. Ainsi les bronzes et les laitons de certaines compositions possèdent les densités suivantes :

		Densités
Bronzes	90 Cu + 10 Sn	8,78
	85 Cu + 15 Sn	8,89
	80 Cu + 20 Sn	8,74
	75 Cu + 25 Sn	8,83
Laitons jaunes	70 Cu + 30 Zn fondu	8,44
	70 Cu + 30 Zn laminé	8,56
	70 Cu + 30 Zn étiré	8,70
Laiton rouge :	90 Cu + 10 Zn	8,60
Laiton blanc :	50 Cu + 50 Zn	8,20

Les alliages de cuivre jouissent de propriétés physiques particulières.

La trempe et le martelage à froid ont pour effet d'augmenter la densité des bronzes. La trempe rend, en outre, ces alliages élastiques et sonores ; c'est sur cette propriété qu'est fondée la fabrication du métal des cloches et des tams-tams.

Les alliages de cuivre ont un degré de fusibilité moins élevé que le moins fusible des métaux qui les constituent. Leur dureté est généralement augmentée ; leur ténacité, leur ductilité et leur malléabilité sont au contraire diminuées.

Les *bronzes phosphoreux* sont très résistants au frot-

_____

(1) Les lettres p, p', d, d' désignent les poids et les densités respectifs des éléments constitutifs du composé.

tement et conviennent aux pièces de construction des machines. On les obtient en fondant pendant douze heures dans un creuset de plombagine le mélange suivant :

Cuivre 9,75.

Pâte à phosphore 6,00 (acide phosphorique sirupeux mélangé de charbon).

Charbon de bois 0,85.

Après refroidissement, on lave, on sèche et on fond ces lingots de phosphure de cuivre à 9 0/0 de phosphore. On se sert de ces lingots pour fabriquer les bronzes phosphoreux à 1 ou 4 millièmes de phosphore (0,10 à 0,40 0/0 P). La résistance à la rupture de ces bronzes varie de 20 à 80 kg. par mm^2; l'allongement peut atteindre 45 0/0.

Le *bronze manganésé* s'obtient en ajoutant au cuivre du ferromanganèse, puis de l'étain et du zinc. Ce bronze convient surtout aux hélices et appareils hydrauliques séjournant dans les eaux salées ou acides.

Le *métal Roma* se prépare en ajoutant du manganèse au bronze phosphoreux. Il est malléable à chaud et à froid, forgeable au rouge, inoxydable et ductile.

Le *métal Delta* est un laiton ferrugineux, très résistant, bon pour le moulage, couleur d'or, malléable au rouge sombre, inaltérable à l'eau de mer et aux acides, d'un prix assez peu élevé.

OXYDES DU CUIVRE

Il y a deux oxydes de cuivre : l'oxydule ou oxyde cuivreux et l'oxyde noir ou oxyde cuivrique.

OXYDE CUIVREUX

$$\textit{Poids moléculaire} : Cu^2O = \begin{matrix} Cu \\ | \\ Cu \end{matrix} \rangle O = 142$$

L'oxyde cuivreux, oxydule ou sous-oxyde est un corps que l'on trouve à l'état naturel en octaèdres rouges (cuprite).

On l'obtient en portant à l'ébullition de l'acétate de cuivre avec du glucose ou de la saccharose (sucre de canne).

L'eau forme avec ce corps un hydrate que l'on peut préparer en ajoutant de la potasse à une solution de chlorure cuivreux. Cet hydrate $4Cu^2O + H^2O$ est jaune. Il se décompose par l'action des acides étendus en cuivre précipité et en oxyde qui produit un sel avec l'acide.

Cet oxyde sert à colorer en rouge rubis les verres des vitraux.

OXYDE CUIVRIQUE

Poids moléculaire : $CuO = 79$

L'oxyde cuivrique, oxyde noir ou protoxyde de cuivre s'obtient par la calcination du cuivre au rouge en présence de l'air ou encore par la décomposition de l'azotate de cuivre sous l'influence de la chaleur. C'est une poudre noire qui, vers 1000°, se dissocie en sous-oxyde de cuivre et oxygène. Il est facilement réduit par l'hydrogène et par le charbon.

Traités par une solution alcaline, les sels de cuivre donnent un précipité bleu d'hydrate cuivrique $Cu(OH)^2$ qui, dans l'eau bouillante, devient de l'oxyde noir.

Si on dissout de l'hydrate cuivrique dans l'ammoniaque, on a une solution ammoniacale d'oxyde cupro-ammonique $CuO4AzH^3$ qui dissout la cellulose (*Liqueur de Schweitzer*).

L'eau céleste s'obtient en versant de l'ammoniaque en excès dans un sel de cuivre.

Caractères des sels de cuivre

I. Sels cuivreux.

RÉACTIFS ORDINAIRES	RÉSULTATS DES RÉACTIONS
Oxygène de l'air	Solution incolore devenant bleue.
Potasse	Précipité jaune orangé.
Ammoniaque	Précipité jaune orangé soluble dans un excès de réactif.

II. Sels cuivriques (sels bleus ou verts, vénéneux).

RÉACTIFS ORDINAIRES	RÉSULTATS DES RÉACTIONS
Hydrogène sulfuré et sulfures alcalins	Précipité noir.
Potasse, soude.	Précipité bleu d'hydrate.
Ammoniaque	Précipité soluble dans un excès de réactif (eau céleste).
Ferrocyanure de potassium.	Précipité brun marron.
Fer métallique	Dépôt de cuivre.

PLATINE

Poids atomique Pt $= 194$

Etat naturel. — Le platine se rencontre dans certains sables dont quelques-uns contiennent de l'or (Brésil,

Colombie, Mexique, Saint-Domingue, Bornéo, Sibérie, Monts Ourals). Le minerai de platine contient du platine natif mélangé à du sable, de l'osmiure d'iridium, de l'or, du fer titané, du fer, de l'oxyde de fer magnétique, du palladium, du ruthénium, du cuivre.

Propriétés physiques. — Le platine est un métal blanc grisâtre, mou, très ductile et très malléable. Sa densité est très élevée (21,5). Son point de fusion est à 1775° environ, c'est-à-dire qu'il ne fond qu'aux feux de forge les plus violents ou à la température du chalumeau oxhydrique. C'est en raison de cette propriété qu'on l'emploie dans la construction des fours électriques de laboratoire (four Héraueus) où il forme l'enveloppe extérieure d'un tube en argile réfractaire. Le passage d'un courant à travers les fils ou feuilles minces de platine détermine une élévation assez rapide de la température (1500-1600°) laquelle se propage au tube réfractaire dans lequel on met les substances à expérimenter. Dans un semblable four on peut étudier les points critiques des métaux en reliant ceux-ci à un galvanomètre sensible tel que le pyromètre de M. H. Le Chatelier.

Le platine fondu absorbe l'oxygène ; il *roche* par refroidissement.

Le platine est poreux, même lorsqu'il est forgé. Cette porosité se manifeste à partir d'une certaine température. Une spirale de platine portée au rouge et suspendue dans un verre contenant un peu d'éther conserve son incandescence. Un creuset rougi par la flamme d'un bec Bunsen conserve son incandescence quand, après avoir fermé le robinet pour éteindre la flamme, on le rouvre aussitôt pour laisser échapper le gaz. La température du creuset s'élève au point de rallumer le gaz. Cela tient à la porosité du platine qui condense dans ses pores le gaz de l'éclairage. Il en est de même avec la *mousse* ou *éponge de platine* et avec le *noir de platine*.

La mousse de platine introduite dans une éprouvette remplie d'un mélange de gaz oxygène et hydrogène devient incandescente et détermine une explosion par suite de la combinaison des deux gaz.

Si on dirige un courant d'hydrogène sur de l'éponge de platine, il y a inflammation du gaz (briquet à hydrogène). La mousse de platine peut être remplacée par du charbon, de l'amiante ou de la ponce platinés que l'on prépare par la calcination de ces matières portées au préalable à l'ébullition avec du chlorure de platine.

Un tube de platine chauffé au rouge se laisse traverser par l'hydrogène.

Propriétés chimiques. — Le platine ne s'oxyde pas à l'air quelle que soit la température à laquelle on le porte. Il n'a pas d'action sur les acides, mais l'eau régale le dissout. Il se combine avec assez de facilité à plusieurs métalloïdes comme le soufre, le phosphore, l'arsenic, le bore et le silicium ou à des métaux fusibles comme le zinc et le plomb. Le chlore sec l'attaque superficiellement à 360° en donnant du tétrachlorure de platine ; avec le fluor, on a du tétrafluorure de platine. Dans les creusets de platine, il faut éviter de fondre des matières avec du charbon à cause de la silice que contient ce corps. Il ne faut pas y mettre non plus des phosphates avec des matières réductrices.

Les acides chlorhydrique et azotique séparés n'attaquent pas le platine, mais mélangés (eau régale) ils le dissolvent en produisant du tétrachlorure de platine $PtCl^4$.

S'il contient des produits nitreux, l'acide sulfurique attaque un peu le platine des appareils distillatoires servant à la concentration.

Le platine est attaqué par le perchlorure de phosphore ainsi que par la potasse chauffée au contact de l'air (platinate de potassium PtO^3K^2). Avec l'azotate de potassium, le platine donne également le platinate de potassium.

Chauffé avec du cyanure de potassium, le platine donne du cyanure double de platine et de potassium.

Métallurgie. — On lave d'abord le minerai de platine pour le débarrasser des matières légères et terreuses (sables, oxydes, etc.) qu'il contient. On l'attaque ensuite par l'eau régale faible qui ne dissout que l'or, puis par l'eau régale concentrée qui dissout la plus grande partie du platine, du palladium, de l'iridium, du rhodium et de l'osmium.

On décante la solution qu'on évapore à siccité pour chasser l'eau régale en excès, les vapeurs d'acide osmique et décomposer le tétrachlorure de palladium en chlore et en bichlorure.

On reprend par l'eau et on précipite par le chlorure d'ammonium, ce qui donne du chloroplatinate d'ammonium $PtCl^4$, $2AzH^4Cl$ qu'on lave, qu'on sèche et qu'on calcine au rouge. On a alors la *mousse de platine*, masse grise spongieuse de laquelle on retire le platine.

Jadis, on délayait dans l'eau cette mousse de platine pulvérisée. On la comprimait fortement dans un cylindre creux en fer, puis on chauffait au rouge blanc pour ensuite la marteler de manière à la réduire en lames.

Maintenant, on fond le platine dans une coupelle de chaux vive fermée par un couvercle dans laquelle on fait arriver un mélange de gaz d'éclairage et d'oxygène provenant d'un chalumeau. Le platine fond et se rassemble en un culot brillant que l'on coule dans des lingotières en terre réfractaire. La chaux de la coupelle dissout les matières étrangères oxydées.

Par ce procédé, on peut encore revivifier les vieux creusets ou capsules de platine hors d'usage.

Pour obtenir le platine pur, on fond au rouge avec du plomb le platine du commerce. On dissout le culot dans l'acide azotique étendu. Il reste de l'iridium et du ruthénium que l'eau régale n'attaque pas et un alliage de plomb, de platine et de rhodium. On verse le tout dans l'eau régale. L'alliage se dissout. On précipite ensuite le plomb par l'acide sulfurique et le platine par le chlorure d'ammonium. Quant au rhodium, il reste dans l'eau-mère.

Usages. — Le platine est très employé dans les laboratoires. Il sert à la confection de vases, creusets, capsules, cornues, tubes, nacelles, fils, lames, c'est-à-dire d'appareils destinés à être soumis à de hautes températures. La concentration de l'acide sulfurique se fait dans des alambics en platine.

Le principal alliage, le platine iridié, contient 10 0/0 d'iridium ; il est plus réfractaire et plus inattaquable que le platine. M. Moissan s'en est servi dans ses expériences sur l'isolement du fluor. Cet alliage a servi à la construction des mètres étalons et des kilogrammes étalons pour les puissances qui emploient le système métrique.

Le platine rhodié sert comme élément dans le couple thermo-électrique de M. Le Chatelier.

OXYDES DU PLATINE

Le platine forme avec l'oxygène deux oxydes : le protoxyde et le bioxyde.

PROTOXYDE DE PLATINE

Poids moléculaire : $PtO = 210$.

On connaît l'hydrate platineux $Pt(OH)^2$ soluble dans la potasse et les acides ; il se prépare en traitant le chlorure platineux par la potasse. C'est un corps noir qui se décompose à une température peu élevée.

BIOXYDE DE PLATINE

Poids moléculaire : $PtO^3 = 226.$

Ce bioxyde se prépare en portant à l'ébullition le tétrachlorure de platine avec un excès de potasse. On obtient du chlorure de potassium et du platinate de potassium. On ajoute de l'acide acétique jusqu'à neutralisation. Il se précipite de l'hydrate platinique $Pt(OH)^4$, corps jaune brun passant au noir et devenant anhydre quand on le chauffe à une température peu élevée.

Ce corps se dissout dans les alcalis pour donner des platinates.

Caractères des sels de platine

Réaction principale. — Dans les sels solubles de platine, le chlorure de potassium donne un précipité jaune de chloroplatinate de potassium.

RÉACTIFS ORDINAIRES.	RÉSULTATS DES RÉACTIONS.
Hydrogène sulfuré. . .	Précipité noir presque insoluble dans les sulfures alcalins.
Zinc et fer métallique (à chaud).	Précipité de platine métallique en poudre noire.

PROCÉDÉS D'ESSAIS
DES CHARBONS, ARGILES, POTERIES, VERRES

CHARBONS

Lorsqu'on veut effectuer un essai de charbon, on pulvérise 500 grammes du combustible représentant la moyenne du lot. C'est sur cette poudre qu'on effectue les opérations suivantes :

Analyse et essais chimiques. — *Eau.* — 100 grammes de coke sont chauffés plusieurs heures dans une étuve à 150° C. La perte de poids représente l'eau hygrométrique.

Avec la houille on n'opère que sur 2 grammes à 100° pendant 2 heures.

Avec les lignites et les tourbes on laisse six heures ces produits exposés à 180°.

Cendres. — 5 grammes de charbon sont chauffés dans une capsule de platine d'abord à une température modérée puis au rouge vif. Le résidu obtenu constitue les cendres.

Essai pour coke et parties volatiles. — On porte un creuset de platine taré renfermant 1 gramme de matière au-dessus d'un brûleur à gaz à l'abri de tout courant d'air. Au bout de quelques instants on retire le creuset qu'on laisse refroidir et qu'on pèse.

Pouvoir calorifique. — C'est la quantité de chaleur que dégage 1 gramme du charbon lorsque la combustion est complète. On l'exprime généralement en calories.

Pour déterminer le pouvoir calorifique on emploie soit la règle de Dulong, soit le procédé Berthier ou mieux encore la bombe ou obus calorimétrique et les essais de vaporisation.

La formule de Dulong est la suivante :

$$Q = \frac{34.500 \left(H - \frac{1}{8} O \right) + 8.080\,C + 2.162\,S}{100}$$

dans laquelle

Q représente la quantité de chaleur fournie par l'unité de charbon, H, O, C, S, les teneurs pour cent respectives en hydrogène, oxygène, carbone et soufre.

Dans le procédé Berthier, on admet que la quantité de chaleur que dégage un corps combustible est proportionnelle à la quantité d'oxygène nécessaire à sa combustion. La réaction est la suivante :

$$C + 2PbO = CO^2 + 2Pb$$

Avec la bombe ou l'obus calorimétrique, la combustion du charbon s'opère en vase clos en présence d'oxygène. Le combustible est placé dans une enceinte fermée. On fait arriver de l'oxygène sous pression et on place la bombe dans l'eau du calorimètre. On provoque la combustion et on inscrit l'élévation successive de la température.

Les essais de vaporisation sont peu usités en France.

Essais physiques. — *Poids spécifique réel.* — On emploie pour cette détermination la méthode du flacon en se servant d'eau ou d'alcool.

Poids spécifique apparent. — Il se détermine au moyen de la balance hydrostatique.

Porosité. — Elle se déduit de la connaissance des poids spécifiques réel et apparent D et *d* :

$$V = \frac{D - d}{d}$$

On peut encore la déterminer directement par immersion dans l'eau.

ARGILES.

Les argiles sont des silicates d'aluminium hydratés dont la consistance est onctueuse ; elles se délayent plus ou moins facilement dans l'eau en formant une pâte. Elles durcissent à la chaleur, happent à la langue et dégagent une odeur spéciale dite argileuse. Elles proviennent, la plupart du temps, de la désagrégation de roches contenant du feldspath, sous l'action de l'eau et de l'anhydride carbonique.

L'argile *plastique* naturelle et non desséchée est onctueuse sous l'ongle. Avec l'eau, elle donne une pâte pouvant être façonnée. Elle contient 10 à 14 0/0 d'eau et 46 à 65 0/0 de silice. Le kaolin a pour formule Al^2O^3 $2SiO^2 2H^2O$: c'est la kaolinite des minéralogistes ; il renferme 14 0/0 d'eau et 46 0/0 de silice.

L'argile *smectique* ou *terre à foulon* est opaque ; sa couleur est gris-verdâtre. Elle happe très peu à la langue et sert au dégraissage et au foulage des draps. Elle contient 21 à 35 0/0 d'eau, 45 à 50 0/0 de silice et 18 à 25 0/0 d'alumine.

L'argile *figuline* est très fusible, grâce à la présence de la chaux et de l'oxyde de fer. Elle donne avec l'eau une pâte peu liante. C'est la terre glaise des sculpteurs.

L'argile *calcarifère* ou *calcaire* contient du carbonate de calcium. Elle est encore assez plastique.

La *marne* est une argile très employée en agriculture. Elle sert à l'amendement des terres.

On trouve encore dans le sol des argiles sableuses (limons), bitumineuses, schisteuses.

Analyse chimique. — On peut se borner quelquefois

à une simple analyse qualitative par laquelle on se contente de soumettre l'argile aux actions successives de l'eau bouillante et de l'acide chlorhydrique étendu. Mais le plus souvent ces données sont insuffisantes et il est indispensable de recourir à l'analyse quantitative qui permet de connaître les corps suivants : eau hygrométrique, perte au feu, anhydride carbonique, sable quartzeux, silice, alumine, oxyde ferrique, chaux, magnésie, alcalis.

Essais. — Les essais auxquels sont généralement soumises les argiles sont ceux de texture, de plasticité, de fusibilité et de pyrométrie.

Essai de texture. — On agite énergiquement de l'argile délayée dans l'eau contenue dans une éprouvette graduée. On laisse déposer les grains ; les plus gros se déposent rapidement, tandis que les plus fins mettent plusieurs jours à se déposer. On lit les divisions auxquelles s'arrête chaque grosseur de grains et on a ainsi une idée approximative de la composition granulométrique de l'argile.

D'autres procédés plus exacts, mais plus longs comme ceux de Schülze et de Schöne peuvent aussi être employés pour cette détermination mais ils exigent le concours d'appareils spéciaux.

Essai de plasticité. — La plasticité d'une argile provient de la dimension, de la forme et de la nature des matières qui la composent ainsi que de la proportion d'hydrosilicate qu'elle contient par rapport aux autres corps. C'est le pétrissage à la main, qui, avec un peu d'habitude, conduit au meilleur résultat.

Essai de fusibilité. — Pour les matériaux réfractaires notamment, il y a intérêt à connaître la manière dont se comporte une argile soumise à l'influence d'une température élevée. On se sert de fours spéciaux comme ceux de Perrot, de Wiessnegg, de Leclerc et Forquignon. On voit ainsi si la proportion de matières fusibles telles que chaux et oxyde de fer, est trop élevée.

Essai pyrométrique. — L'essai pyrométrique de Seger détermine le degré de résistance au feu. On façonne, à cet effet, l'argile en pyramides triangulaires de 15 millimètres à la base et de 50 millimètres de hauteur. On trouve dans le commerce des types de mêmes dimensions appelés montres et dont on connaît la façon de se comporter au feu. On chauffe les échantillons et les types à une même température. Sous l'action de la chaleur, il y a déformation, contraction puis affaissement du sommet. Quand l'opération est terminée, il est facile à l'examen d'intercaler les échantillons entre les types d'après les déformations subies et d'avoir ainsi une échelle de comparaison très utile à connaître.

POTERIES

Les poteries se divisent en deux catégories :

1º Les poteries demi-vitrifiées dont la pâte a subi un commencement de fusion ou de ramollissement ; elles sont imperméables aux liquides ;

2º Les poteries à pâte poreuse, perméables aux liquides et nécessitant l'emploi d'un vernis imperméable.

Les poteries demi-vitrifiées comprennent les porcelaines et les grès. Les poteries à pâte poreuse sont les faïences, les poteries communes et les terres cuites.

Ces poteries s'obtiennent en ajoutant à l'argile du sable, substance dégraissante, qui contrebalance le retrait que subit l'argile après cuisson. Le sable diminue à la fois le retrait et la plasticité.

Porcelaines. — La porcelaine provient de la cuisson d'un mélange de kaolin, de sable et de feldspath ; ce dernier corps rend la masse fusible et translucide.

On pulvérise ce mélange, on le délaye dans l'eau et on opère un malaxage, aussi parfait que possible. Puis on travaille la pâte au tour ou bien on fait un moulage ou un coulage. Quand la pièce est façonnée, on la *dégourdit* (première cuisson qui la dessèche et la rend consistante), puis on l'enduit d'une *couverte* qui fond sur les parois et constitue la *glaçure*. Pour faire adhérer cette couverte à la surface, en même temps que pour la faire pénétrer dans la pâte, on plonge la pièce dans une bouillie de pegmatite ou dans un mélange impalpable de quartz et de feldspath qu'on tient en suspension dans l'eau.

Les objets à cuire sont alors portés dans des *cazettes* (cylindres en terre réfractaire) que l'on empile les unes sur les autres dans un four à trois étages.

On laisse refroidir le four, puis on défourne.

La décoration des porcelaines se fait au moyen d'oxydes métalliques colorés que l'on incorpore à des substances vitrifiables plus ou moins fusibles et dont on recouvre la surface des pièces.

Les couleurs de grand feu sont généralement formées d'oxydes de chrome (vert), de cobalt (bleu de Saxe), de titane (jaune), etc.

Les couleurs de moufle sont surtout les oxydes cuivrique (vert), d'uranium (jaune), ferrique (rouge), le pourpre de Cassius (rose et violet), le chromate de plomb (jaune). La dorure se fait avec de l'or précipité auquel on mélange du borax et de l'oxyde de bismuth ; on donne le brillant avec un brunissoir.

Grès cérames. — Ces poteries ne sont pas translucides comme la porcelaine. Les matériaux employés sont moins purs, ce qui fait qu'ils sont un peu colorés par l'oxyde ferrique.

On cuit les grès à haute température. Pour les vernir, on se contente de projeter dans le foyer du chlorure de sodium dont les vapeurs s'unissent aux silicates du grès pour donner un silicate de sodium fusible.

On fait en grès les carreaux servant au pavage et au revêtement de murs, les tuyaux de canalisation, les poteries sanitaires, les grès architecturaux, des vases et objets décoratifs.

Faïences. — Ces poteries à pâte poreuse sont obtenues par la cuisson, à température élevée et après façonnage, d'argile plastique mélangée de quartz. On ne recherche pas la pureté des matières premières comme pour la porcelaine. — On enduit les objets d'un vernis opaque et fusible en les immergeant rapidement dans une solution de carbonate de potassium tenant du quartz et de l'oxyde de plomb en suspension. On effectue une seconde cuisson pendant laquelle s'étale le vernis imperméable composé de silicate double de potassium et de plomb.

Dans les poteries communes, on se contente comme couverte d'un émail rendu opaque par de l'oxyde d'étain ou plus simplement de silicate d'aluminium et de plomb.

Terres cuites. — On appelle ainsi les briques, tuiles, carreaux, vases, statues, pipes, fours portatifs, pots à fleurs, etc. On confectionne ces matériaux ou objets avec des argiles marneuses mélangées de sable ; on les façonne à la main dans des moules ou sur le tour, puis on les cuit.

Les opérations successives concernant la fabrication des briques sont le façonnage à la main ou dans des moules démontables, le découpage, le séchage, la cuisson à la volée ou dans des fours (fours intermittent, à feu continu, Hoffmann, etc.).

La réception des briques donne lieu aux déterminations suivantes : structure, homogénéité, poids spécifique, densité apparente, porosité, résistance à la gelée, à la rupture par écrasement, par flexion, par frottement, sels solubles, présence ou absence de la chaux et de la magnésie.

Structure. — Pour examiner la structure et l'homogénéité d'une terre cuite on emploie souvent la loupe. Cette observation se fait aussi à l'œil nu quand la grosseur des grains est assez prononcée.

Poids spécifique. — Cette détermination se fait au moyen d'un volumètre en se servant comme véhicule de benzine ou d'essence minérale.

Densité apparente. — On se sert de la balance hydrostatique en ayant recouvert la surface de l'échantillon d'un vernis imperméable ou de suif étendu au pinceau.

Porosité absolue. — On déduit la porosité absolue de la différence entre le poids spécifique et la densité apparente.

Porosité relative. — C'est le poids d'eau absorbée dans un temps déterminé. On opère sur trois échantillons de même nature préalablement desséchés à l'air libre ou à l'étuve à 30° ou 40°.

Perméabilité. — On fait traverser sous pression déterminée de l'eau à travers une tuile, par exemple. La perméabilité est déterminée par le volume d'eau écoulée pendant une heure.

Gélivité. — On expose l'échantillon à une température de — 20° puis au bout de 4 heures à + 20° et on continue ainsi un assez grand nombre de fois les expositions à ces variations de température.

Rupture à l'écrasement. — Pour les briques, on superpose deux demi-briques réunies par une couche de ciment portland pur et on soumet le bloc à l'action d'une presse hydraulique.

Rupture à la flexion. — On dispose le produit sur deux couteaux espacés de 0 m. 20 et on charge le milieu avec des poids jusqu'à rupture.

Usure par frottement. — On mesure la quantité

dont s'use l'échantillon lorsque, sous une charge donnée,
il subit le frottement d'un sable normal répandu régulièrement sur une piste circulaire horizontale en fonte
qui se meut avec une vitesse déterminée.

VERRES

Propriétés, fabrication, usages. — Le verre ordinaire est un silicate bibasique composé de silicate de
potassium ou de sodium et de silicate de calcium. Si on
les prend séparément ces silicates ne peuvent pas donner
de verres utilisables soit à cause de leur solubilité dans
l'eau, ce qui se produit avec les silicates alcalins, soit en
raison de la cristallisation toujours à craindre avec le
silicate de calcium.

Un verre laissé pendant quelque temps à une température voisine de l'ébullition se dévitrifie c'est-à-dire
perd sa transparence.

L'eau froide l'attaque à la longue en dissolvant une
partie de l'alcali qu'il contient. Si l'on remplace l'eau
froide par l'eau bouillante cette action est beaucoup plus
rapide. On peut facilement s'en rendre compte en faisant
bouillir de l'eau quelques instants avec du verre pulvérisé. En versant un peu de teinture rouge de tournesol
on voit la liqueur virer au bleu, ce qui démontre bien
l'alcalinité de l'eau. On observe très fréquemment l'al-
térabilité des récipients en verre qui contiennent des
matières alcalines.

La coloration est donnée aux verres par l'addition
d'oxydes métalliques colorés parmi lesquels on peut
citer les oxydes d'argent, de chrome, de cobalt, de cuivre,
de fer, de manganèse, de nickel, d'or, d'urane. Les colo-
rations diffèrent suivant que les verres sont à base de
potasse, de soude ou de plomb. Le charbon, le soufre et

l'antimoniate de plomb sont aussi employés comme colorants.

Les verres ordinaires se classent généralement dans l'une des catégories suivantes :

a) *Verre à vitre.* — Ce verre est un silicate double de sodium et de calcium que l'on obtient par fusion de 10 parties de sable fin, 4 parties de craie blanche et 3 parties de carbonate de sodium. Sa couleur vue par la tranche est verdâtre. Il sert à la confection de verres à vitres et de verres à glace.

b) *Verre de Bohême.* — Ce verre s'obtient en fondant un mélange de 13 parties de quartz, de 2 parties de chaux vive et de 6 parties de carbonate de potassium. Il est incolore, transparent, léger, peu fusible et peu altérable. On en fait des verres à boire, des carafes, des flacons, des tubes, des bécherglass, des vases de laboratoire, etc.

c) *Crown-glass.* — Le crown-glass, très employé en optique, a une composition analogue à celle du verre de Bohême dans laquelle on a augmenté la dose de chaux et de carbonate de potassium.

d) *Verre à bouteilles.* — Il provient de la cuisson d'argile, de sable ferrugineux, de cendres et de débris de verres. Il contient par conséquent de l'alumine, de la magnésie et de l'oxyde ferrique qui le rend fusible et coloré en vert.

Les verres à base de plomb sont aussi de quatre sortes :

a) *Cristal.* — Ce beau verre s'obtient en fondant ensemble 30 parties de sable fin, 30 parties de minium et 10 parties de carbonate de potassium (ou de sodium). C'est un silicate double de plomb et de potassium (ou de sodium).

b) *Flint-glass.* — Il provient de la cuisson de 30 parties de sable fin, 30 parties de minium et 9 parties de carbonate de potassium.

Combiné avec le crown-glass, il constitue les lentilles achromatiques des appareils d'optique.

c) *Strass.* — Ce verre contient plus de plomb que le précédent. Il imite le diamant. C'est le plus dense et le plus réfringent des verres.

d) *Email.* — C'est un cristal dont l'opacité est due à l'incorporation d'oxyde stannique ou de phosphate de sodium. Des oxydes métalliques ajoutés le colorent diversement.

Fabrication. — Les matières sont d'abord mélangées suivant les doses ci-dessus indiquées. On y ajoute des débris de verre de même nature et on soumet le tout à une première cuisson (*frittage*) sous les arches d'un four circulaire; il se produit un commencement de combinaison. On porte ensuite la masse chaude dans des creusets en terre réfractaire (pots) d'une capacité de 400 à 800 kgr. de verre que l'on introduit dans le four. Ce four, *four à réverbère* ou *four à bassins*, est disposé de telle sorte que le foyer ne chauffe les creusets que par l'extérieur. La fusion s'opère petit à petit. De temps à autre, on enlève l'écume qui se forme à la surface, cette écume contient les matières étrangères Quand la masse de verre est devenue entièrement liquide, l'affinage est terminé. On effectue s'il y a lieu la décoloration en ajoutant un peu de bioxyde de manganèse (savon des verriers).

Quand, dans le chauffage, on remplace le bois par la houille, il faut aux creusets ouverts substituer des creusets couverts dans lesquels l'ouverture se trouvant hors du fourneau est préservée du contact des fumées. On emploie encore le chauffage par l'oxyde de carbone provenant d'un générateur Siemens, par le gaz de gazogène, par le pétrole. Certaines verreries ont même des fours électriques.

Les fours électriques ont été proposés pour remplacer les fours ordinaires. Plusieurs modèles ont été essayés.

J. MALETTE. — Physique et Chimie. 23.

Parmi eux, il faut citer celui de la fig. 205. Le chargement du mélange se fait dans une trémie ; le contenu
s'écoule latéralement et passe devant 2 arcs A et B.
La matière fond, coule, se réchauffe en passant devant
un autre arc C, puis tombe dans le bassin *m* où elle
s'affine. Elle arrive enfin dans le bassin *n*. Deux à trois
heures après la mise en mar-
che, on a en *n* un verre bien
clair.

En résumé, on distingue
quatre phases dans la fusion
du verre : le frittage, la
fonte du verre, l'affinage et
la braise (ou raffinage).
Cette dernière phase est
celle du refroidissement ; on
amène le verre à la consistance se prêtant le mieux au
travail.

L'industrie du verre em-
ploie de nombreux ouvriers
qui deviennent d'une habi-
leté consommée. On tra-
vaille le verre par soufflage
ou par moulage, puis on le
recuit.

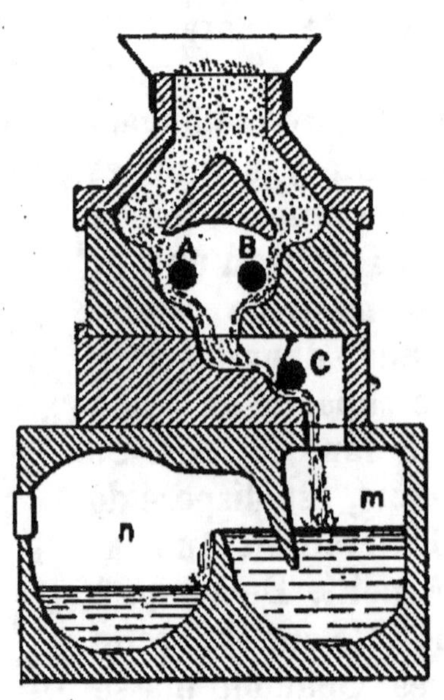

Fig. 205. — Four électrique
pour la fusion du verre.

Le verre porté au rouge et brusquement refroidi dans
l'huile devient plus résistant ; il constitue le *verre
trempé* ou *verre incassable*. On trempe encore le verre
en injectant sur ses parois de la vapeur d'eau.

Le *verre de quartz* sert à faire des tubes à essai, de
petits ballons et autres objets de laboratoire. Le refroidissement immédiat de ces objets ne détermine pas leur
rupture. Ce sont, en général, des objets d'un prix assez
élevé.

NATURE des éléments	CRISTAL de Baccarat	AUTRE CRISTAL	VERRE à vitres	VERRE de Bohême	VERRERIE de labora-toire	GLACE de Saint-Gobain	VERRE à bouteilles ordinaire	VERRE à bouteilles alumineux
Silice	55	50	68,5	76,3	69,5	72	62	59
Alumine	»	»	0,8	0,5	2,0	1	2	11
Oxyde de fer	»	»					2,5	1
Chaux	»	»	17	5	13,5	16	21	21
Magnésie	»	»	»	0,2	1,0	»	6	0,3
Soude	8,6	»	13,7	»	14	11	6,5	4,5
Potasse.	0,8	12	»	18	»	»	»	2,7
Oxyde de plomb. . .	35,6	36	»	»	»	»	»	»
Oxydes colorants. .	»	2	»	»	»	»	»	»
Oxyde de manganèse .	»	»	»	*non dosé*	*non dosé*	»	»	0,5

Le tableau de la page 407 donne l'analyse chimique de quelques verres et cristaux.

Verre armé. — On désigne sous ce nom l'ensemble formé par un treillis métallique inséré entre deux plaques de verre laminées. Deux propriétés caractérisent le verre armé : la cohésion et la ténacité.

Ce système est très utile dans les cas d'incendie. D'autre part la résistance est beaucoup plus grande qu'avec le verre simplement laminé.

Tuiles de verre. — Dans la construction on emploie quelquefois des tuiles de verre qui combattent dans les greniers l'obscurité résultant du seul emploi des tuiles opaques.

Pierre de verre. — Cette pierre formée avec du verre moulé, puis comprimé lorsqu'il est encore chaud par une presse hydraulique, est utile pour l'éclairage de sous-sols.

Emplois divers. — On utilise encore le verre de diverses manières, soit sous forme de tuyaux métalliques à revêtement intérieur en verre, inattaquables par conséquent par les liquides corrosifs, soit sous forme de prismes Luxfer dont la surface est une succession de prismes en verre accolés les uns aux autres et qui réfléchissent la lumière sous un angle différent d'après le phénomène de la réfraction. Il y a même des verres spéciaux, tels que les verres perforés, imprimés, platinés, silichromés, les opalines, etc.

EXPLOSIFS

On appelle *explosifs* des corps qui dégagent, à haute température et dans un temps très court, une quantité considérable de gaz.

Si la réaction se produit en vase clos, il en résulte une

pression considérable qui peut être évaluée (en supposant les parois infiniment résistantes) à 6000 kgr. par centimètre carré pour la poudre en grains, à 10000 kgr. pour la poudre noire comprimée et à 15.000 kgr. pour la dynamite.

La condition nécessaire pour qu'il y ait explosion est que la réaction dégage de la chaleur.

La formule donnant en kilogrammes par centimètre carré la pression développée par un explosif est la suivante (M. Lebreton) :

$$P = \frac{f \Delta}{1 - \alpha \Delta}$$

dans laquelle

$$f = \frac{1,033 \, V_0 T}{273 \omega}$$

$$\alpha = \frac{u \, V_0}{\omega}$$

$$\Delta \text{ densité de chargement} = \frac{\omega}{V}$$

V représentant le volume de la capacité où se produit l'explosion,

V_0 le volume à 0° et 760 mm. des gaz produits par le poids ω de l'explosif.

u le covolume $= 0,001$ (1).

T la température absolue de l'explosion.

Dans la formule précédente, on remarque que P aug

____

(1) Le *covolume* est la valeur limite du volume d'un gaz soumis à une pression infinie. Le covolume est la somme des volumes des molécules serrées les unes contre les autres. En considérant les molécules comme incompressibles, la pression, à ce moment, pour une température constante, ne peut plus comprimer le gaz, contrairement à l'énoncé de la loi de Mariotte. On admet que le covolume est le 1/1000 environ du volume du gaz à 0 degré.

mente avec la densité de chargement Δ et presque proportionnellement à Δ. La pression P est aussi proportionnelle à la quantité des gaz dégagés par unité de poids $\dfrac{V_0}{\omega}$ et à la température T d'explosion.

Quand la réaction est instantanée, l'explosif est dit *brisant*; il broie une roche en petits fragments. Quand la réaction est lente, l'explosif est dit *lent*; la même roche est broyée en gros morceaux. On emploie les deux sortes d'explosifs selon l'effet que l'on veut produire.

Avec les explosifs brisants la propagation a lieu par ondes explosives dont la vitesse peut dépasser 5000 mètres par seconde; le phénomène de combustion porte le nom de *détonation*. Avec les explosifs lents, la propagation de la chaleur a lieu par conductibilité; dans ce cas le phénomène est appelé *déflagration*.

Parmi les explosifs brisants, on citera le fulminate de mercure, la nitroglycérine, la dynamite. Parmi les explosifs lents se trouve la poudre ordinaire qui, à l'air libre, brûle à raison de 13 millimètres par seconde.

Les explosifs peuvent être classés en 8 catégories (H. Schmerber) :

1º Poudres noires et nitratées,

2º Poudres chloratées,

3º Dynamites et poudres à base de nitroglycérine,

4º Explosifs de Sprengel ou de superposition,

5º Explosifs pour mines grisouteuses,

6º Cotons poudres ou pyroxyles et poudres sans fumée,

7º Poudres picratées et picriquées,

8º Explosifs divers.

1º **Poudres noires et nitratées.** — Le type de ce groupe, la poudre noire de mine, présente la composition moyenne suivante :

Azotate de potassium 62
Soufre 20
Charbon 18
_____
100

Elle s'emploie pour l'extraction des roches demi-dures, pour celle de la houille dans les mines non grisouteuses et pour l'exploitation des masses friables (ardoises).

Sa formule de réaction est la suivante :

$$2AzO^3K + S + 3C = K^2S + 3CO^2 + 2Az$$

azotate de potassium — soufre — charbon — sulfure de potassium — gaz carbonique — azote

Cette poudre dégage 570 calories par kilogramme et 307 litres de gaz (à 0° et 760 mm). Sa densité absolue est de 1,70 ; sa densité apparente est voisine de l'unité. Sa température de combustion est de 2700°.

Si dans la formule générale donnée plus haut on fait $f = 3260$ $\alpha = 0,6$ et $\Delta = 0,5$ qui sont les chiffres se rapportant à la poudre de mine, on trouve que la pression développée par cette dernière est de 2328 kgr.

La poudre comprimée a la même composition que la poudre en grains. Pour l'obtenir, on soumet la poudre à un broyage que l'on fait suivre d'une compression suffisante pour l'amener à la forme de galettes.

La densité devenant plus élevée (1,5), il s'ensuit que la densité de chargement Δ et la pression P augmentent.

La poudre en grains est vendue par l'Etat 1 fr. 85 le kilogramme.

Le trou de chargement de la mine doit être sec et exempt de poussière.

2° **Poudres chloratées.** — La base de ces poudres est le chlorate de potassium.

Les plus importantes de ces poudres sont :

L'asphaline composée de son ou de froment (42 %) imprégné de chlorate de potassium (54 %) et de salpêtre (4 %) ;

Le papier-poudre Melland qui est du papier trempé dans un liquide bouillant contenant du chlorate de potassium, du salpêtre, du ferrocyanure de potassium, du charbon de bois, etc.

La poudre Turpin à double effet de diverses compositions dont l'une d'elles comprend :

Chlorate de potassium.	80 %
Goudron	15 —
Charbon de bois.	5 —

Les cheddites dont il existe plusieurs types qui sont ainsi constitués :

	Cheddite ordinaire	Cheddites brisantes	
Chlorate de potassium.	80	80	75
Huile de ricin.	8	6	5
Nitronaphtaline	12	12	1
Acide picrique.	»	2	»
Binitrotoluène.	»	»	19
	100	100	100

Au point de vue de la force explosive, les cheddites se placent entre la poudre noire et les dynamites.

Il existe de nombreuses formules de poudres chloratées dans lesquelles le chlorate de potassium est additionné d'un ou plusieurs des produits suivants : binitrotoluol, nitrocellulose, aluminium, paraffine, etc.

3° **Dynamites et poudres à base de nitroglycérine.** — Dans cette catégorie rentrent les explosifs dont la nitroglycérine est la partie essentielle (les produits analogues en usage dans l'armée forment une catégorie spéciale). La nitroglycérine $C^3H^5(AzO^3)^3$ ou trinitrine est un éther azotique de la glycérine. Elle se présente sous la forme d'un liquide huileux, toxique, jaunâtre, dont la densité est 1,60. Elle se solidifie à une température inférieure à 8°. C'est un corps détonant sous le choc ou sous l'action d'une élévation de température (180° à 200°). Quelquefois même la détonation se fait spontanément et sans cause apparente.

Pour l'obtenir, on verse un mince filet de glycérine dans un mélange bien froid d'acides sulfurique et azotique. La nitroglycérine apparaît sous la forme de gouttelettes huileuses qui se déposent à la partie inférieure du mélange.

1 kgr. de glycérine versé comme il est dit dans un mélange de 2 kgr. d'acide azotique à 48° et de 5 kgr. d'acide sulfurique à 66° (la température devant rester inférieure à 20° C.) donne un rendement de 140 %.

On l'obtient encore, avec moins de danger en préparant deux solutions :

1° un liquide *sulfoglycérique* provenant d'un traitement de la glycérine par trois fois son poids d'acide sulfurique.

2° un liquide *sulfonitrique* provenant d'un mélange en parties égales d'acides sulfurique et nitrique.

On mélange ces deux solutions. Il se produit lentement, et sans élévation de température, de la nitroglycérine. On obtient 200 gr. de nitroglycérine pour 100 gr. de glycérine.

La formule de réaction est la suivante :

$$C^3H^8O^3 \quad + \quad 3(AzO^3H) \quad = \quad C^3H^5(AzO^3)^3 \quad + \quad 3H^2O$$

glycérine   acide azotique   nitroglycérine   eau

Si on soustrait la nitroglycérine à l'humidité, elle se conserve bien à l'air à la température ordinaire. Mais

l'eau la décompose avec mise en liberté d'acide azotique.
L'eau acidulée d'acide azotique agit de même.

La nitroglycérine n'aurait pas eu d'usage pratique si
Nobel, ingénieur suédois, n'avait trouvé le moyen d'atténuer son extrême sensibilité en la faisant absorber par
un corps poreux, inerte comme le kieselguhr, la randa-
nite (matières siliceuses composant la carapace d'infu-
soires fossiles). Ce mélange qui constitue la dynamite
est jaunâtre; sa consistance est celle du beurre. On la
vend en cartouches recouvertes de papier paraffiné au
prix de 3 fr. le kilogramme (prix de la dynamite n° 1).
Chaque cartouche pèse 80 gr., a une longueur de 120
millimètres et un diamètre de 80 millimètres.

La nitroglycérine ne doit pas exsuder, c'est-à-dire former des taches huileuses sur le papier. Il faut aussi éviter la congélation, car le dégel de la nitroglycérine est
une opération très dangereuse.

La dynamite n° 1 contient 21 0/0 de silice et 75 0/0
de nitroglycérine. Elle est d'un gris-jaunâtre. Une lente
élévation de température ne produit aucun effet explosif.
Chauffée rapidement, elle s'enflamme à 220° et brûle lentement à l'air. La lumière solaire et les étincelles amènent
sa décomposition sans explosion. A la longue, l'eau s'empare de la silice et déplace la nitroglycérine; c'est ce qui
fait que la dynamite mouillée est dangereuse. La dynamite fait explosion quand on la dispose entre deux objets
en fer et en pierre et qu'on provoque un choc de ces objets. Par contre, le choc de deux outils en bois ne provoque pas d'explosion.

La dynamite s'emploie pour l'extraction des roches
dures. Sa densité est de 1,7. Sa puissance explosive est
2 fois et demie celle de la poudre. On produit la détonation à l'aide d'une capsule de fulminate de mercure
(Cy^2O^2Hg). Le prix de 100 capsules de fulminate varie
de 3 fr. 50 à 6 fr. 60 suivant la charge.

La dynamite n° 2 renferme 70 0/0 de nitroglycérine, 28 0/0 de silice, 2 0/0 de carbonate de sodium. Elle a une puissance explosive double de la poudre, mais elle est peu employée.

La *dynamite-gomme* est une dissolution de fulmi-coton dans la glycérine ; c'est la dynamite le plus souvent employée dans les mines non grisouteuses. Les dynamites à base active usitées en France sont les suivantes :

	Dynamite-gomme B de Cugny	Dynamite-gomme J	Explosif gélatiné
Nitroglycérine	82 %	92 %	57,5 %
Coton octonitrique	6 —	8 —	2,5 —
Nitrate de potassium . . .	9 —	»	32,0 —
Cellulose	3 —	»	8,0 —

Ces composés sont gélatineux, élastiques. Ils sont plus stables que la dynamite n° 1 et s'altèrent peu au contact de l'eau. Leur force explosive est supérieure à celle de la dynamite siliceuse. On les utilise surtout pour les roches très compactes. Leur prix est de 3 fr. 50 à 4 fr. le kilogramme. La densité moyenne est de 1,70.

La *gélignite* est un explosif à 62 0/0 de nitroglycérine. Elle est comparable à la dynamite n° 1.

A l'étranger, on emploie des dynamites de composition plus ou moins variable, telles que la dynamite autri-chienne, dynammon, rhéxite, méganite (Autriche), car-bonite et stonnite (Allemagne), poudres Atlas, Hercule et Vulcain (Amérique), dans lesquelles on trouve, en plus de la nitroglycérine, l'un des corps suivants : carbonate de calcium, nitrate de sodium, farine de bois, soude, azotate d'ammonium, charbon roux, tan, nitrolignine, nitrocellulose, corroso, nitrate de baryum, carbonate de magnésium, etc.

Voici un explosif donné comme peu sensible au choc et au frottement.

Formaldéhyde anhydrique d'aniline . .	12 0/0
Nitroglycérine	26 —
Nitrate d'ammonium	62 —

4° Explosifs de Sprengel ou de superposition. — Ce sont des explosifs brisants constitués par de simples mélanges. Dans cette catégorie rentrent les explosifs à base de nitrate d'ammonium auquel on ajoute un hydrocarbure nitré (produit du commandant Favier) ou des nitronaphtalines, nitrobenzines ou nitrotoluènes.

Voici deux formules d'explosifs :

Explosif Favier N° 1		Explosif Favier N° 2	
Nitrate d'ammonium	88 0/0	Nitrate d'ammonium . . .	72,5 0/0
Binitronaphtaline .	12 —	Nitrate de sodium	16 —
		Nitronaphtaline .	11,5 —

A l'étranger, les explosifs employés ont reçu les noms de poudre de Cologne, rottweiler, westphaline et dahmenite (Allemagne), progressite (Autriche), bellite (Angleterre), baelénite et tritorite (Belgique).

La roburite allemande a la composition suivante :

Nitrate d'ammonium	82,5 0/0
Binitrobenzine	12 —
Permanganate de potassium .	0,5 —
Sulfate d'ammonium, . . .	5 —

Comme puissance, ces explosifs sont comparables aux dynamites.

On fabrique aussi des explosifs analogues aux précédents et contenant des poudres d'aluminium, de magnésium, de fer, etc. (exemple : l'ammonal composé de nitrate d'ammonium, d'aluminium et de charbon roux, employé pour le chargement des projectiles) ou du silicium, du carbure de silicium, du ferrosilicium, du nitrate d'aniline, de guanidine, etc.

5° **Explosifs pour mines grisouteuses**. — Ces explosifs sont de deux sortes :

a) Les dynamites spéciales ou composés à base de nitroglycérine (grisoutines, grisoutites, etc.).

b) Les explosifs à base de nitrate d'ammonium ; ce sont des explosifs Sprengel réservés aux mines grisouteuses (grisounites, antigrisous, roburites, etc.).

Parmi les dynamites spéciales françaises dont la température de détonation est assez basse pour satisfaire aux prescriptions réglementaires (1500° pour les explosifs en couche et 1900° pour ceux employés au rocher) on citera les grisoutines dont la composition est la suivante :

	Grisoutine B	Grisoutine gomme
Nitroglycérine	11,76 0/0	29,10 0/0
Coton nitré	0,24 —	0,90 —
Nitrate d'ammonium . .	88 » —	70 » —

A l'étranger, on préfère généralement des explosifs à température de détonation plus élevée, mais dont la combustion est incomplète : carbonite gélatineuse, nobélit, tremonit et phönix (Allemagne), britonit, kynit, clydit et normannit (Angleterre), etc.

La carbonite n° 1 qui donne de bons résultats comprend les substances ci-après :

Nitroglycérine	25,0 0/0
Nitrate de potassium . .	34,0 —
Farine	39,5 —
Nitrate de baryum . . .	1,0 —
Carbonate de sodium . .	0,5 —

Parmi les explosifs français en usage dans les mines

grisouteuses, on citera les deux formules suivantes de grisounites :

	Grisounite roche	Grisounite couche
Nitrate d'ammonium,	91,5 0/0	95,5 0/0
Naphtaline (binitro)	8,5 —	(trinitro) 4,5 —

6° **Cotons-poudres ou pyroxyles et poudres sans fumée.** — Ce sont des explosifs employés dans l'art militaire.

La fabrication des poudres sans fumée à nitrocellulose nécessite des précautions spéciales et comprend les quatre phases suivantes : le malaxage et gélatinisation, le laminage, le découpage et le séchage.

Les poudres à fulmicoton pur sans autre addition sont employées dans les armées française, allemande, suisse et autrichienne.

La *balistite* de Nobel (nitroglycérine, coton-collodion et aniline) et la *cordite* (nitroglycérine, coton-poudre insoluble et vaseline) sont des poudres sans fumée.

Les poudres B en usage en France sont des poudres sans fumée d'une grande puissance explosive. Pour les vérifier, on les porte à 110° et 115° pendant un nombre de jours déterminé.

La poudre S pour la chasse est une poudre pyroxylée ainsi composée :

Coton-poudre soluble	28 0/0
— insoluble	37 —
Nitrate de baryum	29 —
— potassium	6 —

7° **Poudres picratées et picriquées.** — Ces poudres servent au chargement des obus de rupture. Employé comme explosif de rupture, l'acide picrique produit des effets bien supérieurs à ceux des dynamites. On provoque l'explosion à l'aide d'une capsule de fulminate de mercure. L'acide picrique peut être remplacé par des picrates stables (picrate d'ammonium, etc.). Ces poudres à base d'acide picrique ou de picrates sont appelées *mélinite* en France, *lyddite* en Angleterre, *poudre shimose* au Japon.

La *crésylite* est un explosif au trinitrocrésol et crésylate dérivés de l'acide picrique.

8° **Explosifs divers.** — On a cherché à utiliser certains explosifs comme la nitromannite (éther nitrique obtenu par la nitrification de la mannite), la pantaérytrite tétranitrique, la panclastite de Turpin (hypoazotite additionnée au moment de l'emploi d'un mélange de nitrobenzine, de sulfure de carbone et de pétrole), le fulminate de mercure, l'oxyliquite (substances imprégnées d'air liquide, etc.). Mais pour des raisons diverses, ces explosifs ne sont pas d'un usage courant ou pratique.

Procédés d'essai des explosifs. — Pour connaître l'effet que l'on peut attendre d'un explosif, on a recours soit à l'évaluation de la force que fournissent les calculs théoriques lorsque l'on connaît la composition chimique et le mode de décomposition, soit à la méthode expérimentale de mesure des pressions développées après explosion ou déflagration.

Pour les mesures précises, il est bon d'employer les deux procédés.

On a dit, au commencement du chapitre, comment on calculait la pression développée par un explosif. La température d'explosion se mesure au moyen de la bombe calorimétrique ou du calorimètre de Berthelot. Il est rare cependant que l'on soit obligé de recourir à des déterminations aussi délicates.

La mesure de la pression peut se faire avec un crusher tel que celui de MM. Noble, Sarrau et Vieille. Dans cet appareil, une charge détermine par son explosion le déplacement d'un petit cylindre en cuivre (crusher), déplacement que l'on apprécie d'après la courbe tracée par un enregistreur (fig. 206). Cette courbe fait connaître à la fois la hauteur d'écrasement et la vitesse de détonation.

L'indicateur de pression Bichel et l'appareil Guttmann sont des appareils de laboratoires donnant aussi une mesure comparative des pressions exercées.

Bloc au plomb de Trauzl. — Cet appareil (fig. 207) consiste en un cylindre de plomb d'une hauteur et d'un diamètre de 200 millimètres dans lequel est pratiqué un trou central de 125 millimètres de profondeur et de 25 millimètres de diamètre

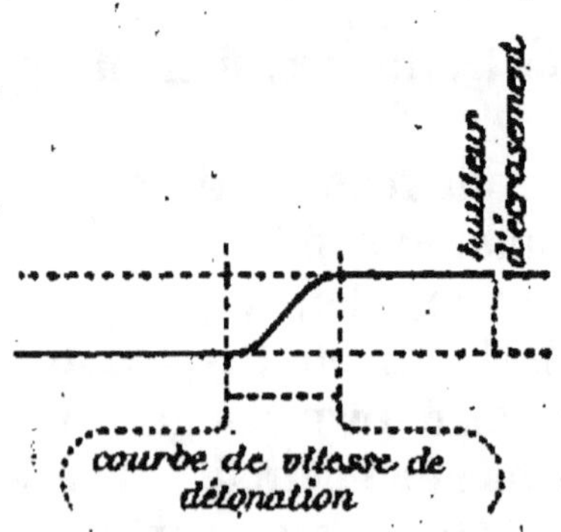

Fig. 206. — Graphique d'explosion obtenu avec le crusher-gauge Noble, Sarrau, Vieille.

(résolutions du Congrès international de chimie tenu en 1903).

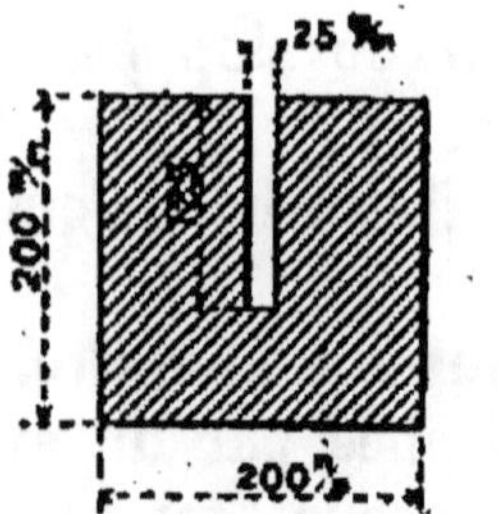

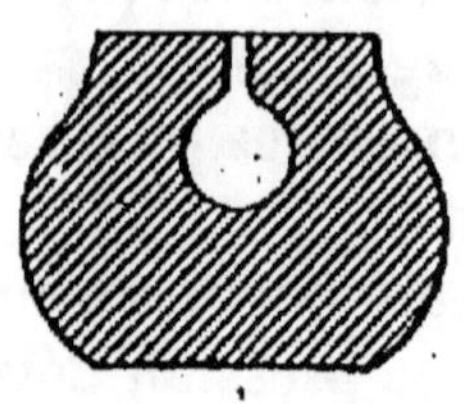

Fig. 207. — Bloc de plomb de Trauzl
avant explosion   après explosion.

On place au fond du trou un poids constant (10 gr.) d'explosif et au-dessus un bourrage d'une hauteur invariable. On fait détoner la charge ; le bloc se déforme et une cavité plus ou moins grande se produit à l'intérieur du bloc. On mesure avant et après expérience, au moyen de l'eau, le volume du trou initial et du trou agrandi par l'explosion. La différence de volume mesure la puissance de l'explosif. Un même explosif doit produire le même effet. Le rapport des volumes trouvés pour deux explosifs différents donne le rapport de leurs puissances explosives.

Le bloc de Trauzl ne convient qu'aux explosifs brisants.

On peut encore déterminer la puissance explosive d'un corps en faisant détoner une cartouche au-dessus d'un ou de deux cylindres de plomb, puis en mesurant l'aplatissement qui en résulte (appareil autrichien à plaquettes).

Parmi les essais rapides de réception des explosifs, il y a :

1° *L'essai de ployage* d'une plaquette d'acier reposant sur un bloc (fig. 208). Sur la plaquette on dispose une cartouche explosive. La mesure de l'angle α ou de la dis-

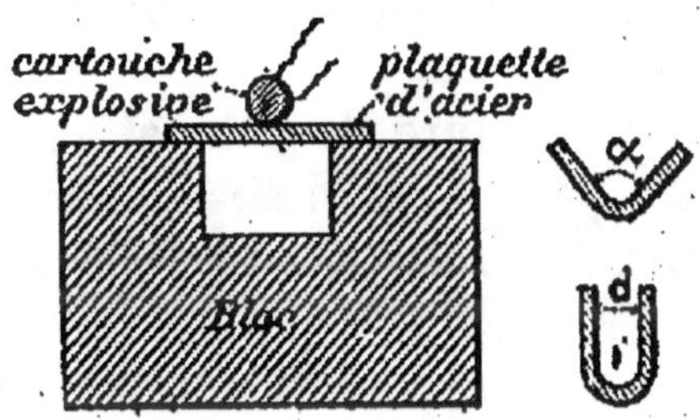

Fig. 208. — Essai de ployage.

tance d des ailes de la plaquette, après explosion, donne une indication se rapportant à une charge donnée de la cartouche.

2° *L'essai d'emboutissage* (fig. 209) d'une plaquette d'acier disposée d'une façon analogue mais supportant une cartouche placée verticalement en son milieu. On mesure la flèche produite après l'explosion.

Les conditions réglementaires d'emploi des explosifs dans les mines poussiéreuses ou grisouteuses sont, d'après la circulaire ministérielle du 1er août 1890 :

1° Que les produits de leur détonation ne contiennent

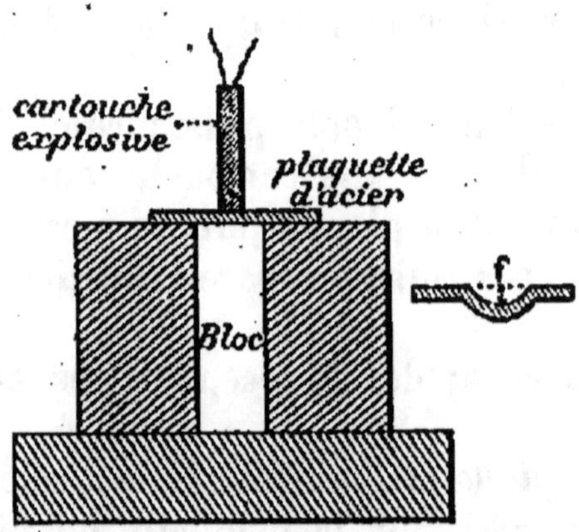

Fig. 209. — Essai d'emboutissage.

aucun élément combustible tel que hydrogène, oxyde de carbone, carbone solide.

2° Que leur température de détonation ne soit pas supérieure à 1900° pour les explosifs employés aux travaux de percement au rocher, ni à 1500° pour les travaux en couche.

3° Les explosifs doivent être renfermés dans des cartouches sur lesquelles sont indiqués la nature et le dosage des substances dont ils sont composés, de manière à permettre le calcul de leur température de détonation.

D'expériences faites, il résulte que la force brisante comparative des explosifs suit l'échelle suivante :

Dynamite gomme à 92 0/0 147
— 83 0/0 145
— 70 0/0 125

Dynamite n° 0   101
   —   n° 1   100
Grisoutine gomme n° 2 à 30 0/0 . .   84
Dynamite n° 2   78
Grisoutine gomme à 12 0/0   55
Poudre du mine   40

NOTIONS
SUR LA MÉTALLURGIE DE LA FONTE, DU FER ET DE L'ACIER

La fonte, le fer et l'acier industriels constituent la série carburée du fer; la ligne de démarcation de ces trois produits n'est pas nettement définie. Le terme initial de cette série est le fer chimiquement pur qui ne peut être préparé que dans les laboratoires.

Dans l'industrie, on obtient le fer soit directement par les procédés qui sont indiqués ci-après, soit indirectement par décarburation de la fonte. La fabrication de l'acier procède soit de la décarburation partielle de la fonte, soit de la carburation du fer.

Le fer étant le produit initial de la série sera étudié en premier lieu.

Fer. — Pour fabriquer le fer, on réduit au rouge l'oxyde de fer par le charbon. Le fer ne s'agglomère qu'à haute température ; la gangue siliceuse donne un silicate fusible.

Deux procédés sont employés pour cette fabrication.

1° On chauffe le minerai avec du charbon. Une partie de l'oxyde est réduite ; l'autre partie se combine avec le silicate d'aluminium de la gangue et fournit une scorie fusible (méthode catalane).

2° On mélange le minerai avec du charbon et du carbonate de calcium. L'argile se combine alors à la chaux du calcaire. Mais le silicate double d'aluminium et de calcium étant moins fusible que le silicate double d'aluminium et de fer, on se trouve dans la nécessité d'augmenter la température et, dans ces conditions, le fer se combine au charbon pour donner de la fonte. De sorte qu'une seconde opération devient indispensable, c'est l'affinage de la fonte qui doit enlever le carbone et transformer la fonte en fer doux.

Méthode catalane. — Le fourneau catalan est un creuset en maçonnerie (fig. 210) qu'on remplit partiel-

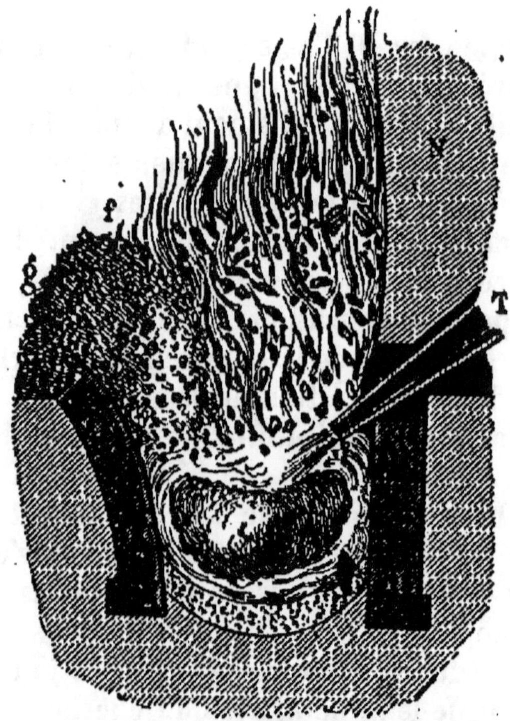

Fig. 210. — Fourneau catalan.

lement de charbon de bois allumé au-dessous duquel on dispose un tas de minerai et à côté un tas de charbon. On envoie dans la masse de l'air provenant d'une soufflerie. Sous l'action du vent de la tuyère, le charbon brûle en donnant du gaz carbonique qui, au contact de l'air, forme de l'oxyde de carbone. Cet oxyde de carbone passe à travers le minerai, le réduit à l'état métallique et repasse à l'état de gaz carbonique. Un peu d'oxyde ferrique est ramené en oxyde ferreux. Il se forme avec l'argile du minerai un laitier fusible (silicate double d'aluminium et de fer). Au bout de 6 heures, on a une masse spongieuse de fer qui est martelée sur l'enclume puis chauffée et forgée en barres.

Fonte. Méthode des hauts fourneaux. — Un haut fourneau se compose essentiellement de deux troncs de

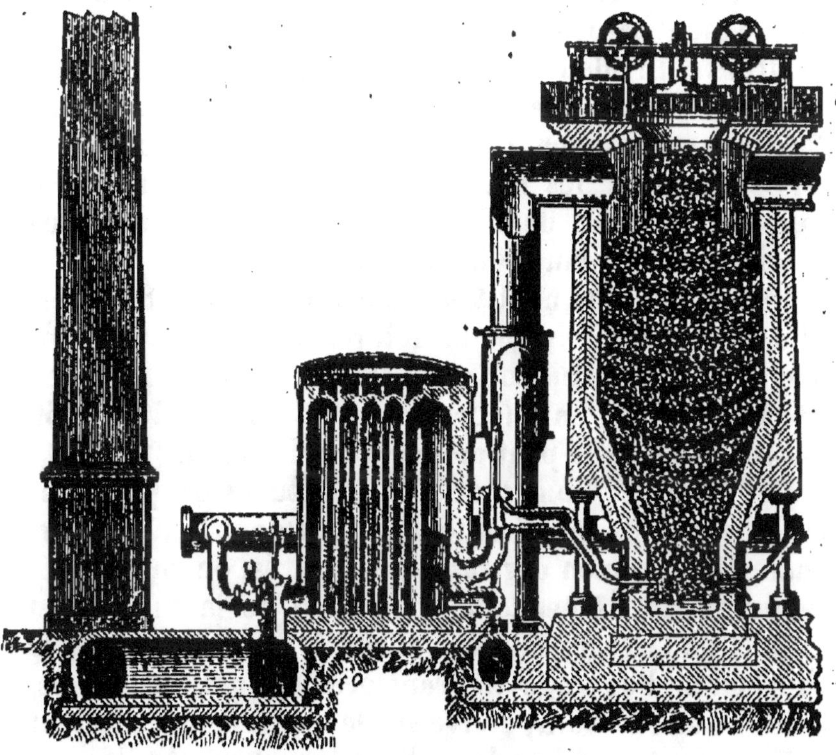

Fig. 211. — Haut-fourneau.

cônes assemblés par une base commune (fig. 211) dont

les diverses parties, en allant de haut en bas, portent les noms de *gueulard*, *cuve*, *ventre*, *étalages*, *ouvrage*, *creuset*, L'ensemble est entouré de briques réfractaires.

On remplit l'intérieur de couches alternées de minerai, de fondant et de charbon. La nature du fondant est déterminée par celle de la gangue du minerai. Avec une gangue siliceuse, on emploie du carbonate de calcium (*castine*). A une gangue calcaire on ajoute des matières siliceuses (*erbue*). L'air chaud arrive dans l'ouvrage par trois tuyères, traverse les couches indiquées ci-dessus et s'échappe par des ouvertures pratiquées dans les parois latérales près du gueulard. En avant du creuset se trouve une paroi métallique, la dame, devant laquelle se trouve un plan incliné. A la partie inférieure du creuset est le trou de coulée bouché pendant le chauffage par un tampon d'argile. C'est par ce trou qu'on laisse échapper les matières en fusion. Le laitier, à cause de sa faible densité, surnage et coule par-dessus la dame sur le plan incliné.

La hauteur d'un haut fourneau varie de 10 à 28 mètres. Elle dépend d'ailleurs de la nature du combustible employé et de la production que l'on veut obtenir. La capacité totale d'un haut fourneau peut être de 400 à 450 mètres cubes (elle peut même atteindre 750 m^3).

Des analyses de gaz ont été effectuées en prélevant les échantillons à différentes hauteurs dans le haut fourneau. De l'examen des résultats trouvés, on en a déduit ce qui se passait pendant l'opération de la fusion. Au contact de l'oxygène de l'air insufflé par les tuyères, le charbon de l'ouvrage se transforme en gaz carbonique. Celui-ci, en s'élevant, arrive sur le charbon incandescent qui le réduit en oxyde de carbone lequel monte dans la cuve (fig. 212) où se trouve le minerai qui n'est qu'au rouge sombre. Il réduit alors à son tour le minerai et repasse à l'état de gaz carbonique. On trouve en outre dans les gaz de l'azote, de l'hydrogène et de la vapeur d'eau.

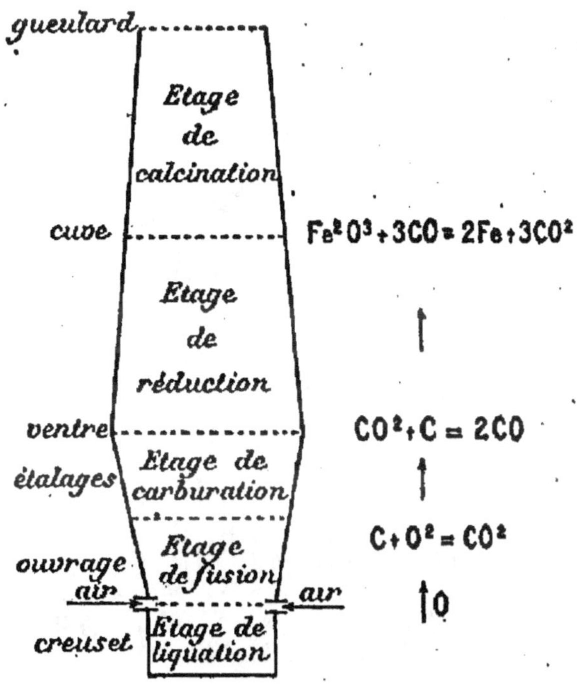

Fig 212. — Etages d'un haut fourneau.

Naturellement, en pratique les choses ne se passent pas d'une façon aussi simple et systématique que l'indique le résumé théorique qui vient d'être fait.

Les gaz combustibles dégagés au gueulard sont recueillis latéralement par des conduites qui les conduisent dans des fours spéciaux appelés *récupérateurs*. La chaleur qui s'y trouve emmagasinée échauffe l'air que l'on envoie dans les tuyères au moyen de machines soufflantes.

Les récupérateurs ont pour but, comme leur nom l'indique, de récupérer c'est-à-dire de restituer la chaleur qui, autrefois, était perdue par le gueulard. Les types les plus répandus sont les *appareils Whitwell* qui se composent de grands cylindres en tôle revêtus intérieurement d'une chemise en briques réfractaires (fig. 213). L'enceinte est divisée en plusieurs compartiments par

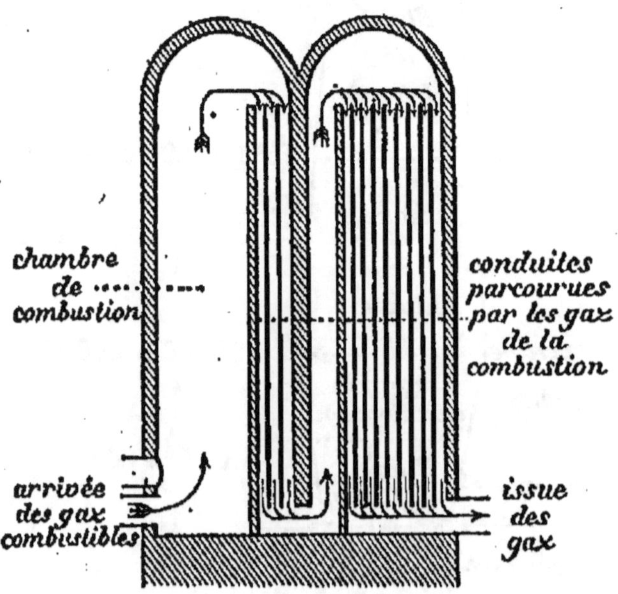

Fig. 213. — Récupérateur Whitwell.

des cloisons peu épaisses également formées de matériaux réfractaires. Les gaz chauds arrivant du gueulard pénètrent dans le premier compartiment et après plusieurs détours sortent par une cheminée d'appel à grand tirage. Quand la masse est portée au rouge, ce qui se produit au bout d'une heure ou deux, on fait arriver, en sens inverse, le vent d'une machine soufflante. L'air en parcourant toutes ces chambres de plus en plus chaudes arrive à la température du rouge et est injecté dans l'ouvrage par les tuyères. Pendant ce temps, un autre récupérateur se réchauffe de sorte qu'en changeant la direction de l'entrée et de la sortie des gaz on arrive à avoir constamment un appareil pouvant produire de l'air chaud. Suivant le jeu de l'appareil on dit que le récupérateur est *au gaz* ou *au vent*.

Le système précédent est quelquefois remplacé par l'appareil Cowper. Ce récupérateur est une tour divisée en deux par une cloison (fig. 214). Les gaz chauds et l'air se mélangent dans l'une des parties, et passent dans

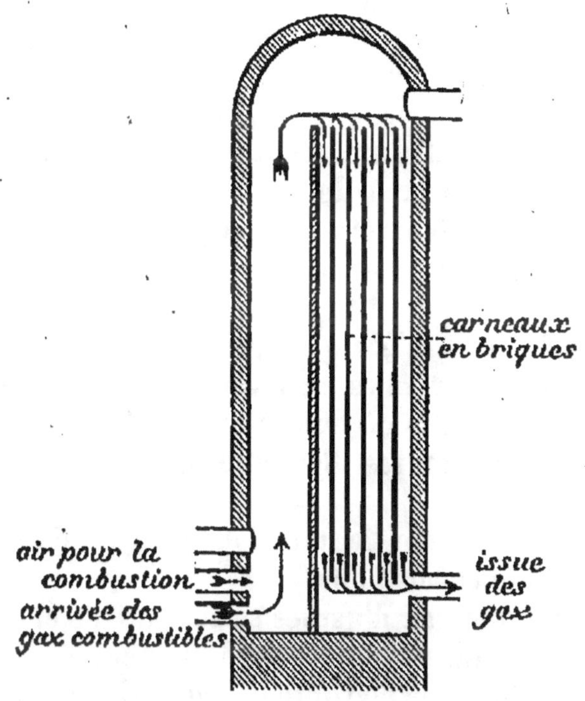

Fig. 214. — Appareil Cowper.

le compartiment voisin constitué par des briques perforées qui emmagasinent la chaleur. Pour l'utilisation de la chaleur, on opère d'une façon analogue à celle qui a été décrite au sujet de l'appareil Whitwell, c'est-à-dire qu'on met successivement le récupérateur au gaz et au vent. L'air chaud est injecté dans l'ouvrage par les tuyères.

Telle est la marche générale d'un haut fourneau. Il convient de voir maintenant ce qui se passe pendant la descente des matières solides. La charge supérieure qui se compose de minerai, de fondant et de combustible commence d'abord par se dessécher. Elle perd son eau qui se dégage sous forme de vapeur. Elle s'échauffe de plus en plus et elle atteint le rouge sombre dans la partie inférieure de la cuve où elle rencontre l'oxyde de carbone. Le fer est alors réduit. Il descend dans les étalages avec la gangue, le charbon et le fondant. La température étant plus élevée en cet endroit, la gangue se transforme en silicate double d'aluminium et de calcium et le fer se chargeant en carbone devient de la fonte. En arrivant à l'ouvrage où la température est plus élevée la fonte et le laitier se liquéfient et tombent dans le creuset. On a vu comment on opérait la séparation de la fonte et du laitier. La fonte qui s'écoule par le trou de coulée se rend dans de petites rigoles semi-cylindriques pratiquées dans le sol de l'usine où elle se moule et forme après solidification les *gueuses* (les gueusets sont de petites gueuses).

Une fois en marche, le haut fourneau n'est arrêté que pour causes de réparations.

Il n'existe que peu d'usines se servant de charbon de bois comme combustible, malgré la qualité exceptionnelle du produit que l'on obtient avec lui. Ce n'est guère qu'en Suède, en Norwège et aux États-Unis qu'on peut recourir à ce coûteux combustible, en raison des forêts abondantes et proches dont ces pays sont pourvus. Dans les autres régions, c'est le coke qui est généralement employé.

Dans beaucoup d'usines les gaz chauds sont encore utilisés pour la marche de moteurs à gaz.

Fer obtenu par affinage de la fonte. — Pour avoir du fer, on enlève à la fonte le carbone en excès qu'elle contient. Cette opération constitue l'*affinage de la fonte*. On oxyde par l'air, à température élevée le carbone, le silicium, le phosphore et les autres impuretés que contient la fonte. On emploie à cet effet deux procédés différents : le *procédé comtois* (affinage au charbon de bois) et le *procédé anglais* (affinage à la houille).

Procédé comtois. — Le fourneau comtois n'est en quelque sorte qu'une forge ordinaire dont la cavité est remplie de charbon allumé (fig. 215). On place la fonte sur le charbon. On fait arriver le vent par une tuyère. La fonte en fusion passe devant la tuyère. Son carbone passe à l'état d'oxyde de carbone ; le phosphore et le silicium donnent des phosphates et des silicates de fer et de manganèse très fusibles. La fonte à ce moment est déjà décarburée en partie. Cette masse se réunit au fond du creuset, car elle est moins fusible que la fonte proprement dite. Avec un ringard, on la ramène à la surface ; on augmente la rapidité de la combustion et on décarbure encore une nouvelle portion. Après plusieurs opé-

Fig. 215. — Fourneau comtois.

rations semblables, on réunit toutes les petites masses spongieuses en une seule (*loupe*) avec le ringard et on la martèle (*cingle*) pour en faire sortir les scories et souder le fer à lui-même. On réchauffe et on forge plusieurs fois de suite le fer obtenu auquel on donne la forme de barres.

Ce procédé a presque entièrement disparu.

Procédé anglais. — On se sert, pour l'affinage de la

fonte au moyen de la houille, d'un four à puddler. Cet appareil consiste en un four à réverbère (fig. 216) dont la sole est constituée par une plaque de fonte refroidie par un courant d'eau. Il comprend : la *chauffe*, compartiment où l'on dépose le combustible nécessaire à la production de la chaleur ; le *laboratoire*, compartiment

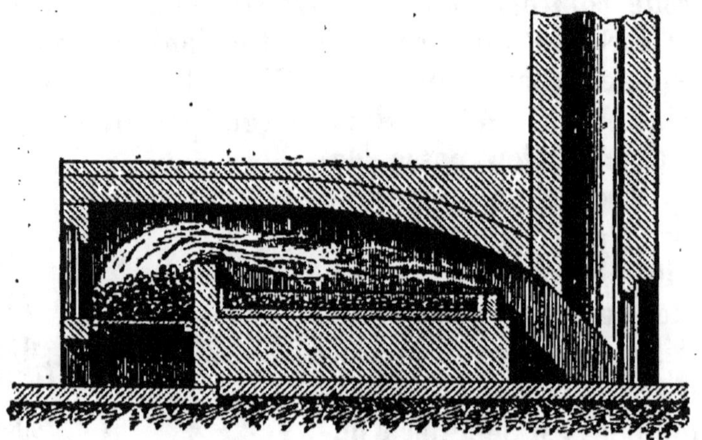

Fig. 216. — Four à puddler.

où l'on introduit la fonte ; la *cheminée* où s'effectue le tirage. Le travail dure une heure et demie. Sous l'action de la chaleur dégagée par le foyer, la fonte entre en fusion. L'ouvrier la brasse sans cesse avec un ringard. Il forme des *balles* ou *loupes* qu'il retire et qu'on martèle aussitôt.

Dans cette opération, le silicium s'oxyde en donnant une scorie ou silicate de fer (SiO^2 $2FeO$) ; le carbone s'oxyde également en produisant de l'oxyde de carbone. La scorie n'est donc pas dans ce cas, comme dans celui des hauts fourneaux, du silicate de calcium et d'aluminium.

Pour exprimer par martelage la scorie fusible des loupes, on se sert d'un marteau-pilon ou de préférence de la presse à forger.

Ce procédé de puddlage à bras d'homme est très pénible pour l'ouvrier (puddleur). Aussi a-t-on cherché à remplacer la force musculaire par des moyens mécaniques. On a résolu le problème en imaginant les fours tournants (four Danks, fig. 217) qui sont des cylindres

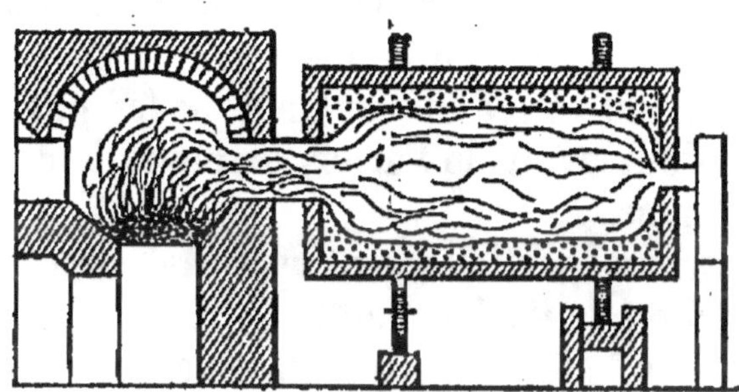

Fig. 217. — Four tournant de Danks.

en tôle revêtus intérieurement de briques réfractaires, reposant sur des galets roulants. Ces fours tournent autour d'un axe horizontal. La fonte roule sur elle-même avec l'oxyde et la scorie. Elle reçoit la flamme d'un foyer contigu arrivant par l'une des extrémités du cylindre et sortant par l'autre. Le four est mû mécaniquement. L'opération se fait d'elle-même par suite de la rotation.

Le fer obtenu par ces procédés n'est pas chimiquement pur. Il renferme encore 0,1 à 0,5 de carbone, de la scorie et quelquefois du soufre, de l'arsenic et du phosphore. Le soufre et l'arsenic rendent le fer *rouverin*, c'est-à-dire cassant à chaud ; le phosphore le rend cassant à froid. Cependant les fers phosphorés ne contenant pas sensiblement de carbone peuvent être employés comme rails. Malgré cela les Compagnies de chemins de fer préfèrent, pour la construction de leurs voies, des rails en acier dont la résistance est plus élevée que celle des rails en fer.

Fer pur. — Dans les laboratoires, on obtient le fer pur en chauffant dans un creuset des fils d'archal ou de carde avec le quart de leur poids d'oxyde de fer. On ajoute un peu de verre pilé. Les impuretés sont oxydées et dissoutes dans le fondant avec l'excès d'oxyde.

Le fer chimiquement pur se prépare encore en calcinant dans un tube de porcelaine l'oxalate ferreux que l'on réduit par un courant d'hydrogène. On porte au rouge vif, puis au rouge blanc. On a du fer pur.

Acier. — Pour avoir de l'acier, on emploie deux méthodes différentes :

1° On décarbure partiellement la fonte ; on a alors de l'acier naturel ou de l'acier puddlé.

2° On carbure le fer ; on a l'acier de cémentation.

Fabrication de l'acier par décarburation partielle de la fonte. — Avec cette méthode, on emploie des fontes manganésifères (obtenues au charbon de bois) que l'on soumet à la fusion pendant quelques heures après les avoir recouvertes d'une couche de scories d'oxydes des battitures. Le four Martin-Siemens (fig. 218) qui sert

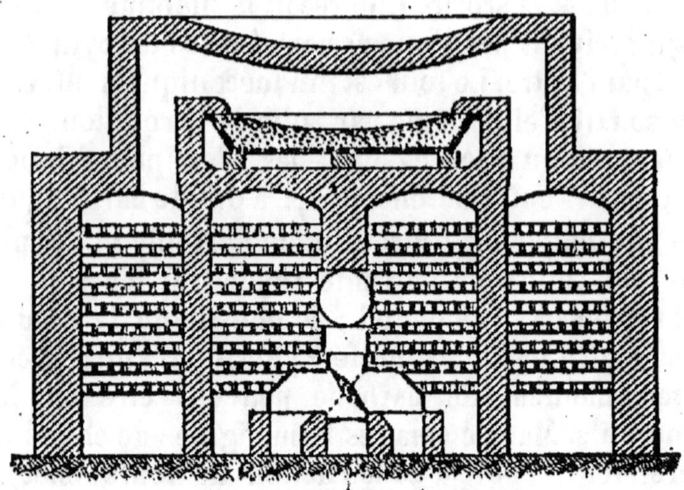

Fig. 218. — Four Martin-Siemens.

à cette fabrication consiste surtout en une sole en fonte

recouverte de terre réfractaire chauffée par le gaz d'un générateur à récupération de chaleur. A la fonte on ajoute des déchets de fer et d'acier et quelquefois des minerais de fer très purs et très riches. Quand le moment est venu, on coule l'acier dans des lingotières, on le martèle et on le transforme en barres. Ce procédé permet d'utiliser les chutes de rails et les déchets de toute nature. Pendant le refroidissement, on fait ces prélèvements d'échantillons que l'on soumet à des essais mécaniques et chimiques qui permettent de se rendre compte de l'état de la fabrication.

Les aciers puddlés sont ceux que l'on obtient par l'affinage partiel de fontes riches en manganèse dans des fours à puddler ordinaires. Il sont plus grossiers que les précédents.

Cémentation. — La cémentation consiste dans la carburation du fer.

Le fer est introduit avec le *cément* (mélange de char-

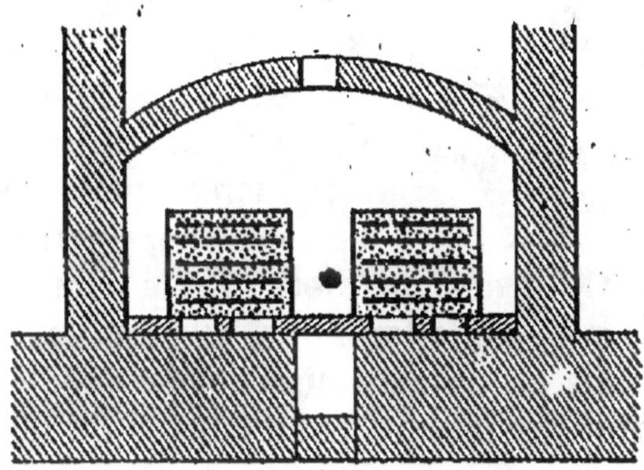

Fig. 219. — Caisses pour la cémentation.

bon de bois en poudre, de cendres et de sel marin) dans des caisses en briques réfractaires (fig. 219) par couches alternatives de fer en barres et de cément. On porte le tout à la température du rouge cerise en se servant d'un four spécial. On maintient cette température pendant douze à quinze jours. De temps à autre, on enlève une des barres et on examine la marche de l'opération. Quand on juge la cémentation suffisamment avancée, on laisse refroidir et on enlève définitivement les barres. La cémentatiou est plus superficielle qu'intérieure.

Pour donner plus d'homogénéité au métal, on soumettait autrefois à un corroyage plusieurs barres assemblées ; maintenant on préfère refondre le métal.

Quelquefois, on ajoute au charbon des cendres, des matières animales, des cyanures ou bien on se sert de gaz d'éclairage. Tous ces moyens ont pour but d'agir par le charbon que contiennent ces substances.

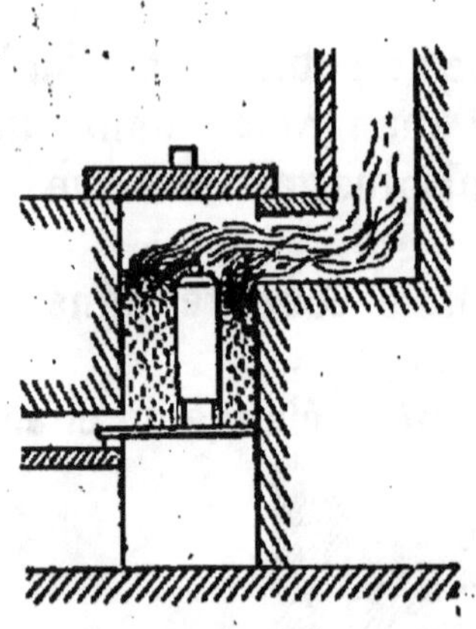

Fig. 220. — Acier fondu au creuset.

L'acier de cémentation ainsi obtenu, coupé en petits barreaux et fondu dans un creuset (fig. 220) avec du charbon qui le recouvre, donne un acier liquide que l'on coule dans des lingotières métalliques, que l'on martèle, puis que l'on étire en barres. On le désigne alors sous le nom d'*acier fondu*; il sert à la coutellerie fine, aux outils, ressorts de voiture. Mais on obtient aussi l'acier fondu homogène en plus grandes masses par l'emploi du four Martin-Siemens.

Acier Bessemer. — Cet acier s'obtient en soumettant la fonte siliceuse en fusion dans une cornue spéciale mobile appelée *convertisseur* à un violent courant d'air qui brûle en partie les matières étrangères comme le carbone, le silicium, etc. On introduit à un moment donné un ferromanganèse ou spiegel (alliage de fer et de manganèse) qui a pour but de débarrasser la masse de l'oxyde de fer formé par l'air injecté et de fournir le carbone nécessaire. Puis on incline le convertisseur et on coule le métal dans des lingotières.

En résumé, par ce procédé imaginé par l'ingénieur anglais Bessemer, le carbone de la fonte est totalement enlevé par l'air, puis restitué en partie par la fonte manganésifère (spiegel).

Le convertisseur est une cornue (fig. 221) mobile autour de tourillons et pouvant s'incliner à volonté. L'air arrive à la partie inférieure par des tuyères à sept trous. La capacité de la cornue est de six fois environ le volume de la fonte introduite fondue. Cette fonte sort directement du haut-fourneau ou d'un cubi-lot ; dans ce dernier cas on l'appelle fonte de deuxième fusion.

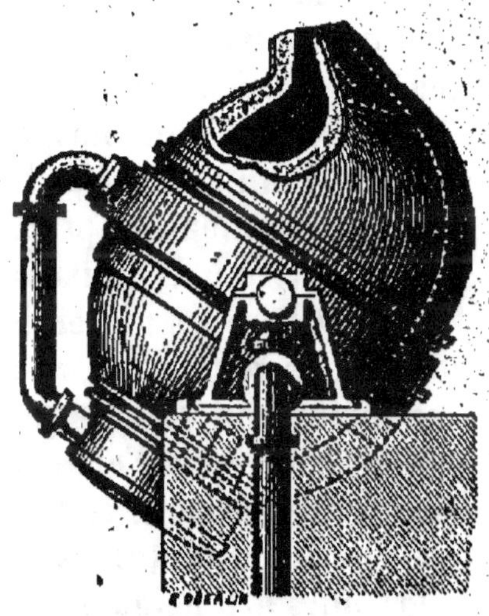

Fig. 221. — Convertisseur Bessemer.

On fait des convertisseurs qui peuvent contenir 10 tonnes de métal. En 20 minutes, l'opération peut être terminée. Le fond du convertisseur est souvent un garnissage acide en silice (ou acide silicique). Mais un tel revêtement ne permet de traiter que des fontes exemptes de phosphore. Dans le cas de fontes phosphoreuses, on remplace le garnissage acide du fond par un garnissage basique composé de dolomie calcinée ; on ajoute, de plus, au bain une certaine quantité de chaux, ce qui donne une scorie basique permettant l'élimination du phos-phore de la fonte. Un sursoufflage ou soufflage supplémentaire destiné à l'oxydation du phosphore complète les réactions de ce procédé appelé Bessemer basique (procédé Thomas et Gilchrist) par opposition au premier procédé qui est celui de Bessemer acide.

Le procédé de déphosphoration est également appliqué au four Martin-Siemens. La sole est basique et l'addition de chaux se fait à trois ou quatre reprises. Ce procédé est celui du Martin basique.

Les scories de déphosphoration sont utilisées en agriculture comme engrais phosphaté.

L'introduction des procédés basiques en sidérurgie a rendu service à l'industrie française qui peut, de cette façon, utiliser les minerais naturels phosphoreux de son sol et ne la rend plus tributaire des produits étrangers.

Fabrication électrique de l'acier. — L'acier peut encore s'obtenir à l'aide de fours électriques. Les appareils employés pour cette fabrication se divisent en :

1° Fours à électrodes qui comprennent :

les fours à plusieurs électrodes avec courant traversant le bain (Héroult, Keller) ;

les fours à une électrode, avec courant traversant le bain (Girod) ;

les fours à électrodes avec courant passant hors du bain (Stassano).

2° Fours sans électrodes qui se subdivisent en :

fours à induction (Kjellin et Schneider) ;

fours utilisant l'effet Joule (Gin) ;

fours à résistance (Girod).

Des essais mécaniques effectués sur les aciers obtenus par les procédés électriques semblent montrer la supériorité de ces produits, ce qui s'expliquerait par :

une décantation à haute température qui fait que les impuretés se séparent aisément de la masse ;

une épuration plus parfaite, les réactions qui produisent cette épuration croissant avec la température ;

l'absence presque complète de gaz.

L'appareil Héroult (fig. 222) consiste en un four à bascule formé d'une enveloppe en tôle de fer garnie de briques dolomitiques. La tôle à l'endroit du creuset est revêtue de dolomie broyée et damée. La voûte du four

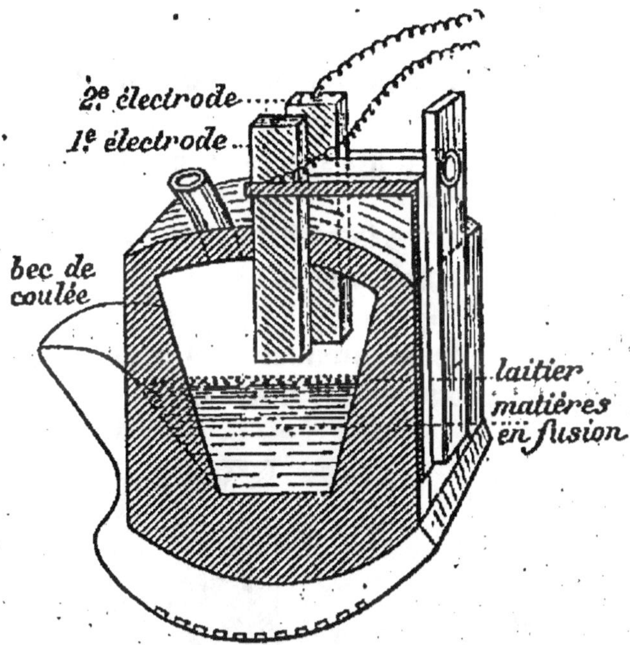

Fig. 222. — Appareil Héroult.

laisse le passage à deux électrodes. Le courant entre par une électrode, traverse successivement le laitier, le bain de métal, le laitier en face la deuxième électrode, puis arrive à cette électrode. Sous l'influence du courant, le métal fond par suite de l'élévation progressive de la température. On règle le courant automatiquement ou mécaniquement, en donnant une hauteur variable entre l'électrode et le laitier. Les trous de chargement se trouvent sur les côtés du four et le bec de la coulée sur la face avant. La manœuvre du four se fait par une commande électrique ou hydraulique.

Avec cet appareil, on produit directement l'acier en partant des riblons ou de la fonte. On peut aussi faire l'affinage d'un acier ordinaire obtenu au four Martin ou au convertisseur Bessemer.

La fabrication au four Héroult comprend trois phases successives :

1° La fusion du métal qui demande cinq heures, plus un quart d'heure pour la coulée du premier laitier.

2° L'épuration du métal fondu obtenu par l'action de plusieurs laitiers introduits successivement dans le four. Durée : 1/2 heure.

3° La désoxydation et la récarburation du bain qui se fait en deux temps en se servant de la *carburite*, aggloméré de charbon de fer ou de fonte pure.

La durée totale de la production directe de la fonte avec l'appareil Héroult est de huit heures.

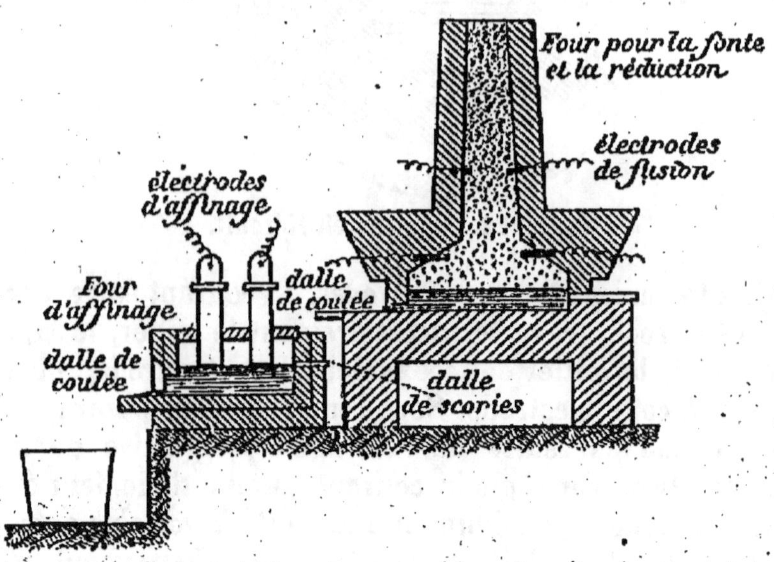

Fig. 223. — Appareil Keller.

L'appareil Keller (fig. 223) comprend deux fours : l'un qui sert à la fabrication de la fonte brute à quatre électrodes verticales entre lesquelles jaillissent les arcs ; l'autre sert à l'affinage.

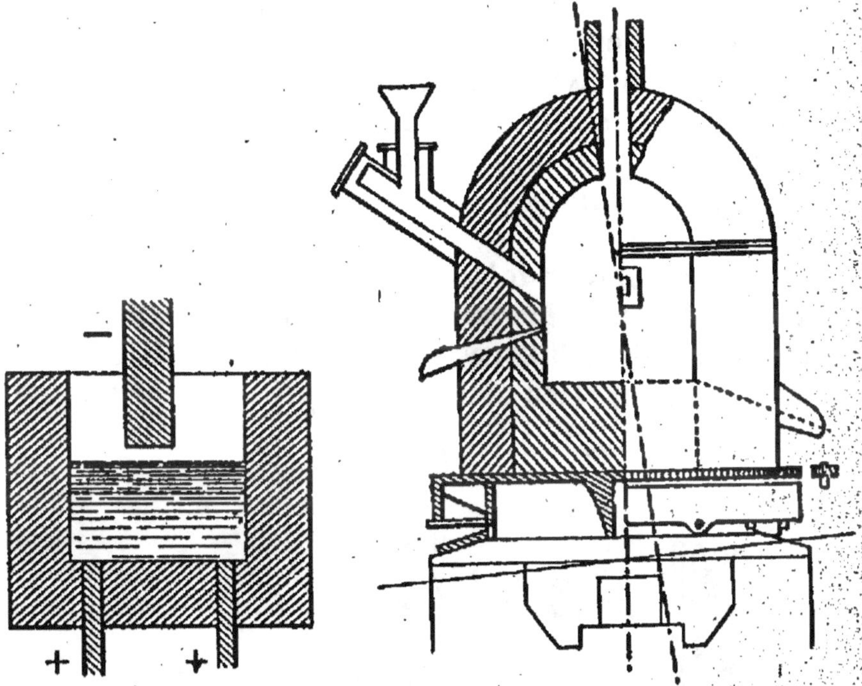

Fig. 224. — Four Girod.

Fig. 225. — Four rotatif de Stassano.

Dans le *four Girod à électrodes* (fig. 224) l'une de celles-ci s'épanouit seulement en deux parties noyées dans la sole du four tandis que l'autre est suspendue hors du bain. Le courant entier traverse toute la masse du métal pour aller d'un pôle à l'autre.

L'appareil Stassano (fig. 225) utilise la chaleur dégagée par l'arc électrique éclatant dans un espace fermé au-dessus de la masse fondue. Le four peut tourner autour d'un axe faisant un angle de quelques degrés avec la verticale, ce qui détermine par le mouvement qu'on lui imprime un brassage de la masse fondue. On traite avec cet appareil un mélange de minerai oxydé, de charbon et de fondant, ce dernier produit se trouvant en proportion voulue pour l'obtention d'une scorie de formule SiO^2M^2 (M étant le métal alcalino-ferreux).

On fabrique encore l'acier électrique par le procédé Harmet qui utilise un four composé dans lequel on distingue trois parties correspondant aux trois phases suivantes :

1° fusion du minerai,

2° réduction,

3° mise à point du métal.

Les oxydes sont fondus dans une cuve dont la sole est inclinée (fig. 226). Les gaz réducteurs sont fournis par un appareil placé entre la cuve précédente et un au

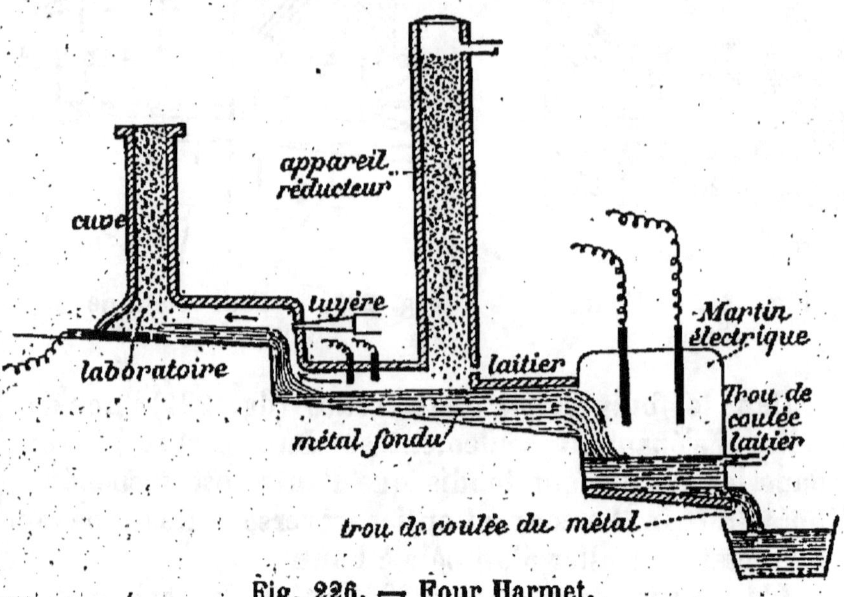

Fig. 226. — Four Harmet.

tre appareil, le Martin électrique. Ces gaz se mélangent à de l'air sous pression et pénètrent par une tuyère dans la cuve où ils opèrent la réduction. Des charbons conducteurs traversent la voûte et le passage du courant entretient la température nécessaire à cette réduction.

La troisième partie du four reçoit le métal brut et l'affine. Elle comprend un four dont le laboratoire a une section circulaire et deux trous de coulée l'un servant à la sortie du métal, l'autre à celle du laitier. Le chauffage est assuré par un arc jaillissant entre deux charbons verticaux ou inclinés placés à la voûte. Ce Martin électrique est revêtu extérieurement d'une enveloppe en métal et intérieurement d'un garnissage réfractaire.

Dans les fours sans électrodes, l'arc est supprimé. On fait passer dans l'acier un courant alternatif d'intensité assez élevée pour que le dégagement de chaleur provenant de la résistance de l'acier suffise à élever sa température au-dessus du point de fusion.

Dans l'appareil Kjellin qui est un four d'induction, le four proprement dit est un transformateur ordinaire dont le bain d'acier est le circuit secondaire. Il se compose d'une carcasse magnétique en tôles d'acier doux formant le noyau du transformateur, d'une bobine de fil de cuivre constituant le primaire et d'une rigole circulaire où se trouve le bain d'acier représentant la spire unique du circuit secondaire du transformateur. Les parois de cette rigole sont constituées par des matières réfractaires (dolomie calcinée et briques). La rigole est recouverte par huit secteurs en matériaux réfractaires munis de poignées en fer permettant de les enlever pour introduire la charge.

La fig. 227 représente un four Gin sans électrodes (2ᵉ type).

Coulée et façonnage. — Quel que soit le procédé de fabrication employé pour l'obtention du métal, celui-ci s'écoule hors du four par un trou de coulée. On le recueille soit dans des poches, soit dans des lingotières (fer et acier), soit simplement dans des rigoles creusées dans le sol (fonte).

La fonte grise est presque entièrement utilisée au

moulage des objets ordinaires. On la verse dans des

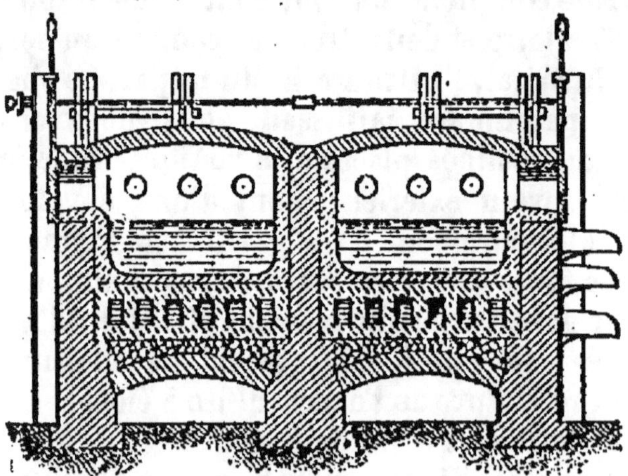

Fig. 227. — Four Gin sans électrodes.

moules en sable dont la forme est appropriée aux pièces que l'on veut confectionner (cylindres de machines à vapeur, colonnes, grilles, garde-corps de ponts, etc.). Les petits objets demandant plus de fini sont employés après refonte dans des fours spéciaux appelés *cubilots* (fig. 228). Ils proviennent donc de la *fonte de deuxième fusion*. On coule alors la fonte dans des moules épais en métal en se servant de poches en fer.

L'acier se coule dans des lingotières en fonte généralement ouvertes aux deux extrémités et reposant sur un fond par leur base. La forme

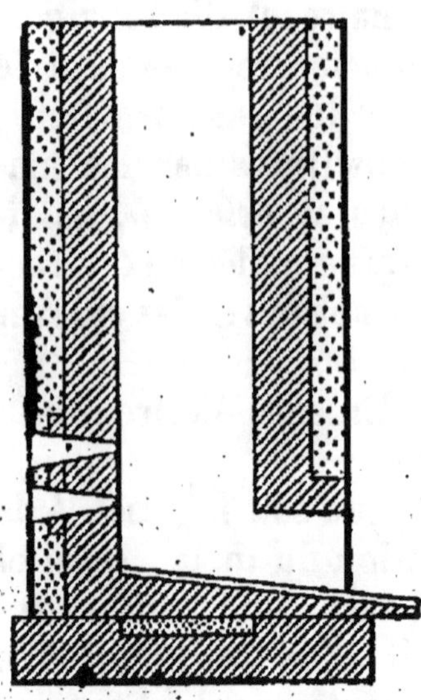

Fig. 228. — Cubilot.

la plus usitée est celle du tronc de pyramide (fig. 229).

Les pièces de fer ou d'acier qui ne peuvent être moulées, soit en raison de leur forme, soit à cause de leurs propriétés mécaniques doivent être forgées. A cet effet, les lingots subissent un traitement thermique convenable puis sont soumis à l'action du marteau-pilon ou de la presse à forger et du laminoir qui leur donne la forme définitive qu'ils doivent avoir.

Il est souvent nécessaire de recuire ou de tremper certaines pièces d'acier si on veut leur faire acquérir des propriétés nouvelles.

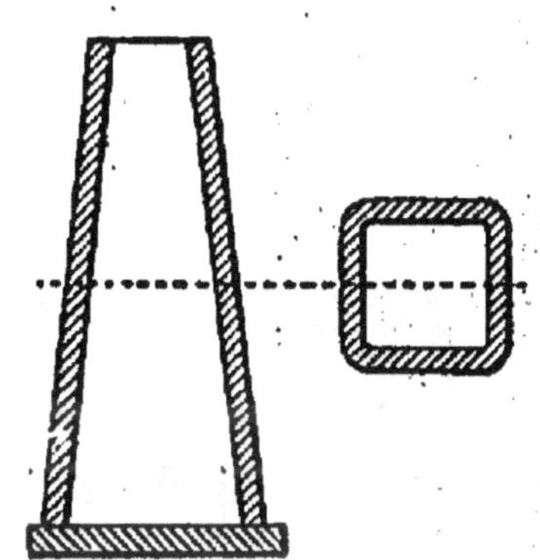

Fig. 229. — Lingotière (coupes longitudinale et transversale).

Les marteaux-pilons sont d'énormes marteaux de forge mus mécaniquement (vapeur, air comprimé, force hydraulique, etc.). Ils comprennent outre le marteau proprement dit l'*enclume* qui est le support de la pièce à forger, les *pannes*, parties du marteau et de l'enclume en contact avec cette pièce et la *chabotte*, fondation de l'enclume.

Les presses à forger sont généralement des presses hydrauliques agissant par simple pression et sans choc sur la pièce à travailler.

Les laminoirs sont des appareils qui permettent de diminuer la section des barres métalliques en les forçant à passer entre deux cylindres dont la rotation est contraire et dont les axes sont le plus souvent horizontaux.

Ces cylindres sont actionnés par des machines motrices et la barre métallique est entraînée par frottement dans l'intervalle qui sépare les cylindres.

Le laminoir est composé de deux ou de plusieurs cylindres.

Dans le premier cas il est dit *duo* (fig. 230). Le cylindre

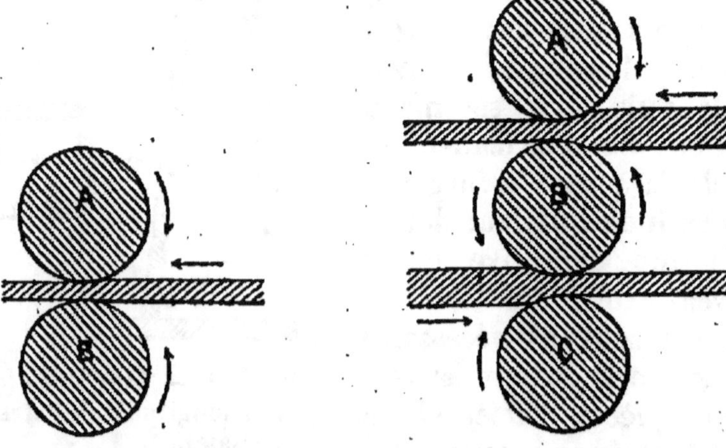

Fig. 230. — Laminoir duo.　　　Fig. 231. — Laminoir trio,

supérieur ou *mâle* A tourne en sens inverse du cylindre
inférieur ou *femelle* B.

Le laminoir à plusieurs cylindres superposés est appelé
trio lorsqu'il comprend trois organes de roulement
(fig. 231). Cette disposition permet d'éviter le passage
de la barre au-dessus du laminoir pour la présenter à
nouveau dans le même sens.

TABLE DES MATIÈRES

PHYSIQUE

PESANTEUR

HYDROSTATIQUE

PRESSION DES GAZ

CHALEUR

OPTIQUE

CHIMIE

MÉTALLOIDES

MÉTAUX ET OXYDES MÉTALLIQUES

PROCÉDÉS D'ESSAI DES CHARBONS, ARGILES, POTERIES, VERRES

EXPLOSIFS

NOTIONS SUR LA MÉTALLURGIE DE LA FONTE, DU FER ET DE L'ACIER

ERRATA

Page 12, dernière ligne, *au lieu de :* $OI = OG \sin \alpha$, *lire :* $OI = OG' \sin \alpha = OG \sin \alpha$.

— 63, dernière ligne, *au lieu de :* sur une cloche *lire :* sous une cloche.

— 88, ligne 4, *au lieu de :* réflecté, *lire :* réfracté.

— 91, ligne 28, *au lieu de :* $V = l^3 = l^3{}_0 (1 + \lambda t)^3$ *lire :* $V_t = l^3{}_t = l_0^3 (1 + \lambda t)^3$

— 103, ligne 22, *au lieu de :* ou *a minima*, *lire :* et *a minima*.

— 118, fig. 90. Le point A est à l'intersection des droites DE et EF.

— 120, ligne 20, Formule de Newton. On a : $p = \omega + f$ $p' = \omega' + f$ d'où Newton a déduit la formule suivante : $\omega\omega' = f^2$. Dans la fig. 85, il faut, pour l'établissement de cette formule, remplacer les lettres A et A' par L et l.

— 122, fig. 93, sur la figure *au lieu de :* i *lire :* i' pour l'angle dont l'un des côtés est CD.

— 137, ligne 20, *au lieu de :* quinze, *lire :* vingt.

— 232, ligne 2, *au lieu de :* $C \overset{O}{\underset{O}{<}}$ *lire :* $C \overset{O}{\underset{O}{\lessgtr}}$.

— 243, dernière ligne, *au lieu de :* $\left(\frac{1}{16}\right)$ *lire :* $\left(\frac{1}{6}\right)$

— 291, ligne 3 du tableau, *lire :* $H = 1$.

www.ingramcontent.com/pod-product-compliance
Lightning Source LLC
Chambersburg PA
CBHW051250060726
47596CB00001B/54